河南省"十二五"普通高等教育规划教材

高等学校规划教材

材 料 力 学

（修订版）

主　编　张淑芬　徐红玉　梁　斌
副主编　虞跨海　刘宗发

中国建筑工业出版社

图书在版编目(CIP)数据

材料力学(修订版)/张淑芬，徐红玉，梁斌主编. —北京：中国建筑工业出版社，2014.3（2023.3重印）
河南省"十二五"普通高等教育规划教材
高等学校规划教材
ISBN 978-7-112-16314-4

Ⅰ.①材… Ⅱ.①张…②徐…③梁… Ⅲ.①材料力学-高等学校-教材 Ⅳ.①TB301

中国版本图书馆 CIP 数据核字(2014)第 012965 号

本书是根据教育部对材料力学课程的教学基本要求编写而成的。全书共有 13 章，包括绪论、轴向拉伸与压缩、剪切与挤压、扭转、弯曲内力、弯曲应力、弯曲变形、应力状态分析和强度理论、组合变形、压杆的稳定性、动荷载与交变应力、能量法、超静定结构、简单弹塑性问题、附录 A：平面图形的几何性质、附录 B：型钢表。本书所有例题均经过精心挑选，注意理论与实际问题的结合，每章均安排有本章知识点、重点、难点、小结与学习指导，配有思考题和习题，书后附有习题答案。

本书基本概念、基本理论和基本方法论述简洁、清晰、准确。注重培养学生针对实际工程问题建立力学模型的能力和分析解决问题的能力。内容安排合理，专业适用面宽，适合教师教学和学生自学。

本书可作为普通高等学校和成人高等教育机械工程、土木工程和工程力学等工程类专业的材料力学教材，也可作为各类自考人员、研究生入学备考人员和工程技术人员的参考书。

责任编辑：王　跃　吉万旺
责任校对：焦　乐

河南省"十二五"普通高等教育规划教材
高等学校规划教材
材 料 力 学
（修订版）
主　编　张淑芬　徐红玉　梁　斌
副主编　虞跨海　刘宗发
*
中国建筑工业出版社出版、发行（北京海淀三里河路 9 号）
各地新华书店、建筑书店经销
北京红光制版公司制版
北京建筑工业印刷厂印刷
*
开本：787×1092 毫米　1/16　印张：26½　字数：600 千字
2014 年 3 月第一版　2023 年 3 月第六次印刷
定价：**52.00** 元
ISBN 978-7-112-16314-4
（32425）

版权所有　翻印必究
如有印装质量问题，可寄本社退换
（邮政编码　100037）

修订版前言

材料力学是机械、土木、交通、动力、水利等工科专业的一门重要技术基础课，它与工程实际紧密联系，对学生诸多后续课程的学习以及培养学生的创新思维和解决实际工程问题的能力，都有着极其重要的作用。

本教材经河南省普通高等学校教材建设指导委员会审定，列为河南省"十二五"普通高等教育规划教材，与同类教材相比，本教材具有以下特色：

1. 教材的精炼化。本书充分体现机械、土木等工科专业教育的特点，以应用为目的，基本理论以"必须"、"够用"为度，力求精简，叙述清楚，便于学生阅读。体现工程应用，以满足培养工程应用型人才的要求。

2. 教材内容的现代化。教材的内容在全面覆盖专业规范的知识点、知识体系的基础上，精选、优化课程内容，与理论力学课程贯通、融合、提升，组成既独立又相互支撑的基础力学课程的体系，便于读者把握所研究问题的内在联系，建立和形成整体的力学概念。

3. 教材重点突出，语言简练，图文并茂。全书贯穿基本概念、基本理论和基本方法的训练；基本要求中的内容讲解透彻，没有过多过繁的理论分析和证明推导，充分体现新时期教育的特点；注重加强学生的基本能力训练，培养学生分析、解决实际问题的能力。

4. 教材的通俗化。教材编写的方式适合现代大学生的特点，每章采用先切入生活、工程背景，再引入概念及相关知识，中间辅以恰当的例题分析和综合工程应用的实例等。

5. 教材的实用化。为了方便教学和自学，每章内容的前面编写了导读，主要介绍本章知识点、重点、难点；每章内容的后面安排有小结与学习指导，配有思考题和习题，并在书后附有习题答案。

本书由张淑芬、徐红玉、梁斌任主编，由虞跨海、刘宗发任副主编。张淑芬负责统稿、修改定稿。徐红玉负责组织、管理。梁斌负责指导、协调。本教材根据多年的使用情况，进行了全面的修改与完善。参加编写修改的人员有：张淑芬（第1、3章，本章知识点，小结与学习指导，前言和内容提要等）；张盼利（第1、3章）；张彦斌（第2章、附录A）；李晓翠（第2章、附录A、附录C）；侯中华（第4、6章）；徐红玉（第5、8章）；梅群（第7章）；虞跨海（第8章、附录C）；王慧萍（第9、11章）；张耀强（第10章）；刘宗发（第12章、附录B）；梁斌（第13章）。

本教材由兰州大学高原文教授、郑州大学孙利民教授、河南工业大学原方教授审阅，他们提出了宝贵意见和建议，使本书得以完善和增色。中国建筑工业出版社对该书的出版给予了积极支持和帮助，特此致谢。

本教材在编写过程中，得到河南科技大学教务处和土木工程学院工程力学系教师及郑州商学院建筑工程学院同仁们的大力支持和帮助，在此表示衷心感谢。本书由河南科技大学教材出版基金资助。编写中参考了国内外一些优秀教材，在此向教材的编著者们一并致谢。

限于编者水平和经验，本书难免有疏漏与不妥之处，恳请同行专家和使用本书的广大读者批评指正。

编者

2018年7月

目 录

第1章　绪论 ··· 1
　本章知识点 ··· 1
　§1-1　材料力学的任务 ·································· 1
　§1-2　材料力学的基本假设 ··························· 4
　§1-3　外力、内力和截面法 ··························· 6
　§1-4　应力和应变 ·· 9
　§1-5　杆件变形的基本形式 ·························· 11
　小结及学习指导 ··· 12
　思考题 ·· 12
　习题 ··· 12

第2章　拉伸、压缩与剪切 ······························ 15
　本章知识点 ·· 15
　§2-1　轴向拉伸与压缩的概念及工程实例 ······ 15
　§2-2　轴向拉伸与压缩时横截面上的内力——轴力、轴力图 ······ 16
　§2-3　轴向拉伸与压缩时横截面上的应力和强度条件 ······ 17
　§2-4　轴向拉伸与压缩时斜截面上的应力 ······· 21
　§2-5　轴向拉伸与压缩时的变形　胡克定律 ··· 22
　§2-6　材料拉伸与压缩时的力学性能 ············· 25
　§2-7　简单拉压超静定问题 ·························· 32
　§2-8　应力集中的概念 ································· 37
　§2-9　剪切和挤压的实用计算 ······················· 38
　*§2-10　真应力和真应变 ······························ 42
　小结及学习指导 ··· 43
　思考题 ·· 44
　习题 ··· 45

第3章　扭转 ·· 52
　本章知识点 ·· 52
　§3-1　扭转变形的概念与工程实例 ················ 52
　§3-2　外力偶矩计算　扭矩和扭矩图 ············· 53
　§3-3　纯剪切、切应力互等定理、剪切胡克定律 ······ 56
　§3-4　圆轴扭转时的应力及强度条件 ············· 58
　§3-5　圆轴扭转的破坏分析 ·························· 66

§3-6 圆轴扭转时的变形及刚度条件 ········· 68
§3-7 非圆截面杆自由扭转简介 ············ 74
*§3-8 薄壁杆件的自由扭转 ··············· 77
小结及学习指导 ······················· 83
思考题 ····························· 83
习题 ······························· 84

第4章 梁的弯曲内力 ···················· 90
本章知识点 ························· 90
§4-1 弯曲变形的概念和工程实例 ············ 90
§4-2 梁的计算简图及分类 ··············· 91
§4-3 剪力方程和弯矩方程、剪力图和弯矩图 ······ 93
§4-4 剪力、弯矩与荷载集度之间的微分关系 ······ 101
§4-5 按叠加原理作弯矩图 ··············· 106
*§4-6 静定平面刚架与曲杆的内力 ············ 107
小结及学习指导 ······················· 109
思考题 ····························· 110
习题 ······························· 110

第5章 梁的弯曲应力 ···················· 117
本章知识点 ························· 117
§5-1 梁的弯曲正应力与强度条件 ············ 117
§5-2 梁的弯曲切应力与强度条件 ············ 133
§5-3 提高弯曲强度的措施 ··············· 141
§5-4 弯曲中心和平面弯曲的充要条件 ·········· 145
小结及学习指导 ······················· 147
思考题 ····························· 147
习题 ······························· 148

第6章 梁的弯曲变形 ···················· 154
本章知识点 ························· 154
§6-1 梁弯曲变形时的挠度与转角、挠曲线近似微分方程 ··· 155
§6-2 用积分法求弯曲变形 ··············· 157
§6-3 用叠加法求弯曲变形 ··············· 163
§6-4 简单超静定梁 ··················· 167
§6-5 梁的刚度条件与减少弯曲变形的措施 ········ 170
小结及学习指导 ······················· 172
思考题 ····························· 172
习题 ······························· 173

第7章 应力状态和强度理论 ················ 179
本章知识点 ························· 179
§7-1 应力状态的概念 ·················· 179

§7-2 平面应力状态分析的解析法	185
§7-3 平面应力状态分析的图解法	189
§7-4 三向应力状态分析简介	194
§7-5 广义胡克定律	196
*§7-6 由测点处的正应变确定应力状态	201
*§7-7 应变能密度	202
§7-8 强度理论	204
小结及学习指导	212
思考题	212
习题	213

第8章 组合变形 220

本章知识点	220
§8-1 组合变形的概念和工程实例	220
§8-2 斜弯曲	221
§8-3 拉伸（压缩）与弯曲组合变形的强度计算	223
§8-4 偏心压缩（拉伸）和截面核心	226
§8-5 圆轴扭转与弯曲组合变形的强度条件	230
§8-6 薄壁压力容器的组合变形	235
小结及学习指导	236
思考题	237
习题	238

第9章 压杆稳定 243

本章知识点	243
§9-1 压杆稳定的概念	243
§9-2 两端铰支细长压杆的临界压力	245
§9-3 其他支座条件下压杆的临界压力	248
§9-4 欧拉公式的适用范围、临界应力	251
§9-5 压杆的稳定计算	255
§9-6 提高压杆稳定性的措施	258
小结及学习指导	260
思考题	260
习题	261

第10章 动荷载和交变应力 264

本章知识点	264
§10-1 构件作匀加速直线运动和匀速转动时的应力计算	264
§10-2 冲击荷载	267
§10-3 冲击韧性	273
§10-4 交变应力与疲劳失效	275
§10-5 交变应力的循环特性、平均应力和应力幅	276

§10-6	材料的持久极限	277
§10-7	影响构件持久极限的主要因素	278
§10-8	构件的疲劳强度计算	281
	小结及学习指导	283
	思考题	284
	习题	284

第11章 能量法 290

	本章知识点	290
§11-1	概述	290
§11-2	杆件应变能的计算	290
§11-3	应变能的普遍表达式	296
§11-4	互等定理	298
§11-5	卡氏定理	301
§11-6	虚功原理	305
§11-7	单位荷载法、莫尔定理	308
§11-8	计算莫尔积分的图乘法	314
	小结及学习指导	317
	思考题	317
	习题	318

第12章 超静定结构 322

	本章知识点	322
§12-1	超静定结构概述	322
§12-2	用力法解超静定结构	325
§12-3	对称与反对称性质的利用	332
§12-4	连续梁及三弯矩方程	338
	小结及学习指导	343
	思考题	344
	习题	345

第13章 简单弹塑性问题 349

	本章知识点	349
§13-1	材料的弹塑性应力应变关系	349
§13-2	简单桁架的弹塑性分析	352
§13-3	圆轴的弹塑性扭转	355
§13-4	梁的弹塑性弯曲	356
§13-5	残余应力的概念	363
	小结及学习指导	364
	思考题	365
	习题	366

附录 A　平面图形的几何性质 ·· 370
　本章知识点 ·· 370
　§A-1　静矩与形心 ·· 370
　§A-2　惯性矩、惯性半径和惯性积 ······································· 372
　§A-3　平行移轴定理 ··· 373
　§A-4　转轴公式和主惯性轴 ·· 375
　小结及学习指导 ·· 378
　思考题 ·· 379
　习题 ··· 380
附录 B　型钢表（GB/T 706—2008） ·· 381
附录 C　习题答案 ·· 399
主要符号表 ·· 412
参考文献 ··· 413

第1章 绪　　论

本 章 知 识 点

【知识点】　材料力学的主要研究对象、内容，材料力学的基本假设，材料力学的研究方法，工程构件的基本变形。

【重点】　基本概念和假设的定义与理解，用截面法求构件截面上内力。

【难点】　材料内一点受力和变形程度的度量方法——应力、应变的定义方法和物理含义。

材料力学是变形体力学的入门课程，是固体力学的基础。与理论力学研究质点系和刚体运动不同，材料力学研究变形固体的力学行为。与刚体相比，变形固体是人类在生产实践中遇到最早、最多的物体。材料力学的基本概念、基本理论和分析方法在宇航工程、机械工程、土木工程以及许多新兴的高科技领域中，如星际开发、海底建设、生命工程、核工程、新型结构、新型材料的研制等方面都得到广泛应用，甚至我们日常生活中遇到的许多现象都可以用材料力学的基本概念和理论来解释。正是由于这些原因，使材料力学成为工程类各专业的技术基础课程，在工程技术人员培养方面起着不可替代的作用。

§1-1　材料力学的任务

一、材料力学的研究内容和研究对象

1. 材料力学的研究内容

在工程实际中，各种机械与结构得到广泛应用。组成机械与结构的零件、构件，如机床主轴、齿轮，建筑物中梁和柱等，统称为**构件**。当机械与结构工作时，构件受到外力作用，同时其尺寸与形状也发生改变。构件尺寸与形状的变化称为**变形**。

构件的变形分为两类：一类为外力解除后可消失的变形，称为**弹性变形**；另一类为外力解除后不能消失的变形，称为**塑性变形**或**残余变形**。

为保证工程机械或结构的正常工作，就必须要求组成机械或结构的各个构件在荷载作用下能够正常工作，即构件应满足强度、刚度与稳定性三个方面的要求。

(1) 强度要求　强度（strength）是指构件抵抗破坏的能力。构件破坏的形式主要有两种：塑性屈服破坏和脆性断裂破坏。强度要求就是指构件在规定荷载作用下不发生破坏（不发生断裂或显著塑性变形），即具有足够的抵抗破坏的能

力。例如储气罐不应爆炸，冲床曲轴不可折断，房屋的横梁不能断裂等。

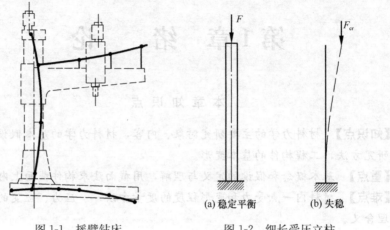

图 1-1　摇臂钻床　　　　　图 1-2　细长受压立柱

(2) 刚度要求　刚度（rigidity）是指构件抵抗变形的能力。构件在外力作用下会产生变形，工程上对构件的变形大小有一定的限制量，超过限制量，构件虽不一定破坏，但会影响正常工作。例如桥梁变形挠曲度过大，车辆行驶中便会引起有害振动。又如图 1-1 虚线所示摇臂钻床，工作中若发生实线所示的大变形，显然钻孔误差便会超量，达不到加工精度要求。刚度要求就是指构件在外力作用下产生的变形不超过正常工作的限制变形量，即具有足够的抵抗变形的能力。

(3) 稳定性要求　稳定性（stability）是指构件保持其原有平衡形式的能力。如千斤顶的螺杆、内燃机的挺杆等。又如图 1-2（a）所示细长受压立柱，当压力 F 较小时，立柱的直线平衡形式是稳定的（图 1-2（b）中的实线）；但当压力 F 达到某一数值时，立柱会突然弯曲（图 1-2（b）中的虚线），称为丧失稳定，简称失稳。由于失稳具有突然性，危害特别严重。稳定性要求就是确保构件在工作中保持原有平衡形式。

构件的强度、刚度和稳定性问题是材料力学所要研究的主要内容。

在工程问题中，一般说，构件都应具有足够的强度、刚度和稳定性，但对具体构件又往往有所侧重。例如，储气罐主要是保证强度，车床主轴主要是应具备足够的刚度，而受压的细长杆则应保持稳定性。此外，对某些特殊构件还可能有相反的要求。例如，为防止超载，当荷载超出某一极限时，安全销应立即破坏；为发挥缓冲作用，车辆的缓冲弹簧应有较大的变形等。

2. 材料力学的研究对象

工程实际中的构件，形状多种多样，根据其几何特征，大致可分为杆件、板件与块体。

(1) 杆件：一个方向的尺寸远大于其他两个方向的尺寸的构件（图 1-3）。

杆件的形状与尺寸由其轴线与横截面确定。轴线是横截面形心的连线，横截面是垂直于轴线的平面，轴线是直线时称为直杆（图 1-3a），轴线是曲线时称为曲杆（图 1-3b）。横截面相同的杆称为等截面杆，横截面大小不等的杆称为变截面杆（图 1-3c）。

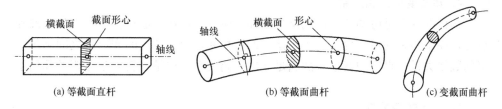

图 1-3　常见杆件形状

(2) 板件：一个方向的尺寸远小于其他两个方向的尺寸的构件（图 1-4）。平分板件厚度的几何面，称为中面。中面为平面的板件称为板（图 1-4a）；中面为曲面的板件称为壳（图 1-4b）。

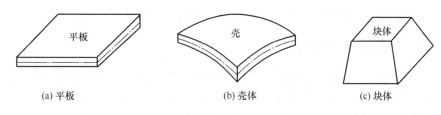

图 1-4　构件分类

(3) 块体：三个方向的尺寸都比较接近（属于同一量级）的构件（图 1-4c）。杆件是工程中最常见、最基本的构件，也是材料力学的主要研究对象。而板、壳和块体均属弹性力学等的研究范畴。

二、材料力学的研究方法

材料力学有着与物理学科相类似的研究方法，也需要观察和实验、假设和计算、理论分析和实践检验等。但由于研究内容的不同，研究方法上也有区别。归纳起来有以下方面：

1. 实验观察分析

实验是材料力学的重要组成部分，通过实验才能找出力与变形的关系，才能获得材料的力学性能参数，确定各种材料抵抗破坏和变形的能力；由实验观察分析材料的破坏方式与特点，提出适用不同材料的强度理论。实验也是验证理论和解决难以理论分析的问题的重要手段。

2. 建立力学模型

材料力学是研究变形固体的力学行为。由于材料的多样性和复杂性，需要抓住对研究问题起主要影响作用的因素，略去次要因素。根据工程材料的主要性质，对研究的变形固体提出假设，得到理想的力学模型，以便建立合理、适用的分析理论。

3. 利用静力平衡关系

在外力作用下，处于平衡状态的构件，其整体和任意各部分必然也是平衡的，均可建立静力平衡方程，对构件的外力、内力及应力进行分析。这是材料力学分析的静力学方面。

4. 建立变形协调关系

构件的变形是协调的。协调是指构件上所有的点在变形过程中不发生分离和重叠，原来相邻的点在变形过程中始终保持相邻，而且各点的变形量之间满足一定的数量关系。真实的变形必然满足变形协调关系。这是材料力学分析的几何学方面。

5. 引入物理关系

静力平衡关系和变形协调关系均不涉及构件的材料性质，而构件的强度、刚度与稳定性与构件材料的力学性能密切相关。因此，在分析过程中必须引入材料的物理关系或应力应变关系。

上述几个方面构成材料力学研究问题的重要方法，贯穿于材料力学教材的始终。由此而知，实验研究和理论分析是完成材料力学任务所必需的手段。

三、材料力学的任务

构件的强度、刚度与稳定性和构件的尺寸、形状以及材料的力学性能有关。

在设计构件时，除应满足强度、刚度与稳定性三方面的基本要求外，还应尽可能地合理选用材料与节省材料，从而降低制造成本并减轻构件重量。为了结构的安全可靠，往往希望选用优质材料与较大的截面尺寸，但是，由此又可能造成材料浪费与结构笨重。可见，安全与经济和安全与重量之间存在矛盾。因此，如何合理地选用材料、恰当地确定构件的截面形状与尺寸，便成为构件设计中的一些十分重要的问题。

材料力学的任务就是：研究构件在外力作用下的变形、受力与破坏的规律，为设计既经济又安全的构件，提供强度、刚度和稳定性分析的基本理论和计算方法。

§1-2 材料力学的基本假设

科学离不开假设，材料力学也同样如此。科学中的假设不是任意的，而是基于实验观察结果对真实世界的概念性升华和对复杂事物的合理简化，而且这种合理性是经过工程实践检验的。

材料力学是研究构件在外力作用下的变形和破坏规律。构件一般由固体材料制成。不能将制成构件的材料看成既不变形也不产生破坏的刚体，必须如实地把它们看做是**可变形固体**。变形固体的性质是多方面的，研究问题的角度不同，侧重面也不同。为了突出研究问题的主要影响因素，略去次要因素，抽象出理想的力学模型，故对变形固体作如下基本假设：

一、连续性（continuous）假设

连续性假设认为在变形固体所占有的空间（整个体积）内均毫无空隙地充满了物质，即认为是密实的。因此，变形固体内的各力学量如各点的应力、应变和位移均是坐标的连续函数，并可采用无限小的数学分析方法。实际的变形固体，

从物质结构来说都具有不同程度的间隙,微观上并不连续。然而这些空隙与构件的尺寸相比极其微小,故可忽略不计。于是认为变形固体在其整个几何空间内是连续的。

应该指出:连续性不仅存在于构件变形前,也存在于变形后,即构件内变形前相邻近的质点变形后仍保持邻近,既不产生新的空隙或孔洞,也不出现重叠现象。

二、均匀性(homogeneous)假设

材料在外力作用下所表现的性能,称为材料的**力学性能**。均匀性假设认为在变形固体的体积内,各点处力学性能完全相同。如从体内截取任意部分,不论其大小及所在部位,其力学性能都是完全一样的。就工程上常用的金属材料而言,组成金属的各个晶粒的力学性能并不完全相同,但因构件或构件的任一部分中都包含着为数极多的晶粒,且是无规则地错综排列(例如 1mm^3 的钢材中包含了数万甚至数十万个晶粒),其力学性能是所有晶粒力学性能的统计平均值,所以从宏观上可以认为构件各部分的力学性能是均匀的。

三、各向同性(isotropic)假设

各向同性假设认为变形固体在各个方向上的力学性能均完全相同。具备这种属性的材料称为**各向同性材料**。就金属的单一晶粒而言,在不同方向上,其力学性能并不一样。但金属构件包含有数量极多的晶粒,且各晶粒又是无规则地排列,在各个方向上的力学性能就接近相同。如铸钢、铸铜、玻璃等可认为是各向同性材料。

在各个方向上具有不同力学性能的材料称为各向异性(anisotropic)材料,如木材、胶合板、复合材料、纤维织品等。

材料力学主要研究的是各向同性材料。

四、小变形条件

构件在弹性范围内,它的变形量远小于原始尺寸。小变形条件是指构件在外力作用下产生的变形与构件的原始尺寸相比很微小。运算时可作为数学上的微量处理。因此,在考虑构件的平衡或运动时,可略去其变形。按它变形前的原始尺寸和形状进行受力分析计算。

例如图 1-5 所示的支架,各杆因受力而变形,引起几何形状和外力作用点 A 位置的变化。但由于 A 点的水平位移 δ_x 和垂直位移 δ_y 均远小于杆件的原始尺寸,所以在计算各杆的受力时,仍可用支架在受力变形前的几何形状和尺寸(即考虑节点在 A 处而不是 A' 处的平

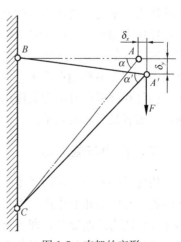

图 1-5 支架的变形

衡，可视为 $\alpha' = \alpha$）。

今后小变形概念经常要用到，它使分析计算简化。如果构件变形较大，接近构件原来尺寸的量级，则称为有限变形，其计算相当复杂，已超出了本书涉及的范围。

综上所述，在材料力学中，一般将实际材料看作是连续、均匀、各向同性和小变形的可变形固体。公式中使用的尺寸量是构件变形前的原始尺寸。实践表明，在此基础上所建立的理论分析与计算结果，符合工程所要求的精度范围。

§1-3 外力、内力和截面法

一、外力

外力主要指作用在杆件上的荷载和约束反力。荷载包括机械荷载如力、力偶矩等，还包括温度荷载、电磁力等，材料力学主要考虑机械荷载。

按照外力的作用方式，可分为**表面力**与**体积力**。作用在构件表面一个区域内连续分布的外力称为表面力，如作用在高压容器内壁的气体或液体压力是表面力，两物体间的接触压力也是表面力，作用在建筑物外墙上的风压，下雪后作用在房顶上的雪的重力等均是表面力。作用在构件各质点上的外力称为体积力，如构件的重力与惯性力均为体积力。

按照表面力在构件表面的分布情况，又可分为**分布力**与**集中力**。连续分布在构件表面某一范围的力称为分布力。如果分布力的作用面积远小于构件的表面面积，或沿杆件轴线的分布范围远小于杆件长度，则可将分布力简化为作用于一点的力，称为集中力。对于杆件，通常把表面力与体积力换算为沿杆件轴线分布的力，用单位长度上分布力的大小——荷载集度 q 来表示，量度单位为"N/m"或"kN/m"。

按照荷载是否随时间发生显著变化，可分为**静荷载**与**动荷载**。静荷载是指缓慢地由零增加到一定数值后，保持不变或变动不明显的荷载。如水库中的水对坝体的压力，重物对匀速起吊的起重机绳索的作用力等。其特征是在加载过程中，构件加速度很小，可以忽略不计。动荷载是随时间显著变化或使构件各质点产生明显加速度的荷载。例如，铸造时汽锤锤杆受到冲击力，行进中火车作用在车轴上的力，因碰撞作用在汽车上的力等均为动荷载。

构件在静荷载与动荷载作用下的力学表现或行为不同，分析方法也不完全相同，但前者是后者的基础。

二、内力与截面法

构件受到外力作用而产生变形时，其内部各质点间的相对位置将发生变化，同时各质点间的相互作用力也将发生改变。这种由外力作用而引起的内部各质点间相互作用力的改变量，即为材料力学中所研究的内力，称为附加内力，简称**内力**。构件的内力随外力的增加而加大，达到某一限度时就会引起构件的破坏，因此它与构件的变形和破坏是密切相关的。

内力的分析和求解是材料力学的重要内容之一，是解决构件承载力、刚度与稳定性问题的基础。

研究内力的方法称为**截面法**。用截面法计算内力的过程可以归纳为以下三个步骤。

1. 截开：在需要求内力的截面处，用假想的平面 $m\text{-}m$ 将构件截开，分为两个部分，如图 1-6（a）所示。

2. 代替：从截开的两部分中任选一部分作为研究对象，在该部分被截开的 $m\text{-}m$ 截面上用内力代替另一部分的作用。若选取左半部分为研究对象，如图 1-6（b）所示，则右半部分对左半部分的作用力由连续性假设可知，在 $m\text{-}m$ 截面上各处都有内力作用，所以内力是作用在截面上的一个连续分布力系。

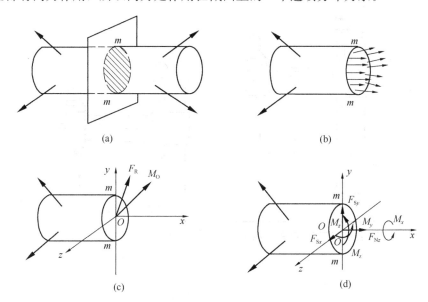

图 1-6　一般情况下截面法求内力

应用力系简化理论，将上述分布内力系向截面的某点 O（例如形心）简化，得主矢 $\boldsymbol{F}_R$ 与主矩 $\boldsymbol{M}_O$（图 1-6c）。

3. 平衡：根据已知的荷载和约束反力，利用平衡方程确定未知的内力。

为分析求解内力，沿截面轴线建立 x 轴，在所切横截面内建立 y 轴与 z 轴，并将主矢 $\boldsymbol{F}_R$ 与主矩 $\boldsymbol{M}_O$ 进行分解，得三个内力分量 F_N、F_{Sy}、F_{Sz} 和三个内力偶矩分量 M_x、M_y 与 M_z（图 1-6d）。上述内力及内力偶矩与作用在该部分上的外力保持平衡，因此，可由空间任意力系的六个平衡方程

$$\sum F_x = 0, \sum F_y = 0, \sum F_z = 0$$
$$\sum M_x = 0, \sum M_y = 0, \sum M_z = 0$$

求解得到全部内力。

若取截面的右半部分作为研究对象，则由作用与反作用公理，可知右半部分在截面 $m\text{-}m$ 上的内力与左半部分上的内力等值而反向，应用静力平衡方程可得

同样结果。

为叙述简单,以后将内力分量及内力偶矩分量统称为内力分量。六个内力分量以不同的方式作用在截面上,并使杆件产生不同的变形。其中,沿轴线的内力分量 F_{Nx} 或 F_N,称为**轴力**,它使杆件产生轴向拉压变形;作用线位于所切横截面的内力分量 F_{Sy} 与 F_{Sz},称为**剪力**,它使杆件产生剪切变形;M_x 称为**扭矩**,它使杆件产生绕轴线的扭转变形;M_y 与 M_z 称为**弯矩**,二者使杆件产生弯曲变形。

图 1-6 (d) 中标出了杆件横截面上所有可能出现的内力分量,是最复杂的一种情况。在很多情况下,材料力学研究杆件的横截面上仅存在一种、两种或三种内力分量。

【**例 1-1**】 在荷载 F 作用下的钻床如图 1-7 (a) 所示,试确定 m-m 截面上的内力。

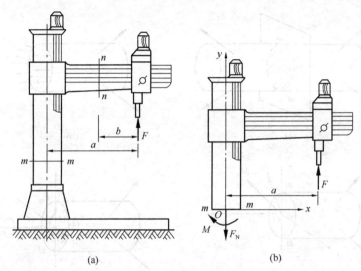

图 1-7 例 1-1 图

【**解**】 (1) 沿 m-m 截面假想地将钻床分成两部分。研究 m-m 截面以上部分(图 1-7b),并以截面的形心 O 为原点,选择坐标系如图 1-7 (b) 所示。

(2) 外力 F 将使 m-m 截面以上部分沿 y 轴方向位移,并绕 O 点转动,m-m 截面以下部分必然以内力 F_N 及 M 作用于截面上,以保持上部分的平衡。F_N 为通过 O 点沿立柱轴线的轴力,力偶 M 则为弯矩。

(3) 由平面力系的平衡方程
$$\Sigma F_y = 0, F - F_N = 0$$
$$\Sigma M_O = 0, Fa - M = 0$$
求得内力 F_N 和 M 分别为:
$$F = F_N, \quad M = Fa$$

注意:内力 F_N 和 M 就是 m-m 截面上分布内力系向形心 O 点简化后的结果。可以说明 m-m 截面上的内力与截面以上部分所受外力的平衡关系,但不能说明分布内力系在截面内某一点处的强弱程度。为此,必须引入内力分布集度的概念。

§1-4 应力和应变

一、应力

在外力作用下，杆件某一截面上一点处内力的分布集度称为应力（stress）。

如图1-8（a）所示，在截面 m-m 上任一点 K 的周围取一微小面积 ΔA，并设作用在该面积上的内力为 $\Delta \boldsymbol{F}$，则 $\Delta \boldsymbol{F}$ 与 ΔA 的比值，称为 ΔA 内的平均应力，并用 $\overline{\boldsymbol{p}}$ 表示，即

$$\overline{\boldsymbol{p}} = \frac{\Delta \boldsymbol{F}}{\Delta A} \tag{1-1}$$

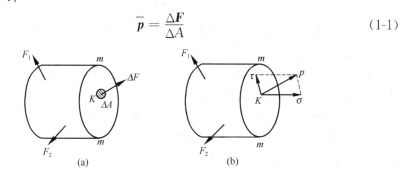

图1-8 横截面微面积上的内力和应力

一般情况下，内力沿截面并非均匀分布，平均应力 $\overline{\boldsymbol{p}}$ 之值及其方向将随所取面积 ΔA 的大小而异。为了更精确地描写内力的分布情况，应使 ΔA 趋于零，由此所得平均应力 $\overline{\boldsymbol{p}}$ 的极限值，称为截面 m-m 上点 K 处的总应力，并用 $\boldsymbol{p}$ 表示，即

$$\boldsymbol{p} = \lim_{\Delta A \to 0} \frac{\Delta \boldsymbol{F}}{\Delta A} \tag{1-2}$$

式（1-2）中，$\Delta \boldsymbol{F}$ 为矢量，总应力 $\boldsymbol{p}$ 也是矢量。为了分析方便，通常将应力矢量 $\boldsymbol{p}$ 沿截面的法向与切向分解为两个分量（图1-8b）。沿截面法向的应力分量称为**正应力**，并用 σ 表示；沿截面切向的应力分量称为**切应力**，并用 τ 表示。它们之间有如下数量关系：

$$p^2 = \sigma^2 + \tau^2 \tag{1-3}$$

应力表示的是单位面积上内力的大小，量度单位为"Pa（帕）"，$1\text{Pa}=1\text{N}/\text{m}^2$。工程上常用"MPa（兆帕）"，$1\text{MPa}=1\text{MN}/\text{m}^2=10^6\text{ N}/\text{m}^2=10^6\text{Pa}$，即 $1\text{MPa}=10^6\text{Pa}$；而 1GPa（吉帕）$=10^9\text{Pa}$。

二、应变

在外力作用下，构件发生变形，同时引起应力。为了研究构件的变形及其内部的应力分布，需要了解构件内部各点处的变形。为此，假想地将构件分割成许多细小的单元体。

构件受力后，各单元体的位置发生变化，同时，单元体棱边的长度发生改变

（图 1-9a），相邻棱边所夹直角一般也发生改变（图 1-9b）。

设棱边 Ka 的原长为 Δs，变形后的长度为 $\Delta s+\Delta u$，即长度改变量为 Δu，则 Δu 与 Δs 的比值称为棱边 Ka 的平均正应变，并用 $\bar{\varepsilon}$ 表示，即

$$\bar{\varepsilon} = \frac{\Delta u}{\Delta s} \tag{1-4}$$

一般情况下，棱边 Ka 各点处的变形程度并不相同，平均正应变的大小将随棱边的长度而改变。为了精确地描写 K 点沿棱边 Ka 方向的变形情况，应选取无限小的单元体即微体，由此所得平均正应变的极限值，即

$$\varepsilon = \lim_{\Delta s \to 0} \frac{\Delta u}{\Delta s} \tag{1-5}$$

称为 K 点沿棱边 Ka 方向的**线应变**或**正应变**，简称为应变。采用类似方法，还可确定 K 点沿其他方向的正应变。

线应变或正应变，即单位长度上的变形量，为无量纲量，其物理意义是构件上一点沿某一方向线变形量的大小。

当棱边长度发生改变时，相邻棱边之夹角一般也发生改变。微体相邻棱边所夹直角的改变量（图 1-8b），称为**切应变**和**剪应变**或**角应变**，为无量纲量，并用 γ 表示。切应变的单位为"rad（弧度）"。

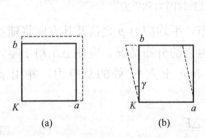

图 1-9 单元体的线应变和角应变

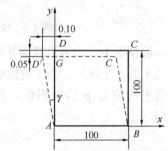

图 1-10 例 1-2 图

综上所述，构件的整体变形，是由各微体的局部变形的组合结果，而微体的局部变形，则可用正应变与切应变度量。

【**例 1-2**】 图 1-10 所示板件 $ABCD$，其变形如虚线所示。试求棱边 AB 与 AD 的平均正应变以及 A 点处直角 BAD 的切应变。

【**解**】 棱边 AB 的长度未改变，故其平均正应变为：

$$\bar{\varepsilon}_x = 0$$

棱边 AD 的长度改变量为：

$$\Delta u = \overline{AD'} - \overline{AD}$$
$$= \sqrt{(0.100 - 0.05 \times 10^{-3})^2 + (0.10 \times 10^{-3})^2} - 0.100$$
$$= -4.99 \times 10^{-5} \, \text{m}$$

所以，该棱边的平均正应变为：

$$\bar{\varepsilon}_y = \frac{\Delta u}{AD} = \frac{-4.99 \times 10^{-5}}{0.100} = -4.99 \times 10^{-4} \tag{a}$$

负号表示棱边 AD 为缩短变形。

A 点处直角 BAD 的切应变 γ 为一很小的量,因此

$$\gamma \approx \tan\gamma = \frac{\overline{D'G}}{\overline{AG}} = \frac{0.10 \times 10^{-3}}{0.100\text{m} - 0.05 \times 10^{-3}} = 1.00 \times 10^{-3}\,\text{rad}$$

应当指出,一般构件的变形均很小。在这种情况下,由于切应变 γ 很小,直线 AD' 的长度与该直线在 y 轴上的投影 AG 的长度之差值极小。因此,在计算正应变

$$\bar{\varepsilon} = \frac{\overline{AG} - \overline{AD}}{\overline{AD}} = \frac{(0.100 - 0.05 \times 10^{-3}) - 0.100}{0.100} = -5.00 \times 10^{-4}$$

与式(a)所述解答相比,误差仅为 0.2%。

§1-5　杆件变形的基本形式

材料力学主要研究对象是杆件,杆件在不同的受力情况下有着不同的变形,其变形的基本形式有以下四种,如图 1-11 所示。

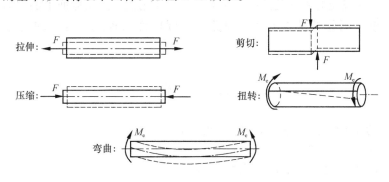

图 1-11　杆件变形的基本形式

1. 轴向拉伸和压缩(axial tension and compression)

外力特点:外力合力的作用线与杆件的轴线重合。

变形特点:杆件的长度发生伸长或缩短,相应的横向尺寸发生了收缩或膨胀。

桁架结构中的杆件、起重吊索、千斤顶螺杆等构件在受力时将发生这种变形。

2. 剪切(shear)

外力特点:一对大小相等、方向相反、作用线平行且相距很近,同时都垂直于杆件轴线的力。

变形特点:受剪杆件的两部分,分别沿两外力的作用方向发生相对错动。

销钉、螺栓、连接键等连接件在受力时将发生剪切变形。

3. 扭转(torsion)

外力特点:受到力偶矩矢量方向与杆件轴线重合的外力偶的作用。

变形特点:杆件的任意两个横截面,发生绕杆件轴线的相对转动。

工程机械中的传动轴、汽车方向盘传动杆、钻杆等构件在工作状态会发生扭

转变形。

4. 弯曲（bendine）

外力特点：受垂直于杆件轴线的横向集中力或横向分布力作用，或受到力偶矩矢量方向与杆件轴线垂直的外力偶的作用。

变形特点：使受弯杆件轴线曲率发生改变。

工程中的横梁、桥式起重机的大梁、火车的轮轴等发生的变形就是弯曲变形的例子。

以上四种变形称为材料力学的四种基本变形，但工程实际中更多的是以上几种基本变形的组合，这类变形称为组合变形（combined deformation）。

小结及学习指导

通过绪论的学习要明确材料力学这门课的基本任务和学习目的，掌握构件强度、刚度和稳定性的概念，深入理解变形固体基本假设的内涵和意义，准确理解内力、应力和应变的概念及其物理含义。熟练使用截面法求截面上的内力，掌握变形固体求解问题的基本方法与思路，掌握杆件四种基本变形的受力和变形特点。

思 考 题

1-1 判断下列失效现象分别属于哪一种失效现象？
（1）开门时钥匙断在锁孔中；
（2）吊车梁变弯，梁上小车行驶困难；
（3）煤气罐爆炸；
（4）水塔箱有四根立柱支撑，蓄满水位时立柱突然变弯导致水箱坠地。

1-2 把木块纵向劈开时毫不费力，"势如破竹"，而横向砍断则比较费力。这种现象反映了木材的哪种力学性能？

1-3 下列体育运动中观察到的变形现象哪些属于小变形？哪些属于大变形？
（1）单杠的弯曲变形；
（2）撑杆跳高时撑杆的变形；
（3）跳水运动员起跳时跳板的变形；
（4）做吊环动作时悬索的变形；
（5）赛车转弯时，方向盘下转向轴的变形。

1-4 对例 1-1 中的钻床，可否研究 $m\text{-}m$ 截面以下的部分，以确定 $m\text{-}m$ 截面上的内力？若求 $n\text{-}n$ 截面的内力又如何？

习 题

1-1 小变形的条件是指（　　）。
  A. 构件的变形很小　　　　　　　　B. 构件只发生弹性变形
  C. 构件的变形比其原尺寸小得多　　D. 构件的变形可忽略不计

1-2 下列几种受力情况,是分布力的有(   );是集中力的有(   )。
  A. 风对烟囱的风压 B. 自行车轮对地面的压力
  C. 楼板对屋梁的作用力 D. 车削时车刀对工件的作用力

1-3 杆件受力如图 1-12 所示。由力的可传性原理,将图 1-12(a)力 P 由位置 B 移至 C,如图 1-12(b)所示,则(   )。
  A. 固定端 A 的约束反力不变 B. 两段杆件的内力不变,但变形不同
  C. 两段杆件的变形不变,但内力不同 D. 杆件 AC 段的内力和变形均保持不变

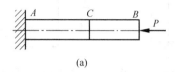
(a)
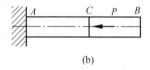
(b)

图 1-12 习题 1-3 图

1-4 构件的材料强度、刚度和稳定性(   )。
  A. 只与材料的力学性能有关 B. 只与构件的形状尺寸有关
  C. 与二者都有关 D. 与二者都无关

1-5 下列材料中,(   )不可应用各向同性假设。
  A. 合金钢 B. 钢筋混凝土
  C. 玻璃 D. 松木

1-6 求如图 1-13 所示杆指定截面的内力。

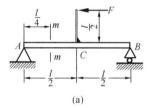
(a)
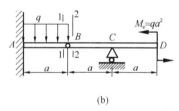
(b)

图 1-13 习题 1-6 图

1-7 试求图 1-14 所示结构 m-m 和 n-n 两截面上的内力,并指出 AB 和 BC 两杆的变形属于哪一类基本变形。

1-8 在图 1-15 所示简易吊车的横梁上,F 力可以左右移动。试求截面 1-1 和 2-2 上的内力及其最大值。

1-9 求图 1-16 所示刚架指定截面的内力。

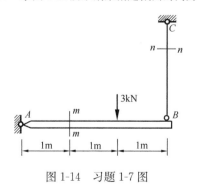

图 1-14 习题 1-7 图

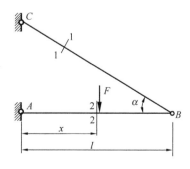

图 1-15 习题 1-8 图

1-10 图 1-17 所示高 5m 的混凝土立柱,横截面积 $A=1.0\text{m}^2$,受 $F=6000\text{kN}$ 力作用后,

缩短了 1mm，试求立柱的平均正应变。

1-11 板材的变形如图 1-18 中虚线所示，试求 A 点的切应变。

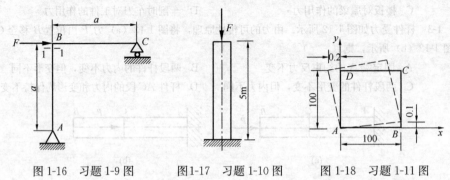

图 1-16　习题 1-9 图　　图 1-17　习题 1-10 图　　图 1-18　习题 1-11 图

第 2 章 拉伸、压缩与剪切

本章知识点

【知识点】 轴力、轴力图、拉压直杆横截面及斜截面上的应力、圣维南原理、应力集中的概念、材料拉压时的力学性能、应力-应变曲线、拉压杆的强度条件、安全系数、许用应力的确定、拉压杆的变形、胡克定律、弹性模量、泊松比。剪力与剪切面、挤压力与挤压面、剪切与挤压的实用计算。

【重点】 拉压直杆横截面及斜截面上的应力、拉压杆的强度条件、拉压杆的变形、材料拉伸及压缩时的力学性能、拉压超静定问题。剪切、挤压的实用计算;连接件的强度计算。

【难点】 桁架节点位移的小变形计算、拉压超静定问题的节点位移计算。剪切面及挤压面的确定。

§2-1 轴向拉伸与压缩的概念及工程实例

工程实际中,许多构件受到轴向拉伸和压缩的作用。如图 2-1（a）所示桁架中的各杆在不计自重的情况下均可视为二力杆,因此,每一个杆不是受到拉力便是受到压力的作用。再如图 2-1（b）所示内燃机的连杆在整个运动过程中也是受压或受拉。此外,起吊重物的钢索、千斤顶的螺杆、工作中的拉床拉刀以及连接钢板的螺栓等,都是拉伸和压缩的实例。

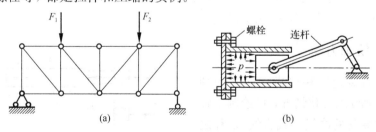

图 2-1 工程结构和机构中的轴向拉压杆

尽管上述杆件形状各异,但它们具有共同特点:外力或合力作用线均通过其轴线,而杆的变形则是轴向伸长或缩短。作用线沿杆件轴线的荷载称为轴向荷载。以轴向伸长或缩短为主要特征的变形形式,称为轴向拉伸或轴向压缩,而这类杆件则称为拉（压）杆。此类杆的受力和变形都可简化为图 2-2,其中虚线为变形前的形状,实线为变形后的形状。

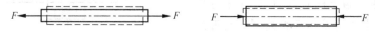

图 2-2 轴向拉伸与压缩变形

§2-2 轴向拉伸与压缩时横截面上的内力——轴力、轴力图

一、截面法求轴力

如图 2-3（a）所示的等截面杆，两端沿其轴线方向作用拉力 F，可采用截面法求解任一横截面 m-m 上的轴力。假想沿截面 m-m 将杆件分成两段，且左右两段在截面 m-m 上的相互作用的内力的合力为 F_N。取左段为研究对象，如图 2-3（b）所示，根据静力学平衡方程，得

$$\sum F_x = 0, \quad F_N - F = 0$$
$$F_N = F$$

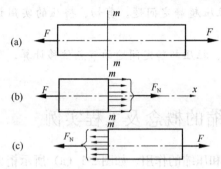

图 2-3 轴向拉（压）杆的内力分布

由于内力 F_N 的作用线与杆件的轴线相重合，因此 F_N 称为轴力。通常根据杆件的变形定义轴力的正、负符号，规定如下：当轴力方向与截面的外法线方向一致时，杆件受拉，轴力为正；而当轴力方向与截面的外法线方向相反时，杆件受压，则轴力为负。

同样，也可选取右段为研究对象，如图 2-3（c）所示，最终计算结果完全相同。若杆件受到多个轴向外力作用，应分段处理，分别采用截面法计算各段的轴力。值得注意的是，利用截面法求解轴力时，为分析问题的方便，均假定截面处的轴力为拉力，即正向假设原则。这样，若求得的值为负时，说明该截面上的轴力为压力。

二、绘轴力图

为了直观地反映出横截面上的轴力沿杆件轴线的变化情况，可绘制出轴力随轴线变化的曲线（或直线），称之为**轴力图**。下面通过例题来说明。

【**例 2-1**】 某一非等截面轴，受力如图 2-4（a）所示，已知 $F_1=10\text{kN}$，$F_2=20\text{kN}$，$F_3=40\text{kN}$，$F_4=30\text{kN}$。试求横截面 1-1、2-2 和 3-3 上的轴力，并绘出杆件的轴力图。

【**解**】 由于杆上 B、C 处作用有外力，故应将杆件分为三段处理。利用截面法，沿截面 1-1 将杆件分为两段，取

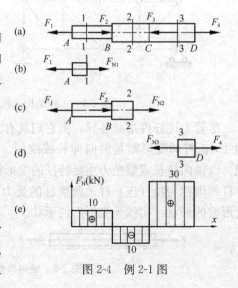

图 2-4 例 2-1 图

截面左侧一段为研究对象，受力分析如图 2-4（b）所示。F_{N1} 为右段对左段的作用力，并根据正向假设，即假定 F_{N1} 为拉力，由静力学平衡方程 $\sum F_x = 0$，得

$$F_{N1} - F_1 = 0$$

因此，可求得

$$F_{N1} = F_1 = 10\text{kN}$$

由于 F_{N1} 为正值，即与假定方向一致，即截面 1-1 上的真实轴力为拉力。

同理，假想截面 2-2 将杆件分为两段，并假定该截面上的轴力 F_{N2} 为拉力，取截面左侧一段为研究对象，受力分析如图 2-4（c）所示。由静力学平衡方程 $\sum F_x = 0$，得

$$F_{N2} - F_1 + F_2 = 0$$
$$F_{N2} = F_1 - F_2 = 10 - 20 = -10 \text{ kN}$$

由于 F_{N2} 为负值，说明截面 2-2 上的轴力方向与假定方向相反，因此，F_{N2} 应为压力。

同样，假想截面 3-3 将杆分为两段，并取截面右段为研究对象，基于正向假设受力分析如图 2-4（d）所示。根据静力学平衡方程 $\sum F_x = 0$，得

$$F_{N3} - F_4 = 0$$
$$F_{N3} = F_4 = 30 \text{ kN}$$

由于 F_{N3} 的值为正，即与假定方向一致，故 F_{N3} 为拉力。

根据上述各段轴力值的数值作轴力图，如图 2-4（e）所示。其中横坐标 x 表示杆件横截面的位置，纵坐标 F_N 表示横截面上的轴力，拉力绘在 x 轴上侧，压力绘在 x 轴下侧。由图可知，整个杆件上绝对值最大的轴力为

$$|F_N|_{max} = 30\text{kN}$$

本例题求解截面 1-1、2-2 上轴力时，研究对象均取虚拟截面左段为研究对象，如果取截面右段为研究对象，所得结果完全相同，读者可自己证明。

§2-3　轴向拉伸与压缩时横截面上的应力和强度条件

虽然通过上节方法可计算出杆件任一横截面上的轴力，并可找出轴力最大的横截面，但仅根据轴力并不能判断杆件是否有足够的强度。例如同一种材料制成的粗细不同的两根等截面杆，在相同的拉力作用下，两杆的轴力自然相同。但当逐渐增大拉力时，较细的杆必然先被拉断。这表明杆件横截面上的强度不仅与轴力大小有关，还与横截面面积相关。因此必须根据横截面上的应力判定杆件是否满足强度使用要求。

一、实验变形与平面假设

取一等直杆，如图 2-5（a）所示，

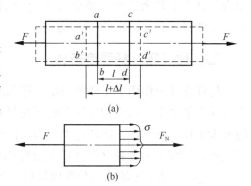

图 2-5　轴向拉（压）杆的变形与应力分布

实验前,在杆表面画两条与轴线垂直的横线 ab 和 cd,然后在杆的两端沿轴线施加一对大小相等、方向相反的轴向荷载 F,使杆产生拉伸变形。变形后,发现 ab 和 cd 分别平移到 $a'b'$ 和 $c'd'$,但仍为相互平行的直线,且垂直于杆的轴线。根据这一现象,可作出平面假设:变形前为平面的横截面,变形后仍保持为平面且仍垂直于轴线。

二、拉(压)杆横截面上的正应力

如果设想拉(压)杆由无数条纵向纤维组成,根据平面假设,拉(压)杆所有纵向纤维的伸长(缩短)是相同的。由均匀性假设可知,材料是均匀的,所以纵向纤维的受力是相等的。从而推断,横截面上只有正应力,且各点的正应力相等,即横截面上正应力均匀分布。所以

$$\sigma = \frac{F_N}{A} \tag{2-1}$$

式中 σ ——轴向拉压杆横截面上的正应力;
  F_N ——横截面上的轴力;
  A ——杆件横截面面积。

正应力 σ 的符号和轴力 F_N 一致,即拉应力为正,压应力为负。

当轴力沿轴线变化或杆件横截面尺寸沿轴线平缓变化时,式(2-1)仍可用,且有

$$\sigma(x) = \frac{F_N(x)}{A(x)} \tag{2-2}$$

式中,$\sigma(x)$、$F_N(x)$、$A(x)$ 都是横截面位置 x 的函数。

在用式(2-1)计算杆件横截面上的应力时,其轴力仅取决于物体所受外合力的大小,而未考虑外力的分布方式。

事实上,当拉(压)杆件两段承受集中荷载或其他非均匀分布荷载时,在外力作用点附近区域内的应力不再均匀分布。研究表明:静力等效的不同加载方式只对加载处附近区域的应力分布产生影响,距离加载较远的区域,其应力分布没有显著的差别,这一论断称为**圣维南原理**(Saint-Venant Principle)。根据这一原理,杆件上复杂的外力系就可以用简单的力系取代。在离外力作用区域略远处,仍然可用式(2-1)计算应力。

三、拉(压)杆强度条件

构件在外力作用下,能否满足工作强度要求,仅仅根据计算所得最大工作应力值并不能判定。因为构件的强度还与材料本身能够承受的最大应力有关,构件的最大工作应力应小于破坏应力。为保证构件能够安全可靠地工作并有一定的强度储备,工程中为各种材料制定了设计构件时应力的最高限度,称为许用应力,表示为 $[\sigma]$。表2-1给出几种常用材料在常温、静载、一般工作条件下的许用应力的参考值。

第2章 拉伸、压缩与剪切

几种常用材料的许用应力值 表2-1

材料	许用应力 $[\sigma]$ (MPa)	
	拉伸	压缩
灰铸铁	31～78	120～150
Q216钢	140	
Q235钢	160	
16锰	240	
45钢（调质）	190	
铜	30～120	
铝	30～80	
松木（顺纹）	6.9～9.8	9.8～11.7
混凝土	0.1～0.7	0.98～8.8

为保证构件能够满足正常工作要求，构件的最大工作拉（压）应力必然不能超过材料拉（压）时的许用应力，即满足拉（压）时的**强度条件**（strength criterion）。对于等截面拉（压）杆，先应对横截面上轴力进行分析，找出最大轴力所在截面（称为危险截面），则杆的强度条件可写为

$$\sigma_{\max} = \frac{F_{N\max}}{A} \leqslant [\sigma] \tag{2-3a}$$

由式（2-3a）知，如对变截面拉（压）杆件（如阶梯形杆），最大应力不仅应考虑到轴力为最大值的截面，还应考虑到横截面面积最小的截面。所以，变截面拉（压）杆的强度条件为

$$\sigma_{\max} = \left(\frac{F_N}{A}\right)_{\max} \leqslant [\sigma] \tag{2-3b}$$

根据该强度条件，可解决拉（压）杆以下三类强度问题：

1. 强度校核。 已知拉压杆材料的许可应力、截面尺寸及所受荷载大小，检验构件能否满足上述强度条件。

2. 截面尺寸设计。 已知拉压杆所受荷载及材料的许可应力，将式（2-3）改写为 $A \geqslant \dfrac{F_{N\max}}{[\sigma]}$，以确定构件所需要的横截面面积或尺寸的最小值。

3. 确定许可荷载。 已知拉压杆材料的许可应力和截面尺寸，将式（2-3）改写为 $F_{N\max} \leqslant A[\sigma]$，以确定构杆所能承受的最大轴力，从而计算出所能承担的许可荷载。

【例2-2】 图2-6（a）为一悬臂吊车的简图，斜杆 AB 材料为Q235钢，且其直径 $d=20$mm，荷载 $W=$

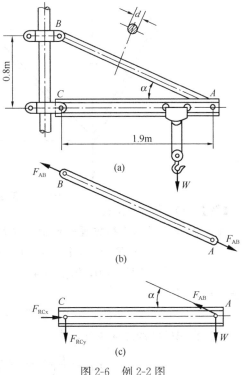

图2-6 例2-2图

18kN，材料许用应力$[\sigma]=160$MPa。当W移至A点时，校核斜杆AB强度。

【解】根据结构图可知，当荷载W移至A点时，斜杆AB受到的拉力最大，设其大小为F_{AB}。由横梁（图2-6c）的静力学平衡方程得

$$\sum M_C=0 \quad F_{AB}\sin\alpha\cdot\overline{AC}-W\cdot\overline{AC}=0$$

$$F_{AB}=\frac{W}{\sin\alpha}$$

基于三角形ABC可求出

$$\sin\alpha=\frac{\overline{BC}}{\overline{AB}}=\frac{0.8}{\sqrt{0.8^2+1.9^2}}=0.388$$

所以

$$F_{AB}=\frac{W}{\sin\alpha}=\frac{18}{0.388}=46.39\text{ kN}$$

斜杆AB的轴力F_N应等于F_{AB}，即

$$F_N=F_{AB}=46.39\text{ kN（拉）}$$

故斜杆AB横截面上的工作应力为

$$\sigma=\frac{F_N}{A}=\frac{46.39\times10^3}{\frac{\pi}{4}(20\times10^{-3})^2}=147.4\text{MPa}<[\sigma]=160\text{MPa}$$

因此，斜杆AB的强度满足正常工作要求。

【例2-3】图2-7所示的结构由两根杆组成，设两杆材料相同，许用拉应力$[\sigma]=170$MPa，如AC杆的横截面积为$A_1=400\text{ mm}^2$，BC杆的横截面积为$A_2=250\text{mm}^2$。试求许用荷载$[F]$。

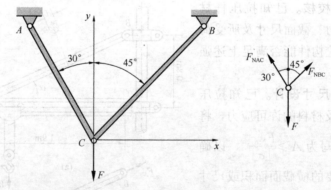

图2-7 例2-3图

【解】（1）求许用荷载F。

首先由节点C的平衡方程确定轴力和F的关系，即

$$\sum F_x=0,\ F_{NBC}\sin45°-F_{NAC}\sin30°=0$$

$$\sum F_y=0,\ F_{NBC}\cos45°+F_{NAC}\cos30°-F=0$$

联立求解，得

$$F_{NAC}=0.732F,\ F_{NBC}=0.517F$$

（2）由AC杆的强度条件，有

$$\sigma_{AC}=\frac{F_{NAC}}{A_1}=\frac{0.732F}{A_1}\leqslant[\sigma]$$

$$\therefore F \leqslant \frac{A_1[\sigma]}{0.732} = \frac{400 \times 10^{-6} \times 170 \times 10^6}{0.732} = 92.9 \text{kN}$$

(3) 再根据 BC 杆的强度条件

$$\sigma_{BC} = \frac{F_{NBC}}{A_2} = \frac{0.732F}{A_2} \leqslant [\sigma]$$

$$\therefore F \leqslant \frac{A_2[\sigma]}{0.517} = \frac{250 \times 10^{-6} \times 170 \times 10^6}{0.517} = 82.2 \text{ kN}$$

比较知，结构的许用荷载应选较小的那一个，即

$$F \leqslant 82.2 \text{kN}$$

§2-4 轴向拉伸与压缩时斜截面上的应力

前面讨论了轴向拉（压）时横截面上的应力，但并不是所有杆件在轴力作用下均沿着横截面发生破坏，有时是沿斜截面发生的。例如铸铁件压缩时沿着与轴线约呈 $45°\sim 55°$ 角的斜截面发生破坏。故有必要研究轴向拉（压）时，杆件斜截面上的应力。

如图 2-8（a）所示的拉杆，两端沿轴线方向作用拉力 F，令横截面面积为 A，斜截面 $m\text{-}m$ 与横截面的夹角为 α，斜截面面积为 A_α。利用截面法，假想斜截面 $m\text{-}m$ 将构件分为左右两段，并取左段为研究对象（图 2-8b）。仿照横截面上正应力均匀分布的方法，可知斜截面 $m\text{-}m$ 上的应力也应该呈均匀分布状态，斜截面上任一点的应力记为 p_α。

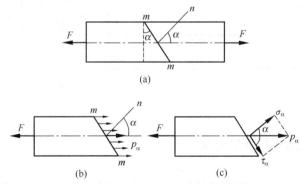

图 2-8 斜截面上的应力分布

由横截面 A 与斜截面 A_α 的几何关系可知

$$A_\alpha = \frac{A}{\cos \alpha} \tag{a}$$

那么斜截面上的应力

$$p_\alpha = \frac{P_\alpha}{A_\alpha} = \frac{F}{A} \cos \alpha = \sigma \cos \alpha \tag{b}$$

将应力 p_α 沿斜截面的法向与切向分解，得到斜截面上的正应力 σ_α 和切应力 τ_α（见图 2-8c），则有

$$\sigma_\alpha = p_\alpha \cos \alpha = \sigma \cos^2 \alpha \tag{2-4}$$

$$\tau_\alpha = p_\alpha \sin \alpha = \sigma \cos \alpha \sin \alpha = \frac{\sigma}{2} \sin 2\alpha \tag{2-5}$$

由式（2-4）和式（2-5）可知，构件斜截面上不仅存在正应力，而且还存在切应力，其大小均随斜截面方位角 α 的变化而变化，即斜截面方位角不同，截面上的应力也不同。

讨论：(1) 当 $\alpha = 0°$ 时，斜截面 $m\text{-}m$ 与横截面重合，根据式（2-4）可知，正应力 σ_α 达到最大值，且有 $\sigma_{\max} = \sigma$；

(2) 当 $\alpha = 45°$ 时，由式（2-5）可知，切应力 τ_α 达到最大值，且有 $\tau_{\max} = \sigma/2$；

(3) 当 $\alpha = 90°$ 时，$\sigma_\alpha = \tau_\alpha = 0$，这表明在轴力作用下，平行于轴线的纵向截面上不存在任何应力。

§2-5 轴向拉伸与压缩时的变形 胡克定律

一、拉（压）杆的变形

实验表明，轴向拉（压）时直杆的纵向与横向尺寸均会发生改变。等截面直杆如图 2-9 所示，杆原长为 l，横截面面积为 A，截面横向尺寸为 b。在轴向拉力 F 作用下，杆的长度由 l 变为 l_1，横向尺寸由 b 变为 b_1。

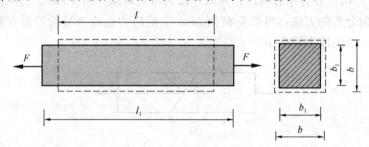

图 2-9 轴向与横向变形

杆件沿轴线方向的变形量为

$$\Delta l = l_1 - l \tag{2-6}$$

将杆沿轴向的变形量 Δl 除以杆的原长 l，得到杆沿轴向的线应变，亦称为纵向线应变

$$\varepsilon = \frac{\Delta l}{l} \tag{2-7}$$

而杆件沿横向方向的变形量为

$$\Delta b = b_1 - b \tag{2-8}$$

将杆横向的变形量 Δb 除以原横向尺寸 b，得到横向线应变

$$\varepsilon' = \frac{\Delta b}{b} \tag{2-9}$$

由上述式子可知，杆件在拉力作用下纵向线应变为正值，横向线应变为负值；反之，杆件在压力作用下则纵向线应变为负值，横向线应变为正值，即纵向线应变与横向线应变恒为异号。实验还表明，在材料的线弹性范围内，横向线应

变与纵向线应变之比的绝对值为常数，即

$$\left|\frac{\varepsilon'}{\varepsilon}\right| = \mu \tag{2-10}$$

由于纵向线应变 ε 与横向线应变 ε' 的符号总是相反，因此式（2-10）又可变形为

$$\varepsilon' = -\mu\varepsilon \tag{2-11}$$

式中 μ 为**泊松比**（Poisson's Ratio），是材料固有的一个弹性模量。

二、拉压胡克定律

实验研究发现，当拉（压）杆内的工作正应力 σ 不超过某一极限时，杆的纵向变形量 Δl 与轴力 F_N 的大小和杆长度 l 成正比，而与横截面面积 A 成反比，即

$$\Delta l \propto \frac{F_N l}{A} \tag{2-12}$$

引入比例常数 E，得

$$\Delta l = \frac{F_N l}{EA} \tag{2-13}$$

此式称为拉压胡克定律表达式。式中 E 为材料的**拉压弹性模量**，与泊松比 μ 一样，弹性模量 E 也是材料故有的弹性常数，其单位为"GPa"。表 2-2 给出了几种常见材料的 E 值和 μ 值。

几种常见材料的 μ 值　　　　表 2-2

弹性模量	碳钢	合金钢	铝合金	铜及其合金	灰铸铁	木材（顺纹）
E（GPa）	196～216	186～206	70～72	72.6～128	78.5～157	9～12
μ	0.24～0.28	0.25～0.30	0.26～0.34	0.31～0.42	0.23～0.27	

式（2-13）中，EA 称为杆件的抗拉（抗压）刚度，反映了杆件抵抗拉（压）变形的能力。对于长度相同、受力情况相同，但材质不同的杆，EA 值越大，则杆的变形越小。

将式（2-1）和式（2-7）代入式（2-13），拉压胡克定律又可写为

$$\sigma = E\varepsilon \tag{2-14}$$

上式表明，当正应力不超过某一极限数值时，杆横截面上的正应力 σ 与纵向线应变 ε 间成正比关系。

式（2-13）也称为拉压杆的变形计算公式。当构件上多个截面处作用有轴向力，或者构件为阶梯杆时，计算构件的总变形量应分段处理，且杆总变形量等于各段变形量的代数和，即

$$\Delta l = \sum_{i=1}^{n} \frac{F_{Ni} l_i}{EA_i} \tag{2-15}$$

【**例 2-4**】 阶梯形直杆受力如图 2-10 所示，已知该杆 AB 段横截面面积 $A_1 = 800\text{mm}^2$，BC 段横截面面积 $A_2 = 240\text{mm}^2$，杆件材料的弹性模量 $E =$

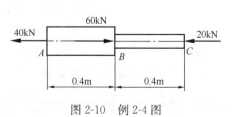

图 2-10　例 2-4 图

200GPa。试求该杆总伸长量。

【解】 （1）根据截面法可求得 AB、BC 段轴力分别为
$$F_{NAB} = 40\text{kN}（拉）$$
$$F_{NBC} = -20\text{kN}（压）$$

（2）分别求 AB、BC 段伸长量

AB 段：$\Delta l_1 = \dfrac{F_{NAB} l_{AB}}{EA_1} = \dfrac{40 \times 10^3 \times 0.4}{200 \times 10^9 \times 8 \times 10^{-4}} = 1 \times 10^{-4}\text{m} = 0.1\text{mm}$

BC 段：$\Delta l_2 = \dfrac{F_{NBC} l_{BC}}{EA_2} = \dfrac{-20 \times 10^3 \times 0.4}{200 \times 10^9 \times 2.4 \times 10^{-4}} = -1.67 \times 10^{-4}\text{m}$
$$= -0.167\text{mm}$$

由以上计算可以看出，AB 段伸长，而 BC 段缩短。

（3）求 AC 杆总伸长
$$\Delta l = \Delta l_1 + \Delta l_2 = 0.1 - 0.167 = -0.067\text{mm}$$

根据上述计算分析可知，杆的总变形量的绝对数值并不一定比分段变形量的绝对数值大，因此在研究构件的变形问题时，除了考虑总体变形外，还要注意分析各分段的变形。

【例 2-5】 图 2-11 所示桁架，$F = 40\text{kN}$，钢杆 AC 横截面面积 $A_1 = 960\text{mm}^2$，弹性模量 $E_1 = 200\text{GPa}$。木杆 BC 横截面 $A_2 = 2.5 \times 10^4 \text{mm}^2$，长度为 1m，弹性模量 $E_2 = 10\text{GPa}$。求铰节点 C 的位移。

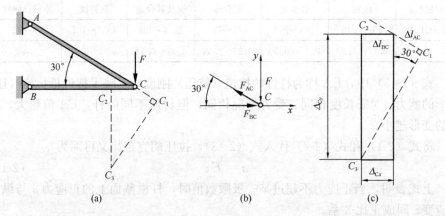

图 2-11 例 2-5 图

【解】 （1）求 AC、CB 两杆的轴力。取铰 C 为研究对象，受力分析如图 2-11(b)所示，根据静力学平衡方程可得
$$\sum F_x = 0, \quad F_{BC} - F_{AC}\cos 30° = 0$$
$$\sum F_y = 0, \quad F_{AC}\sin 30° - F = 0$$

解得 $\quad F_{BC} = 40\sqrt{3}\text{kN}（压），F_{AC} = 80\text{kN}（拉）$

（2）求 AC、BC 两杆的变形。根据式（2-13）得

$\Delta l_{AC} = \dfrac{F_{AC} l_{AC}}{E_1 A_1} = \dfrac{80 \times 10^3 \times 1/\cos 30°}{200 \times 10^9 \times 9.6 \times 10^{-4}}\text{m} = 4.81 \times 10^{-4}\text{m} = 0.481\text{mm}（伸长）$

$$\Delta l_{BC} = \frac{F_{BC} l_{BC}}{E_2 A_2} = \frac{40\sqrt{3} \times 10^3 \times 1}{10 \times 10^9 \times 250 \times 10^{-4}} \text{m} = 2.77 \times 10^{-4} \text{m} = 0.277 \text{mm}（缩短）$$

（3）求 C 点位移。变形前，杆 AC 杆和 BC 铰接于 C 点，变形后仍应铰接于一点，根据这个关系可以建立起变形协调方程，从而求得 C 点的位移。首先假想将铰拆开，则 AC 杆伸长至 AC_1、BC 杆缩短至 BC_2。分别以 A 点和 B 点为圆心、AC_1 和 BC_2 为半径作圆弧，其交点即为变形后 C 点的位置。因为变形很小，故可近似用 C_1 和 C_2 处圆弧的切线来代替圆弧，得到交点 C_3（图 1-11a）。将变形情况放大如图 2-11（c）所示，从图中可以看出：

C 点水平位移： $\Delta_{Cx} = \Delta l_{BC} = 0.277 \text{mm}$

C 点竖向位移： $\Delta_{Cy} = \Delta l_{AC}/\sin 30° + \Delta l_{BC}/\cot 30° = 1.44 \text{mm}$

最后 C 点位移为： $CC_3 = \sqrt{\Delta_{Cx}^2 + \Delta_{Cy}^2} = 1.47 \times 10^{-3} \text{m} = 1.47 \text{m}$

【例 2-6】 图 2-12 所示连接螺栓，内径 $d_1 = 15.3 \text{mm}$，被连接部分的总长度 $l = 54 \text{mm}$，拧紧时螺栓 AB 段的伸长量为 $\Delta l = 0.04 \text{mm}$，钢的弹性模量 $E = 200 \text{GPa}$，泊松比 $\mu = 0.3$。试求螺栓横截面上的正应力及螺栓的横向变形。

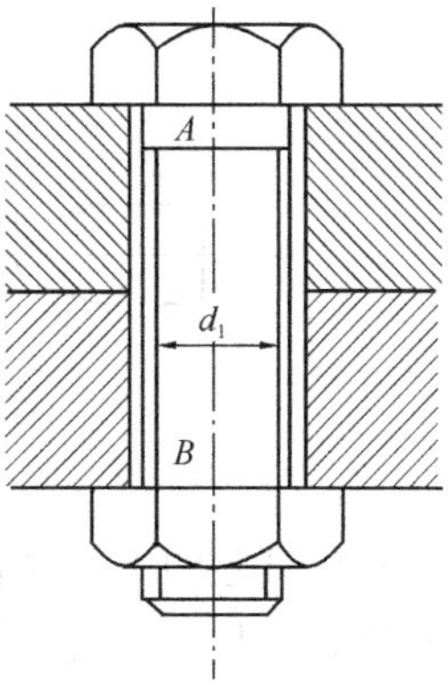

【解】 根据式（2-7）得螺栓的纵向线应变为

$$\varepsilon = \frac{\Delta l}{l} = \frac{0.04}{54} = 7.41 \times 10^{-4}$$

根据拉压胡克定律计算公式，可得螺栓横截面上的正应力为

$\sigma = E\varepsilon = 200 \times 10^9 \times 7.41 \times 10^{-4} = 148.2 \text{MPa}$

图 2-12 例 2-6 图

由式（2-11）可得螺栓的横向应变为

$$\varepsilon' = -\mu\varepsilon = -0.3 \times 7.41 \times 10^{-4} = -2.223 \times 10^{-4}$$

故得螺栓的横向变形为

$$\Delta d = \varepsilon' d_1 = -2.223 \times 10^{-4} \times 15.3 = -0.0034 \text{mm}$$

§2-6 材料拉伸与压缩时的力学性能

构件的强度、刚度、稳定性，不仅与构件的形状、尺寸以及变形有关，还与材料的力学性能有关。本节研究材料在拉伸与压缩时的力学性能。所谓材料的力学性能又称为机械性能，是指材料在外力作用下表现出的变形、破坏等方面的特性。

一、拉伸、压缩试样与试验装置

为了使实验结果可以相互比较，拉伸试样的具体形状、加工精度、尺寸、加载速度和实验环境应符合国家标准的统一规定（GB 228—87）。试样的横截面通常为圆形、矩形。

实验室常用的圆截面标准拉伸试样如图 2-13（a）所示，试样中间等直部分取一段长度为 l 的试验段，称为标距。试样的标距 l 与直径 d 有两种比例，即

$$10 \text{ 倍试样}, l = 10d \text{ 和 } 5 \text{ 倍试样}, l = 5d$$

对于矩形截面标准拉伸试样（2-13b），则规定其工作段长度 l 与横截面面积 A 的比例为

$$l = 11.3\sqrt{A} \text{ 和 } l = 5.65\sqrt{A}$$

压缩试样通常采用短圆柱体，如图 2-13（c）所示，其高度 h 与横截面直径 d 的比值为

$$h = (1 \sim 3)d$$

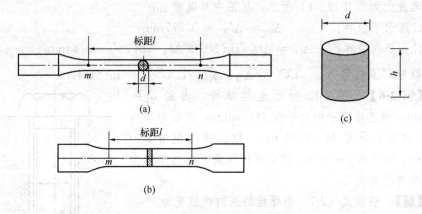

图 2-13 标准拉伸与压缩试样

拉压试验的主要设备有两部分。一是加力与测力的设备，常用的是液压万能试验机；二是测量变形的仪器，常用的有球铰式引伸仪、杠杆变形仪、变形传感器、电阻应变仪；也有用计算机操作、控制、绘图的试验机，这种试验机简称为电拉。

试验时，将试样装入试验机夹头或置于承压平台上。开动试验机对试样施加拉力或压力 F，F 的大小可由试验机的测量装置读出。而试样的标距 l 的伸长或缩短变形 Δl 可用相应的变形仪来测定。测试过程见图 2-14。

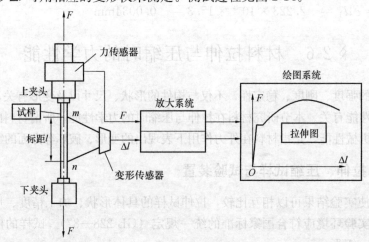

图 2-14 试验装置的连接示意图

二、低碳钢拉伸时的力学性能

含碳量低于 0.25％的碳素钢材称为低碳钢，是工程中广泛应用的结构材料，它在拉伸时表现出的力学性能具有典型性。试验在常温、静载下进行。将低碳钢试样安装在材料试验机上，缓慢加载，直至拉断。在试验过程中，可由试验机上绘图装置绘出荷载 F 和试样变形值 Δl 的关系曲线，如图 2-15（a）所示。该图反映了低碳钢试样从加载至拉断全过程中受力和变形的关系，称为拉伸图或 F-Δl 曲线。为了消除试件横截面尺寸和长度的影响，将荷载 F 除以试件原来的横截面面积 A，得到正应力 σ；将变形量 Δl 除以试样标距长度 l 得到应变 ε，这样绘出的曲线称为应力应变图或 σ-ε 曲线。σ-ε 曲线的形状与 F-Δl 曲线的形状相似，但又反映了材料的本身特性（图 2-15b）。

低碳钢的 σ-ε 曲线如图 2-15（b）所示，其纵坐标

$$\sigma = \frac{F}{A}$$

实质上是名义应力（称为工程应力），因为超过屈服阶段以后，试样横截面面积显著缩小，仍用原面积求得的应力并不能表示试样横截面上的真实应力。曲线的横坐标

$$\varepsilon = \frac{\Delta l}{l}$$

实质上也是名义应变（称为工程应变），因为超过屈服阶段以后，试样的长度显著增加，用原长 l 求得的应变也不能表示试样的真实应变。

根据低碳钢的 σ-ε 曲线（图 2-15b）可以看出，整个拉伸过程可分为四个阶段。

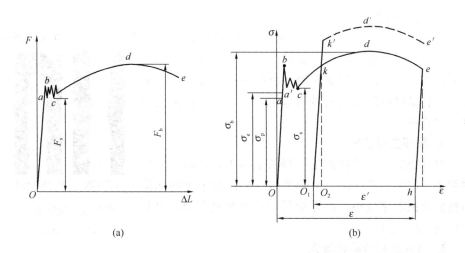

图 2-15　低碳钢的 F-Δl 曲线和 σ-ε 曲线

1. 弹性阶段

这一阶段的变形为弹性变形，拉伸曲线为斜直线（Oa 段），它表明应力和应变成正比，即 $\sigma = E\varepsilon$，材料服从胡克定律。直线段 Oa 的最高点 a 对应的应

力，称为**比例极限**，用 σ_p 表示。直线段与横坐标轴 ε 的夹角为 α，其正切值 $\tan\alpha = \dfrac{\sigma}{\varepsilon} = E$，即为材料的弹性模量。显然，只有应力低于比例极限时，应力与应变才成正比，材料才服从胡克定律。当应力超过比例极限后，aa' 已不再是直线，此时应力和应变已不再是线性关系，但卸除荷载后变形仍可完全消失，这种变形称为弹性变形。a' 点对应的应力值称为**弹性极限**，用 σ_e 表示，这是材料保持弹性变形的最高应力。虽然材料的比例极限和弹性极限是两个不同的物理概念，但由于 σ_p 和 σ_e 两个极限应力在数值上相差不大，a、a' 两点非常接近，在实测中很难区分，因此工程中通常对比例极限和弹性极限不严格区分。材料内的应力处于弹性极限以下，统称为线弹性范围。

2. 屈服阶段

当应力超过弹性极限后，图上出现接近水平的小锯齿形波段，说明此时应力虽有小的波动，但基本保持不变，而应变却迅速增加，即材料暂时失去了抵抗变形的能力。这种应力变化不大而应变显著增加的现象，称为材料的屈服或流动。bc 段称为屈服阶段，屈服阶段的最高应力值和最低应力值，分别称为上屈服极限和下屈服极限。由于下屈服极限较为稳定，能够反映材料的性能，因此通常把下屈服极限，称为材料的**屈服极限**，用 σ_s 表示。这时如果卸去荷载，试样的变形就不能完全恢复，而残留下一部分变形，即塑性变形或残余变形。

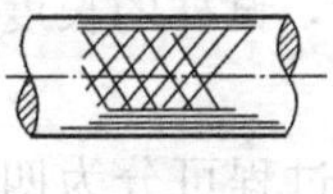

图 2-16 滑移线图

在屈服阶段，可在光滑试样的表面上，观察到与轴线呈 45°的条纹，称为滑移线，如图 2-16 所示。因为试样拉伸时与轴线呈 45°的斜截面上切应力最大，可见屈服现象的发生与切应力有关。

3. 强化阶段

屈服阶段后，材料又恢复了抵抗变形的能力，要使它继续变形必须继续增加拉力，这种现象称为材料的强化。强化阶段中最高点 d 所对应的应力，称为**强度极限**，也称为抗拉强度，用 σ_b 表示。它是材料能承受的最高应力，是衡量材料强度的又一重要指标。

4. 局部变形阶段

过 d 点后，在试样的某一局部范围内，横向尺寸急剧缩小，产生颈缩现象，见图 2-17（a）。由于颈缩部位横截面面积迅速减小，试样承受的拉力明显下降，直至试样被拉断（图 2-17b）。

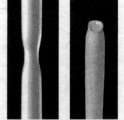

(a) 颈缩现象　(b) 断口形状

图 2-17　低碳钢的颈缩与断裂

5. 延伸率和断面收缩率

试件断裂后，弹性变形恢复，塑性变形保留了下来，标距由原始长度 l 变为 l_1，用百分比表示塑性变形量和原始长度的比值的百分比

$$\delta = \frac{l_1 - l}{l} \times 100\% \tag{2-16}$$

称之为**延伸率**。延伸率是衡量材料塑性的一个重要指标。延伸率越大，说明材料的塑性性能越好，低碳钢的延伸率可达 20%～30%。

工程上通常把 $\delta \geqslant 5\%$ 的材料称为塑性材料，如钢材、铜和铝合金等；把 $\delta < 5\%$ 的材料称为脆性材料，如铸铁、砖、玻璃等。

以 A 表示试样原始横截面面积，A_1 表示试样拉断后最小横截面面积，则比值

$$\psi = \frac{A - A_1}{A} \times 100\% \tag{2-17}$$

称为**断面收缩率**。ψ 是衡量材料塑性性能的又一个重要指标。

6. 冷作硬化

如把试样加载到超过屈服点以后某点，如图 2-15（b）中 k 点，然后卸载，可以看到卸载过程中应力和应变按直线规律变化，即沿直线 kO_1 回到 O_1 点，卸载线 kO_1 近似平行与初始阶段加载线 Oa。从图中可以看出，O_1O_2 代表恢复了的弹性变形，而 OO_1 则表示不再恢复的塑性变形。

卸载后，如在短期内继续加载，而加载线大致与卸载线重合，即先沿 O_1k 上升，到 k 点以后仍沿 kde 变化，直至断裂。这表明在再次加载过程中，直到 k 点以前材料的变形都是弹性的，过 k 点后才开始出现塑性变形，因此材料的比例极限有所提高，而塑性变形减小（原塑性变形为 Oh，现为 O_1h），这种现象称为**冷作硬化**。对于钢材，冷作硬化后材料的性质还会缓慢地变化，卸载后放置一段时间再加载，材料应力-应变曲线会沿着 $O_1k'd'e'$ 变化，强度进一步提高，这一现象称为时效强化。

工程中有时利用材料的冷作硬化，提高材料的比例极限，从而提高材料的强度，如冷拉钢筋和冷拔钢丝。通过冷拉可提高抗拉强度，但抗压强度会有所降低，因此承压杆件不能采用冷拉材料。材料经过冷加工后，冷作硬化现象会使材料局部变脆变硬，塑性和韧性下降，影响进一步加工，并容易开裂，可通过热处理来消除冷作硬化的不利影响。

三、其他塑性材料拉伸时的力学性能

工程上常用的塑性材料，除低碳钢外，还有中碳钢、高碳钢、合金钢以及铜、铝等非铁金属。图 2-18 是几种塑性材料的 σ-ε 曲线。其中有些材料，如 Q345 钢，与低碳钢一样，有明显的四个阶段；有些材料，如铝合金、铜，没有屈服阶段，但其他三个阶段很明显。

对于没有明显屈服点的塑性材料，国家标准（GB/T 228—2002）中以规定应力作为其强度指标。例如，采用产生 0.2% 塑性应变时的应力作为屈服极限，用 $\sigma_{0.2}$ 表示，如图 2-19 所示。

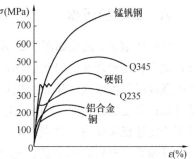

图 2-18　常见材料的 σ-ε 曲线

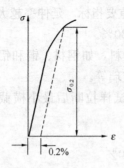
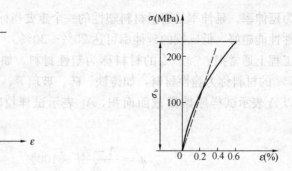

图 2-19 无明显屈服点塑性材料的 σ-ε 曲线　　图 2-20 铸铁的拉伸曲线

四、铸铁拉伸

铸铁拉伸时的 σ-ε 曲线如图 2-20 所示。从图中可以看出,它没有明显的直线部分,也没有屈服和颈缩现象,拉断前试样的变形很小,延伸率也很小,它是一种典型的脆性材料。由于没有屈服现象,常以拉断时的最大应力作为其强度极限 σ_b,因此 σ_b 是衡量强度的唯一指标。一般来说,脆性材料的抗拉强度都比较低,不宜作受拉构件的材料。

尽管铸铁拉伸时的 σ-ε 曲线无直线部分,但由于铸铁在工程应用中承受的拉应力一般较小,在较低应力下,可近似地认为铸铁仍服从胡克定律。常以其 σ-ε 曲线开始部分的割线代替曲线,以割线的斜率作为弹性模量,称为**割线弹性模量**。

五、低碳钢压缩

金属材料压缩试样一般制成很短的圆柱,以免被压弯,高度约为直径的 1.5～3 倍(图 2-13c)。混凝土、石料等则制成立方形的试块。低碳钢压缩时的 σ-ε 曲线如图 2-21 所示(实线),虚线为拉伸时的 σ-ε 曲线。由图可知,屈服阶段以前,低碳钢压缩力学性能与拉伸力学性能基本相同,即压缩时弹性模量 E 和屈服极限 σ_s 与拉伸时相同。屈服阶段过后,压缩与拉伸曲线逐渐分离,试样越压越扁,横截面面积不断增大,抗压能力持续增高,所以测不出压缩时的抗压强度。故一般不进行低碳钢压缩试验,而由拉伸试验得到其主要性能指标。

六、铸铁的压缩

铸铁压缩 σ-ε 曲线如图 2-22 所示。从图中可以看出,曲线也无严格的直线部分,试样在变形较小的时候破坏,破坏面法线与轴线大约呈 45°～55°夹角。铸铁抗压强度极限由最大承压力除以试样的横截面积得到。铸铁材料的抗压强度极限是其抗拉强度极限的 4～5 倍。由于铸铁价格较低廉、坚硬耐磨、易于浇铸,故适用于铸造机床床身、机壳、底座、阀门等受压构件。

其他脆性材料,如陶瓷、混凝土、玻璃等,抗压强度也远高于抗拉强度,所以脆性材料宜作为受压构件的材料,其压缩试验也比拉伸试验更为重要。

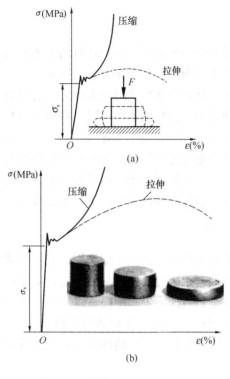

图 2-21 低碳钢压缩的 $\sigma\varepsilon$ 曲线

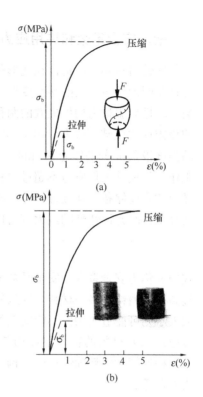

图 2-22 铸铁压缩时 $\sigma\varepsilon$ 曲线

综上所述，衡量材料力学性能的主要指标有：比例极限 σ_p（或弹性极限 σ_e）、屈服极限 σ_s、强度极限 σ_b、弹性模量 E、泊松比 μ 以及延伸率 δ 和断面收缩率 ψ。对很多材料来说，这些量往往受环境温度、热处理工艺等条件的影响。表 2-3 中列出了几种常用材料在常温、静载下的部分力学性能指标。

部分常用材料的主要力学性能　　　　表 2-3

材料名称	牌号	σ_s 或 $\sigma_{p0.2}$ (MPa)	σ_b (MPa)	δ_5 (%)
普通碳素钢	Q235（A3）	220～240	380～470	25～27
	Q275（A5）	260～280	500～620	19～21
优质碳素钢	40	333	569	19
	45	353	598	16
低合金钢	Q345（16Mn）	280～350	470～510	19～21
	Q390	340～420	490～550	17～19
灰铸铁	HT150	100～280	640～1300	<0.5
球墨铸铁	QT600-2	412	588	2
铝合金	LY12	274	412	19
混凝土	C20		1.6	14.2
	C30		2.1	21
石料	石灰石		40	200

七、安全系数和许用应力

脆性材料制成的构件在变形很小的情况下会突然断裂，而塑性材料制成的构件在拉断前发生了大的塑性变形，使得构件不能满足正常工作要求。因此脆性断裂和塑性屈服称为构件失效的两种基本形式。材料所能承受的最大应力称为材料的极限应力或破坏应力，用 σ_u($\sigma°$) 表示。通常塑性材料的屈服极限 σ_s 和脆性材料的强度极限 σ_b 分别作为它们的极限应力。实际使用中，为了保证构件安全可靠地工作，仅使其工作应力不超过材料的极限应力是远远不够的，还必须使构件留有必要的强度储备。强度计算时，把极限应力 σ_u($\sigma°$) 除以大于 1 的系数 n 后，作为构件工作时允许达到的最大应力值，这个应力值称为许用应力，用 [σ] 表示，即

$$[\sigma] = \frac{\sigma°}{n} = \frac{\sigma_u}{n} \tag{2-18}$$

式中 n 称为安全系数。安全系数的选取关系到构件的安全性与经济性。安全系数过高，会消耗过多的材料，导致构件或机器笨重和制造成本增加；反之，安全系数太小则可能造成构件不能安全的工作。安全系数的确定，一般从以下几个方面考虑：(1) 材料的特性，如均匀性、塑性或脆性；(2) 外荷载估计的准确性；(3) 构件简化的精确性；(4) 构件在系统中的重要性；(5) 构件的工作条件及使用寿命等。

一般来说，塑性材料取 $n = 1.4 \sim 2.0$，脆性材料取 $n = 2.0 \sim 2.5$。不同工作条件下构件安全系数 n 可查相关工程手册。

§2-7 简单拉压超静定问题

一、超静定问题的解法

在以前讨论的问题中，各杆件的轴力均可由静力学平衡方程求出，这类问题称为静定问题。但有时，仅以静力学平衡方程并不能解出全部杆件的轴力，这就属于超静定问题。为求解超静定问题，除列静力学平衡方程外，还要根据构件变形的几何关系建立变形协调方程。以图 2-23 (a) 所示桁架为例，已知杆 1 和杆 2 的横截面积、杆长、材料均相同，即 $A_1 = A_2$，$l_1 = l_2$，$E_1 = E_2$，杆 3 的横截面积和弹性模量分别为 A_3 和 E_3，杆 1、杆 2 与杆 3 的夹角均为 α。试求在垂直荷载 F 作用下各杆的轴力。

取节点 A 为研究对象，受力分析如图 2-23 (b) 所示，外力 F 与 3 个内力 F_{N1}、F_{N2}、F_{N3} 组成一个平面汇交力系，因此仅能列出 2 个独立的静力学平衡列方程

$$\sum F_x = 0, \quad F_{N1} \sin \alpha - F_{N2} \sin \alpha = 0 \tag{a}$$

$$\sum F_y = 0, \quad F_{N3} + 2F_{N1} \cos \alpha - F = 0 \tag{b}$$

由式 (a) 得

$$F_{N1} = F_{N2} \tag{c}$$

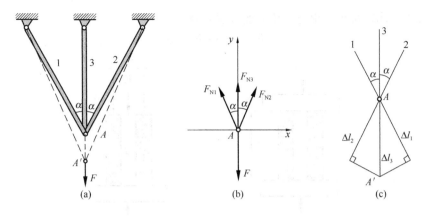

图 2-23 超静定问题的求解

但系统中有 3 个未知量，所以仅靠静力学平衡方程不能求得全部轴力，故该桁架属于一次超静定问题。因此，为了求得问题的解，还必须再建立一个变形协调方程。

由于桁架结构对称，杆 1 和杆 2 具有相同的抗拉刚度，故节点 A 应沿铅垂方向下移到 A' 点，见图 2-23（c），那么杆 1、杆 2 的伸长量 $\Delta l_1 = \Delta l_2$，且与杆 3 的伸长量 Δl_3 之间满足如下几何关系：

$$\Delta l_1 = \Delta l_3 \cos\alpha \tag{d}$$

该式即为结构的变形协调方程。

根据拉压杆胡克定律，即物理关系，可求出各杆的变形量，且有

$$\Delta l_1 = \Delta l_2 = \frac{F_{N1} l_1}{E_1 A_1} \tag{e}$$

$$\Delta l_3 = \frac{F_{N3} l_3}{E_3 A_3} = \frac{F_{N3} l_1 \cos\alpha}{E_3 A_3} \tag{f}$$

将式（e）、式（f）代入式（d），得补充方程

$$F_{N1} = \frac{E_1 A_1}{E_3 A_3} \cos^2\alpha \times F_{N3} \tag{g}$$

联立式（c）、式（d）和式（g）便可求出各杆轴力，即

$$F_{N1} = F_{N2} = \frac{F \cos^2\alpha}{2\cos^3\alpha + \dfrac{E_3 A_3}{E_1 A_1}}$$

$$F_{N3} = \frac{F}{1 + 2\dfrac{E_1 A_1}{E_3 A_3} \cos^3\alpha}$$

说明：由于该桁架结构为一次超静定结构，所以只需要建立一个补充方程。如果结构是 n 次超静定问题，则需要建立 n 个补充方程才能完全解出所有未知力。

【例 2-7】 一钢圆柱和一铜管在实验机夹头之间受到压缩，如图 2-24（a）所示，S 表示钢柱，横截面面积为 A_s，弹性模量为 E_s，C 表示铜管，横截面面积为 A_c，弹性模量为 E_c。试确定钢柱和铜管由于压力 F 所产生的应力及应变。

【解】 去除顶板，假设钢柱和铜管所承担的压力分别为 F_s 和 F_c，受力分析

如图 2-24（b）所示。由静力学平衡方程，得

$$F_s + F_c - F = 0 \tag{a}$$

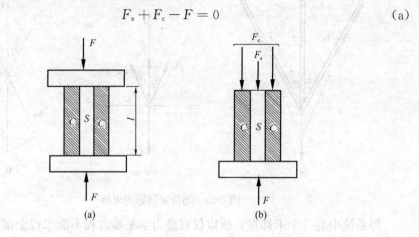

图 2-24　例 2-7 图

由于钢柱和铜管具有相同的初始长度，并且共同放置于两压板之间，因此它们在压力作用下具有相同的变形量，故可写出变形协调方程

$$\Delta l_s = \Delta l_c \tag{b}$$

利用胡克定律可分别求出钢柱和铜管的变形量

$$\Delta l_s = \frac{F_s l}{E_s A_s}, \quad \Delta l_c = \frac{F_c l}{E_c A_c} \tag{c}$$

联立式（a）、式（b）和式（c），得

$$F_s = \frac{E_s A_s}{E_s A_s + E_c A_c} F, \quad F_c = \frac{E_c A_c}{E_s A_s + E_c A_c} F \tag{d}$$

将钢柱和铜管所承受的压力除以各自的横截面面积，便可分别得到相应的应力，即

$$\sigma_s = \frac{F_s}{A_s} = \frac{E_s}{E_s A_s + E_c A_c} F, \quad \sigma_c = \frac{F_c}{A} = \frac{E_c}{E_s A_s + E_c A_c} F$$

最后根据胡克定律，求出钢柱或铜管的线应变

$$\varepsilon = \frac{F}{E_s A_s + E_c A_c}$$

结果表明：应变等于总的荷载除以钢柱与铜管的拉压刚度之和。

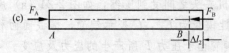

图 2-25　两端固定直杆的温度应力

二、温度应力

温度变化将引起构件的热胀或冷缩。对于静定结构，均匀的温度变化在杆内不会产生内力。而超静定结构则不同，温度变化将使杆内产生内力。例如长度为 l 的直杆，两段均固定在刚性支承上，如图 2-25（a）所示。当温度升高时，杆的热膨胀将受到两端支承的阻碍，所以势必有约束力 F_A 和 F_B

作用于杆的两端（图2-25c），从而在杆内产生应力，这种应力称为**温度应力**或**热应力**。根据静力学平衡方程只能列出方程

$$F_A - F_B = 0 \tag{a}$$

一个方程，两个未知力，因此无法直接确定出两个约束力的大小，所以这也是超静定问题。必须再补充一个变形协调方程才能解出两个未知力。

假定去除右端约束，允许杆件自由伸缩（见图2-25b），当问题升高 ΔT 时，杆件因温度变化引起的变形量为

$$\Delta l_1 = \Delta l_T = \alpha \Delta T \cdot l \tag{b}$$

式中 α——材料的线膨胀系数。

然后，再假想杆右端作用压力 F_B，使得杆产生压缩变形，变形量为

$$\Delta l_2 = \frac{F_B l}{EA} \tag{c}$$

由于杆的两端为刚性约束，故在整个过程中杆长未发生任何变化，必有

$$\Delta l_1 = \Delta l_2 \tag{d}$$

这就是变形协调方程。

将式（b）、式（c）代入式（d），并联立式（a），得

$$F_A = F_B = EA\alpha\Delta T$$

那么杆内产生的温度应力为

$$\sigma = \frac{F_A}{A} = \alpha E \Delta T$$

如果杆的材料为Q235钢，$\alpha = 12.5 \times 10^{-6} \,℃^{-1}$，$E = 200\text{GPa}$，当温度升高1℃时，杆内产生的温度应力为

$$\sigma = \alpha E \Delta T = 12.5 \times 10^{-6} \times 200 \times 10^9 \times 1 = 2.5\text{MPa}$$

由此可见，当构件温度有较大变化时，所产生的温度应力相当可观，这对构件的安全造成不利影响。工程中，常采用相关措施以避免产生过大的温度应力。如铺设铁路时，钢轨间留有伸缩缝，桥梁桁架一端采用活动铰链支座，架设长管道时中间留有伸缩节（图2-26）等，都是工程中防止或减小温度应力的有效措施。

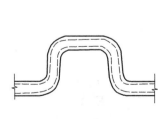

图2-26 伸缩节

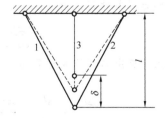

图2-27 装配应力

三、装配应力

在机械零件加工和工程结构搭建时，微小的误差是难以避免的。对于静定结构，这些微小误差仅会引起构件几何形状的细微改变，而不会引起内力。但对于

超静定结构，加工误差往往会引起内力。例如图 2-27 所示结构，杆 1 和杆 2 的长度相同，而杆 3 比原设计长度 l 短了 δ ($\delta \ll l$)。若想将三个杆装配到一起，必须把杆 3 拉长，而杆 1 和杆 2 压缩，如图 2-27 虚线所示。显然，尽管结构未受到荷载作用，但各杆中已存在内应力，这种应力称为**装配应力**。与温度应力一样，装配应力在工程中常常是不利的。但任何事物都有其两面性，有时也利用装配应力来提高结构的承载能力，如土木结构中的预应力钢筋混凝土和机械制造中的过盈配合等。

【例 2-8】 图 2-28（a）所示结构中，杆 1 和杆 2 的抗拉刚度均为 $E_1 A$，杆 3 为 $E_3 A_3$。杆 3 的实际长度为 $l+\delta$，其中 δ 为加工误差。试求将杆 3 装入 AC 位置后，各杆的应力。

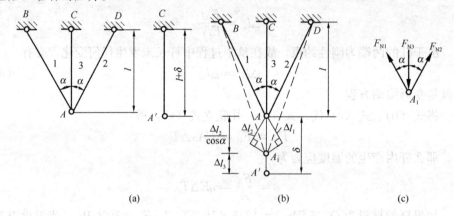

图 2-28 例 2-8 图

【解】 将杆 3 装配如 AC 位置后，杆 1、2 受拉，杆 3 受压，杆 1、2 的节点 A 和杆 3 的 A' 点在 A_1 处结合，如图 2-28（b）所示。取节点 A_1 为研究对象，受力分析如图 2-28（c）所示，由于结构和荷载均对称，故有

$$F_{N1} = F_{N2} \tag{a}$$

根据静力平衡方程，得

$$\sum F_y = 0, \quad F_{N3} + 2F_{N1} \cos \alpha - F = 0 \tag{b}$$

再利用变形协调条件可写出

$$\frac{\Delta l_2}{\cos \alpha} + \Delta l_3 = \delta \tag{c}$$

由胡克定律计算出各杆的变形量为

$$\Delta l_1 = \Delta l_2 = \frac{F_{N1} l}{E_1 A_1 \cos \alpha}, \quad \Delta l_3 = \frac{F_{N3} l}{E_3 A_3} \tag{d}$$

将式（d）代入式（c）得

$$\frac{F_{N1} l}{E_1 A_1 \cos \alpha} + \frac{F_{N3} l}{E_3 A_3} = \delta \tag{e}$$

联立式（b）和式（e），解得

$$F_{N1} = F_{N2} = \frac{\delta E_1 A_1 E_3 A_3 \cos^2\alpha}{l(2E_1 A_1 \cos^3\alpha + E_3 A_3)} \quad (\text{拉}) \tag{f}$$

$$F_{N3} = \frac{2\delta E_1 A_1 E_3 A_3 \cos^3\alpha}{l(2E_1 A_1 \cos^3\alpha + E_3 A_3)} \quad (\text{压}) \tag{g}$$

将式（f）、式（g）分别除以杆 1、3 的横截面面积，即可得到各杆的应力

$$\sigma_1 = \sigma_2 = \frac{F_{N1}}{A_1} = \frac{\delta E_1 E_3 A_3 \cos^2\alpha}{l(2E_1 A_1 \cos^3\alpha + E_3 A_3)} \quad (\text{拉})$$

$$\sigma_3 = \frac{F_{N3}}{A_3} = \frac{2\delta E_1 E_3 A_1 \cos^3\alpha}{l(2E_1 A_1 \cos^3\alpha + E_3 A_3)} \quad (\text{压})$$

§2-8 应力集中的概念

等截面杆轴向拉伸（或压缩）时，横截面上的应力是均匀分布的。但在实际应用中，构件的形状常常是比较复杂的，如传动轴上常开有键槽、油孔、销孔、退刀槽，或制成阶梯状，从而使得截面尺寸有突然变化。实验研究和理论分析表明，在突变处截面上的应力分布是不均匀的。在孔槽附近局部区域的应力急剧增大，而在较远处应力迅速下降并渐趋均匀。这种由于构件外形尺寸的突然变化而引起的局部应力急剧增大的现象，称为**应力集中**。如图 2-29（a）所示含圆孔的板条，在轴向拉伸时截面 m-m 上的应力分布如图 2-29（b）所示，在孔附近局部区域应力值很大，而离开这个小的区域后应力下降很快，并逐渐趋于均匀。

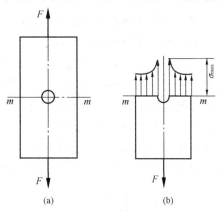

图 2-29　有孔塑性材料横截面上应力变化

应力集中处的最大应力值 $\sigma_{\max}$ 与同一截面上的平均应力 σ 的比值，称为理论应力集中系数，用 K 表示，即

$$K = \frac{\sigma_{\max}}{\sigma} \tag{2-19}$$

式中 K 是一个应力比值，与材料无关，其值大于 1，反映了构件在静荷载作用下应力的集中程度。实验结果表明，截面尺寸改变越突然、角越尖、孔越小，应力集中的程度就越严重。

各种材料对应力集中的敏感程度是不同的。塑性材料因有屈服阶段存在，当构件局部的最大应力 $\sigma_{\max}$ 达到屈服应力 σ_s 时，如果继续增大荷载，所增加的荷载将有同一截面尚未屈服的材料来承担，使截面上所有点的应力相继达到屈服极限，截面上的应力逐渐趋于均匀。因此，塑性材料制成的构件，在静荷载作用下一般可以不考虑应力集中的影响。脆性材料没有屈服阶段，当应力集中处最大应力值 $\sigma_{\max}$ 达到强度极限 σ_b 时，构件即发生破坏。因此，在使用脆性材料设计构件

时，必须考虑应力集中的影响。

对于在冲击荷载或周期性变化的交变应力作用下的构件，不论是塑性材料还是脆性材料，都要考虑应力集中对构件承载力的影响。

§2-9 剪切和挤压的实用计算

对于机器或工程机械的零件和零件之间，常采用键、销钉、螺栓、铆钉等连接，本节将介绍连接件的近似强度计算。

连接件的受力与变形一般都较为复杂，而且很大程度上还受到加工工艺的影响，精确分析其应力比较困难。因此，工程中通常采用简化分析方法或称为实用计算法。主要特点是，一方面对连接件的受力与应力分布进行某些简化，从而计算出各部分的"名义应力"；同时，对同类连接件进行破坏实验，并采用同样的计算方法，由破坏荷载确定材料的极限应力。实践证明，只要简化合理并有充分的实验依据，这种简化分析方法仍然是可靠的。

一、剪切与剪切强度条件

现以钳子剪钢筋为例说明剪切的概念，如图 2-30(a)所示。上、下两个刀刃以大小相等、方向相反，垂直于钢筋轴线且作用线很近的两个力 F 作用于钢筋上，当力 F 足够大时，钢筋将沿 n-n 截面被剪断(图 2-30b)。另一个例子是连接轴与轮的键(图 2-31a)。当轴与轮匀速转动时，作用于轮上的传动力偶和轴上的阻抗力偶大小相等、方向相反，键的受力情况如图 2-31(b)所示。作用于键的左、右两个侧面上的力，欲使键的上、下部分沿 n-n 截面发生相对错动。在上述实例中 n-n 面称为**剪切面**，从剪切面将受剪构件分成两部分，取其中之一为研究对象，如图 2-30(c)和图 2-31(c)所示，由静力学平衡方程可求得剪力 $F_S = F$。

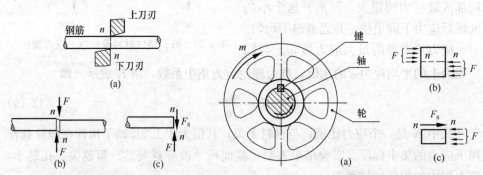

图 2-30 钢筋剪切变形　　　　图 2-31 键的剪切与挤压受力

图 2-32 (a)是用铆钉连接两块钢板的接头，设铆钉数为 n 个，从接头中取出铆钉，其受力情况如图 2-32 (b)所示，现假设每个铆钉所受力相等，即所有铆钉平均分担接头所承受的总拉力 F。每个铆钉所受的剪力（图 2-32c）可表示为 $F_S = \dfrac{F}{n}$。

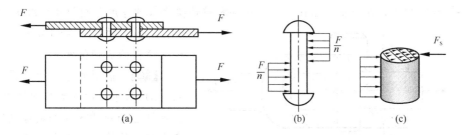

图 2-32 铆钉的受力与假定剪力均匀分布

剪力 F_S 在横截面上的实际分布规律是复杂的，在实用计算中，通常假定剪切面上的切应力均匀分布（图 2-32c）。于是，剪切面上的切应力 τ 为

$$\tau = \frac{F_S}{A} \qquad (2\text{-}20)$$

式中　A——剪切面的面积。

若要保证连接件正常工作，那么其平均切应力必须满足如下强度条件

$$\tau = \frac{F_S}{A} \leqslant [\tau] \qquad (2\text{-}21)$$

式中 $[\tau]$ 为许用切应力，可从有关规范中查到。对于钢材，可取 $[\tau] = (0.6 \sim 0.8)[\sigma]$，$[\sigma]$ 为材料的许用拉伸应力。

强调指出：对于由 n 个铆钉连接的接头，每个铆钉的剪切面积 $A = \frac{\pi}{4}d^2$，剪力 $F_S = \frac{F}{n}$。根据式（2-21）可写出剪切强度条件如下

$$\tau = \frac{F_S}{A} = \frac{\frac{F}{n}}{\frac{\pi}{4}d^2} \leqslant [\tau] \qquad (2\text{-}21\text{a})$$

由这个强度条件还可以计算该接头所需铆钉的个数，即

$$n \geqslant \frac{F}{\frac{\pi}{4}d^2 [\tau]} \qquad (2\text{-}21\text{b})$$

说明：以上所述只是对单剪铆钉而言。所谓单剪（single shear），就是铆钉只有一个受剪面。如果钢板采用对接连接，如图 2-33 所示，则铆钉有两个剪切面，这就称为双剪（double shear）。

此时的计算式（2-21a）和式（2-21b）则相应改为

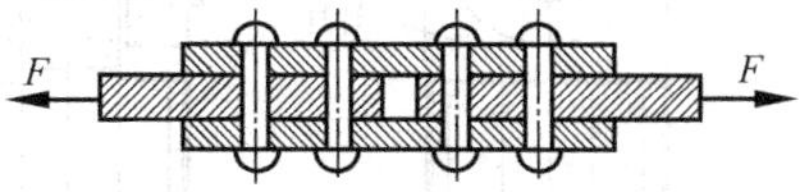

$$\tau = \frac{F}{2n \times \frac{\pi d^2}{4}} \leqslant [\tau] \qquad (2\text{-}21\text{c})$$

图 2-33 铆钉受剪（双剪）

和

$$n \geqslant \frac{F}{2 \times \frac{\pi d^2}{4} [\tau]} \qquad (2\text{-}21\text{d})$$

【例 2-9】 图 2-34（a）所示连接件中，插销材料为 20 号钢，许用切应力

$[\tau]=30\text{MPa}$,直径 $d=20\text{mm}$。连接件和被连接件板的厚度分别为 $\delta=8\text{mm}$ 和 $a=12\text{mm}$,拉力 $F=15\text{kN}$。试校核插销的剪切强度。

【解】 插销受力分析如图 2-34 (b) 所示,由受力情况可知,插销将沿 m-m 和 n-n 两截面同时产生错动趋势,因此存在两个剪切面,也称为双剪切。根据静力学平衡方程可得

$$F_S = \frac{F}{2}$$

故插销横截面上的切应力为

$$\tau = \frac{F_S}{A}$$
$$= \frac{15 \times 10^3}{2 \times \frac{\pi}{4} \times 20^2 \times 10^{-6}}$$
$$= 23.9\text{MPa} < [\tau]$$

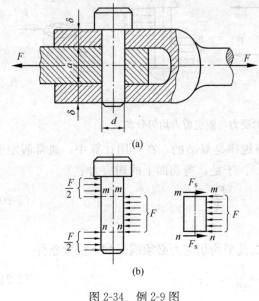

图 2-34 例 2-9 图

所以插销的剪切强度满足要求。

二、挤压与挤压强度条件

在外力作用下,连接件与被连接构件之间在接触面上相互压紧,这种现象称为**挤压**。图 2-35 中,在外力作用下,销钉与耳片孔之间直接相互挤压,两者接触面称为**挤压面**,作用在接触面上的压力称为**挤压力**,用 F_{bs} 表示,挤压力垂直于挤压面。而接触面上应力称为**挤压应力**,用 σ_{bs} 表示。挤压应力在挤压面上的分布情况是比较复杂的。将压杆耳片与销钉分开,可显示挤压力 F_{bs} 如图 2-36 所示。实验表明,当挤压应力过大时,在孔和销钉接触的局部区域内,将产生显著塑性变形,以致影响构件正常的工作。因此,这种塑性变形通常也是不容许的。

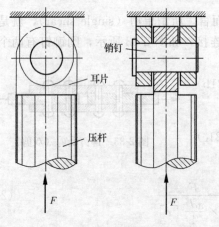

图 2-35 受挤压构件的工程实例

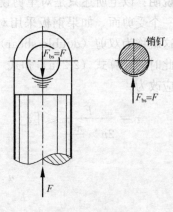

图 2-36 挤压力

在局部接触的圆柱面上，挤压应力的分布如图 2-37（a）、（b）所示，最大挤压应力 σ_{bs} 发生在该表面的中部。在实用计算中，仍然假设挤压应力均匀分布在挤压面上。挤压力为 F_{bs}，挤压面面积为 A_{bs}，那么挤压应力为

$$\sigma_{bs} = \frac{F_{bs}}{A_{bs}} \quad (2\text{-}22)$$

相应的挤压强度条件为

$$\sigma_{bs} = \frac{F_{bs}}{A_{bs}} \leqslant [\sigma_{bs}] \quad (2\text{-}23a)$$

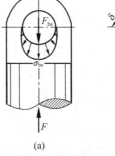

图 2-37 挤压面、挤压应力分布

式中，$[\sigma_{bs}]$ 为材料的许用挤压应力，挤压面面积 $A_{bs} = \delta d$，δ 为耳片的厚度，d 为销钉或孔的直径。在工程中采用挤压面的正投影面积作为挤压面面积（图 2-37b）。

如两块钢板由 n 个铆钉连接，则建立挤压应力的强度条件为

$$\sigma_{bs} = \frac{F_{bs}}{A_{bs}} = \frac{F}{nd\delta} \leqslant [\sigma_{bs}] \quad (2\text{-}23b)$$

式中　d——铆钉直径；

　　　δ——钢板厚度，当两块钢板厚度不同时，应取其中较小者。

对于钢材，可取 $[\sigma_{bs}] = (1.7 \sim 2.0)[\sigma]$，$[\sigma]$ 为材料的许用拉伸应力。

应该指出：对于不同类型的连接件，其受力与应力分布也不相同，应根据其具体特点进行分析计算。对于铆钉接头，由于铆钉孔的存在，钢板的横截面在开孔处受到削弱，因此必须对钢板削弱的截面进行强度计算。

【**例 2-10**】 图 2-38(a)所示接头，由两块钢板用 4 个直径相同的钢制铆钉搭接而成。已知荷载 $F = 80\text{kN}$，板宽 $b = 80\text{mm}$，板厚 $\delta = 10\text{mm}$，铆钉直径 $d = 16\text{mm}$，铆钉的许用切应力 $[\tau] = 100\text{MPa}$，许用挤压应力 $[\sigma_{bs}] = 300\text{MPa}$，钢板的许用拉应力 $[\sigma] = 160\text{MPa}$。假设各铆钉所受剪力相等，试校核接头的强度。

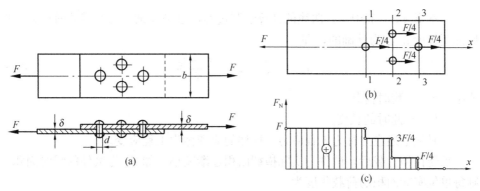

图 2-38 例 2-10 图

【**解**】 （1）铆钉的剪切强度校核。各铆钉剪切面上的剪力均为

$$F_S = \frac{F}{4} = \frac{80 \times 10^3}{4} = 2 \times 10^4 \text{N}$$

而相应的切应力则为

$$\tau = \frac{F_S}{A} = \frac{4F_S}{\pi d^2} = \frac{4 \times 2 \times 10^4}{\pi \times 16^2 \times 10^{-6}} = 99.5 \text{MPa} < [\tau]$$

(2) 铆钉的挤压强度校核。根据铆钉的受力可知，铆钉所受挤压力 F_{bs} 等于剪切面上的剪力 F_S，因此，最大挤压应力为

$$\sigma_{bs} = \frac{F_{bs}}{A_{bs}} = \frac{F_S}{\delta d} = \frac{2 \times 10^4}{10 \times 10^{-3} \times 16 \times 10^{-3}} = 125 \text{MPa} < [\sigma_{bs}]$$

(3) 钢板的拉伸强度校核。钢板的受力如图 2-38 (b) 所示。以横截面 1-1、2-2、3-3 为分界面，将钢板分为 4 段，利用截面法即可求出各段的轴力。

设以平行于板轴线的坐标 x 表示横截面的位置，以垂直于轴线的纵坐标表示轴力，根据上述分析，绘轴力图如图 2-38 (c) 所示。根据轴力图可知，截面 1-1 的轴力最大，截面 2-2 削弱最严重，因此，应对这两个截面进行强度校核。

截面 1-1、2-2 的拉应力分别为

$$\sigma_{1-1} = \frac{F_{N1}}{A_1} = \frac{F}{(b-d)\delta}$$

$$= \frac{80 \times 10^3}{(80-16) \times 10^{-3} \times 10 \times 10^{-3}}$$

$$= 125 \text{MPa} < [\sigma]$$

$$\sigma_{2-2} = \frac{F_{N2}}{A_2} = \frac{3F}{4(b-2d)\delta}$$

$$= \frac{3 \times 80 \times 10^3}{4 \times (80 - 2 \times 16) \times 10^{-3} \times 10 \times 10^{-3}}$$

$$= 125 \text{MPa} < [\sigma]$$

综上所述，铆钉的剪切强度、挤压强度以及钢板的拉伸强度均满足要求。

*§2-10 真应力和真应变

在本章 §2-6 节中 σ-ε 曲线的计算绘制过程，总是以试件的原横截面积 A_0 和原标距长度 l_0 作为基础的，即

$$\sigma_{\text{eng}} = \frac{F}{A_0}, \varepsilon_{\text{eng}} = \frac{l_i - l_0}{l_0} \tag{2-24}$$

式中 F——瞬时荷载；

l_i——此时的长度。

有时把上述应力称为工程应力，这样的应变称为工程应变。

承受拉伸荷载后，试件的实际横截面积逐渐减小，如 A_i 为试件的瞬时面积，则每单位实际面积的荷载集度为

$$\sigma_{\text{true}} = \frac{F}{A_i} \tag{2-25}$$

称为真应力（true stress），这个应力描述了实际承受的荷载集度。真应力值大于工程应力值。在弹性范围内，两者相差很小。当试样出现大量塑性变形后，从试验得知试样的体积基本上保持不变，即

第 2 章 拉伸、压缩与剪切

$$A_0 l_0 = A_i l_i$$
$$A_i = \frac{A_0 l_0}{l_i} = \frac{A_0}{1+\varepsilon}$$

故真应力

$$\sigma_{\text{true}} = \frac{F}{A_i} = \frac{F}{A_0}(1+\varepsilon) \tag{2-26}$$

由上式可见，对于与 1 相比很小的应变，截面积的相对减小甚微，因而真应力与工程应力实际上可认为是相等的，如 $\varepsilon = 0.05$ 时，$\sigma_{\text{true}} = 1.05 \sigma_{\text{eng}}$。当试件继续伸长，截面开始局部缩小而出现颈缩现象时，ε 沿试件长度不是均匀分布的。在出现大变形后，我们用应变增量的方法描述应变方能反映其实际情况。把总应变看成是若干应变增量的总和，因而

$$\varepsilon = \Sigma \Delta \varepsilon = \Sigma \frac{\Delta l}{l} \tag{2-27}$$

式中的 l 是发生伸长增量 Δl 时试件的瞬时长度。若试件原长为 l_0，相应于长度 l_1 的应变由下列积分给出（当 $\Delta l \to 0$）

$$\varepsilon = \int_{l_0}^{l_1} \frac{\mathrm{d}l}{l} = \ln \frac{l_1}{l_0} \tag{2-28}$$

这个由若干个瞬时尺寸的应变增量相加而得的应变，称为**真应变**（true strain），由式（2-28）知，真应变有时称为对数应变。

对于与 1 相比很小的应变，工程应变与真应变的数值实质上是相等的。如工程应变为 0.05 时，其真应变为 0.0488，差别仅约 2%。应注意到，即使在总应变与 1 相比很小时，其塑性应变可大于弹性应变很多倍，因此，即使应变很小，仍假定其体积不变性。将前式关系代入式（2-28），得

$$\varepsilon = \ln \frac{l_1}{l_0} = \ln \frac{A_0}{A_1} = 2\ln \frac{D_0}{D_1}$$

式中　　D_0——试件原有直径；
　　　　D_1——与 ε 相应的直径。

只要测得试件在最小截面处的直径，即可按上式算出颈缩区的真应变。

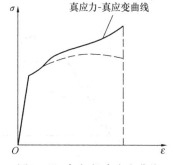

图 2-39　真应力-真应变曲线

低碳钢试样的真应力-真应变曲线，如图 2-39 所示。

小结及学习指导

本章研究轴向拉（压）直杆横截面上的内力及应力计算、强度计算、变形及位移计算、材料在拉压时的力学性能及简单拉压超静定问题的计算、剪切和挤压强度的实用计算及拉（压）杆连接件的剪切和挤压综合计算。

轴向拉伸与压缩变形是材料力学中最简单的一种基本变形，读者在学习的时候要注意其研究问题的方法。

深入理解轴向拉（压）杆的应力公式、变形公式的物理意义及其适用条件，注意变形和位移是两个不同的概念，变形与内力相互依存，位移与内力之间并不一定有依存关系。掌握通过强度条件解决实际三类问题（强度校核、设计截面和确定许用荷载）的方法。了解材料的力学性能及其主要力学指标的内容及测定方法，塑性材料和脆性材料的概念、性质及判别依据。

正确理解拉（压）超静定问题的概念及其解题方法很重要，这有助于读者深入理解本章内容，而且对后面各章及结构力学等后续课程的学习很有帮助。

注意剪切面和挤压面的确定方法：剪切面一般与作用力平行，且位于一对外力作用线之间，挤压面则是与作用力垂直的接触面或相应的投影面。拉（压）杆连接件的剪切和挤压综合计算问题，除了对杆件进行剪切、挤压强度计算外，还须对拉（压）杆进行抗拉（压）强度计算。

思 考 题

2-1 试述应力公式 $\sigma = \dfrac{F_N}{A}$ 的适用条件。应力超过弹性极限后还能否适用？

2-2 因为拉压杆件纵向截面（$\alpha = 90°$）上的正应力等于零，所以垂直于纵向截面方向的线应变也等于零。这种说法正确吗？

2-3 三种材料的 σ-ε 曲线如图 2-40 所示。试说明哪种材料的弹性模量最大，哪种最小（弹性范围内）？

2-4 两根材料相同的拉杆如图 2-41 所示。试说明他们的绝对变形是否相同？如果不同，哪根变形大？

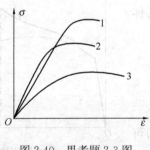 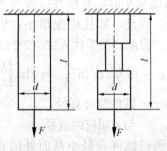

图 2-40 思考题 2-3 图　　　　图 2-41 思考题 2-4 图

2-5 为什么说低碳钢材料经过冷作硬化后，比例极限提高而塑性降低？材料塑性的高低与材料的使用有什么关系？

2-6 两根不同材质制成的等截面直杆，承受相同的轴向拉力，它们的横截面面积和长度相同。试说明：（1）横截面上的应力是否相等？（2）强度是否相同？（3）绝对变形是否相同？为什么？

2-7 图 2-42 所示结构中，杆 1 为铸铁，杆 2 为低碳钢。试问图 2-42（a）与图 2-42（b）两种结构设计哪种较为合理？为什么？

2-8 何谓许用应力？安全系数的确定原则是什么？何谓强度条件？利用强度条件可以解决哪些形式的强度问题？

2-9 下列带有孔或裂缝的拉杆中（图 2-43），应力集中最严重的是哪个？图 2-43（a）、

第 2 章 拉伸、压缩与剪切

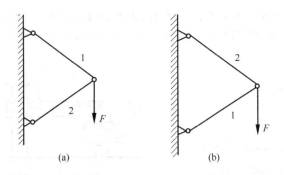

图 2-42 思考题 2-7 图

(b) 为穿透孔，图 2-43（c）、(d) 为穿透细裂缝。

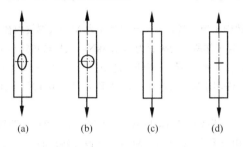

图 2-43 思考题 2-9 图

2-10 如图 2-44 所示，板和铆钉为同一材料，已知 $[\sigma_{bs}] = 2[\tau]$。为了充分提高材料利用率，则铆钉的直径应该是（　　）。

A. $d = 2\delta$　　　B. $d = 4\delta$　　　C. $d = 4\delta/\pi$　　　D. $d = 8\delta/\pi$

2-11 如图 2-45 所示，在平板和受拉螺栓之间垫一个垫圈，可以提高（　　）强度。

A. 螺栓的拉伸　　B. 螺栓的剪切　　C. 螺栓的挤压　　D. 平板的挤压

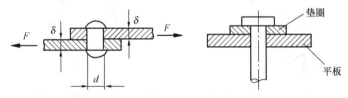

图 2-44 思考题 2-10　　　图 2-45 思考题 2-11

习　题

2-1 试计算图 2-46 所示杆件各段的轴力，并作轴力图。

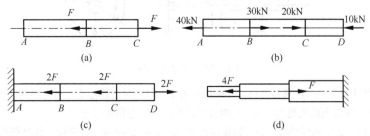

图 2-46 习题 2-1 图

2-2 简易起吊架如图 2-47 所示，方形杆 AB 为 100mm×100mm 的木材，圆形杆 BC 为 $d=20$mm 的钢杆，B 点作用力 $F=26$kN。试求斜杆 BC 及水平杆 AB 横截面上的应力。

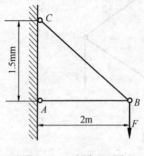
图 2-47 习题 2-2 图

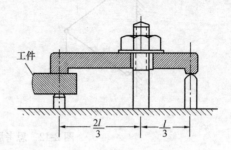
图 2-48 习题 2-3 图

2-3 图 2-48 所示螺旋压板夹紧装置。已知螺栓为 M20（螺纹内径 $d=17.3$mm），材料许用应力 $[\sigma]=50$MPa。若工作所受的夹紧力为 2.5kN，试校核该螺栓的强度。

2-4 三角架如图 2-49 所示，AB 为钢杆，许用应力 $[\sigma]=120$MPa，BC 杆为铸铁，许用拉应力 $[\sigma_t]=25$MPa，许用压应力 $[\sigma_c]=100$MPa，$P=200$kN，试按强度条件设计 AB 杆、BC 杆的面积大小。

2-5 如图 2-50 所示吊环最大起吊重量 $W=900$kN，$\alpha=24°$，两斜杆为相同的矩形截面且 $h/b=3.4$，杆材料的许用应力为 $[\sigma]=140$MPa。试设计斜杆的截面尺寸 h 和 b。

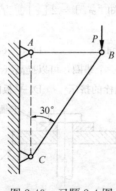
图 2-49 习题 2-4 图

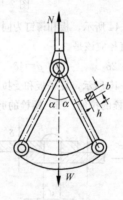
图 2-50 习题 2-5 图

2-6 如图 2-51 所示，油缸盖与缸体采用 6 个螺栓连接，已知油缸内径 $D=360$mm，油压 $p=1$MPa，螺栓材料的许用应力 $[\sigma]=40$MPa。试确定螺栓的内径 d。

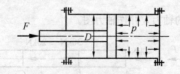

图 2-51 习题 2-6 图

2-7 直径为 10mm 的圆截面杆，在轴向拉力 $F=12$kN 的作用下，试求斜截面上的最大切应力，并求与横截面的夹角为 $\alpha=30°$ 的斜截面上的正应力和切应力。

2-8 图 2-52 所示结构中，AC 为横截面面积 $A_1=200$mm² 的钢杆，其材料的许用应力

$[\sigma_1] = 160\text{MPa}$；$BC$ 为横截面面积 $A_2 = 300\text{mm}^2$ 的铜杆，许用应力 $[\sigma_2] = 100\text{MPa}$。试求许可荷载 F。

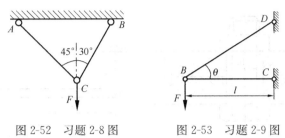

图 2-52 习题 2-8 图　　图 2-53 习题 2-9 图

2-9 图 2-53 所示杆系中，BC 和 BD 两杆的材料相同，且抗拉和抗压许用应力相等，同为 $[\sigma]$。为使杆系使用的材料最省，试求夹角 θ 的值。

2-10 图 2-54 所示拉杆沿斜截面 m-m 由两部分胶合而成。设在胶合面许用拉应力 $[\sigma] = 100\text{MPa}$，许用切应力 $[\tau] = 50\text{MPa}$，并设胶合面的强度决定杆件的拉力。试问：为使杆件承受最大拉力 F，α 角应取何值？若杆件横截面面积为 400 mm^2，并规定 $\alpha \leqslant 60°$，试确定许可荷载 F。

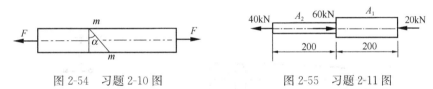

图 2-54 习题 2-10 图　　图 2-55 习题 2-11 图

2-11 变截面直杆如图 2-55 所示，横截面面积 $A_1 = 800\text{ mm}^2$，$A_2 = 400\text{ mm}^2$，材料的弹性模量 $E = 200\text{GPa}$。试求杆的总伸长量。

2-12 某拉伸试验机的结构示意图如图 2-56 所示。设试验机的 CD 杆与试件 AB 的材料均为低碳钢丝，其 $\sigma_p = 200\text{MPa}$，$\sigma_s = 240\text{MPa}$，$\sigma_b = 400\text{MPa}$。试验机的最大拉力为 100kN。试求：

（1）若设计时取试验机的安全系数 $n = 2$，则 CD 杆的横截面面积应为多少？

（2）用这一试验机作拉断试验时，试件的直径最大可达多少？

（3）若试件直径 $d = 10\text{mm}$，欲测弹性模量 E，则所加荷载最大不能超过多少？

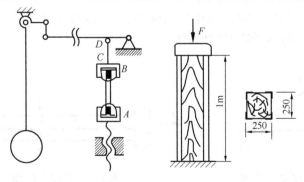

图 2-56 习题 2-12 图　　图 2-57 习题 2-13 图

2-13 如图 2-57 所示的木质短柱的 4 角用 4 个 $40\text{mm}\times40\text{mm}\times4\text{mm}$ 的等边角钢加固。已知角钢的许用应力 $[\sigma]_1 = 160\text{MPa}$，$E_1 = 200\text{GPa}$；木材的许用应力 $[\sigma]_2 = 12\text{MPa}$，$E_2 = 10\text{GPa}$。试求许可荷载 F。

2-14 连接钢板的 M16 螺栓，其螺距 $S = 2\text{mm}$，两板共厚 700mm，如图 2-58 所示。已知，螺旋材料的弹性模量 $E = 200\text{GPa}$，许用应力 $[\sigma] = 60\text{MPa}$。假设板不变形，在拧紧螺母

时，如果螺母与板接触后在旋转 1/8 圈，问螺栓伸长了多少？产生的应力为多大？螺栓的强度是否足够？

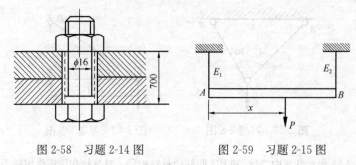

图 2-58 习题 2-14 图   图 2-59 习题 2-15 图

2-15 长为 L 的 AB 杆，在它的两端用两个竖直悬线将其水平悬挂，如图 2-59 所示。这两根悬线具有相同的长度和横截面面积，但 A 端的悬线的弹性模量为 E_1，B 端悬线的弹性模量为 E_2。忽略 AB 杆的自重，试求出欲使该杆保持水平，在杆上应施加的竖直荷载 P 作用点的距离 x（自 A 端计量）。

2-16 图 2-60 所示圆台形杆受轴向力 F 作用，已知材料的弹性模量为 E。试求该杆的伸长量。

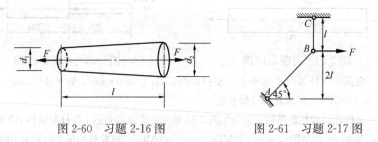

图 2-60 习题 2-16 图   图 2-61 习题 2-17 图

2-17 图 2-61 所示简单杆系中，设 AB 和 AC 分别为直径是 20mm 和 24mm 的圆截面杆，$E = 200$GPa，$F = 5$kN。试求 B 点的垂直位移。

2-18 在如图 2-62 所示简易吊车中，AB 为木杆，BC 为钢杆，木杆 AB 的横截面面积 $A_1 = 100$cm^2，许用应力 $[\sigma]_1 = 7$MPa，钢杆 BC 横截面面积 $A_2 = 6$cm^2，许用应力 $[\sigma]_2 = 160$MPa，若 B 点作用力 $P = 30$kN；试校核该结构的强度。

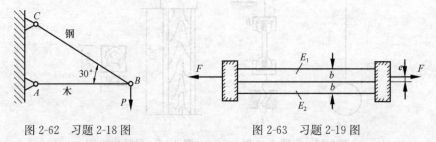

图 2-62 习题 2-18 图   图 2-63 习题 2-19 图

2-19 如图 2-63 所示，两根材料不同但横截面尺寸相同的杆件，同时固定连接于两端的刚性板上，且 $E_1 > E_2$。要使两杆的伸长量相等，试求拉力 F 的偏心距 e。

2-20 图 2-64 所示桁架，在节点 A 处承受荷载 F 的作用。实验测得杆 1 和杆 2 的纵向正应变分别为 $\varepsilon_1 = 4.0 \times 10^{-4}$ 与 $\varepsilon_2 = 2.0 \times 10^{-4}$。已知杆 1、2 的横截面面积 $A_1 = A_2 = 200$ mm^2，弹性模量 $E_1 = E_2 = 200$GPa。试确定荷载 F 及其方位角 θ 的值。

第 2 章 拉伸、压缩与剪切

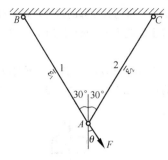

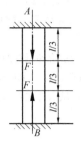

图 2-64 习题 2-20 图   图 2-65 习题 2-21 图

2-21 如图 2-65 所示，两端固定的等截面直杆 AB，横截面面积为 A，弹性模量为 E。试求受力后杆两端的约束反力。

2-22 图 2-66 所示结构中，假设 AC 梁为刚性杆，杆 1、杆 2 和杆 3 的材料相同，横截面面积相等。试求三个杆的轴力。

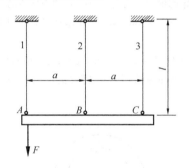

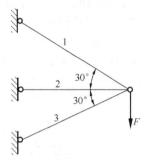

图 2-66 习题 2-22 图   图 2-67 习题 2-23 图

2-23 图 2-67 所示桁架结构，3 个杆的材料相同，其中杆 1 的横截面面积 $A_1 = 200\text{mm}^2$，杆 2 为 $A_2 = 300\text{mm}^2$，杆 3 为 $A_3 = 400\text{mm}^2$。若荷载 $F = 30\text{kN}$，试求各杆内的应力。

2-24 图 2-68 所示结构中，刚性杆吊在材料相同的钢杆 1 和 2 上，两杆横截面面积之比为 $A_1 : A_2 = 2$，弹性模量 $E = 200\text{GPa}$。制造时杆 1 短了 $\Delta = 0.1\text{mm}$。杆 1 和刚性杆连接后，再加荷载 $F = 120\text{kN}$。已知 $[\sigma] = 160\text{MPa}$，试选择各杆的横截面面积。

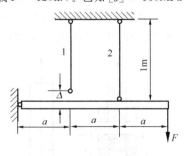

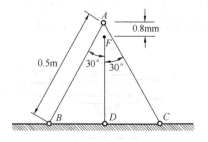

图 2-68 习题 2-24 图   图 2-69 习题 2-25 图

2-25 图 2-69 所示结构中，AB、AC 是两根在 A、B、C 处铰接的相同杆件，长度为 0.5m，横截面面积为 A，弹性模量 $E = 200\text{GPa}$。杆 DF 横截面面积为 $2A$，弹性模量 $E = 200\text{GPa}$，和 A、D 之间的距离相比，短了 0.8mm。为使此三个杆组成一个等腰三角形桁架，节点 A 和 F 被强制连接在一起，求施加外力之前的初始应力。

2-26 一铝管处于温度20℃下,长度为36m,一根与其相邻的钢管在同样的温度下比铝管长6mm。试问在什么温度下,这两根管子在长度上的差为12mm?铝的 $\alpha = 22 \times 10^{-6}/℃$,钢的 $\alpha = 12 \times 10^{-6}/℃$。

2-27 图 2-70 所示阶梯钢杆的两端在 $T_1 = 5℃$ 时被固定,杆件上、下两段的横截面面积分别为 $A_1 = 500\text{mm}^2$,$A_2 = 1000\text{mm}^2$。钢材的 $\alpha = 12.5 \times 10^{-6}/℃$,$E = 200\text{GPa}$。当温度上升至 $T_2 = 25℃$ 时,试求杆内各部分的温度应力。

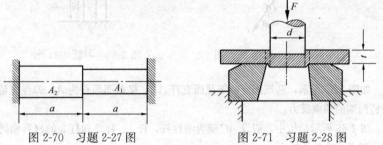

图 2-70 习题 2-27 图　　图 2-71 习题 2-28 图

2-28 冲床的冲模如图 2-71 所示。已知冲床的最大冲力为 400kN,冲头材料的许用拉应力为 $[\sigma] = 440\text{MPa}$,被冲剪钢板的剪切极限应力 $[\tau_b] = 360\text{MPa}$。试求在最大冲力下所能冲剪的圆孔最小直径 d 和板的最大厚度 t。

2-29 图 2-72 所示凸缘联轴节传递的力偶矩为 $M = 200\text{N·m}$,凸缘之间用四只螺栓连接,螺栓内径 $d \approx 10\text{mm}$,对称地分布在 $D_0 = 80\text{mm}$ 的圆周上。如螺栓的许用剪应力 $[\tau] = 60\text{MPa}$,试校核该螺栓的剪切强度。

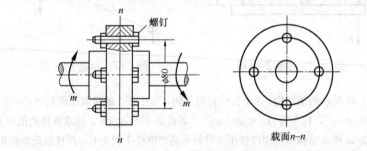

图 2-72 习题 2-29 图

2-30 一螺栓将拉杆与厚度为 8mm 的两块盖板相连接,如图 2-73 所示。各零件材料相同,许用拉应力为 $[\sigma] = 80\text{MPa}$,许用剪切应力为 $[\tau] = 60\text{MPa}$,许用挤压应力为 $[\sigma_{bs}] = 160\text{MPa}$。拉杆的厚度 $t = 15\text{mm}$,拉力 $F = 120\text{kN}$。试设计螺栓的直径 d 和拉杆宽度 b。

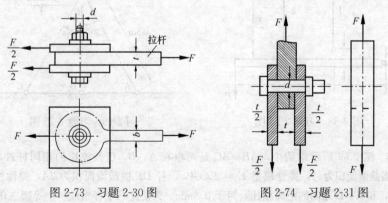

图 2-73 习题 2-30 图　　图 2-74 习题 2-31 图

2-31 图 2-74 所示螺栓连接,已知板的厚度 $t = 20\text{mm}$,板与螺栓的材料相同,其许用切

应力 $[\tau] = 80\text{MPa}$,许用挤压应力 $[\sigma_{bs}] = 200\text{MPa}$,拉力 $F = 200\text{kN}$。试确定螺栓的直径 d。

2-32 图 2-75 所示销钉受拉力 F 作用,销钉头的直径 $D = 32\text{mm}$,厚度 $h = 12\text{mm}$,销钉杆的直径 $d = 20\text{mm}$,许用切应力 $[\tau] = 120\text{MPa}$,许用挤压应力 $[\sigma_{bs}] = 300\text{MPa}$,许用拉应力 $[\sigma] = 160\text{MPa}$。试求销钉可承受拉力 F 的最大值。

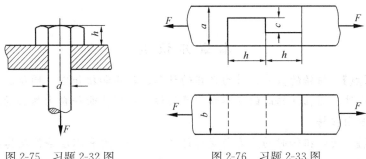

图 2-75 习题 2-32 图   图 2-76 习题 2-33 图

2-33 木头接榫如图 2-76 所示。已知 $a = b = 12\text{cm}$,$h = 35\text{cm}$,$c = 4.5\text{cm}$,$F = 40\text{kN}$。试求接头的剪切应力和挤压应力。

2-34 如图 2-77 所示,用两个铆钉将 $140\text{mm} \times 140\text{mm} \times 12\text{mm}$ 等边角钢铆接在立柱上,构成支托。若 $F = 35\text{kN}$,铆钉的直径 $d = 21\text{mm}$,试求铆钉中的切应力和挤压应力。

2-35 图 2-78 所示斜杆安置在横梁上,作用在斜杆上的力 $F = 50\text{kN}$,$\alpha = 30°$,$H = 200\text{mm}$,$b = 150\text{mm}$,材料为松木,许用拉应力 $[\sigma] = 8\text{MPa}$,顺纹许用切应力 $[\tau] = 1\text{MPa}$,许用挤压应力 $[\sigma_{bs}] = 8\text{MPa}$。试求横梁端头尺寸 l 和 h 的值,并校核横梁削弱处的抗拉强度。

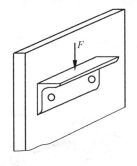 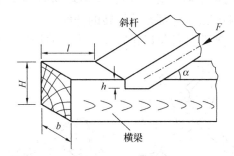

图 2-77 习题 2-34 图   图 2-78 习题 2-35 图

第3章 扭 转

本章知识点

【知识点】 扭转的概念、外力偶矩的计算、扭矩和扭矩图、圆轴扭转时的应力和强度条件、圆轴扭转时的变形和刚度条件、矩形截面杆自由扭转的概念、薄壁杆件的自由扭转。

【重点】 圆轴扭转时的应力与变形计算，扭转强度和刚度条件及其应用。

【难点】 变截面圆轴在复杂扭矩下的变形计算，薄壁杆件的自由扭转。

§3-1 扭转变形的概念与工程实例

工程实际中，受扭转（torsion）变形的杆件很多，通常把以扭转变形为主的杆件称为轴（shaft）。最常见的扭转杆件是传输机械动力或运动的轴，如汽车驾驶盘转向轴（图 3-1a）、连接电动机和汽轮机的传动轴 AB（图 3-1b）、齿轮传动系统中的传动轴（图 3-1c）、丝锥攻丝时的丝锥杆（图 3-1d）。载重汽车的转动轴、船舶推进轴等都是受扭转的杆件。

上述轴类件都是以扭转变形为主的杆件，承受扭转变形杆件的受力特征为：

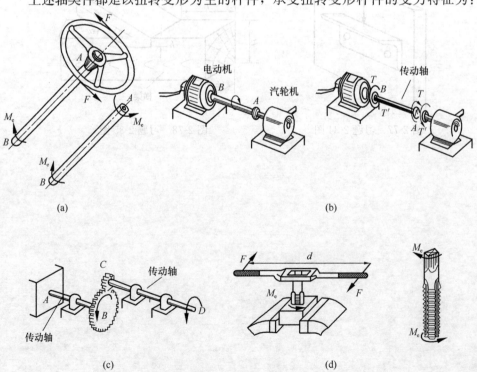

图 3-1 扭转实例

在与杆轴垂直的平面内受到外力偶的作用,变形特征为:杆件的各横截面绕轴线发生相对转动。

图 3-2 所示的等截面圆轴,在轴两端垂直于轴线的平面内作用一对大

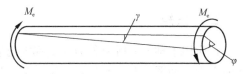

图 3-2 扭转变形

小相等、转向相反的外力偶 M_e,使轴发生扭转变形。观察圆轴的变形可知,圆轴表面的纵向直线由于外力偶 M_e 的作用而倾斜一角度 γ,γ 称为剪切角,也称**切应变**(shearing stress)。右端截面相对于左端截面绕轴线转过了一个角度,称为**相对扭转角**,以 φ 表示。

还有一些轴类零件,如水轮机主轴、机床传动轴、电钻钻头、螺钉旋具旋杆等,除受扭转变形外往往还与拉压、弯曲变形等组合在一起。

本章以研究工程实际中应用最广泛的等截面圆轴的扭转为主,而对于非圆截面轴的扭转,则只作简单介绍。

§3-2 外力偶矩计算 扭矩和扭矩图

在研究圆轴扭转的强度、刚度之前,先分析作用于轴上的外力偶矩及横截面上的内力。

一、外力偶矩的计算

工程实际中,传动轴上的外力偶矩一般不直接给出,通常给出的是轴的转速和传递的功率。例如,在图 3-3 中,由电动机的转速和功率,可以求出传动轴 AB 的转速及通过带轮输入的功率。功率输入到 AB 轴上,再经右端的齿轮输送出去。设通过带轮输入 AB 轴的功率为 P(单位为"kW"),则因 1kW=1000N·m/s,所以输入功率 P,就相当于在每秒钟内输入 $P\times 1000$ 的功。电动机通过带轮将力偶 M_e 作用于 AB 轴上,若轴的转速为 n(单位为"r/min"),则力偶 M_e 在每秒钟内完成的功应为 $2\pi\times\dfrac{n}{60}\times M_e$。因为力偶 M_e 所完成的功

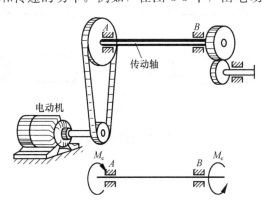

图 3-3 传动轴及外力偶矩简化

也就是输入 AB 轴的功,即

$$2\pi\times\frac{n}{60}\times M_e = P\times 1000$$

由此求出计算外力偶矩 M_e 的公式为

$$\{M_e\}_{\text{N·m}} = 9549\frac{\{P\}_{\text{kW}}}{\{n\}_{\text{r/min}}} \tag{3-1}$$

二、扭矩

在作用于轴上的所有外力偶矩都求出后,可以利用截面法计算轴上任意横截面的内力。如图 3-4（a）所示圆轴受到一对外力偶矩 M_e 的作用,为了求得任意 n-n 截面上的内力,首先沿 n-n 截面将圆轴截为两部分,左部分受力如图 3-4（b）所示,右部分受力如图 3-4（c）所示。

由于整个轴是平衡的,所以左部分或右部分也是处于平衡状态,由受力图知,n-n 截面上必有内力存在,且内力系必须合成为一个矩为 T 的内力偶,该内力称为**扭矩**（torgue）,以 T 表示。由静力平衡方程

$$\sum M_x = 0, \quad T = M_e$$

扭矩 T 的量纲为 [力] × [长度],常用单位是 "N·m" 或 "kN·m"。

为了使无论取左部分或右部分为研究对象,求出的同一截面上的扭矩,不但数值相等,而且符号也相同,故对扭矩的正负号作如下规定:采用右手螺旋法则,若以右手的四指表示扭矩的转向,则大拇指的指向离开截面时的扭矩为正（图 3-5a）;反之为负（图 3-5b）。若按右手螺旋法则,把扭矩 T 表示为矢量 $\boldsymbol{T}$,当矢量的方向与截面的外法线方向一致时,扭矩为正,反之为负。

计算中可假定所求截面上的扭矩为正（图 3-5a 所示方向）,由平衡方程求出的值为正时,说明所求截面上的扭矩和假定方向一致；反之,说明所求截面上的扭矩与假定方向相反。

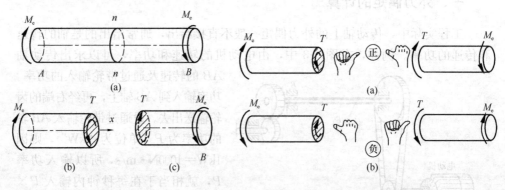

图 3-4　截面法求扭矩　　　　　　图 3-5　扭矩的正负号

三、扭矩图

若作用于轴上的外力偶多于两个时,与拉伸（压缩）问题中画轴力图一样,可用图线来表示各横截面上扭矩沿轴线变化的情况。图中以横坐标表示横截面的位置,纵坐标表示相应截面上的扭矩。这种图线称为**扭矩图**。下面用例题说明扭矩的计算和扭矩图的绘制方法。

【例 3-1】　传动轴如图 3-6（a）所示,轴的转速为 $n=300\text{r/min}$,主动轮 A 输入功率 $P_A=10\text{kW}$,从动轮 B、C、D 输出功率分别为 $P_B=4.5\text{kW}$,$P_C=3.5\text{kW}$,$P_D=2.0\text{kW}$,试求各轴段的扭矩,并作出轴的扭矩图。

【解】　1. 计算外力偶矩：按式 (3-1) 算出作用于各轮上的外力偶矩

$$M_{eA} = 9549\frac{P_A}{n} = 9549 \times \frac{10}{300} = 318.3\text{N}\cdot\text{m}$$

$$M_{eB} = 9549\frac{P_B}{n} = 9549 \times \frac{4.5}{300} = 143.2\text{N}\cdot\text{m}$$

$$M_{eC} = 9549\frac{P_C}{n} = 9549 \times \frac{3.5}{300} = 111.4\text{N}\cdot\text{m}$$

$$M_{eD} = 9549\frac{P_D}{n} = 9549 \times \frac{2.0}{300} = 63.763.7\text{N}\cdot\text{m}$$

2. 画出轴的计算简图，如图 3-6（b）所示。

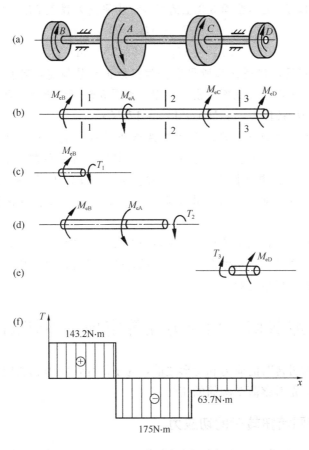

图 3-6　例 3-1 图

3. 计算各轴段内的扭矩。从受力情况看出，若分别在轴的 BA、AC、CD 三段内，各任取一横截面，则此三个横截面上的扭矩值显然是不相等的。现在用截面法，根据平衡方程计算各段内的扭矩。

在 BA 段内，用截面 1-1 将圆轴分成两段，保留左段，并以 T_1 表示截面 1-1 上的扭矩，且任意地把 T_1 的方向假设为正，如图 3-6（c）所示。由平衡方程 $\sum M_x = 0$，得

$$T_1 - M_{eB} = 0$$

于是
$$T_1 = M_{eB} = 143.2\text{N}\cdot\text{m}$$

假设的 T_1 的转向与实际扭矩的转向相同，且为正，在 BA 段内各截面上的扭矩不变，皆为 143.2N·m。此段内，扭矩图为一水平线（图 3-6f）。

在 AC 段内，用截面 2-2 将轴分成左右两段，仍取左段作为研究对象，见图 3-6（d），以 T_2 表示截面 2-2 的扭矩。由平衡方程 $\sum M_x = 0$，得

$$T_2 + M_{eA} - M_{eB} = 0$$

于是 $\qquad T_2 = M_{eB} - M_{eA} = 143.2 - 318.3 = -175 \text{N·m}$

等号右边的负号说明，假设的 T_2 的转向与实际扭矩的转向相反，应为负。

在 CD 段内，用截面 3-3 将轴分成左右两段，取右段作为研究对象，如图 3-6（e）所示，以 T_3 表示截面 3-3 上的扭矩，由平衡方程 $\sum M_x = 0$，得

$$-T_3 - M_{eD} = 0$$

于是 $\qquad T_3 = -M_{eD} = -63.7 \text{N·m}$

4. 绘制扭矩图，根据计算所得数据和扭矩正负号规定，可把各截面上的扭矩沿轴线变化的情况，按比例作出扭矩图，如图 3-6（f）所示。从图中看出，最大扭矩发生于 AC 轴段内，其值 $|T|_{max} = 175 \text{N·m}$。

思考：对本题中的轴，若把主动轮 A 置于轴的一端，例如放在右端，则轴的扭矩图有何变化？最大扭矩值为多少？两者相比，哪一种布局比较合理？

说明：(1) 工程中画扭矩图时一般省去图中的 x 轴和 T 轴，但扭矩图一定须和受力图上下位置对应，且图中需要标出扭矩的正负号和各段扭矩的数值和单位。

(2) 在传动轴上，主动轮外力偶的转向与轴的转动方向相同，而从动轮上的外力偶的转向则与轴的转动方向相反。在轴匀速转动时，主动轮上的外力偶矩等于各从动轮上外力偶矩之和。

§3-3 纯剪切、切应力互等定理、剪切胡克定律

在讨论圆轴扭转时的应力和变形之前，为了研究切应力和切应变的规律以及两者间的关系，先考察薄壁圆筒的扭转。

一、薄壁圆筒扭转时的切应力

图 3-7（a）所示为一等厚薄壁圆筒，其壁厚 δ 远小于圆筒的平均半径 $r\left(\delta \leqslant \dfrac{r}{10} = \dfrac{d}{20}\right)$。为了得到横截面上的应力分布情况，做扭转试验。薄壁圆筒受扭转前，在表面上用圆周线和纵向线画出方格图 3-7（a）。然后在两端垂直于轴线的平面内施加大小相等而转向相反的外力偶矩 M_e，圆筒则发生扭转变形。此时可以观察到：扭转变形后由于截面 n-n 对截面 m-m 的相对转动，使方格的左、右两边发生相对错动变成平行四边形，但圆筒沿轴线长度及圆周线的形状、大小和间距都没有变化。这表明，圆筒横截面和包含轴线的纵向截面上都没有正应力，横截面上便只有切于截面的切应力 τ，它组成与外力偶矩 M_e 相平衡的内力系。因为筒壁的厚度 δ 很小，可以近似认为沿筒壁厚度切应力不变。又因在同一

圆周上各点情况完全相同，切应力也就相同，即横截面上各点处的切应力 τ 值均相等，其方向与圆周相切（图 3-7c）。这样，横截面上内力系对 x 轴的力矩应为扭矩 $T=2\pi r\delta\cdot\tau\cdot r$。由 $n\text{-}n$ 截面以左部分圆筒的平衡方程 $\Sigma M_x=0$，得

$$M_\mathrm{e}=T=2\pi r\delta\cdot\tau\cdot r$$

$$\tau=\frac{M_\mathrm{e}}{2\pi r^2\delta}=\frac{T}{2\pi r^2\delta} \tag{a}$$

二、切应力互等定理

用相邻的两个横截面和两个过轴线的纵向面，从薄壁圆筒中取出边长分别为 $\mathrm{d}x$、$\mathrm{d}y$ 和 δ 的单元体，放大后如图 3-7（d）所示。单元体的前、后两面（即与圆筒表面平行的面）上无任何应力。而在其左、右两侧面（即圆筒的横截面）上只有切应力 τ，方向平行 y 轴，两侧面上的切应力皆由式（a）计算。由于单元体处于平衡状态，故由平衡方程 $\Sigma F_y=0$ 可知，其左、右两侧面作用的剪力 $(\tau\delta\mathrm{d}y)$ 大小相等、方向相反，并组成一个力偶，其矩为 $(\tau\delta\mathrm{d}y)\mathrm{d}x$，使单元体有转动的趋势。为保持平衡由 $\Sigma F_x=0$ 可知，单元体的上、下两个面（即圆筒的纵向截面）上必有大小相等、方向相反的一对剪力 $(\tau'\delta\mathrm{d}x)$，并组成矩为 $(\tau'\delta\mathrm{d}x)\mathrm{d}y$ 的力偶。由平衡方程 $\Sigma M_z=0$，有

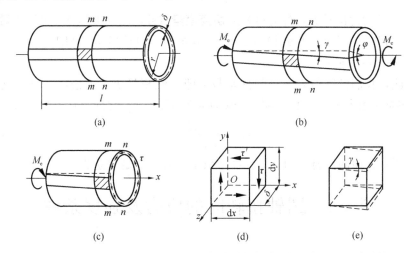

图 3-7 薄壁圆筒的扭转变形和纯剪切应力状态

$$(\tau\delta\mathrm{d}y)\mathrm{d}x=(\tau'\delta\mathrm{d}x)\mathrm{d}y$$

于是可得

$$\tau=\tau' \tag{3-2}$$

上式表明，在单元体相互垂直的两个平面上，切应力必然成对存在，且数值相等；两者都垂直于两个平面的交线，方向则共同指向或共同背离这一交线。这就是**切应力互等定理**（theorem of conjugate shearing stress），也称为**切应力双生定理**。

注：(1) 切应力互等定理虽然是在单元体的一个棱边为有限长 δ 时得到的，但不难证明，当单元体的各棱边都是无穷小时，该定理依然成立。

(2) 该定理在有正应力存在的情况下同样适用,具有普遍意义。

在图 3-7 (d) 所示单元体的上、下面和左、右两个侧面上只有切应力而无正应力,这种应力状况称为**纯剪切应力状态**(shearing state of stresses)。

三、切应变、剪切胡克定律

纯剪切单元体的相对两侧面发生微小的相对错动(图 3-7e),使原来互相垂直的两个棱边的夹角改变了一个微量 γ,这正是前面所定义的切应变。从图 3-7 (b) 看出,γ 也就是表面纵向线变形后的倾角。若 φ 为圆筒两端横截面的相对扭转角,l 为圆筒的长度,则切应变 γ 应为

$$\gamma = \frac{r\varphi}{l} \tag{b}$$

利用薄壁圆筒的扭转,可以实现纯剪切试验。试验结果表明:切应力低于材料的剪切比例极限时,扭转角 φ 与扭转力偶矩 M_e 成正比。再由式(a)和式(b)两式看出,切应力 τ 与 M_e 成正比,而切应变 γ 又与 φ 成正比。所以由上述试验结果可推断:当切应力不超过材料的剪切比例极限时,切应变 γ 与切应力 τ 成正比。这就是**剪切胡克定律**(Hooke law in shear),可以写成

$$\tau = G\gamma \tag{3-3}$$

式中 G 为比例常数,称为材料的**切变模量**(shear modulus),也称为**剪切弹性模量**。其 G 的量纲与弹性模量 E 的量纲相同。单位常取"MPa"或"GPa"。例如钢材:$G = 80\text{GPa}$。

至此,我们已经引入三个弹性常数,即弹性模量 E、泊松比 μ 和切变模量 G。对各向同性材料,可以证明三个弹性常数 E、G、μ 之间存在下列关系:

$$G = \frac{E}{2(1+\mu)} \tag{3-4}$$

上式表明,各向同性材料的三个弹性常数中只有两个是独立的。

§3-4 圆轴扭转时的应力及强度条件

一、圆轴扭转时横截面上的应力

为推导圆轴扭转时横截面上的应力公式,应从三方面着手分析:先由变形几何关系找出应变的变化规律,再利用物理关系找出应力在横截面上的分布规律,最后根据静力学关系导出应力公式。

1. 变形几何关系

为研究圆轴横截面上应变的变化规律,应观察圆轴扭转时的变形,先在轴的表面画上圆周线和纵向线,形成许多小方格,如图 3-8(a)所示。然后在轴的两端施加外力偶矩 M_e 使之产生扭转变形,如图 3-8(b)所示。在小变形的前提下,可观察到各圆周线的形状和大小均不变,仅绕轴线作相对转动;两圆周线之间距离也不变,各纵向线仍近似地为一条直线,只是倾斜了一微小的角度 γ,变

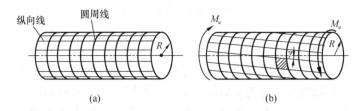

图 3-8 等直圆轴的扭转变形

形前圆轴表面上的矩形方格在变形后错动成平行四边形（菱形）。

根据以上观察到的现象进行推断，作出圆轴扭转变形时的基本假设：圆轴扭转变形前的横截面在变形后仍保持为平面，其形状和大小不变，半径仍保持直线；且相邻两横截面间的距离不变。这就是圆轴扭转的**平面截面假设**（Plane section assumption），也称为**平面假设**（Plane assumption）。据此，在变形时，圆轴各横截面如同刚性平面一样绕轴线作了相对转动。实验表明，在轴扭转变形后只有等直圆轴的圆周线才仍在垂直于轴线的平面内，故平面假设仅适用于等直圆轴。由此假设推导出的应力、变形公式已得到实验和理论的证实。

在图 3-9（a）中，φ 表示圆轴两端横截面的相对转角，称为扭转角。扭转角用弧度（rad）来度量。用相邻的两横截面 m-m 和 n-n 从圆轴中截取长为 $\mathrm{d}x$ 的微段（图 3-9a），放大后如图 3-9（b）所示。根据平面假设，截面 n-n 相对于截面 m-m 像刚性平面一样绕轴线转动了一个角度 $\mathrm{d}\varphi$，故其上的半径 O_1d 也转动了同一角度 $\mathrm{d}\varphi$。圆轴表面上的矩形 $abcd$ 变成了菱形 $abc'd'$，原为直角的 $\angle dab$ 的改变量为 γ 角，即为扭转时圆轴表面的切应变。由于半径仍保持为直线，可将 $abcd$ 沿 adO_1O_2 与 bcO_1O_2 两径向截面切出一尖楔形体如图 3-9（c），从图中几何关系可得

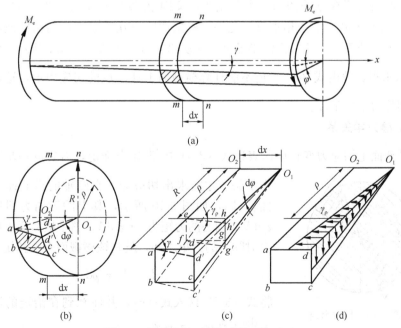

图 3-9 圆轴扭转时的切应变和切应力

$$dd' = R\mathrm{d}\varphi, \overline{ad} = \mathrm{d}x$$

$$\gamma = \tan\gamma = \frac{dd'}{\overline{ad}} = R\frac{\mathrm{d}\varphi}{\mathrm{d}x} \tag{a}$$

γ 角也是圆截面边缘上 a 点的切应变。显然，γ 发生在垂直于半径 $O_2 a$ 的平面内。

同理，在圆轴内部半径为 ρ 的圆柱面上，如图 3-9 (c) 所示的矩形 $efgh$，在扭转变形后成为菱形 $efg'h'$，矩形 $efgh$ 的切应变 γ_ρ，则由图可知，

$$\gamma_\rho \approx \tan\gamma_\rho = \frac{hh'}{eh} = \rho\frac{\mathrm{d}\varphi}{\mathrm{d}x} \tag{b}$$

式中 ρ 为 e 点到圆心 O_2 的距离。与式 (a) 中的 γ 一样，γ_ρ 也发生在垂直于半径的平面内（即与圆柱面相切的平面内）。在式 (a)、式 (b) 两式中，$\dfrac{\mathrm{d}\varphi}{\mathrm{d}x}$ 是相对扭转角 φ 沿 x 轴的变化率。对一个给定截面上的各点来说，它是常量。因同一截面上的各点绕轴线转过同一角度，故式 (b) 表明：横截面上各点处的切应变 γ_ρ 与该点到圆心的距离 ρ 成正比。因此，距圆心等距离的所有各点处的切应变均相等，这就是切应变的变化规律。

2. 物理关系

由剪切胡克定律式 (3-3) 可知，在剪切比例极限内，切应力与切应变成正比。横截面上距圆心为 ρ 处的任意点处的切应力 τ_ρ 与该点处的切应变 γ_ρ 成正比，即

$$\tau_\rho = G\gamma_\rho$$

以式 (b) 代入上式，得

$$\tau_\rho = G\rho\frac{\mathrm{d}\varphi}{\mathrm{d}x} \tag{3-5}$$

上式表明：横截面上任意点处的切应力与该点到圆心 O 的距离 ρ 成正比，因而距圆心等距离的所有点处的切应力都相等，又因 γ_ρ 发生在垂直于半径的平面内，所以 τ_ρ 的方向也与半径相垂直。此外，根据切应力互等定理，则在横截面和过轴线的纵向截面上，切应力沿半径呈线性规律分布，如图 3-9 (d) 所示。但由于 $\dfrac{\mathrm{d}\varphi}{\mathrm{d}x}$ 尚未求得，故由式 (3-5) 还不能计算横截面上任一点的切应力值，这就有待于应用静力平衡条件。

3. 静力学关系

横截面上切应力变化规律表达式 (3-5) 中 $\dfrac{\mathrm{d}\varphi}{\mathrm{d}x}$ 尚未确定，需要进一步考虑静力学关系才能求出切应力。在圆轴的横截面上取微面积 $\mathrm{d}A$，如图 3-10 所示，其上的微内力即切向力 $\tau_\rho \mathrm{d}A$ 对圆心的力矩为 $\rho \cdot \tau_\rho \mathrm{d}A$。整个横截面上的切向力对圆心的力矩之和，就是该横截面上的扭矩 T，即

$$T = \int_A \tau_\rho \rho \mathrm{d}A \tag{c}$$

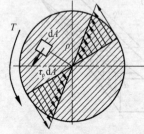

图 3-10 切应力沿半径呈线性分布

将式 (3-5) 代入式 (c)，并注意到在给定的横截面上 $\dfrac{\mathrm{d}\varphi}{\mathrm{d}x}$ 为常量，于是有

$$T = \int_A \tau_\rho \rho dA = G \frac{d\varphi}{dx} \int_A \rho^2 dA \tag{d}$$

以 I_P 表示上式右端的积分式，即

$$I_P = \int_A \rho^2 dA \tag{e}$$

I_P 称为横截面对圆心的极惯性矩（polar moment of inertia），它是一个与横截面形状及尺寸有关的量，对于给定的截面，I_P 是一个常数，单位为"m^4"。这样，式（d）便可写成

$$T = GI_P \frac{d\varphi}{dx} \tag{3-6}$$

从式（3-5）和式（3-6）中消去 $\dfrac{d\varphi}{dx}$，得

$$\tau_\rho = \frac{T}{I_P} \rho \tag{3-7}$$

上式即为等直圆轴在扭转时横截面上距圆心为 ρ 的任一点处切应力的计算公式。切应力在横截面上呈线性分布。切应力值与材料性质无关，只取决于扭矩和横截面形状。显然，在圆截面边缘（横截面周边）上各点处，即 $\rho = \rho_{max} = R$ 时，切应力达到最大值，最大切应力为

$$\tau_{max} = \frac{TR}{I_P} \tag{3-8}$$

引用记号

$$W_P = \frac{I_P}{R} \tag{f}$$

式中，W_P 称为抗扭截面模量（section modulus of torsional rigidity），它也与横截面的形状和尺寸有关，单位为"m^3"。这样，便可把式（3-8）写成

$$\tau_{max} = \frac{T}{W_P} \tag{3-9}$$

从式（3-9）可看出，τ_{max} 与横截面上的扭矩 T 成正比，而与 W_P 成反比。

以上诸式都是以平面假设为基础导出的。实验结果表明，只有对横截面不变的等直圆轴，平面假设才是正确的。所以这些公式只适用于等直圆轴。

注：(1) 对圆截面沿轴线缓慢变化的小锥度圆锥形轴，也可近似地应用上述计算公式。(2) 导出上述公式时使用了剪切胡克定律，因而只适用于 τ_{max} 低于剪切比例极限的情况。

二、极惯性矩及抗扭截面模量的计算

在导出式（3-7）和式（3-9）时，引进了截面极惯性矩 I_P 和抗扭截面系数 W_P，下面就来计算这两个量。

1. 实心圆截面

若在距圆心 ρ 处取微面积 $dA = 2\pi\rho d\rho$（图 3-11a），实心圆截面的极惯性矩为

$$I_P = \int_A \rho^2 dA = 2\pi \int_0^{D/2} \rho^3 d\rho = \frac{\pi D^4}{32} \tag{3-10}$$

抗扭截面模量为

$$W_P = \frac{I_P}{\rho_{\max}} = \frac{\pi D^4/32}{D/2} = \frac{\pi D^3}{16} \tag{3-11}$$

式中 D——圆截面的直径。

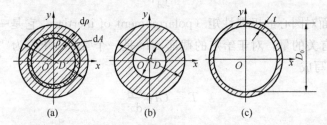

图 3-11 实心圆、空心圆及薄壁圆截面 I_P、W_P 的计算

2. 空心圆截面

同理，空心圆截面（图 3-11b）的极惯性矩为

$$I_P = 2\pi \int_{d/2}^{D/2} \rho^3 d\rho = \frac{\pi}{32}(D^4 - d^4) = \frac{\pi D^4}{32}(1-\alpha^4) \tag{3-12}$$

式中，$\alpha = \dfrac{d}{D}$，为空心圆截面内外直径之比。

抗扭截面模量为

$$W_P = \frac{I_P}{\rho_{\max}} = \frac{I_P}{D/2} = \frac{\pi(D^4-d^4)}{16D} = \frac{\pi D^3}{16}(1-\alpha^4) \tag{3-13}$$

3. 薄壁圆截面

当空心圆截面内外径相差很小时，称为薄壁圆截面，其平均直径 $D_0 \approx D \approx d$，壁厚为 t（图 3-11c）。薄壁圆截面的极惯性矩为

$$I_P = \left(\frac{D_0}{2}\right)^2 \pi D_0 t = 2\pi r_0^3 t \tag{3-14}$$

式中，$r_0 = \dfrac{D_0}{2}$，为薄壁圆截面的平均半径。

抗扭截面模量为

$$W_P = \frac{I_P}{r_0} = 2\pi r_0^2 t \tag{3-15}$$

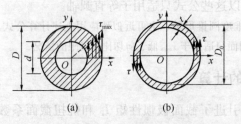

图 3-12 空心圆、薄壁圆截面上的切应力分布

空心圆轴扭转时，横截面上的切应力沿半径呈线性分布（图 3-12a）；薄壁圆轴扭转时，由于壁厚较薄，横截面上的切应力沿壁厚可近似看作均匀分布（图 3-12b）。

【例 3-2】 长度均为 l 的两根受扭圆轴，一为实心圆轴，一为空心圆轴，如图 3-13 所示，两者材料相同，在圆轴两端都承受大小为 M_e 的外力偶矩，圆轴外表面上纵向线的倾斜角度也相等。实心轴的直径为 D_1；空心轴的外径为 D_2，内径为 d_2，且 $\alpha = d_2/D_2 = 0.9$。试求两轴的外径之比 D_1/D_2 以及两轴的重量比。

【解】 圆轴外表面上纵向线的倾斜角度相等，也就是两轴横截面外边缘处的切应变相等，即

$$\gamma_{1max} = \gamma_{2max}$$

两轴的材料相同，故 $G_1 = G_2$，根据剪切胡克定律，可得

$$\tau_{1max} = \tau_{2max}$$

两轴的抗扭截面系数分别为

$$W_{P1} = \frac{\pi D_1^3}{16}$$

$$W_{P2} = \frac{\pi D_2^3}{16}(1-\alpha^4)$$

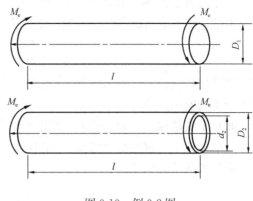

图 3-13 例 3-2 图

将上两式分别代入式（3-9），可得两轴的最大切应力为

$$\tau_{1max} = \frac{T_1}{W_{P1}} = \frac{16T_1}{\pi D_1^3}$$

和

$$\tau_{2max} = \frac{T_2}{W_{P2}} = \frac{16T_2}{\pi D_2^3(1-\alpha^4)}$$

根据上面求得的 $\tau_{1max} = \tau_{2max}$，并将 $T_1 = T_2 = M_e$ 和 $\alpha = 0.9$ 代入，经整理可得

$$\frac{D_1}{D_2} = \sqrt[3]{1-\alpha^4} = \sqrt[3]{1-0.9^4} = 0.7$$

因为两轴的材料和长度均相同，故两轴的重量比即为其横截面的面积之比，于是有

$$\frac{A_1}{A_2} = \frac{\frac{\pi}{4}D_1^2}{\frac{\pi}{4}D_2^2(1-\alpha^2)} = \frac{D_1^2}{D_2^2(1-\alpha^2)} = \frac{0.7}{1-0.9^2} = 3.7$$

由此可见，在最大切应力相等的情况下，空心圆轴比实心圆轴节省材料。因此，空心圆轴在工程中得到广泛应用。例如，汽车、飞机的传动轴就采用了空心轴，可以减轻零件的重量，提高运行效率。

注：(1) 因圆轴横截面上的切应力沿半径按线性规律分布，对于实心圆截面，圆心附近的应力很小，材料没有充分发挥作用。若把轴心附近的材料向边缘移植，使其成为空心圆轴，就会增大 I_P 和 W_P，提高轴的强度。

(2) 除大型圆轴外，一般的空心轴是用实心圆杆经过钻孔加工得到的，成本较高。因此除在减轻重量为主要因素（如飞行器中的轴）或有使用要求（如机床主轴）等情况外，设计空心轴并不总是值得的。

三、圆轴扭转时的强度条件

圆轴扭转的**强度条件**（strength condition）是：轴内横截面上的最大工作切应力 τ_{max} 不能超过材料的许用切应力 $[\tau]$，即

$$\tau_{max} \leqslant [\tau] \tag{3-16}$$

对于等截面圆轴，其最大工作切应力发生在扭矩最大的横截面（即危险截面）上的边缘各点（即危险点）处。依据式（3-9），强度条件表达式可写为

$$\tau_{\max} = \frac{T_{\max}}{W_P} \leqslant [\tau] \tag{3-17}$$

式中，许用切应力$[\tau]$的来历与$[\sigma]$类似，即$[\tau]$是将材料的扭转极限应力τ_u除以大于1的安全因数所得的结果。

而对于变截面轴，如阶梯轴、圆锥形轴等，W_P不是常量，$\tau_{\max}$不一定在扭矩为$T_{\max}$的截面上，这要综合考虑T和W_P，要由同一截面$\tau = T/W_P$的极值来确定，则强度条件表达式为

$$\tau_{\max} = \left(\frac{T}{W_P}\right)_{\max} \leqslant [\tau] \tag{3-18}$$

根据上述强度条件，可以解决工程中三个方面的计算问题：

1. 强度校核。 已知圆轴材料的许可切应力、截面尺寸及所受扭矩大小，检验圆轴能否满足强度条件。

2. 设计截面尺寸。 已知圆轴所受扭矩及材料的许可切应力，将式（3-17）改写为

$$W_P \geqslant \frac{T_{\max}}{[\tau]} \tag{3-19}$$

以确定圆轴所需要的横截面直径或面积的最小值。

3. 确定许可荷载。 已知圆轴材料的许可切应力和横截面尺寸，将式（3-17）改写为

$$T_{\max} \leqslant W_P [\tau] \tag{3-20}$$

以确定圆轴所能承受的最大扭矩，从而计算出承担的许可外力偶矩。

实验表明，在静荷载作用下，材料的扭转许用切应力$[\tau]$和许用拉应力$[\sigma]$之间存在下列关系

对于塑性材料：$[\tau] = (0.5 - 0.577)[\sigma]$

对于脆性材料：$[\tau] = (0.8 - 1.0)[\sigma]$

圆轴扭转时，最大扭转切应力作用点处于纯剪切状态，所以，通常可以根据材料的许用拉应力$[\sigma]$来确定其许用切应力$[\tau]$。

若应力随时间变化，许用切应力的取值还要降低。

【例 3-3】 已知：$T = 1.5 \text{kN} \cdot \text{m}$，$[\tau] = 50 \text{MPa}$，试根据强度条件设计实心圆轴与$\alpha = 0.9$的空心圆轴，并进行重量比较。

【解】 （1）确定实心圆轴直径d

$$\tau_{\max} = \frac{T}{\dfrac{\pi d^3}{16}} \leqslant [\tau]$$

$$d \geqslant \sqrt[3]{\frac{16T}{\pi [\tau]}} = \sqrt[3]{\frac{16 \times (1.5 \times 10^3 \text{N} \cdot \text{m})}{\pi (50 \times 10^6 \text{Pa})}} = 0.0535 \text{m}$$

取：$d = 54 \text{mm}$。

（2）确定空心圆轴内、外径d和D

第3章 扭 转

$$\tau_{\max} = \frac{16T}{\frac{\pi}{16}D^3(1-\alpha^4)} \leqslant [\tau]$$

$$D \geqslant \sqrt[3]{\frac{16T}{\pi(1-\alpha^4)[\tau]}} = 0.0763\text{m} = 76.3\text{mm}$$

$$d = \alpha D = 68.7\text{mm}$$

取：$D = 76\text{mm}, d = 68\text{mm}$。

(3) 重量比较

$$\beta = \frac{\frac{\pi}{4}(D^2 - d^2)}{\frac{\pi}{4}d^2} = 39.5\%$$

空心轴远比实心轴轻，从而也表示节省材料，即其性价比高。

【例 3-4】 图 3-14 (a) 所示圆柱形密圈螺旋弹簧，沿弹簧轴线承受拉力 F 作用。所谓密圈螺旋弹簧，是指螺旋升角 α 很小（例如小于 5°）的弹簧。设弹簧的平均直径为 D，弹簧丝的直径为 d，试分析弹簧的应力并建立相应的强度条件。

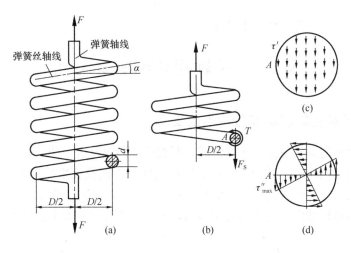

图 3-14 例 3-4 图

【解】 利用截面法，以通过弹簧轴线的平面将弹簧丝切断，并选择其上部为研究对象（图 3-14b）。如上所述，由于螺旋升角 α 很小，因此，所切截面可近似看成是弹簧丝的横截面。于是，根据保留部分（即上部）的平衡条件可知，在弹簧丝的横截面上必然同时存在剪力 F_S 及扭矩 T，其值分别为

$$F_S = F$$

$$T = \frac{FD}{2}$$

假设与剪力 F_S 相应的切应力 τ' 沿横截面均匀分布（图 3-14c），则

$$\tau' = \frac{4F_S}{\pi d^2} = \frac{4F}{\pi d^2}$$

与扭矩 T 相应的切应力 τ'' 的分布如图 3-14 (d) 所示，最大扭转切应力为

$$\tau''_{\max} = \frac{FD}{2}\frac{16}{\pi d^3} = \frac{8FD}{\pi d^3}$$

根据叠加原理可知，横截面上任一点处的总切应力应为切应力 τ' 与 τ'' 的矢量和，最大切应力发生在截面内侧点 A 处，其值则为

$$\tau_{\max} = \tau''_{\max} + \tau' = \frac{8FD}{\pi d^3}\left(1 + \frac{d}{2D}\right) \tag{3-21a}$$

当弹簧的直径 D 远大于弹簧丝的直径 d，例如当 $D/d \geqslant 10$ 时，比值 $d/(2D)$ 与 1 相比可以忽略，即略去剪力的影响，于是上式简化为

$$\tau_{\max} = \frac{8FD}{\pi d^3} \tag{3-21b}$$

但是，对于比值 $D/d < 10$ 的弹簧，或在计算精度要求较高的情况下，则不仅切应力 τ' 不能忽略，而且还应考虑弹簧丝曲率的影响，这时，最大切应力为

$$\tau_{\max} = \frac{8FD}{\pi d^3}\frac{4m+2}{4m-3} \tag{3-22}$$

式中，$m = D/d$。

以上分析表明，弹簧危险点处于纯剪切状态，所以，弹簧的强度条件为

$$\tau_{\max} \leqslant [\tau]$$

式中 $[\tau]$——弹簧丝的许用切应力。

§3-5 圆轴扭转的破坏分析

一、圆轴扭转破坏和危险点的受力

不同材料的圆轴发生扭转变形时，断裂破坏的现象也不相同。

通过圆轴扭转破坏试验发现，低碳钢试件是沿横截面发生断裂（图 3-15a），铸铁试件是沿着与轴线约呈 45°的螺旋面断裂（图 3-15b）。为了分析其扭转破坏原因，只知道横截面上的应力是不够的，还需要研究斜截面上的应力。

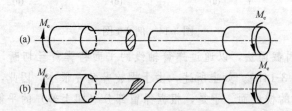

图 3-15 低碳钢、铸铁受扭破坏

从圆轴表层某点取出一单元体（图 3-16a、b），这个单元体的左、右两侧面（ab 面和 cd 面）是圆轴的横截面，上、下截面（ad 面和 bc 面）是圆轴的纵向截面，前、后两个面是半径相差极小的两个圆柱面。

根据切应力互等定理，该单元体的上、下、左、右 4 个侧面上作用着大小相等的切应力 τ，前、后面上没有应力作用。此单元体处于纯剪切应力状态。故可将其改用平面图（图 3-16c）表示。

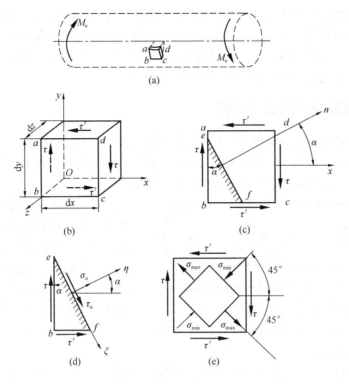

图 3-16 斜截面上的应力和正应力与切应力极值

二、斜截面上的应力分析

在图 3-16（c）所示单元体上，任取一斜截面 ef，它的外法线 n 与 x 轴的夹角为 α。并规定从 x 轴至截面外向法线逆时针转动 α 为正，反之为负。为求 ef 面上的应力，假想用截面 ef 将单元体截开，保留下面 bef 部分（图 3-16d），保留部分 be 和 bf 面上都作用着已知的切应力 τ，ef 面上有未知的应力 σ_α 和 τ_α 作用。选择参考轴 ξ 和 η，分别与斜截面 ef 平行和垂直（图 3-16d）。并设 ef 截面的面积为 dA，则 be 面的面积为 $dA\cos\alpha$，bf 面的面积为 $dA\sin\alpha$。由平衡方程

$$\sum F_\eta = 0, \sigma_\alpha dA + (\tau dA\cos\alpha)\sin\alpha + (\tau' dA\sin\alpha)\cos\alpha = 0$$

$$\sum F_\xi = 0, \tau_\alpha dA - (\tau dA\cos\alpha)\cos\alpha + (\tau' dA\sin\alpha)\sin\alpha = 0$$

利用切应力互等定理公式，经整理后，即得任一斜截面 ef 上的正应力和切应力的计算公式分别为

$$\sigma_\alpha = -2\tau\sin\alpha\cos\alpha = -\tau\sin 2\alpha \tag{3-23}$$

$$\tau_\alpha = \tau(\cos^2\alpha - \sin^2\alpha) = \tau\cos 2\alpha \tag{3-24}$$

由上两式可以看出，通过圆轴表面某点的斜截面上应力 σ_α 和 τ_α 随所取截面的方位角 α 而变化。从式（3-23）可见，当 $\alpha = 0°$ 或 $90°$ 时，$\sigma_\alpha = 0$；当 $\alpha = -45°$ 时，σ_α 达最大值；当 $\sigma_\alpha = 45°$ 时，σ_α 有最小值。由式（3-23）可得

$$\sigma_{\max} = \sigma_{-45°} = \tau$$

$$\sigma_{\min} = \sigma_{45°} = -\tau$$

该两截面上的正应力分别为 σ_α 中最大值和最小值，即一个为拉应力，另一个为

压应力，其绝对值均等于 τ。从式（3-24）可见，当 $\alpha=0°$ 时，τ_α 达最大值；$\alpha=90°$ 时，τ_α 有最小值。在 $\alpha=\pm45°$ 时，$\tau_\alpha=0$，即切应力为零的截面上，正应力有极值。在 $\pm45°$ 斜截面上作用的应力情形，如图 3-16（e）所示，且最大、最小正应力的作用面与最大切应力的作用面之间互呈 $45°$。

三、圆轴扭转的破坏分析

根据上面的讨论分析可知，在圆轴的扭转试验中，对于低碳钢等塑性材料其剪切强度低于拉伸强度，即抗剪能力较差。扭转破坏是由横截面上的最大切应力引起的，并从轴的最外层沿横截面被剪断（图 3-15a）。

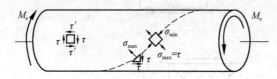

图 3-17 铸铁扭转破坏时裂纹形状

对于铸铁等脆性材料，抗压能力最强，抗剪能力次之，抗拉能力最差。扭转破坏是由与轴线成 $45°$ 斜截面上的最大拉应力引起的，并从轴的最外层沿与轴线约呈 $45°$ 倾角的螺旋形曲面被拉断（图 3-15b），裂缝首先出现在最大拉应力作用的斜面上（图 3-17）。断口形状与方位表明，正负扭矩作用下的断口都发生在拉应力最大的斜截面上。

至于木杆和竹管等类各向异性材料受扭破坏时，断口发生在纵向截面上，即沿纵向开裂。由切应力互等定理可知，圆轴受扭时纵向截面上也存在切应力，其值与横截面上的相等。破坏不发生在横截面而发生在纵向截面上，这是由于木材、竹子等在顺纹方向抗剪强度差的缘故。

§3-6 圆轴扭转时的变形及刚度条件

一、圆轴扭转变形公式

扭转变形的标志是两个横截面间绕轴线的相对转角，即**扭转角**。由式（3-6），得

$$d\varphi = \frac{T}{GI_P} dx$$

$d\varphi$ 表示相距为 dx 的两个横截面之间的相对转角（图 3-9b）。沿轴线 x 积分，即可求得距离为 l 的两横截面之间的相对转角为

$$\varphi = \int_l d\varphi = \int_0^l \frac{T}{GI_p} dx \tag{3-25}$$

由此可见，对于长为 l，扭矩 T 为常量，同一材料制成的等截面圆轴（图 3-9a），其 G 和 I_P 也为常量。则由上式得两端横截面间的扭转角为

$$\varphi = \frac{Tl}{GI_p} \tag{3-26}$$

上式表明，扭转角 φ 与扭矩 T、轴长 l 成正比，与 GI_p 成反比。乘积 GI_p 称为圆轴的**扭转刚度**（torsion rigidity），又称抗扭刚度。扭转角 φ 的单位是弧度（rad）。扭转角的正负号与扭矩的正负号一致，即正扭矩产生正扭转角，负扭矩

产生负扭转角。

对于各段扭矩不等或横截面不同的圆轴,例如阶梯轴。这就应该分段计算各段轴的扭转角,然后按代数值相加,得两端截面的相对转角为

$$\varphi = \sum_{i=1}^{n} \frac{T_i l_i}{GI_{\mathrm{p}i}} \tag{3-27}$$

由式(3-26)表示的扭转角与轴的长度 l 有关,为消除长度的影响,用 φ 对 x 的变化率 $\dfrac{\mathrm{d}\varphi}{\mathrm{d}x}$ 来表示扭转变形的程度。今后用 θ 表示变化率 $\dfrac{\mathrm{d}\varphi}{\mathrm{d}x}$,由式(3-6)得出

$$\theta = \frac{\mathrm{d}\varphi}{\mathrm{d}x} = \frac{T}{GI_{\mathrm{p}}} \tag{3-28}$$

φ 的变化率 θ 是相距为 1 单位长度的两截面的相对转角,称为**单位长度扭转角**(torsional angle perunit length),单位为"rad/m"。若在轴长 l 的范围内 T 为常量,且圆轴的横截面不变,则 $\dfrac{T}{GI_{\mathrm{p}}}$ 为常量,由式(3-26)得

$$\theta = \frac{T}{GI_{\mathrm{p}}} = \frac{\varphi}{l} \tag{3-29}$$

【**例 3-5**】 一实心钢制圆截面杆如图 3-18 所示。已知 $M_A = 900$ N·m,$M_B = 1700$ N·m,$M_C = 800$ N·m,$l_1 = 400$ mm,$l_2 = 600$ mm,杆的直径 $d_1 = 80$ mm,$d_2 = 60$ mm,钢的切变模量 $G = 80$ GPa。试求截面 C 相对于截面 A 的扭转角 φ_{AC}。

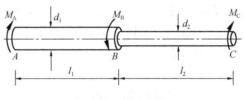

图 3-18 例 3-5 图

【**解**】 首先用截面法求出 AB 段和 BC 段的扭矩,有

$$T_1 = M_A = 900 \text{N} \cdot \text{m}$$
$$T_2 = M_C = -800 \text{N} \cdot \text{m}$$

由于 AB 段和 BC 段的扭矩不同,其横截面也不同,故分别计算截面 B 相对于截面 A 的扭转角 φ_{AB},截面 C 相对于截面 B 的扭转角 φ_{BC}。两者的代数和即为截面 C 相对于截面 A 的扭转角 φ_{AC},扭转角的转向则取决于扭矩的转向。于是有

$$\varphi_{AB} = \frac{T_1 l_1}{GI_{\mathrm{p}1}} = \frac{900 \times 400 \times 10^{-3}}{80 \times 10^9 \times \dfrac{\pi}{32} \times (80 \times 10^{-3})^4} = 1.12 \times 10^{-3} \text{rad}$$

$$\varphi_{BC} = \frac{T_2 l_2}{GI_{\mathrm{p}2}} = \frac{-800 \times 600 \times 10^{-3}}{80 \times 10^9 \times \dfrac{\pi}{32} \times (60 \times 10^{-3})^4} = -4.72 \times 10^{-3} \text{rad}$$

因此,截面 C 相对于截面 A 的扭转角 φ_{AC} 为

$$\varphi_{AC} = \varphi_{AB} + \varphi_{BC} = 1.12 \times 10^{-3} - 4.72 \times 10^{-3} = -3.60 \times 10^{-3} \text{rad}$$

其转向与 M_C 相同。

二、圆轴扭转刚度条件

圆轴受扭时,除满足强度条件外,还常对其扭转变形有一定限制,也就是要

满足刚度条件(stiffness condition)。例如机床主轴扭转角过大会影响机床的加工精度,机器传动轴的扭转角过大会使机器产生较强的振动。在工程中,刚度要求通常是规定单位长度扭转角的最大值 θ_{max} 不得超过许用单位长度扭转角 $[\theta]$,所以,圆轴扭转的刚度条件为

$$\theta_{max} = \left(\frac{T}{GI_p}\right)_{max} \leqslant [\theta] \qquad (3\text{-}30a)$$

对于等截面圆轴,即要求

$$\theta_{max} = \frac{T_{max}}{GI_P} \leqslant [\theta] \qquad (3\text{-}30b)$$

在实际工程中给出的 $[\theta]$ 单位通常是"(°)/m",需把上式中的弧度换算成度,得

$$\theta_{max} = \frac{T_{max}}{GI_p} \times \frac{180°}{\pi} \leqslant [\theta] \qquad (3\text{-}31)$$

各种轴类零件的 $[\theta]$ 值可从有关规范和手册中查到。例如对于精密机器的轴,其 $[\theta]$ 值一般取 $0.15°/m \sim 0.5°/m$;对于一般传动轴,其 $[\theta]$ 值一般取 $0.5 \sim 1°/m$。

【**例 3-6**】 如图 3-19(a)所示,装有 4 个皮带轮的一根实心圆轴的计算简图。已知 $M_1 = 1.5 \text{kN} \cdot \text{m}$,$M_2 = 3 \text{kN} \cdot \text{m}$,$M_3 = 9 \text{kN} \cdot \text{m}$,$M_4 = 4.5 \text{kN} \cdot \text{m}$;各轮的间距为 $l_1 = 0.8 \text{m}$,$l_2 = 1.0 \text{m}$,$l_3 = 1.2 \text{m}$;材料的 $[\tau] = 80 \text{MPa}$,$[\theta] = 0.3°/\text{m}$,$G = 80 \times 10^9 \text{Pa}$。试:

(1) 设计轴的直径 D;

(2) 若轴的直径 $D_0 = 105 \text{mm}$,试计算全轴的相对扭转角 φ_{DA}。

【**解**】 (1) 绘出扭矩图(图 3-19b)

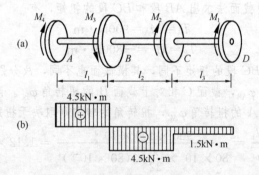

图 3-19 例 3-6 图

(2) 设计轴的直径

由扭矩图可知,圆轴中的最大扭矩发生在 AB 段和 BC 段,其绝对值 $T = 4.5 \text{kN} \cdot \text{m}$。

由强度条件

$$\tau_{max} = \frac{T}{W_P} = \frac{T}{\frac{\pi D^3}{16}} = \frac{16T}{\pi D^3} \leqslant [\tau]$$

求得轴的直径 D 为

$$D \geqslant \sqrt[3]{\frac{16T}{\pi[\tau]}} = \sqrt[3]{\frac{16 \times 4.5 \times 10^3}{\pi \times 80 \times 10^6}} = 0.066\text{m}$$

由刚度条件
$$\theta_{\max} = \frac{T}{GI_P} \times \frac{180°}{\pi} \leqslant [\theta]$$

即
$$\frac{4.5 \times 10^3}{\frac{\pi D^4}{32} \times 80 \times 10^9} \times \frac{180°}{\pi} \leqslant 0.3°/\text{m}$$

得
$$D \geqslant \sqrt[4]{\frac{32 \times 4.5 \times 10^3 \times 180}{\pi^2 \times 80 \times 10^9 \times 0.3}} = 0.102\text{m}$$

由上述强度计算和刚度计算的结果可知，该轴的直径应由刚度条件确定，应选用 $D = 102$mm 的轴。

(3) 计算扭转角 φ_{DA}

根据题意，轴的直径采用 $D_0 = 105$mm，其极惯性矩为

$$I_P = \frac{\pi D^4}{32} = \frac{\pi (105)^4}{32} = 1190 \times 10^4 \text{ mm}^4$$

$$\varphi_{DA} = \varphi_{DC} + \varphi_{CB} + \varphi_{BA}$$
$$= \frac{T_{CD} l_3}{GI_P} + \frac{T_{BC} l_2}{GI_P} + \frac{T_{AB} l_1}{GI_P}$$
$$= \frac{-1.5 \times 10^3 \times 1.2}{80 \times 10^9 \times 1190 \times 10^{-8}} + \frac{-4.5 \times 10^3 \times 1}{80 \times 10^9 \times 1190 \times 10^{-8}} + \frac{4.5 \times 10^3 \times 0.8}{80 \times 10^9 \times 1190 \times 10^{-8}}$$
$$= -2.84 \times 10^{-3} \text{ rad} = -0.163°$$

【例 3-7】 长 $L = 2$m 的空心圆截面杆受均布力偶矩 $m = 20$N·m 的作用（图 3-20a），杆的内外径之比为 $\alpha = 0.8$，$G = 80$GPa，许用切应力 $[\tau] = 30$MPa。试：

(1) 设计杆的外径；
(2) 若 $[\theta] = 2°/\text{m}$，试校核此杆的刚度；
(3) 求右端面相对于左端面的转角。

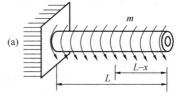

图 3-20 例 3-7 图

【解】 (1) 作扭矩图（图 3-20b）
$$T(x) = m(L-x) = 20(L-x)$$
$$T_{\max} = 20 \times 2 = 40\text{N·m}$$

(2) 设计杆的外径

$$\frac{T_{\max}}{W_P} \leqslant [\tau]$$

$$W_P = \frac{\pi D^3}{16}(1 - \alpha^4) \geqslant \frac{T_{\max}}{[\tau]}$$

$$D \geqslant \left(\frac{16 T_{\max}}{\pi(1-\alpha^4)[\tau]}\right)^{\frac{1}{3}}$$

代入数值得 $D \geqslant 0.0226$m。

(3) 由扭转刚度条件校核刚度

$$\theta_{\max} = \frac{T_{\max}}{GI_P} \times \frac{180°}{\pi} = \frac{32 \times 40 \times 180°}{80 \times 10^9 \times \pi^2 D^4(1-\alpha^4)} = 1.89°/\text{m} < [\theta]$$

故刚度足够。

(4) 右端面相对于左端面的扭转角 φ

$$\varphi = \int_0^L \frac{T(x)}{GI_P}\mathrm{d}x = \int_0^L \frac{m(L-x)}{GI_P}\mathrm{d}x = \frac{mL^2}{2GI_P} = 0.033 \text{ rad}$$

【例 3-8】 如图 3-21 所示,圆截面轴 AC,承受外力矩 M_A、M_B 与 M_C 作用。试计算该轴的总扭转角 φ_{AC}(即截面 C 对截面 A 的相对转角),并校核轴的刚度。已知 $M_A = 180\text{N}\cdot\text{m}$,$M_B = 320\text{N}\cdot\text{m}$,$M_C = 140\text{N}\cdot\text{m}$,$I_P = 3.0 \times 10^5 \text{mm}^4$,$l = 2\text{m}$,$G = 80\text{GPa}$,$[\theta] = 0.5°/\text{m}$。

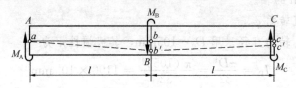

图 3-21 例 3-8 图

【解】 (1) 扭转变形分析

利用截面法,得 AB 与 BC 段的扭矩分别为

$$T_1 = 180\text{N}\cdot\text{m}$$
$$T_2 = -140\text{N}\cdot\text{m}$$

设其扭转角分别为 φ_{AB} 与 φ_{BC},则由式 (3-26) 可知

$$\varphi_{AB} = \frac{T_1 l}{GI_P} = \frac{(180\text{N}\cdot\text{m})(2\text{m})}{(80 \times 10^9 \text{Pa})(3.0 \times 10^5 \times 10^{-12} \text{m}^4)} = 1.50 \times 10^{-2} \text{rad}$$

$$\varphi_{BC} = \frac{T_2 l}{GI_P} = \frac{(140\text{N}\cdot\text{m})(2\text{m})}{(80 \times 10^9 \text{Pa})(3.0 \times 10^5 \times 10^{-12} \text{m}^4)} = -1.17 \times 10^{-2} \text{rad}$$

由此得轴 AC 的总扭转角为

$$\varphi_{AC} = \varphi_{AB} + \varphi_{BC} = 1.50 \times 10^{-2} - 1.17 \times 10^{-2} = 0.33 \times 10^{-2} \text{rad}$$

各段轴的扭转角的转向,由相应扭矩的转向而定。在图 3-21 中,同时画出了扭转时母线 ac 的位移情况,它由直线 abc 变为折线 $ab'c'$,由此可更清晰地显示扭转变形情况。

(2) 刚度校核

轴 AC 为等截面轴,而 AB 段的扭矩最大,所以,应校核该段轴的扭转刚度。

AB 段的扭转角变化率为

$$\theta_{\max} = \frac{T_1}{GI_P} \frac{180°}{\pi} = \frac{180}{(80 \times 10^9)(3.0 \times 10^5 \times 10^{-12})} \frac{180°}{\pi} = 0.43°/\text{m} < [\theta]$$

可见,该轴的扭转刚度符合要求。

【例 3-9】 如图 3-22 所示圆锥形轴,两端承受扭力矩 M 作用。设轴长为 l,左、右端的直径分别为 d_1 与 d_2,材料的切变模量为 G,试计算轴的总扭转角 φ。

【解】 设 x 截面的直径为 $d(x)$,则该截面的极惯性矩为

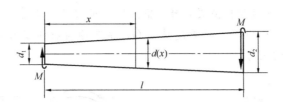

图 3-22 例 3-9 图

$$I_P(x) = \frac{\pi d^4(x)}{32} = \frac{\pi}{32}\left(d_1 + \frac{d_2-d_1}{l}x\right)^4$$

x 截面的扭矩为 $\qquad T = M$

于是由式 (3-25)，得轴的总扭转角为

$$\varphi = \frac{32M}{G\pi}\int_0^l \frac{\mathrm{d}x}{\left(d_1+\frac{d_2-d_1}{l}x\right)^4} = \frac{32Ml}{3G\pi(d_2-d_1)}\left(\frac{1}{d_1^3}-\frac{1}{d_2^3}\right)$$

【**例 3-10**】 如图 3-23（a）所示等截面圆轴 AB，两端固定，在截面 C 处承受扭力矩 M 作用。试求轴两端的支反力偶矩。

【**解**】 设 A 端和 B 端的支反力偶矩分别为 M_A 与 M_B（图 3-23b），则轴的平衡方程为

$$\sum M_x = 0, \quad M_A + M_B - M = 0 \qquad (a)$$

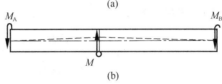

图 3-23 例 3-10 图

在上述方程中，包括两个未知力偶矩，故为一度静不定问题，需要建立一个补充方程才能求解。

根据轴两端的约束条件可知，横截面 A 和 B 之间的相对转角，即扭转角 φ_{AB} 应为零，所以，轴的变形协调条件为

$$\varphi_{AB} = \varphi_{AC} + \varphi_{CB} = 0 \qquad (b)$$

由图 3-23（b）可知，AC 与 CB 段的扭矩分别为

$$T_1 = -M_A$$
$$T_2 = M_B$$

所以，AC 与 CB 段的扭转角分别为

$$\varphi_{AC} = \frac{T_1 a}{GI_P} = -\frac{M_A a}{GI_P}$$

$$\varphi_{CB} = \frac{T_2 b}{GI_P} = -\frac{M_B b}{GI_P}$$

将上述物理关系代入式（b），得变形补充方程为

$$-M_A a + M_B b = 0 \qquad (c)$$

最后，联立求解平衡方程式（a）与补充方程式（c），可得

$$M_A = \frac{Mb}{a+b}, \quad M_B = \frac{Ma}{a+b}$$

【例 3-11】 一组合杆由实心杆 1 插入空心管 2 内结合在一起所组成（图 3-24a），杆和管的材料相同。切变模量为 G，试求组合杆承受外力偶矩 M_e 以后，杆和管内的最大切应力。

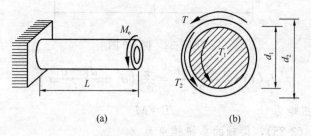

图 3-24 例 3-11 图

【解】 （1）由静力学关系（图 3-24b），可得

$$T = T_1 + T_2 = M_e$$

（2）变形协调条件为

$$\varphi_1 = \varphi_2$$

（3）物理关系为

$$\varphi_1 = \frac{T_1 l}{G \cdot \frac{\pi}{32} d_1^4}, \quad \varphi_2 = \frac{T_2 l}{G \cdot \frac{\pi}{32}(d_2^4 - d_1^4)}$$

代入变形协调方程，得补充方程

$$T_1 = T_2 \frac{d_1^4}{(d_2^4 - d_1^4)}$$

（4）将补充方程与静力平衡方程联立，解得

$$T_1 = T \frac{d_1^4}{d_2^4}, \quad T_2 = M_e \frac{(d_2^4 - d_1^4)}{d_2^4}$$

（5）求最大切应力

杆内最大切应力：$\tau_1 = \dfrac{T_1}{W_{p1}} = \dfrac{T_1}{\dfrac{\pi}{16} d_1^3} = \dfrac{16 d_1 M_e}{\pi d_2^4}$

管内最大切应力：$\tau_2 = \dfrac{T_2}{W_{p2}} = \dfrac{T_2}{\dfrac{\pi}{16} d_2^3 \left[1 - \left(\dfrac{d_1}{d_2}\right)^4\right]} = \dfrac{16 M_e}{\pi d_2^3}$

§3-7 非圆截面杆自由扭转简介

以前各节讨论了等直圆轴的扭转。但有些受扭杆件的横截面并非圆形。例如

农业机械中有时采用方轴作为传动轴，又如曲轴的曲柄承受扭转，而其横截面是矩形。

取一横截面为矩形的杆，在其侧面上画出纵向线和横向周界线（图 3-25a），扭转变形后发现横向周界线已变为空间曲线（图 3-25b）。这表明变形后杆的横截面已不再保持为平面，这种现象称为**翘曲**。所以，平面假设对非圆截面杆件的扭转已不再适用。

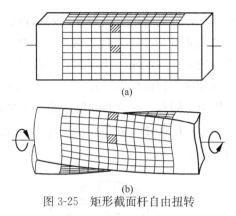

图 3-25 矩形截面杆自由扭转

一、自由扭转与约束扭转

非圆截面杆件的扭转可分为自由扭转和约束扭转。等直杆两端受扭转力偶作用且翘曲不受任何限制时，属于自由扭转。这种情况下杆件各横截面的翘曲程度相同，纵向线段的长度无变化，故横截面上没有正应力而只有切应力。图 3-26（a）即表示工字钢的**自由扭转**。若由于约束条件或受力条件的限制，如杆在固定端处，横截面的翘曲受到固定端的限制，这势必引起相邻两横截面间纵向线段的长度改变。于是横截面上除切应力外存在正应力。这种情况称为**约束扭转**。图 3-26（b）即为工字钢约束扭转的示意图。

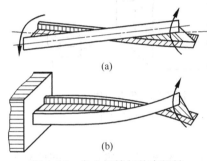

图 3-26 自由扭转与约束扭转

精确分析表明，像工字钢、槽钢等非圆薄壁杆件，约束扭转与自由扭转的差别较大，约束扭转时横截面上的正应力往往是相当大的，这种问题将在薄壁结构力学中研究。但对于一般非圆实体杆件，如横截面为矩形或椭圆形的杆件，因约束扭转而引起的正应力很小，与自由扭转并无太大差别。这里只讨论自由扭转问题。

二、矩形截面杆的自由扭转

非圆截面杆的自由扭转，一般在弹性力学中讨论。这里我们不加推导地引用弹性力学的一些结论，并只限于矩形截面等直杆自由扭转的情况。弹性理论指出，矩形截面杆扭转时：

1. 横截面边缘各点处的切应力均平行于截面周边，并顺着某个流向（图 3-27）；
2. 四个角点处的切应力为零；
3. 最大切应力 τ_{max} 发生在截面长边的中点处，而短边中点处的切应力 τ_1 也有相当大的数值。

至于横截面边缘各点处的切应力平行于截面周边，以及角点处的切应力为零的结论，也可利用切应力互等定理得到证实。如图 3-28 所示，若横截面边缘某点 A 处的切应力不平行于周边，即存在有垂直于周边的切应力分量 τ_n 时，则根据切应力互等定理，杆表面必存在有与其数值相等的切应力 τ'_n。然而，当杆表面无轴向剪切荷载作用时，$\tau'_n=0$，可见，$\tau_n=0$，即截面边缘的切应力一定平行于周边。同样，在截面的角点处，例如 B 点，由于该处杆表面的切应力 τ'_1 和 τ'_2 均为零，B 点处的切应力分量 τ_1 和 τ_2 也必为零。所以，横截面上角点处的切应力必为零。

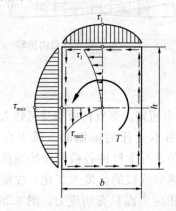

图 3-27 矩形截面杆扭转时切应力分布

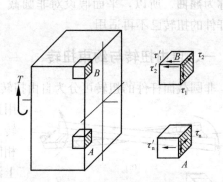

图 3-28 角点与边缘点切应力分析

根据研究结果，矩形截面杆的扭转切应力 τ_{max}、τ_1 以及扭转角 φ 的计算公式分别为

$$\tau_{max} = \frac{T}{W_t} = \frac{T}{ahb^2} \tag{3-32}$$

$$\tau_1 = \nu \tau_{max} \tag{3-33}$$

$$\varphi = \frac{Tl}{GI_t} = \frac{Tl}{G\beta hb^3} \tag{3-34}$$

式中，$GI_t = G\beta hb^3$ 也称为杆件的抗扭刚度。h 和 b 分别代表矩形截面长边和短边的长度；系数 α、β 及 ν 与比值 h/b 有关，其值见表 3-1。

矩形横截面杆扭转时的因数 α、β 和 ν 表 3-1

h/b	1.0	1.2	1.5	2.0	2.5	3.0	4.0	6.0	8.0	10.0	∞
α	0.208	0.219	0.231	0.246	0.258	0.267	0.282	0.299	0.307	0.313	0.333
β	0.141	0.166	0.196	0.229	0.249	0.263	0.281	0.299	0.307	0.313	0.333
ν	1.000	0.930	0.858	0.796	0.767	0.753	0.745	0.743	0.743	0.743	0.743

当 $\dfrac{h}{b} > 10$ 时，截面成为狭长矩形。由表 3-1 可查得 $\alpha = \beta = 0.333 \approx \dfrac{1}{3}$。如以 δ 表示狭长矩形短边的长度，则式（3-32）和式（3-34）化为

$$\tau_{max} = \frac{T}{\frac{1}{3}h\delta^2}$$

$$\varphi = \frac{Tl}{G \cdot \frac{1}{3}h\delta^3}$$

(3-35)

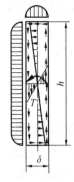

图 3-29 狭长矩形截面

在狭长矩形截面上，扭转切应力的变化规律如图 3-29 所示。虽然最大切应力在长边的中点，但沿长边各点的切应力实际上变化不大，接近相等，在靠近短边处才迅速减小为零。

讨论： (1) 由于宽度 δ 很小，即使 τ_{max} 很大，形成的扭矩还是很小的；上下短边距离虽大，但短边上的切应力却很小，也不能构成较大的扭矩，这说明截面为狭长矩形的杆件抗扭能力很差，不宜作受扭构件。

(2) 相同截面情况下，非圆截面杆扭转时的最大剪应力要比圆截面杆来得大，许多厂房、车站的高大结构，由于杆件不可避免地受到扭转作用，所以工程中广泛采用圆形薄壁杆件。

*§3-8 薄壁杆件的自由扭转

为减轻结构本身重量，工程上采用各种轧制型钢，如工字钢、槽钢等，也经常使用薄壁管状杆件。这类杆件的壁厚远小于横截面的其他两个尺寸（高和宽），称为薄壁杆件。若杆件的薄壁截面的壁厚中线是一条不封闭的折线或曲线（图 3-30），则称为开口薄壁杆件；若截面的壁厚中线是一条封闭的折线或曲线（图 3-32），则称为闭口薄壁杆件。本节只讨论开口和闭口薄壁杆件的自由扭转。

一、开口薄壁杆件的自由扭转

开口薄壁杆件，如槽钢、工字钢等，其横截面可以看作是由若干个狭长矩形组成的（图 3-30）。自由扭转时假设：翘曲后的横截面在原横截面上的投影，其形状与原横截面相同（但不重合），即扭转变形只使上述投影在原横截面上作刚性的平面运动。因此整个横截面和组成截面的各部分的扭转角相等。若以 φ 表示整个截面的扭转角，$\varphi_1, \varphi_2, \cdots, \varphi_i, \cdots$ 分别代表各组成部分的扭转角，则

$$\varphi = \varphi_1 = \varphi_2 = \cdots = \varphi_i = \cdots \quad (a)$$

若以 T 表示整个截面上的扭矩，$T_1, T_2, \cdots, T_i, \cdots$，分别表示截面各组

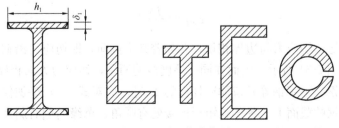

图 3-30 开口薄壁截面

成部分的扭矩，则因整个截面上的扭矩应等于各组成部分上的扭矩之和，故有

$$T = T_1 + T_2 + \cdots + T_i + \cdots = \Sigma T_i \tag{b}$$

由式（3-27）

$$\varphi_1 = \frac{T_1 l}{G \cdot \frac{1}{3} h_1 \delta_1^3}, \varphi_2 = \frac{T_2 l}{G \cdot \frac{1}{3} h_2 \delta_2^3}, \cdots, \varphi_i = \frac{T_i l}{G \cdot \frac{1}{3} h_i \delta_i^3}, \cdots \tag{c}$$

式中，h_i 和 δ_i 分别为组成截面的第 i 个矩形长边和短边的长度，$i = 1, 2, 3, \cdots$。由式（c）解出 $T_1, T_2, \cdots, T_i, \cdots$，代入式（b），并注意到由式（a）表示的关系，得到

$$T = \varphi \cdot \frac{G}{l} \left(\frac{1}{3} h_1 \delta_1^3 + \frac{1}{3} h_2 \delta_2^3 + \cdots + \frac{1}{3} h_i \delta_i^3 + \cdots \right)$$

$$= \varphi \cdot \frac{G}{l} \Sigma \frac{1}{3} h_i \delta_i^3 \tag{d}$$

引用记号

$$I_t = \Sigma \frac{1}{3} h_i \delta_i^3 \tag{e}$$

式（d）又可写成

$$\varphi = \frac{Tl}{GI_t} \tag{f}$$

式中 GI_t——开口薄壁杆件的抗扭刚度。

在组成截面的任一个狭长矩形上，长边各点的切应力可由式（3-35）计算，即

$$\tau_i = \frac{T_i}{\frac{1}{3} h_i \delta_i^2} \tag{g}$$

由于 $\varphi_i = \varphi$，故由式（c）及式（f）两式得

$$\frac{T_i l}{G \cdot \frac{1}{3} h_i \delta_i^3} = \frac{Tl}{GI_t}$$

由此解出 T_i，代入式（g）得出

$$\tau_i = \frac{T \delta_i}{I_t} \tag{h}$$

由式（h）看出，当 δ_i 为最大时，切应力 τ_i 达到最大值。故 τ_{max} 在宽度最大的狭长矩形的长边上，且

$$\tau_{max} = \frac{T \delta_{max}}{I_t} \tag{3-36}$$

沿截面的边缘，切应力与边界相切，并顺着某个流向，即切应力沿截面周边形成"环流"，如图 3-31 所示，因而在同一厚度线的两端，切应力方向相反。

计算槽钢、工字钢等开口薄壁杆件的 I_t 时，应对式（e）略加修正，这是因为在这些型钢的截面上，各狭长矩形连接处有圆角，翼缘内侧有斜率，这就增加了杆件的抗扭刚度。修正公式是

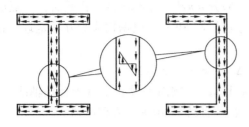 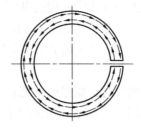

图 3-31 开口薄壁杆件的扭转切应力分布

$$I_\mathrm{t} = \eta \cdot \frac{1}{3} \sum h_i \delta_i^3 \qquad (\mathrm{i})$$

式中 η 为修正因数。对角钢 $\eta=1.00$，槽钢 $\eta=1.12$，T 字钢 $\eta=1.15$，工字钢 $\eta=1.20$。

壁厚中线为曲线的开口薄壁杆件（图 3-31），计算时可将截面展直，作为狭长矩形截面来处理。

二、闭口薄壁杆件的自由扭转

关于闭口薄壁杆件，这里讨论横截面只有内外两个边界的单孔管状杆件（图 3-32、图 3-33a）。

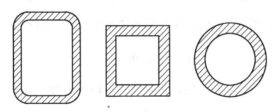

图 3-32 箱形和环形薄壁截面

杆件壁厚 δ 沿截面壁厚中线可以是变化的，但与杆件的其他尺寸相比总是很小的，因此可以认为沿厚度 δ 切应力均匀分布。这样，沿截面壁厚中线每单位长度内的剪力就可以写成 $\tau\delta$，且 $\tau\delta$ 与截面壁厚中线相切。用两个相距为 Δx 的横截

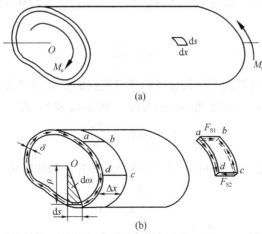

图 3-33 闭口薄壁杆件自由扭转时的切应力分布

面和两个任意纵向截面从杆中取出一部分 $abcd$（图 3-33b）。若截面在 a 点的厚度为 δ_1，切应力为 τ_1；而在 d 点则分别是 δ_2 和 τ_2。根据切应力互等定理，在纵向面 ab 和 cd 上的剪力应分别为

$$F_{S1} = \tau_1 \delta_1 \Delta x \text{ 和 } F_{S2} = \tau_2 \delta_2 \Delta x$$

自由扭转时，横截面上无正应力，bc 和 ad 两侧面上没有平行于杆件轴线的力。将作用于 $abcd$ 部分上的力向杆件轴线方向投影，由平衡方程可知

$$F_{S1} = F_{S2}$$

把 F_{S1} 和 F_{S2} 代入上式，可知

$$\tau_1 \delta_1 = \tau_2 \delta_2$$

a 和 d 是横截面上的任意两点，这说明在横截面上的任意点，切应力与壁厚的乘积不变，若以 t 代表这一乘积，则

$$t = \tau\delta = 常量 \tag{3-37}$$

t 称为**剪力流**。沿截面壁厚中线取微分长度 ds，在中线长为 ds 的微分面积上剪力为 $\tau\delta ds = \tau ds$，它与截面壁厚中线相切。若对截面内的 O 点取矩，则整个截面上内力对 O 点的矩即为截面的扭矩，于是有

$$T = \int_s t\,ds \cdot \rho = t\int_s \rho\,ds$$

式中 ρ 为由 O 点到截面壁厚中线的切线的垂直距离，ρds 等于图中画阴影的三角形面积 $d\omega$ 的 2 倍，所以积分 $\int_s \rho\,ds$ 是截面壁厚中线所围面积 ω 的 2 倍，即

$$T = 2t\omega \text{ 和 } t = \frac{T}{2\omega} \tag{3-38}$$

上式表明 t 为常量，又 $t = \delta\tau$，故在 δ 最小处，切应力最大，即

$$\tau_{max} = \frac{t}{\delta_{min}} = \frac{T}{2\omega\delta_{min}} \tag{3-39}$$

由式（3-37）和式（3-38）求得横截面上一点处的切应力为

$$\tau = \frac{t}{\delta} = \frac{T}{2\omega\delta} \tag{3-40}$$

在自由扭转的情况下，横截面上的扭矩 T 与外加扭转力偶矩 M_e 相等。上式又可写成

$$\tau = \frac{M_e}{2\omega\delta}$$

闭口薄壁截面杆件的单位长度扭转角可根据能量原理来求解：应变能在数值上等于外力所做的功（应变能的讨论参阅本书第 11 章），即

$$\int_s \frac{\tau^2}{2G}\delta\,ds = \frac{T\varphi}{2}$$

将式（3-40）代入上式，即可求得闭口薄壁截面杆件的扭转角

$$\varphi = \frac{M_e l}{4G\omega^2}\oint \frac{ds}{\delta} \tag{3-41}$$

若杆件的壁厚 δ 不变，$S = \oint ds$ 是截面壁厚中线的长度。则闭口薄壁截面杆件的单

位长度扭转角 θ 为

$$\theta = \frac{\varphi}{l} = \frac{M_e S}{4G\omega^2 \delta} \tag{3-42}$$

【例 3-12】 横截面面积 A、壁厚 δ、长度 l 和材料的切变模量均相同的三种截面形状的闭口薄壁杆,分别如图 3-34(a)、(b) 和 (c) 所示。若分别在杆的两端承受相同的扭转外力偶矩 M_e,试求三杆横截面上的切应力之比和单位长度扭转角之比。

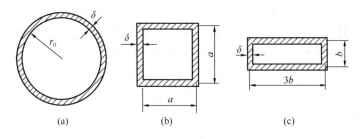

图 3-34 例 3-12 图

【解】 (1) 三杆切应力之比

薄壁圆截面 (图 3-34a):由

$$A = 2\pi r_0 \delta, \quad r_0 = \frac{A}{2\pi\delta}$$

$$A_0 = \pi r_0^2 = \frac{1}{4\pi} \times \left(\frac{A}{\delta}\right)^2$$

得

$$\tau_a = \frac{T}{2A_0 \delta} = \frac{M_e \times 2\pi\delta}{A^2}$$

薄壁正方形截面 (图 3-34b):由

$$A = 4a\delta, \quad a = \frac{A}{4\delta}$$

$$A_0 = a^2 = \frac{1}{16}\left(\frac{A}{\delta}\right)^2$$

得

$$\tau_b = \frac{T}{2A_0 \delta} = \frac{8M_e \delta}{A^2}$$

薄壁矩形截面 (图 3-34c):由

$$A = 2(b+3b)\delta = 8b\delta, \quad b = \frac{A}{8\delta}$$

$$A_0 = 3b \times b = \frac{3}{64}\left(\frac{A}{\delta}\right)^2$$

得

$$\tau_c = \frac{T}{2A_0 \delta} = \frac{32M_e \delta}{3A^2}$$

可见,三种截面的扭转切应力之比为

$$\tau_a : \tau_b : \tau_c = 2\pi : 8 : \frac{32}{3} = 1 : 1.27 : 1.70$$

(2) 三杆单位长度扭转角之比

三杆的单位长度扭转角分别为

$$\theta_a = \frac{Ts}{4GA_0^2\delta} = 4\pi^2 \frac{M_e\delta^2}{GA^3}, \theta_b = 64\frac{M_e\delta^2}{GA^3}, \theta_c = \frac{1024}{9} \times \frac{M_e\delta^2}{GA^3}$$

故三杆扭转角之比为

$$\theta_a : \theta_b : \theta_c = 1 : 1.62 : 2.88$$

上述计算表明,对于同一材料、相同截面面积,无论是强度或是刚度,都是薄壁圆截面最佳,薄壁矩形截面最差。这是因为薄壁圆截面壁厚中线所围的面积 A_0 为最大,而薄壁箱形截面在其内角处还将引起应力集中。

【例 3-13】 试比较开口薄壁圆管与闭口薄壁圆管的最大切应力和单位长度扭转角,设二者的材料、长度、直径 d、壁厚 δ 以及承受的扭矩 T 都相同。开口薄壁圆管是在闭口薄壁圆管上沿纵向切开一细缝而得到的。

【解】 由前述可知,对于开口薄壁圆管,计算时可展开截面,将其作为一狭长矩形截面来处理。由式 (3-35) 可知

$$W_t = \frac{1}{3}h\delta^2 = \frac{1}{3}\pi d\delta^2$$

$$I_t = \frac{1}{3}h\delta^3 = \frac{1}{3}\pi d\delta^3$$

将上两式代入式 (3-32) 和式 (3-34),有

$$\tau_{max1} = \frac{T}{W_t} = \frac{3T}{\pi d\delta^2}$$

$$\theta_1 = \frac{T}{GI_t} = \frac{3T}{G\pi d\delta^3}$$

对于闭口薄壁圆管,由式 (3-39) 和式 (3-42),有

$$\tau_{max2} = \frac{T}{2A\delta} = \frac{T}{2\pi\left(\frac{d}{2}\right)^2\delta} = \frac{2T}{\pi d^2\delta}$$

$$\theta_2 = \frac{Ts}{4GA^2\delta} = \frac{T\pi d}{4G\left(\frac{\pi d^2}{4}\right)^2\delta} = \frac{4T}{G\pi d^3\delta}$$

故开口薄壁圆管与闭口薄壁圆管的最大切应力之比为

$$\frac{\tau_{max1}}{\tau_{max2}} = \frac{\frac{3T}{\pi d\delta^2}}{\frac{2T}{\pi d^2\delta}} = \frac{3d}{2\delta} \gg 1$$

开口薄壁圆管与闭口薄壁圆管单位长度扭转角之比为

$$\frac{\theta_1}{\theta_2} = \frac{\frac{3T}{G\pi d\delta^3}}{\frac{4T}{G\pi d^3\delta}} = \frac{3}{4}\left(\frac{d}{\delta}\right)^2 \gg 1$$

从以上的计算结果可以看出,闭口薄壁圆管的强度和刚度都远远大于开口薄壁圆管,因此,在工程上受扭杆件都尽量避免采用开口薄壁杆件。产生这种现象的主要原因是这两种截面上切应力沿壁厚分布情况不同,如图 3-35 所示。

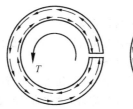
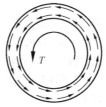

图 3-35　开口薄壁圆管与闭口薄壁圆管横截面上的切应力分布

小结及学习指导

本章重点讲述圆轴扭转时的应力计算和变形计算，给出圆轴扭转时的强度条件和刚度条件。对矩形截面杆件的扭转问题只作简要介绍并给出主要结论。

扭矩的概念，扭矩图的绘制，圆轴扭转时横截面上的应力及强度计算，扭转的变形及刚度计算等内容要求重点掌握。

在推导圆轴扭转时横截面上的切应力计算公式时，同样从变形几何关系、力与变形间的物理关系和静力学关系三个方面进行分析，这是材料力学分析和解决问题的基本方法。通过轴向拉（压）、剪切及扭转变形的学习，读者应学会并深刻理解这一基本方法。

在进行扭转的强度和刚度计算时，应注意综合考虑扭矩图中扭矩的大小、轴的截面变化情况和材料性能等因素，尽可能找到最危险的截面进行计算，若有几个可能的危险截面存在时，应对其分别进行计算，比较后确定。

思 考 题

3-1　外力偶矩与扭矩有什么不同？它们是如何计算的？

3-2　试绘制如图 3-36 所示圆轴的扭矩图，并说明 3 个轮子应如何布置比较合理。

3-3　试叙述切应力互等定理。

3-4　变速箱中，为什么低速轴的直径比高速轴的直径大？

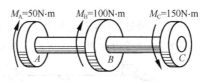

图 3-36　思考题 3-2 图

3-5　平面截面假设的根据是什么？该假设在圆轴扭转切应力的推导中起了什么作用？

3-6　空心圆轴的外径为 D，内径为 d，抗扭截面系数能否用下式计算？为什么？

$$W_P = \frac{\pi D^3}{16} - \frac{\pi d^3}{16}$$

3-7　一实心圆截面的直径为 D_1，另一空心圆截面的外径为 D_2，$\alpha=0.8$，若两轴横截面上的扭矩和最大切应力分别相等，则 $\dfrac{D_2}{D_1} = ?$

3-8　两根长度与直径均相同的由不同材料制成的等直圆轴，在其两端作用相同的扭转力偶矩，试问：(1) 最大切应力是否相同？为什么？(2) 相对扭转角是否相同？为什么？

3-9　如果将等直圆轴的直径增大一倍，其余条件不变，则最大切应力和扭转角将怎样变化?

3-10 受扭转的空心圆轴比实心圆轴节省材料的原因是什么?

3-11 取一段受扭圆轴,沿水平纵向截面截开如图 3-37 所示。纵向截面上的切应力 τ' 组成矩矢垂直于轴线的力偶,此力偶与什么力偶相平衡?

3-12 由空心圆杆Ⅰ和实心圆杆Ⅱ组成的受扭转圆轴如图 3-38 所示。若扭转过程中两轴之间没有相对滑动,试在下列条件下画出横截面上切应力沿水平直径的变化情况:(1)两轴材料相同,$G_Ⅰ=G_Ⅱ$;(2)两轴材料不同,$G_Ⅰ=2G_Ⅱ$。

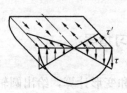

图 3-37　思考题 3-11 图　　　图 3-38　思考题 3-12 图

3-13 矩形截面受扭时,横截面上的切应力分布有何特点?最大切应力发生在什么地方?其值如何计算?

3-14 圆截面杆与非圆截面杆受扭时,变形特征有何区别?

3-15 一直径为 d 的等直圆轴,承受扭转外力偶矩 M_e 如图 3-39 所示。现在轴表面与母线呈 $45°$ 方向测得线应变为 ε,试证明材料的切变模量 G 与 M_e、d 和 ε 间的关系为

$$G = \frac{8\,M_e}{\varepsilon\pi d^3}$$

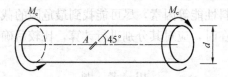

图 3-39　思考题 3-15

习　题

3-1 传动轴受外力偶矩如图 3-40 所示,试作出各轴的扭矩图。

3-2 圆轴受力如图 3-41 所示,其 $M_1=1\text{kN}\cdot\text{m}$,$M_2=0.6\text{kN}\cdot\text{m}$,$M_3=0.2\text{kN}\cdot\text{m}$,

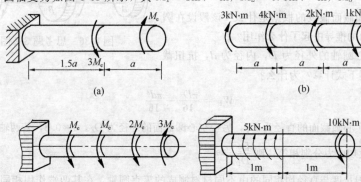

图 3-40　习题 3-1 图

$M_4=0.2$kN·m。试：(1) 作出轴的扭矩图；(2) 若 M_1 和 M_2 的作用位置互换，则扭矩图有何变化？

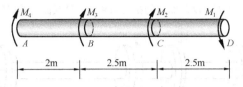

图 3-41 习题 3-2 图

3-3 T 为圆轴横截面上的扭矩，如图 3-42 所示，试画出截面上与 T 对应的切应力分布图。

3-4 直径 $d=50$mm 的圆轴受力如图 3-43 所示，$M_e=1$kN·m。求：(1) 截面上 $\rho=d/4$ 处 A 点的切应力；(2) 圆轴的最大切应力。

3-5 一等截面圆轴的直径 $d=50$mm，转速 $n=120$r/min，该轴的最大切应力 $\tau_{max}=60$MPa。试求圆轴所传递的功率。

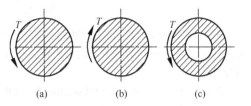

图 3-42 习题 3-3 图

3-6 设有一实心圆轴和另一内外直径之比为 3/4 的空心圆轴如图 3-44 所示。若两轴的材料及长度相同，承受的扭矩 T 和截面上最大切应力 τ_{max} 也相同，试比较两轴的重量。

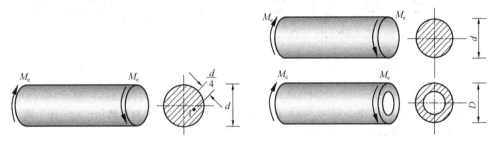

图 3-43 习题 3-4 图 　　　　　　　图 3-44 习题 3-6 图

3-7 作图 3-45 所示各轴的扭矩图并求最大切应力。注意图 3-45（c）中 AB 段承受的是均布外力偶矩 m 的作用，$m=\dfrac{M_e}{l}$。

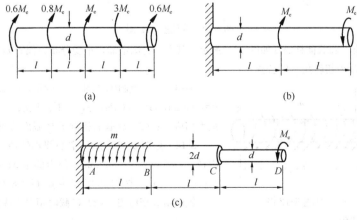

图 3-45 习题 3-7 图

3-8 如图 3-46 所示，传动轴的直径 $d=100$mm，已知材料的切变模量 $G=80$GPa，$M_A=1$kN·m，$M_B=2$kN·m，$M_C=3.5$kN·m，$M_D=0.5$kN·m，试求：(1) 作扭矩图；(2) 横截面上的最大切应力；(3) C、D 截面间的扭转角和 A、D 截面间的扭转角。

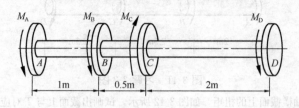

图 3-46　习题 3-8 图

3-9 一实心圆轴与四个圆盘刚性连接如图 3-47 所示，设 $M_A=M_B=0.25$kN·m，$M_C=1$kN·m，$M_D=0.5$kN·m，圆轴材料的许用切应力 $[\tau]=20$MPa，其直径 $d=50$mm，试对圆轴进行强度计算。

3-10 如图 3-48 所示阶梯状圆轴由同一材料制成，若 AB 段和 BC 段的单位长度扭转角相同，则外力偶矩 M_1 与 M_2 的比值为多少？

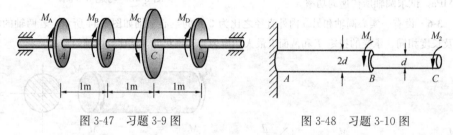

图 3-47　习题 3-9 图　　　　　图 3-48　习题 3-10 图

3-11 如图 3-49 所示，实心圆轴直径 $d=100$mm，长 $l=1$m，受外力偶矩作用，$M_e=14$kN·m，材料的切变模量 $G=80$GPa。试求：(1) 最大切应力及两端面间的相对扭转角；(2) 图示截面上 A、B、C 三点处切应力的数值和方向；(3) C 点处的切应变。

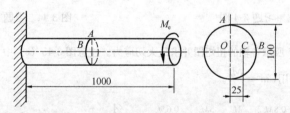

图 3-49　习题 3-11 图

3-12 有一圆截面杆 AB 如图 3-50 所示，其左端为固定端，承受分布力偶矩 m 的作用。试导出该杆 B 端处扭转角 φ 的公式。

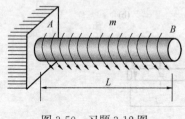

图 3-50　习题 3-12 图

3-13 一等直圆轴如图 3-51 所示，已知 $d=40$mm，$l=400$mm，$G=80$GPa，$\varphi_{AC}=1°$。试求：(1) 轴内的最大切应力；(2) D 截面相对于 B 截面的扭转角。

3-14 如图 3-52 所示，空心圆轴外径 $D=100$mm，内径 $d=80$mm，$l=500$mm，外力偶矩 $M_1=6$kN·m，$M_2=4$kN·m，材料的切变模量 $G=80$GPa。试求：(1) 轴的最大切应力；(2) C 截面相对于 A 截面、B 截面的相对扭转角。

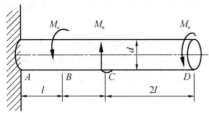
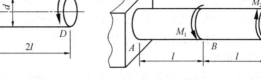

图 3-51　习题 3-13 图　　　　　图 3-52　习题 3-14 图

3-15 传动轴外径 $D=50$mm，长度 $l=510$mm，长 l_1 段的内径 $d_1=25$mm，长 l_2 段的内径 $d_2=38$mm，如图 3-53 所示。欲使两段扭转角相等，则 l_2 应是多长？

3-16 如图 3-54 所示，一薄壁钢管受外力偶矩 $M_e=2$kN·m 作用，已知外径 $D=60$mm，内径 $d=50$mm，材料的弹性模量 $E=210$GPa，现测得管表面上相距 $l=200$mm 的 AB 两截面相对扭转角 $\varphi_{AB}=0.43°$，试求材料的泊松比。

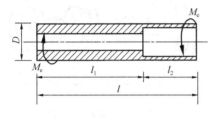
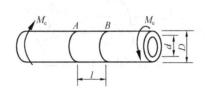

图 3-53　习题 3-15 图　　　　　图 3-54　习题 3-16 图

3-17 已知实心圆轴的转速 $n=300$r/min，传递的功率 $P=330$kW。圆轴材料的许用切应力 $[\tau]=60$MPa，切变模量 $G=80$GPa，设计要求在 2m 长度内的扭转角不超过 $1°$，试确定轴的直径。

3-18 实心圆轴和空心圆轴通过牙嵌式离合器连接在一起，如图 3-55 所示。已知轴的转速 $n=100$r/min，传递的功率 $P=7.5$kW，材料的许用切应力 $[\tau]=40$MPa。试选择实心圆轴直径 d_1 及内外直径之比为 $\alpha=\dfrac{1}{2}$ 的空心圆轴的内径 d_2 和外径 D_2。

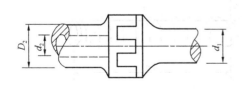
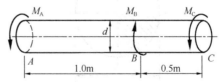

图 3-55　习题 3-18 图　　　　　图 3-56　习题 3-19 图

3-19 一实心等直圆轴受力如图 3-56 所示，已知 $M_A=2.99$kN·m，$M_B=7.2$kN·m，$M_C=4.21$kN·m，材料的许用切应力 $[\tau]=70$MPa，切变模量 $G=80$GPa，许用单位长度扭转角 $[\theta]=1°/$m。试确定该轴的直径。

3-20 阶梯形圆轴，受力如图 3-57 所示，外力偶矩 $M_A=18$kN·m，$M_B=32$kN·m，

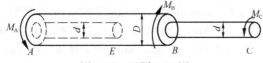

图 3-57　习题 3-20 图

$M_C=14$kN·m。AE 段为空心圆截面，外径 $D=140$mm，内径 $d=100$mm；BC 段为实心圆截面，直径 $d=100$mm。已知 $[\tau]=80$MPa，$[\theta]=1.20°$/m，$G=8×10^4$MPa。试校核此轴的强度和刚度。

3-21 阶梯形圆轴的直径分别为 $d_1=40$mm，$d_2=70$mm，轴上装有三个带轮，如图 3-58 所示。已知由轮 3 输入的功率为 $P_3=30$kW，轮 1 输出的功率为 $P_1=14$kW。轴作匀速转动，转速 $n=200$r/min。材料的剪切许用应力 $[\tau]=60$MPa，$G=80$GPa，许用扭转角 $[\theta]=2°$/m。试校核轴的强度和刚度。

3-22 如图 3-59 所示，传动轴的转速为 $n=500$r/min，主动轮 1 输入功率 $P_1=368$kW，从动轮 2 和 3 分别输出功率 $P_2=147$kW，$P_3=221$kW。已知 $[\tau]=70$MPa，$[\theta]=1°$/m，$G=80$GPa。

(1) 试确定轴 AB 段的直径 d_1 和 BC 段的直径 d_2。
(2) 若 AB 和 BC 两段选用同一直径，试确定直径 d。
(3) 主动轮和从动轮的位置如可任意改变，应如何安排才比较合理？

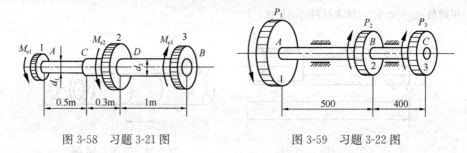

图 3-58 习题 3-21 图 　　　　　图 3-59 习题 3-22 图

3-23 设圆轴横截面上的扭矩为 T，如图 3-60 所示。试求 1/4 截面上内力系的合力的大小、方向和作用点。

3-24 图 3-61 所示一端固定的空心圆截面轴长 4m，外径为 60mm，内径为 50mm，受到集度为 0.2kN·m/m 的均布力偶 m 的作用。轴材料的许用切应力 $[\tau]=40$MPa，切变模量 $G=80$GPa，许用单位长度扭转角 $[\theta]=0.3°$/m。试校核该轴的强度和刚度。

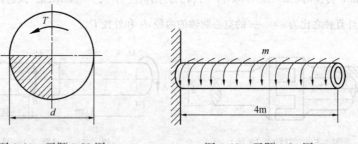

图 3-60 习题 3-23 图 　　　　　图 3-61 习题 3-24 图

3-25 如图 3-62 所示，两端固定的圆轴，受外力偶矩 $M_B=M_C=10$kN·m 的作用。设材料的许用切应力 $[\tau]=60$MPa，试选择轴的直径。

3-26 一根两端固定的阶梯形圆轴如图 3-63 所示，它在截面突变处受外力偶矩 M_e 的作用。若 $d_1=2d_2$，试求固定端支反力偶矩 M_A 和 M_B，并作扭矩图。

3-27 一组合轴是由直径 75mm 的钢杆外面包以紧密配合的黄铜管组成。其中，钢：$G_s=8×10^4$MPa；黄铜：$G_c=4×10^4$MPa。若欲使组合轴受扭矩作用时两种材料分担同样的扭矩，(1) 试求黄铜管的外径；(2) 若扭矩为 16kN·m，计算钢杆和黄铜管的最大切应力以及轴长为 4m 时的扭转角。提示：钢杆和黄铜管的扭转角相等。

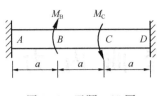
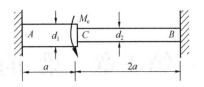

图 3-62 习题 3-25 图　　　　图 3-63 习题 3-26 图

3-28 矩形截面钢杆，如图 3-64 所示，受 $M_e=3\text{kN}\cdot\text{m}$ 的一对外力偶作用。已知材料的切变模量 $G=8\times10^4\text{MPa}$。试求：(1) 杆内最大切应力的大小、位置和方向；(2) 横截面短边中点处的切应力；(3) 杆的单位长度扭转角。

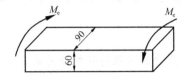

图 3-64 习题 3-28 图

第4章 梁的弯曲内力

本章知识点

【知识点】 平面弯曲，静定梁，剪力与弯矩，剪力方程与弯矩方程，剪力图和弯矩图，荷载集度、剪力和弯矩间的微分关系，平面静定刚架的内力方程和内力图。

【重点】 剪力图、弯矩图。

【难点】 荷载集度、剪力和弯矩间的微分关系。

§4-1 弯曲变形的概念和工程实例

工程中经常遇到像桥式起重机的大梁、火车轮轴等这样的杆件（见图 4-1）。此类杆件在垂直于杆轴线的横向外力或外力偶的作用下，杆件的轴线由原来的直线弯成曲线，这种变形称为**弯曲变形**。而以弯曲变形为主要变形的杆件，习惯上称为**梁**。在工程中占有重要地位。

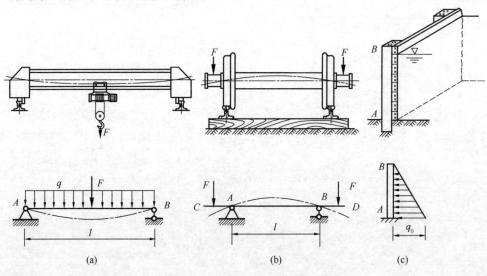

图 4-1 弯曲变形实例及受力简图

工程中最常见的梁，如矩形、圆形及工字形（图 4-2）等，其横截面都具有对称轴，梁中所有横截面的对称轴形成一个纵向对称平面，当梁上所有的外力都作用在这个纵向对称平面内时，梁的轴线即在该纵向对称平面内由直线变成一条平面曲线（图 4-3），这种弯曲称为**平面弯曲**。平面弯曲虽然是弯曲变形的一种特殊情况，却是工程中最常见、最基本的弯曲问题。本章主要讨论平面弯曲梁的内力计算问题。

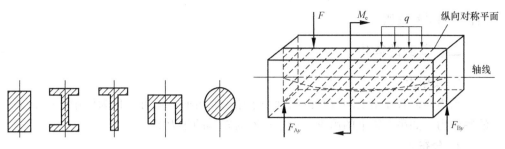

图 4-2 具有对称轴的横截面   图 4-3 平面弯曲示意图

§4-2 梁的计算简图及分类

梁的支座和荷载有各种情况，必须做一些简化才能得到计算简图。下面对支座及荷载的简化分别进行讨论。

一、支座的几种基本形式

由于我们的研究对象是等截面直梁，而且外力为作用在梁纵向对称面内的平面力系，故在梁的计算简图中用梁的轴线来代表梁。梁的支座按其对梁在荷载作用平面的约束情况，简化为以下三种基本形式。

1. 固定端

固定端的简化形式如图 4-4（a）所示。这种支座使梁的端截面既不能移动，也不能转动。因此对梁的端截面有三个约束，由作用与反作用原理可知，相应地就有三个支反力：水平支反力、铅垂支反力和支反力偶矩。

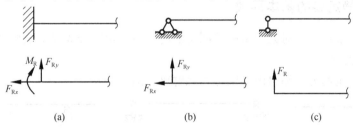

图 4-4 支座的基本形式

2. 固定铰支座

固定铰支座的简化形式如图 4-4（b）所示。这种支座限制梁在支座处沿水平方向和铅垂方向移动，但并不限制梁绕铰中心的转动。因此，固定铰支座对梁在支座处有两个约束，相应地就有两个支反力，即水平支反力和铅垂支反力。桥梁下的固定支座和止推滚珠轴承等，均可简化为固定铰支座。

3. 可动铰支座

可动铰支座的简化形式如图 4-4（c）所示。这种支座只能限制梁在支座处沿垂直于支承面方向移动。因此，它对梁在支座处仅有一个约束，相应地只有一个支反力，即垂直于支承面的支反力。例如桥梁下的辊轴支座和滚珠轴承等，均可简化为可动铰支座。

二、荷载的简化

1. 集中力

当横向荷载在梁上的分布范围远小于梁的长度时，便可简化为作用于一点上的集中力，如吊车梁上的吊重、火车车厢对轮轴的压力等。

2. 分布力

沿梁的全长或部分长度连续分布的横向荷载。分布荷载的大小和方式常以荷载集度 q 表示。图 4-5（a）是薄板轧机示意图。在轧辊与薄板的接触长度 l_0 内，可以认为轧辊与板件间相互作用的轧制力是均匀分布的，称为均布荷载。若轧制力为 F，沿轧辊轴线单位长度内的荷载应为 $q = F/l_0$。对于图 4-1（a）中起重机大梁的自重则为均布荷载。

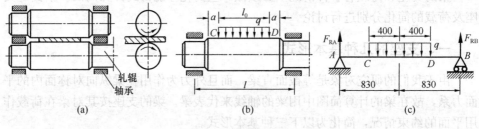

图 4-5　荷载的简化

3. 集中力偶

作用在梁纵向对称平面内一点处的外力偶。

三、静定梁的基本形式

工程上根据支座对梁约束的不同特点将简单静定梁分成以下三种基本形式。

1. 悬臂梁

一端固定而另一端自由的梁称为悬臂梁（图 4-6a）。

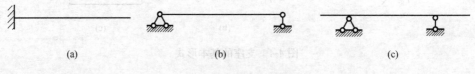

图 4-6　静定梁的基本形式

2. 简支梁

一端为固定铰支座，而另一端为可动铰支座的梁称为简支梁（图 4-6b），例如桥式起重机的大梁即可简化为简支梁。

3. 外伸梁

一端或两端伸出支座之外的梁称为外伸梁（图 4-6c），例如火车轮轴则可简化为此类梁。梁在两支座间的部分称为跨，简支梁或外伸梁的两个铰支座之间的距离称为**跨度或跨长**，常用 l 来表示。悬臂梁的跨度则是其固定端到自由端的距离。

§4-3 剪力方程和弯矩方程、剪力图和弯矩图

一、梁的剪力和弯矩

为计算梁的应力和位移，应先确定梁在外力作用下任一横截面上的内力。当作用于梁上的全部外力（包括荷载和支反力）均为已知时，用截面法即可求出其内力。

现以图 4-7（a）所示简支梁为例，F_1、F_2 和 F_3 为作用于梁上的集中力，F_A 和 F_B 为两端的支座反力。为显示出横截面上的内力，沿截面 $m\text{-}m$ 假想地将梁分成两部分，并以左段为研究对象（图 4-7b）。由于原来的梁是处于平衡状态的，故左段梁仍应处于平衡状态。作用于左段上的力，除了外力 F_A 和 F_1 外，在截面 $m\text{-}m$ 上还有右段对它作用的内力。把这些内力和外力投影到 y 轴，其总和应等于零。这就要求 $m\text{-}m$ 截面上必须有个与横截面相切的内力 F_S，由平衡方程可得

$$\sum F_y = 0, \quad F_A - F_1 - F_S = 0$$
$$F_S = F_A - F_1 \tag{a}$$

F_S 称为横截面 $m\text{-}m$ 上的**剪力**。它是与横截面相切的分布内力系的合力。再将所有外力和内力对截面 $m\text{-}m$ 的形心取矩，其力矩总和应等于零。这就要求在截面 $m\text{-}m$ 上有一内力偶矩 M，由平衡条件可得

$$\sum M_C = 0, \quad M + F_1(x-a) - F_A x = 0$$
$$M = F_A x - F_1(x-a) \tag{b}$$

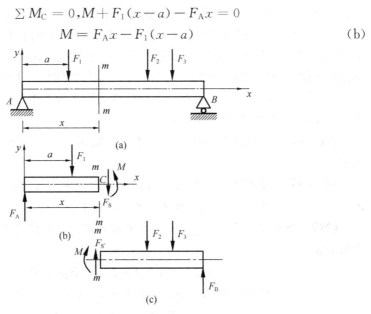

图 4-7 截面法求梁内力

矩心 C 为横截面 $m\text{-}m$ 的形心，内力偶矩 M 称为**弯矩**。它是与横截面垂直的分布内力系的合力偶矩。剪力和弯矩同为梁横截面上的内力。上面的讨论表明，它们都可由梁段的平衡方程来确定。

从以上两式还可以看出，在数值上，剪力 F_S 等于截面 $m\text{-}m$ 以左所有外力在梁轴线的垂线上投影的代数和；弯矩 M 等于截面 $m\text{-}m$ 以左所有外力对截面形心的力矩的代数和。故 F_S 和 M 可用截面 $m\text{-}m$ 左侧的外力来计算。

如以右段梁为研究对象（图 4-7c）。用相同的方法也可求得截面 $m\text{-}m$ 上的剪力和弯矩。且在数值上，剪力 F_S 等于截面 $m\text{-}m$ 以右所有外力在梁轴垂线上投影的代数和；弯矩 M 等于截面 $m\text{-}m$ 以右所有外力对截面形心力矩的代数和。因为剪力和弯矩是左段梁和右段梁在截面 $m\text{-}m$ 上相互作用的内力，故右段梁作用于左段梁的剪力和弯矩，必然在数值上等于左段梁作用于右段梁的剪力和弯矩，但方向相反。

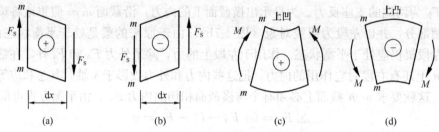

图 4-8 剪力、弯矩正负号规定

为使左、右两段梁上算得的同一横截面 $m\text{-}m$ 上的剪力和弯矩，数值相等且正负号相同，联系梁的剪切变形和弯曲变形，在横截面 $m\text{-}m$ 处，从梁上截出 dx 微段进行分析（图 4-8），对剪力和弯矩的正负号作如下规定：

（1）若该微段发生左侧截面向上而右侧截面向下的相对错动，使得梁微段 dx 有发生顺时针转动趋势时，剪力为正，反之为负。在图 4-8（a）中，微段两侧截面上的剪力均为正；在图 4-8（b）中，微段两侧截面上的剪力均为负。

（2）若该微段发生上凹下凸、上侧纤维受压下侧纤维受拉的变形时，弯矩为正（图 4-8c），反之为负（图 4-8d）。

按此规定，在图 4-7（b）、（c）中，横截面 $m\text{-}m$ 上的剪力 F_S 和弯矩 M 均为正。

【例 4-1】 在图 4-9（a）所示的简支梁的计算简图中，已知 F_1 和 F_2，且 $F_2 > F_1$，以及尺寸 a、b、l、c 和 d。试求梁在 E、F 点处横截面上的剪力和弯矩。

【解】 为求梁横截面上的内力：剪力和弯矩，首先求出支反力 F_A 和 F_B。由平衡方程

$$\sum M_A = 0, \quad F_B l - F_1 a - F_2 b = 0$$

和

$$\sum M_B = 0, \quad -F_A l + F_1(l-a) + F_2(l-b) = 0$$

解得

$$F_A = \frac{F_1(l-a) + F_2(l-b)}{l}$$

$$F_B = \frac{F_1 a + F_2 b}{l}$$

当计算横截面 E 上的剪力 F_{SE} 和弯矩 M_E 时，将梁沿横截面 E 假想地截开，研究其左段梁，并假定 F_{SE} 和 M_E 均为正向，如图 4-9（b）所示。由梁段的平衡

第 4 章 梁的弯曲内力

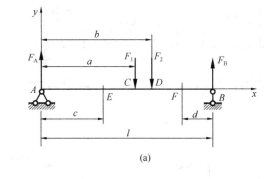

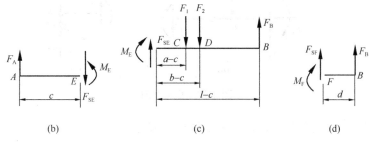

图 4-9 例 4-1 图

方程
$$\sum F_y = 0, F_A - F_{SE} = 0$$
可得
$$F_{SE} = F_A$$
$$\sum M_E = 0, M_E - F_A c = 0$$
可得
$$M_E = F_A c$$

结果为正,说明假定的剪力和弯矩的指向和转向是正确的,即均为正值。读者可从右段梁来计算 F_{SE} 和 M_E 以验算上述结果(图 4-9c)。

计算横截面 F 上的剪力 F_{SF} 和弯矩 M_F 时,将梁沿横截面 F 假想地解开,研究其右段梁,并假定剪力和弯矩均为正向,如图 4-9 (d) 所示。由平衡方程
$$\sum F_y = 0, F_B + F_{SF} = 0$$
可得
$$F_{SF} = -F_B$$
$$\sum M_F = 0, -M_F + F_B d = 0$$
可得
$$M_F = F_B d$$

求得的 F_{SF} 为负,说明与假定的指向相反,即应为负值;M_F 的结果为正,说明假想的转向正确,即为正值。

在以上各式中,本应将求得的支反力 F_A 和 F_B 代入,但为了表达清楚,略去了这一步骤。

【例 4-2】 试求图 4-10 中,梁上 D 截面和 K 截面的剪力和弯矩。

【解】 (1) 求支反力。先取 CB 梁分析受力,由静力平衡方程求出活动铰 B 处的支反力 F_B,然后取整体分析受力,由静力平衡方程求出固定端 A 处的支反力,为
$$F_{Ax} = 0\text{kN}, F_{Ay} = 81\text{kN}, M_A = 96.5\text{kN} \cdot \text{m}, F_B = 29\text{kN}$$

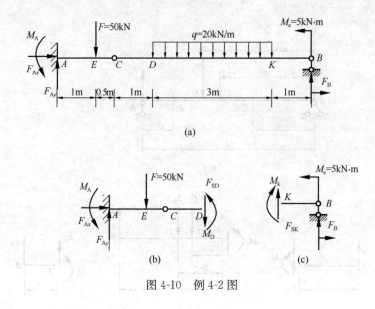

图 4-10 例 4-2 图

(2) 计算横截面 D 上的剪力 F_{SD} 和弯矩 M_D。

将梁沿横截面 D 假想地截开，研究其左段梁（也可研究右段），并假定 F_{SD} 和 M_D 均为正向，如图 4-10（b）所示。由梁段的平衡方程，可得

$$\sum F_y = 0, F_{Ay} - F_{SD} - F = 0$$
$$F_{SD} = F_{Ay} - F = 31 \text{kN}$$
$$\sum M_A = 0, M_A - F_{SD} \times 2.5 - F \times 1 + M_D = 0$$
$$M_D = 31 \text{kN} \cdot \text{m}$$

(3) 计算横截面 K 上的剪力 F_{SK} 和弯矩 M_K。

将梁沿横截面 K 假想地截开。此时，右段的荷载相对左段来说是较少的，故选取右段为研究对象，并假定剪力和弯矩为正向，如图 4-10（c）所示。由梁的平衡方程可得

$$\sum F_y = 0, F_{SK} = -F_{By} = -29 \text{kN}$$
$$\sum M_K = 0, M_K = M_e + F_{By} \cdot 1 = 34 \text{kN} \cdot \text{m}$$

求得的 F_{SK} 为负，说明与假定的指向相反，即应为负值；其他的结果为正，说明假想的转向正确，即为正值。

从上述计算可以看出，应用截面法求解某一横截面上的剪力和弯矩时，一般并不必将梁假想地截开，而可直接从横截面的任意一侧梁上的外力来求得该截面上的剪力和弯矩。

(1) 横截面上的剪力在数值上等于截面左侧或右侧梁段上外力的代数和。在左侧梁段上向上的外力或右侧梁段上向下的外力将引起正值剪力，反之则引起负值剪力。

(2) 横截面上的弯矩在数值上等于截面左侧或右侧梁段上的外力对该截面形心的力矩之代数和。不论在截面的左侧或右侧向上的外力均将引起正值弯矩，而向下的外力则引起负值弯矩。对于截面左侧梁段上的外力偶，则顺时针转向的引起正值弯矩，逆时针转向的引起负值弯矩；而截面右侧梁段上的外力偶则与其相反。

二、剪力方程和弯矩方程、剪力图和弯矩图

一般情况下,梁横截面上的剪力和弯矩随截面位置不同而变化。若以横坐标 x 表示横截面在梁轴线上的位置,则各横截面上的剪力和弯矩皆可表示为坐标 x 的函数,即

$$F_S = F_S(x),\ M = M(x)$$

上述关系式分别称为梁的**剪力方程**和**弯矩方程**。在列方程时,可根据方便原则,将坐标轴 x 的原点取在梁的左端或右端。

以横截面上的剪力或弯矩为纵坐标,取沿梁轴的轴线为横坐标,根据剪力方程或弯矩方程绘出表示 $F_S(x)$ 或 $M(x)$ 的曲线,表示沿梁轴线各横截面上剪力或弯矩的变化情况,这样的图线分别称为梁的**剪力图**或**弯矩图**。绘图时将正值的剪力或弯矩画在 x 轴的上方,负值的剪力或弯矩画在 x 轴的下方。

【**例 4-3**】 试列出如图 4-11 所示简支梁受集中荷载 F 作用的剪力方程和弯矩方程,并作梁的剪力图和弯矩图。如果力 F 在梁上可以移动,试问当 F 在什么位置时梁的弯矩最大?

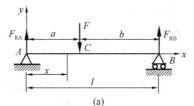

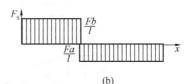

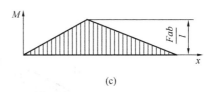

图 4-11 例 4-3 图

【**解**】 (1) 求支反力,由静力平衡方程

$$\sum M_B = 0,\ Fb - F_{RA}l = 0$$
$$\sum M_A = 0,\ F_{RB}l - Fa = 0$$

得 $\quad F_{RA} = \dfrac{Fb}{l}(\uparrow),\ F_{RB} = \dfrac{Fa}{l}(\downarrow)$

(2) 列剪力方程和弯矩方程。以梁的左端 A 点为坐标原点,选取坐标系如图 4-11 (a) 所示。集中力 F 作用于 C 点,梁在 AC 和 CB 两段内的剪力和弯矩不能用同一方程式来表示,应分段考虑。在 AC 段内取距离原点为 x 的任意截面,截面以左只有外力 F_{RA},列出 AC 段内的剪力方程和弯矩方程分别为

$$F_S(x) = \frac{Fb}{l} \qquad (0 < x < a)$$
$$M(x) = \frac{Fb}{l}x \qquad (0 \leqslant x \leqslant a)$$

如在 CB 段内取距离左端为 x 的任意截面,则截面以左有 F_{RA} 和 F 两个外力,列出 CB 段内的剪力方程和弯矩方程分别为

$$F_S(x) = \frac{Fb}{l} - F = -\frac{Fa}{l} \qquad (a < x < l)$$
$$M(x) = \frac{Fb}{l}x - F(x-a) = \frac{Fa}{l}(l-x) \qquad (a \leqslant x \leqslant l)$$

(3) 作剪力图和弯矩图。由 AC 段剪力方程可知,在此段梁上任意横截面上的剪力皆为常数 Fb/l,且符号为正,所以其剪力图是在 x 轴上方且平行 x 轴的

直线。同理，可根据 CB 段剪力方程画出其剪力图。从剪力图中可看出，当 $a < b$ 时，最大剪力为 $|F_S|_{max} = Fb/l$。

因为 AC 段弯矩方程是 x 的一次函数，所以弯矩图是一条斜直线。只要确定线上的两点，就可以确定这条直线。当 $x=0$ 时，$M=0$；当 $x=a$ 时，$M=Fab/l$。连接这两点就得到 AC 段内的弯矩图（图 4-11c）。同理，可由 CB 段弯矩方程作出其弯矩图。从弯矩图可以看出，最大弯矩在截面 C 上，且 $M_{max} = Fab/l$。

（4）当 F 力从左向右移动时，最大剪力的位置也跟随 F 从左向右移动；移动过程中，最大剪力为 F，发生在两个支座处。弯矩图的峰值也跟随 F 从左向右移动；当 F 移动到梁中点时，弯矩图的峰值达到最大，为 $Fl/4$。

注意： 在集中力 F 作用处，剪力图有突变，突变值为集中力的大小；弯矩图转折。当 $a=b=l/2$ 时，$M_{max} = Fl/4$。

【例 4-4】 如图 4-12 所示的简支梁，受到集度为 q 的均布荷载作用。试作梁的剪力图和弯矩图。

【解】（1）先求支反力。由于对称关系，两支反力相等，可得

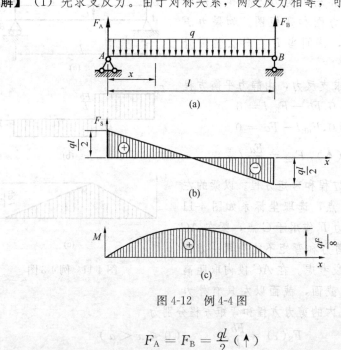

图 4-12 例 4-4 图

$$F_A = F_B = \frac{ql}{2}(\uparrow)$$

（2）列剪力方程和弯矩方程。取距左端为 x 的任意横截面，则梁的剪力方程和弯矩方程为

$$F_S(x) = F_A - qx = \frac{ql}{2} - qx \quad (0 < x < l)$$

$$M(x) = F_A x - qx \cdot \frac{x}{2} = \frac{qlx - qx^2}{2} \quad (0 \leqslant x \leqslant l)$$

（3）作剪力图和弯矩图。由剪力方程可知，剪力图为一斜直线，只需确定两点即可。当 $x=0$ 时，$F_{SA右}=ql/2$；当 $x=l$ 时，$F_{SB左}=-ql/2$；根据这两个截面的剪力值，画出剪力图（图 4-12b）而由弯矩方程可知，弯矩图为一条二次抛物

线。计算出 x 和 M 的一些对应值后,即可画出梁的弯矩图(图 4-12c)。

由图可知,梁跨中点横截面上的弯矩值为最大,$M_{max} = ql^2/8$,该截面上 $F_S=0$;而两支座内侧横截面上的剪力值为最大,$F_{Smax} = ql/2$(正值、负值)。

【例 4-5】 简支梁如图 4-13(a)所示,在 C 点处作用有集中力偶 M_e。试作梁的剪力图和弯矩图。

【解】 先求支反力。利用平衡方程 $\sum M_B = 0$ 和 $\sum M_A = 0$,可分别求得

$$F_{Ay} = \frac{M_e}{l}(\uparrow), F_B = \frac{M_e}{l}(\downarrow)$$

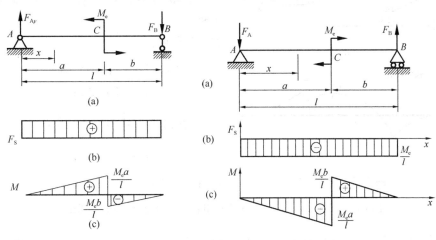

图 4-13 例 4-5 图　　图 4-14 受力偶作用简支梁的剪力图、弯矩图

由于简支梁上的荷载只有一个集中力偶,支反力在梁的两端,故全梁只有一个剪力方程,但 AC 和 CB 两段梁的弯矩方程则不同。在列这些方程时,取梁的左端为坐标原点。

剪力方程　　　　$F_S(x) = \dfrac{M_e}{l}$　　　$(0 < x < l)$　　　　(a)

弯矩方程　AC 段：$M(x) = \dfrac{M_e}{l}x$　　　$(0 \leqslant x < a)$　　　(b)

CB 段：$M(x) = \dfrac{M_e}{l}x - M_e = -\dfrac{M_e}{l}(l-x)$　　$(a < x \leqslant l)$　　(c)

由式(a)可知,整个梁的剪力图是一条平行于 x 轴的直线。由式(b)和式(c)可知,左、右两梁段的弯矩图各是一条斜直线。根据各方程的适用范围,就可分别绘出梁的剪力图和弯矩图(图 4-13b、c)。由图可见,在集中力偶作用点处剪力图无间断,弯矩图却有突变,突变值等于集中力偶的矩 M_e。当 $a > b$ 时,最大弯矩 $M_{max} = M_e b/l$(正值)发生在集中力偶作用 C 横截面的左侧截面上。

注明： 简支梁如图 4-14(a)所示,C 点处作用集中力偶 M_e 为顺时针转向,梁的剪力图和弯矩图见图 4-14(b)、(c)。请读者思考梁的剪力方程和弯矩方程与例 4-5 中有何不同？

【例 4-6】 在图 4-15(a)中,外伸梁上均布荷载的集度为 $q = 3\text{kN/m}$,集中力偶矩 $M_e = 3\text{kN} \cdot \text{m}$,列出剪力方程和弯矩方程,并绘制剪力图和弯矩图。

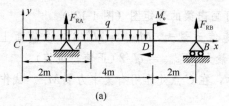

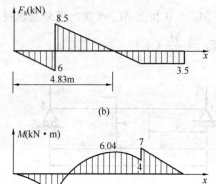

图 4-15 例 4-6 图

【解】 (1) 求出支反力。由梁的平衡方程，可得

$$F_{RA} = 14.5\text{kN}, F_{RB} = 3.5\text{kN}$$

(2) 列出剪力方程和弯矩方程。在梁的 CA、AD、DB 三段内，剪力和弯矩都不能由同一个方程式来表示，所以应分三段考虑。对每一段都可仿照前面诸例的计算方法，列出剪力方程和弯矩方程。

在 CA 段内：

$$F_S(x) = -qx = -3x \quad (0 \leqslant x < 2\text{m})$$

$$M(x) = -\frac{1}{2}qx^2 = -\frac{3}{2}x^2 \quad (0 \leqslant x \leqslant 2\text{m})$$

在 AD 段内：

$$F_S(x) = F_{RA} - qx = 14.5 - 3x \quad (2\text{m} < x \leqslant 6\text{m})$$

$$M(x) = F_{RA}(x-2) - \frac{1}{2}qx^2 = 14.5(x-2) - \frac{3}{2}x^2 \quad (2\text{m} \leqslant x < 6\text{m})$$

$M(x)$ 是 x 的二次函数，根据极值条件 $\dfrac{\mathrm{d}M(x)}{\mathrm{d}x} = 0$，得

$$14.5 - 3x = 0$$

由此解出 $x = 4.83\text{m}$，亦即在这一截面上，弯矩为极值。代入 AD 段内的弯矩方程，即可得最大弯矩为

$$M = 6.04\text{kN} \cdot \text{m}$$

当截面取在 DB 段内时，用截面右侧的外力计算剪力和弯矩比较方便，结果为

$$F_S(x) = -F_{RB} = -3.5\text{kN} \quad (6\text{m} \leqslant x < 8\text{m})$$

$$M(x) = F_{RB}(8-x) = 3.5(8-x) \quad (6\text{m} < x \leqslant 8\text{m})$$

(3) 作剪力图和弯矩图。依照剪力方程和弯矩方程，分段作剪力图和弯矩图。从图中看出，沿梁的全部长度，最大剪力为 $F_{S\max} = 8.5\text{kN}$，最大弯矩为 $M_{\max} = 7\text{kN} \cdot \text{m}$。还可看出，在集中力作用截面的两侧，剪力有一突然变化，变化的数值就等于集中力。在集中力偶作用截面的两侧，弯矩有一突然变化，变化的数值就等于集中力偶矩。

在以上几个例题中，凡是集中力（包括支座反力）作用的截面上，剪力似乎没有确定的数值。事实上，所谓集中力不可能"集中"作用于一点，它是分布于一个微段 Δx 内的分布力经简化后得出的结果（图 4-16a）。若在 Δx 范围内把

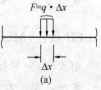

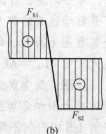

图 4-16 集中力作用截面两侧剪力的突变

荷载看作是均布的，则剪力将按直线规律连续地从 F_{S1} 变到 F_{S2}（图 4-16b）。对集中力偶作用的截面，也可作同样的解释。

§4-4 剪力、弯矩与荷载集度之间的微分关系

一、剪力、弯矩与荷载集度之间的微分关系

在例 4-4 中，若将弯矩方程对变量 x 求导，得 $dM/dx=ql/2-qx$，即为剪力方程；若将剪力方程对 x 求导，得 $dF_S/dx=-q$，即荷载集度 q。下面就证明这种关系是普遍适用的。

轴线为直线的梁如图 4-17（a）所示。以轴线为 x 轴，y 轴向上为正。梁上分布荷载集度 $q(x)$ 是 x 的连续函数，且规定 $q(x)$ 向上（与 y 轴方向一致）为正。从梁中取出长为 dx 的微段，并放大为图 4-17（b）所示。微段左边截面上的剪力和弯矩分别是 $F_S(x)$ 和 $M(x)$。当坐标 x 有一增量 dx 时，$F_S(x)$ 和 $M(x)$ 的相应增量是 $dF_S(x)$ 和 $dM(x)$。所以，微段右边截面上的剪力和弯矩应分别为 $F_S(x)+dF_S(x)$ 和 $M(x)+dM(x)$。微段上的这些内力都取正值，且设微段内无集中力和集中力偶。由微段的平衡方程可得

$$\sum F_y = 0, \quad F_S(x) - [F_S(x) + dF_S(x)] + q(x)dx = 0$$

$$\sum M_C = 0, \quad -M(x) + [M(x) + dM(x)] - F_S(x)dx - q(x)dx \cdot \frac{dx}{2} = 0$$

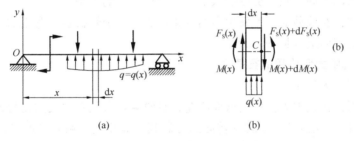

图 4-17 微段梁的平衡

省略第二式中的高阶微量，整理后得出

$$\frac{dF_S(x)}{dx} = q(x) \tag{4-1}$$

$$\frac{dM(x)}{dx} = F_S(x) \tag{4-2}$$

这就是直梁微段的平衡方程。如将式（4-2）对 x 取导数，并利用式（4-1），又可得出

$$\frac{d^2M(x)}{dx^2} = \frac{dF_S(x)}{dx} = q(x) \tag{4-3}$$

式（4-1）、式（4-2）和式（4-3）三式表示了直梁的 $q(x)$、$F_S(x)$ 和 $M(x)$ 间的导数关系，也称为荷载集度 $q(x)$、剪力 $F_S(x)$ 和弯矩 $M(x)$ 间的平衡微分关系。式（4-1）表明，剪力图上某点的斜率等于梁上相应位置处的荷载集度；式（4-

2) 表明，弯矩图上某点的斜率等于相应截面上的剪力。二阶导数的正负可用来判断曲线的凹凸向，故由式（4-3）可知，若 $q(x)>0$，弯矩图为下凸曲线，若 $q(x)<0$，弯矩图为上凸曲线，因此弯矩图的凹凸方向与 $q(x)$ 指向相反。

二、剪力图、弯矩图的形状特征与荷载的关系

根据剪力、弯矩与荷载集度间的微分关系，如果已知荷载情况，可以帮助推断剪力图、弯矩图的形状，从而可以快速绘制或校核剪力图和弯矩图。

1. 均布荷载 q 作用的梁段

剪力图：若均布荷载方向向下，则剪力图为下斜直线；若均布荷载方向向上，则剪力图为上斜直线。

弯矩图：若均布荷载方向向下，则弯矩图为开口向下的抛物线，即应为向上凸的曲线；若均布荷载方向向上，则弯矩图为开口向上的抛物线，即应为向下凸的曲线（见图 4-12）。

2. 无任何荷载作用的梁段

剪力图：为水平线，即在该梁段剪力为常量。

弯矩图：为直线。如果该梁段剪力为负，则弯矩图为下斜直线；如果该梁段剪力为正，则弯矩图为上斜直线；如果该梁段剪力为零，则弯矩图为水平线。

3. 在集中力作用的梁截面

剪力图：在集中力作用截面的左、右两侧，剪力有突然变化即突变，突变方向与集中力的方向一致，突变的数值等于该集中力的大小。

弯矩图：在该截面斜率发生突然变化，成为一个转折点，弯矩的极值就可能出现于这类截面上（见图 4-11）。

4. 在集中力偶作用的梁截面

剪力图：无变化。

弯矩图：在集中力偶作用截面的左、右两侧，弯矩发生突然变化即突变，即在该截面处有"跳跃"，顺时针转向的力偶其力偶矩向上跳，逆时针转向的力偶其力偶矩向下跳；突变的数值等于该力偶矩的大小（见图 4-13、图 4-14）

剪力图、弯矩图的形状特征与荷载的关系汇总于表 4-1。

梁的剪力图、弯矩图与荷载之间的关系　　　　　表 4-1

序号	梁上荷载情况	剪力图	弯矩图
1	无分布荷载 $q=0$	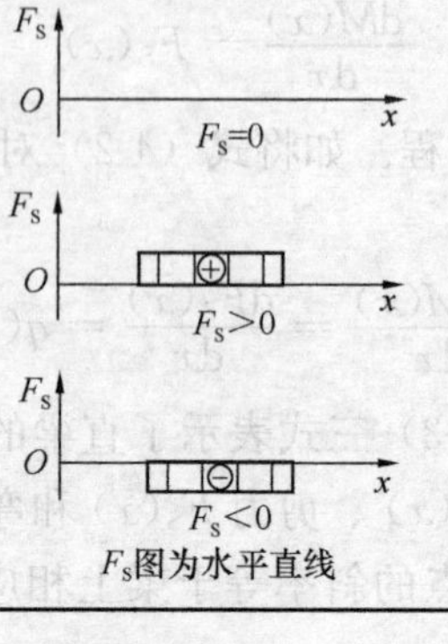 $F_S=0$；$F_S>0$；$F_S<0$ F_S 图为水平直线	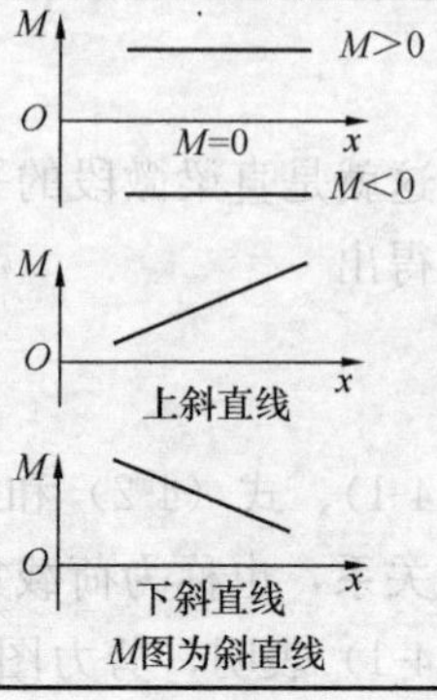 $M>0$；$M=0$；$M<0$ 上斜直线 下斜直线 M 图为斜直线

第 4 章 梁的弯曲内力

续表

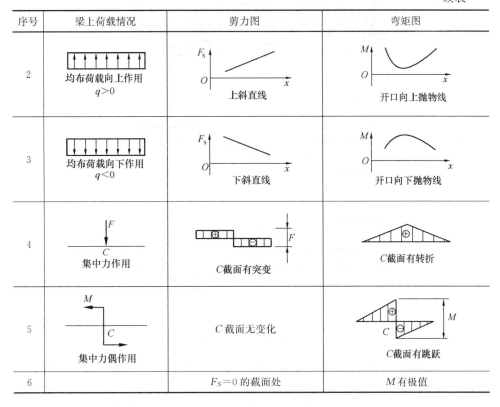

利用导数关系式（4-1）和式（4-2），经过积分得

$$F_S(x_2) - F_S(x_1) = \int_{x_1}^{x_2} q(x)\,dx \qquad (4\text{-}4)$$

$$M(x_2) - M(x_1) = \int_{x_1}^{x_2} F_S(x)\,dx \qquad (4\text{-}5)$$

以上两式表明，在 $x = x_2$ 和 $x = x_1$ 两截面上的剪力之差，等于两截面间荷载图的面积；两截面上的弯矩之差，等于两截面间剪力图的面积。上述关系自然也可用于剪力图和弯矩图的绘制与校核。

【例 4-7】 外伸梁及其所受荷载如图 4-18 所示，试作梁的剪力图和弯矩图。

【解】 由静力平衡方程，求得支反力

$$F_{RA} = 3\text{kN},\ F_{RB} = 7\text{kN}$$

按照以前作剪力图和弯矩图的方法，应分段列出 F_S 和 M 的方程式，然后依照方程式作图。现在以本节所得推论，可以不列方程式直接作图。

在支反力 F_{RA} 的右侧梁截面上，剪力为 3kN。截面 A 到 C 之间的荷载为均布荷载，剪力图为斜直线。算出截面 C 上的剪力为 $3\text{kN} - 2\text{kN/m} \cdot 4\text{m} = -5\text{kN}$，即可确定这条斜直线。截面 C 和 B 之间梁上是没有荷载的，剪力图为水平线。截面 B 上有支反力 F_{RB}，我们可将这个支座反力看做一个作用在梁上的集中力，则从 B 截面的左侧到右侧，剪力图将发生突然变化，变化的数值即等于集中力 F_{RB} 的大小。故 F_{RB} 右侧截面上的剪力值为 $3\text{kN} - 2\text{kN/m} \cdot 4\text{m} + 7\text{kN} = 2\text{kN}$。在截面 B 和 D 之间是没有荷载的，剪力图又为水平线。

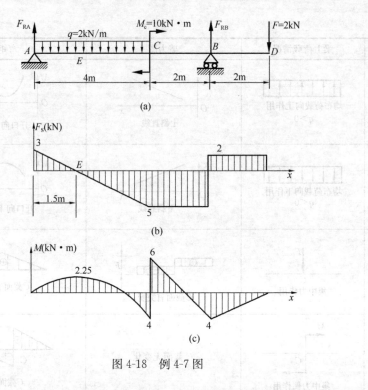

图 4-18 例 4-7 图

对于铰支座，只要其上无集中力偶矩，则该截面上的弯矩就为零，故截面 A 上的弯矩 $M_A = 0$。从 A 到 C 梁上为均布荷载，弯矩图则为二次抛物线。因为均布荷载向下，故该条抛物线向上凸。在这一段内，E 截面上剪力等于零，则该截面上的弯矩为极值。E 到左端的距离为 1.5m，求出截面 E 上的极限弯矩为

$$M_E = 3 \times 1.5 - \frac{1}{2} \times 2 \times 1.5^2 = 2.25 \text{kN} \cdot \text{m}$$

求出集中力偶矩 M_e 左侧截面上的弯矩为 $M_{C左} = 3 \times 4 - \frac{1}{2} \times 2 \times 4^2 = -4 \text{kN} \cdot \text{m}$。由 M_A、M_E 和 $M_{C左}$ 即可画出 AC 段的弯矩图。由于截面 C 上作用有集中力偶矩 M_e，从截面 C 的左侧到右侧，弯矩图会有突然变化，变化的数值就是 M_e。所以在截面 C 的右侧，$M_{C右} = 3 \times 4 - \frac{1}{2} \times 2 \times 4^2 + 10 = 6 \text{kN} \cdot \text{m}$。截面 C 与 B 间梁上无荷载，弯矩图为斜直线。

计算出截面 B 上的弯矩为 $M_B = -2 \times 2 = -4 \text{kN} \cdot \text{m}$，于是就确定了 CB 段的弯矩图。截面 B 与 D 间弯矩图也为斜直线，因为 $M_D = 0$，斜直线是容易画出来的。在截面 B 上，剪力突然变化，故弯矩图的斜率也突然变化。

【例 4-8】 试画出图 4-19 中梁的剪力图和弯矩图。

【解】（1）求支反力。在例 4-1 中，已经求出了 A 端和 B 端的支反力分别为 $F_{Ax} = 0\text{kN}$，$F_{Ay} = 50\text{kN} + 31\text{kN} = 81\text{kN}$，$M_A = 96.5\text{kN} \cdot \text{m}$，$F_B = 29\text{kN}$

（2）作剪力图

首先在 AE 段上，因该段梁上无其他荷载，故剪力图应是水平线段，在支反力 F_{Ay} 右侧梁截面上剪力为 81kN。在截面 E 上作用有一集中力 F，从截面 E 的

第4章 梁的弯曲内力

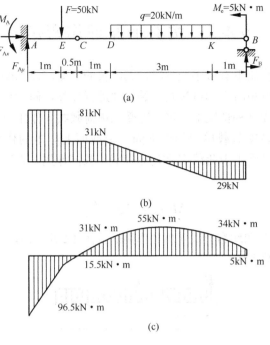

图 4-19 例 4-8 图

左侧到右侧剪力将发生突然改变，变化的数值等于集中力 F 的大小，故截面 E 的右侧剪力值为：$81-50=31$kN。从截面 E 到截面 D 之间梁上无荷载，则剪力图仍然为直线段。从截面 D 到截面 K 之间梁上是均布荷载，剪力图为斜直线；算出截面 K 上剪力为 $31-20\times3=-29$kN。在 KB 段梁上，仍无荷载，则剪力图是水平直线段。

（3）作弯矩图

由于该组合梁的 A 端的约束类型是固定端约束，则该截面上的弯矩是 $M_A=-96.5$kN·m。AE 段梁的剪力图是水平直线段，则弯矩图为斜线段；截面 E 上弯矩为：$-96.5+81\times1=-15.5$kN·m。C 截面对应着中间铰，该截面上弯矩为零；从截面 E 到截面 D 之间梁上无荷载，剪力图为直线段，则弯矩图为斜线段，很快确定截面 D 上弯矩为：$-96.5+81\times2.5-50\times1.5=31$kN·m。从截面 D 到截面 K 之间，由于均布荷载方向向下，则弯矩图为向上凸的二次抛物线。在计算截面 K 上弯矩时，可从梁的右端向左端进行计算：$5+29\times1=34$kN·m。在 KB 段梁上，弯矩图为斜线段。

最后，需要补充说明的是：在 DK 段上有一截面剪力为零，则该截面上的弯矩会达到极值。要计算该极值弯矩，首先需要确定极值截面所在位置，由 $31-20x=0$ 可得：极值截面距离 D 截面 1.55m，而极值弯矩为

$$M_{极值}=-96.5+81\times4.05-50\times3.05-20\times1.55\times\frac{1.55}{2}=55\text{kN}\cdot\text{m}$$

该组合梁的剪力图和弯矩图如图 4-19 (b)、(c) 所示。

§4-5 按叠加原理作弯矩图

当梁在荷载作用下有微小变形时，其跨长的改变可以忽略不计，故在求梁的支反力、剪力和弯矩时，均可按其原始尺寸进行计算，而所得的结果均与梁上荷载呈线性关系。在这种情况下，当梁上受几项荷载共同作用时，某一横截面上的弯矩就等于梁在各项荷载单独作用下同一横截面上弯矩的代数和。例如图 4-20 (a) 所示的悬臂梁受集中荷载 F 和均布荷载 q 共同作用，在距左端为 x 的任意横截面上的弯矩

$$M(x) = Fx - \frac{qx^2}{2}$$

就等于集中荷载 F 和均布荷载 q 单独作用时（图 4-20b、c），该截面上的弯矩 Fx 和 $-qx^2/2$ 的代数和。

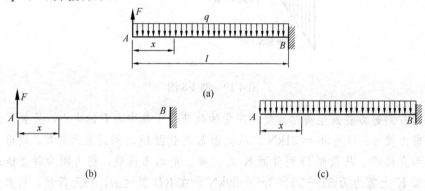

图 4-20 弯矩叠加

这是一个普遍性的原理，即**叠加原理**：当所求参数（内力、应力或位移）与梁上荷载为线性关系时，由几项荷载共同作用时所引起的某一参数，就等于每项荷载单独作用时所引起的该参数值的叠加。

由于弯矩可以叠加，故表达弯矩沿梁长度变化情况的弯矩图也可以叠加，即可分别作出各项荷载单独作用下梁的弯矩图，然后将其相应的纵坐标叠加，即得梁在所有荷载共同作用下的弯矩图。

【例 4-9】 试按叠加原理作图 4-21 所示简支梁的弯矩图，设 $M_e = ql^2/8$，并求梁的极值弯矩和最大弯矩。

【解】 先将梁上每项荷载单独作用，分别作出梁上只有力偶矩或均布荷载时的弯矩图（图 4-21b、c）。两图的纵坐标具有不同的正负号，在叠加时可将其画在 x 轴的同一侧，如图 4-21（a）所示。于是，两图共同的部分，其正值和负值的纵坐标互相抵消。剩下的纵距即代表叠加后的弯矩值。叠加后的弯矩图仍为抛物线。若将其改画为以水平直线为基线的图，即得通常形式的弯矩图（图 4-21d）。

为求极值弯矩，需要确定剪力为零的截面位置。由平衡方程 $\sum M_B = 0$ 求得支反力 F_A 为

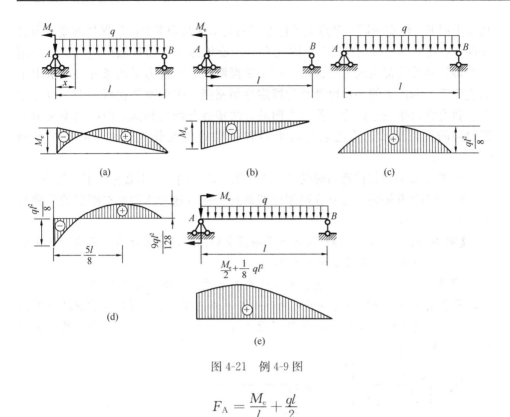

图 4-21 例 4-9 图

$$F_A = \frac{M_e}{l} + \frac{ql}{2}$$

写出剪力方程

$$F_S(x) = F_A - qx \quad (0 < x < l)$$

将 F_A 及 $M_e = ql^2/8$ 代入上式后，得

$$F_S(x) = \frac{5ql}{8} - qx$$

令 $F_S(x) = 0$，即得极值弯矩所在截面到支座 A 的距离为

$$x_0 = \frac{5l}{8}$$

于是求得极值弯矩 M_{x_0} 为

$$M_{x_0} = F_A x_0 - M_e - \frac{qx_0}{2} = \frac{9ql^2}{128}$$

由于梁在 A 端截面上弯矩 M_A 的数值大于极值弯矩，故全梁的最大弯矩为 $M_{max} = M_A = ql^2/8$（负值）。如果将外力偶 M_e 的转向反过来，则其弯矩图纵坐标将为正值，与均布荷载作用下的弯矩图纵坐标的正负号相同。因此，叠加时可将其分别画在 x 轴的一侧（图 4-21e）。

* §4-6 静定平面刚架与曲杆的内力

一、平面刚架的内力

刚架是用**刚节点**将若干不同取向的杆件连接而成的结构。刚节点的特性是在荷载作用下，汇交于同一节点上各杆之间的夹角在结构变形前后保持不变，即各杆件在连接处不能有相对转动，因此它不仅能传递力，而且能传递力矩。当刚架的轴线和外力都在同一平面时，称为**平面刚架**。由静力平衡条件可以求出全部支座反力和内力的平面刚架称为**静定平面刚架**。平面刚架横截面上一般有轴力、剪力和弯矩三个内力。作内力图的方法步骤与前述相同，但因刚架是由不同取向的杆件组成，为能表示内力沿各杆轴线的变化规律，习惯上按下列约定：

1. 弯矩图画在杆件弯曲时受拉（或受压）的一侧，而不必标注正、负号。
2. 剪力图和轴力图可画在刚架轴线的任一侧（通常正值画在刚架的外侧），须注明正、负号。

【**例 4-10**】 图 4-22（a）所示为下端固定的刚架，在其轴线平面内受集中荷载 F_1 和 F_2 作用。试作刚架的内力图。

【**解**】 计算内力时，一般应先求刚架的支反力。本题中刚架的 C 点为自由端，若取包含自由端部分为研究对象，就可不求支反力。将 BC 段和 AB 段的坐标原点分别设在 C 点和 B 点，如图 4-22（a）所示。下面列出两段杆的剪力方程和弯矩方程分别为

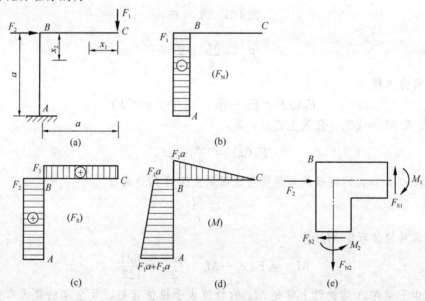

图 4-22 例 4-10 图

CB 段：$F_N(x) = 0$，$F_S(x) = F_1$，$M(x) = -F_1 x$ （$0 \leqslant x \leqslant a$）
BA 段：$F_N(x_1) = -F_1$，$F_S(x_1) = F_2$，$M(x_1) = -F_1 a - F_2 x_1$ （$0 \leqslant x_1 < l$）

根据各段杆的内力方程，即可绘出轴力、剪力和弯矩图，分别如图 4-22（b）、（c）、（d）所示。

由于刚节点 B 传递力矩，如该处无外加集中力偶矩，B 在水平杆截面的弯矩 M_1 应和铅直杆截面的弯矩 M_2 相等。对节点 B 的平衡进行校核，画出它的示力图，如图 4-22（e）所示，由图可见平衡方程 $\Sigma F_x = 0$，$\Sigma F_y = 0$，$\Sigma M = 0$ 均能满足。

二、平面曲杆的弯曲内力

某些构件，如活塞环、链环和拱等，一般都有纵向对称面，其轴线则是平面曲线，我们常将此类构件称为**平面曲杆**或**平面曲梁**。当荷载作用于纵向对称平面内时，曲杆将发生弯曲变形。这时横截面上的内力一般有弯矩 M、剪力 F_S 和轴力 F_N，此处以轴线为圆周四分之一的曲杆（图 4-23a）为例，说明其内力的计算。首先以圆心角为 φ 的径向截面 m-m 将曲杆分为两部分，截面 m-m 以右部分如图 4-23（b）所示。其次将作用于这一部分的外力和内力，分别投影于轴线在 m-m 截面处的切线和法线方向，并对 m-m 截面的形心取矩。根据平衡方程，求得各内力方程

$$F_N = F\sin\varphi + 2F\cos\varphi = F(\sin\varphi + 2\cos\varphi)$$
$$F_S = F\cos\varphi - 2F\sin\varphi = F(\cos\varphi - 2\sin\varphi)$$
$$M = 2Fa(1-\cos\varphi) - Fa\sin\varphi = Fa(2 - 2\cos\varphi - \sin\varphi)$$

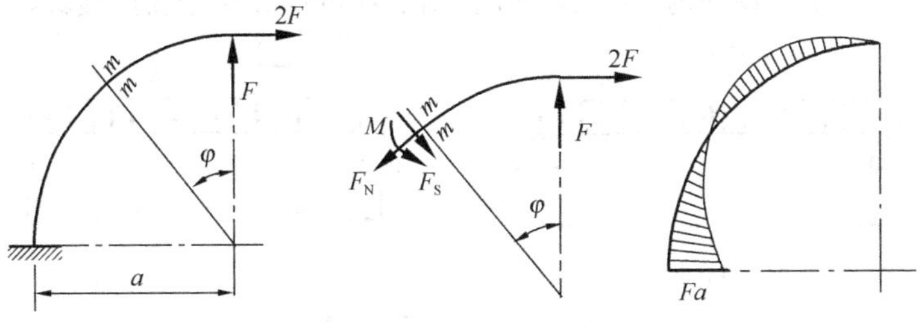

图 4-23 平面曲杆的内力和弯矩图

平面曲杆横截面上的内力情况及其内力图的绘制方法，与刚架相类似。图 4-23（c）为曲杆的弯矩图。

小结及学习指导

梁的弯曲变形也是杆件的基本变形之一，是材料力学中非常重要的内容，梁的内力分析及内力图的绘制是计算梁的强度和刚度的基础。

平面弯曲的概念，剪力和弯矩的概念及符号规定，剪力图和弯矩图的绘制等内容要求读者深刻理解并熟练掌握。

截面法是确定梁横截面上的剪力和弯矩的基本方法，注意剪力和弯矩的正、负规定，剪力方程和弯矩方程是表示剪力和弯矩沿梁长度方向变化规律的数学方程。

剪力图和弯矩图的绘制在工程实际中是非常重要的。绘制剪力图和弯矩图的方法：

（1）根据剪力方程和弯矩方程绘图

根据剪力方程和弯矩方程绘图是基本方法，读者应通过基本方法的练习，掌握剪力图和弯矩图的一些特点，有助于校核和直接绘制剪力图和弯矩图。

（2）应用分布荷载、剪力和弯矩间的关系直接绘图

深入理解分布荷载、剪力和弯矩间的微分关系及其几何意义，能帮助读者判断剪

力图和弯矩图的曲线性质及凹凸取向。应用分布荷载、剪力和弯矩间的关系，结合剪力图和弯矩图的特点，根据梁上荷载的作用情况，可直接绘制剪力图和弯矩图。

思 考 题

4-1 在写剪力方程和弯矩方程时，试问在何处需要分段？

4-2 试问在求梁横截面上的内力时，为什么可直接由该横截面任一侧梁上的外力来计算？

4-3 试问弯矩、剪力和荷载集度三函数间的微分关系，即 $\dfrac{\mathrm{d}F_S(x)}{\mathrm{d}x} = q(x)$，$\dfrac{\mathrm{d}M(x)}{\mathrm{d}x} = F_S(x)$ 的应用条件是什么？在集中力和集中力偶作用处此关系能否适用？

4-4 在图 4-17（a）所示梁中，若将坐标 x 的原点取在梁的右端，且 x 坐标以指向左为正，试问 $\dfrac{\mathrm{d}F_S(x)}{\mathrm{d}x} = q(x)$ 和 $\dfrac{\mathrm{d}M(x)}{\mathrm{d}x} = F_S(x)$ 两关系式有无变化？

4-5 （1）试问在图 4-24（a）所示梁中，AC 段和 CB 段剪力图图线的斜率是否相同？为什么？（2）试问在图 4-24（b）所示梁的集中力偶作用处，左、右两段弯矩图图线的切线斜率是否相同？

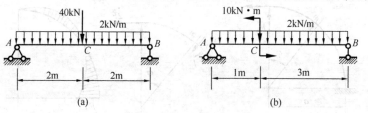

图 4-24　思考题 4-5 图

4-6 具有中间铰的矩形截面梁上有一活动荷载 F 可沿全梁移动，如图 4-25 所示。试问如何布置中间铰 C 和可动铰支座 B，才能充分利用材料的强度？

4-7 简支梁的半跨长度上承受集度为 m 的均布外力偶作用，如图 4-26 所示。试作梁的剪力图和弯矩图？

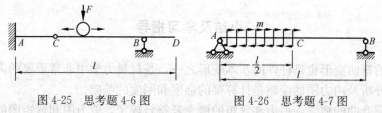

图 4-25　思考题 4-6 图　　　图 4-26　思考题 4-7 图

4-8 用截面法将梁分成两部分，计算梁截面上的内力时，下列说法是否正确？如不正确应如何改正？

（1）在截面的任一侧，向上的集中力产生正的剪力，向下的集中力产生负的剪力。

（2）在截面的任一侧，顺时针转向的集中力偶产生正弯矩，逆时针的产生负弯矩。

习　题

4-1 试求图 4-27 所示各梁中截面 1-1、2-2 和 3-3 上的剪力和弯矩，这些截面无限接近于截面 C 或截面 D。设 F、q、a 均为已知。

4-2 试写出图 4-28 所示各梁的剪力方程和弯矩方程，并作剪力图和弯矩图。

4-3 试利用荷载集度、剪力和弯矩间的微分关系作图 4-29 所示各梁的剪力图和弯矩图。

第4章 梁的弯曲内力

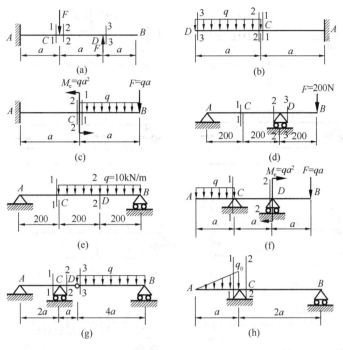

图 4-27 习题 4-1 图

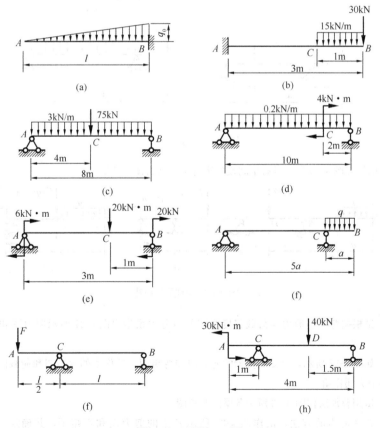

图 4-28 习题 4-2 图

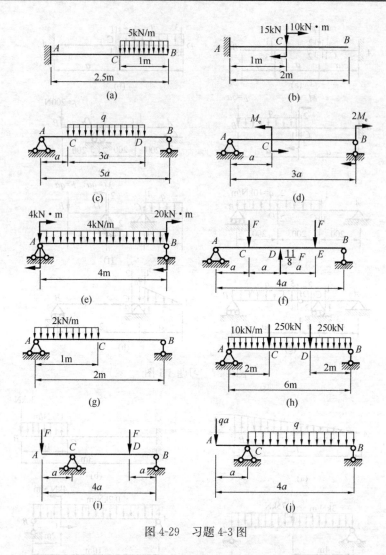

图 4-29 习题 4-3 图

4-4 试作如图 4-30 所示具有中间铰的组合梁的剪力图和弯矩图。

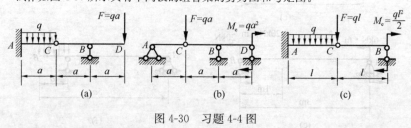

图 4-30 习题 4-4 图

4-5 试根据弯矩、剪力与荷载集度之间的微分关系指出图 4-31 所示剪力图和弯矩图的错误。

4-6 如图 4-32 所示,已知简支梁的剪力图和弯矩图。试作梁的弯矩图和荷载图。已知梁上没有集中力偶作用。

4-7 试用叠加法作图 4-33 所示各梁的弯矩图。

4-8 选择适当的方法,试作图 4-34 所示各梁的剪力图和弯矩图,并确定 $|F_S|_{\max}$ 和 $|M|_{\max}$。

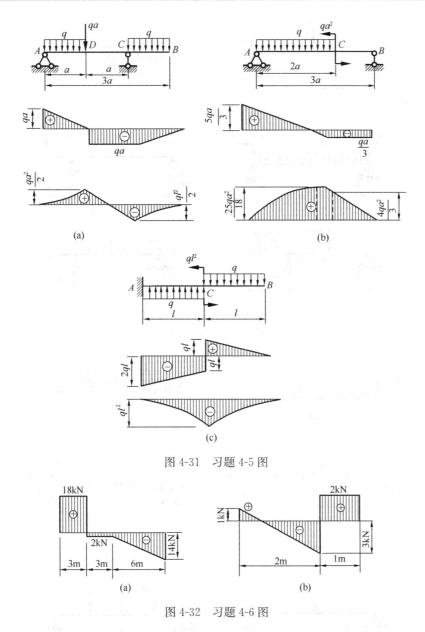

图 4-31 习题 4-5 图

图 4-32 习题 4-6 图

4-9 试作简支梁在图 4-35 所示四种荷载情况下的弯矩图,并比较其最大弯矩值。这些结果说明梁上的荷载不能任意用其静力等效力系代替,以及荷载分散作用时,使梁内最大弯矩 $M_{\max}$ 下降的情况。

4-10 图 4-36 所示以三种不同方式悬挂着的长 12m、重 24kN 的等直杆,每根吊索承受由杆重引起的相同的力。试分别作三种情况下杆的弯矩图,并加以比较。这些结果说明什么问题?

4-11 如欲使图 4-37 所示外伸梁的跨度中点处的正弯矩值等于支点处的负弯矩值,则支座到端点的距离 a 与梁长 l 之比 a/l 应等于多少?

4-12 一根搁置在地基上的梁承受荷载如图 4-38 所示。假设地基的反力是均匀分布的。试求地基反力的集度 q_R,并作梁的剪力图和弯矩图。

4-13 一根搁置在地基上的梁承受荷载如图 4-39 所示。假设地基的反力按直线规律连续变

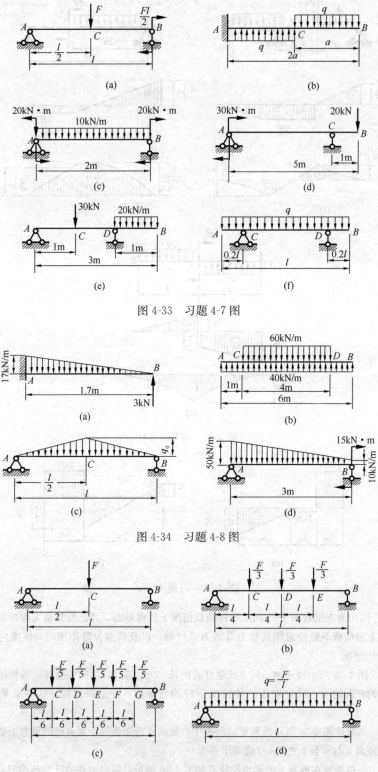

图 4-33 习题 4-7 图

图 4-34 习题 4-8 图

图 4-35 习题 4-9 图

第 4 章 梁的弯曲内力

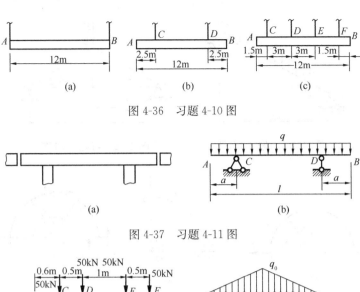

图 4-36 习题 4-10 图

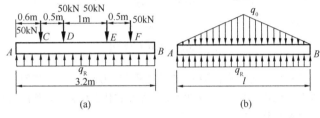

图 4-37 习题 4-11 图

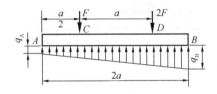

图 4-38 习题 4-12 图

图 4-39 习题 4-13 图

化。试求反力端 A 点和 B 点的集度为 q_A 和 q_B，并作梁的剪力图和弯矩图。

4-14 试作图 4-40 所示刚架的剪力图和弯矩图。

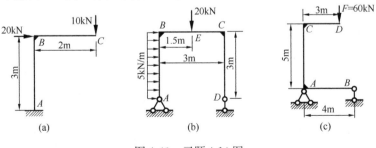

图 4-40 习题 4-14 图

4-15 试作图 4-41 所示斜梁的剪力图、弯矩图和轴力图。

4-16 折杆 ABC 的受力如图 4-42 所示，试作杆的剪力图、弯矩图和轴力图。

4-17 圆弧形曲杆受力如图 4-43 所示。已知曲杆轴线的半径为 R，试写出任意横截面 C 上剪力、弯矩和的表达式（表示成 φ 角的函数），并作曲杆的剪力图、弯矩图和轴力图。

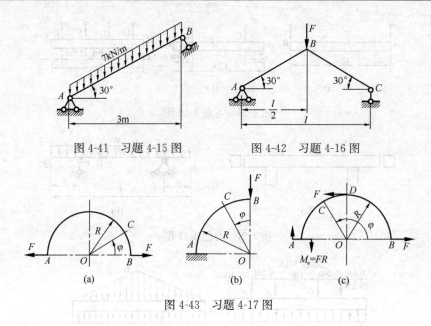

图 4-41 习题 4-15 图　　图 4-42 习题 4-16 图

图 4-43 习题 4-17 图

4-18 图 4-44 所示吊车梁，吊车的每个轮子对梁的作用力都是 F，试问：（1）吊车在什么位置时，梁内的弯矩大？最大弯矩等于多少？（2）吊车在什么位置时，梁的支座反力最大？最大支反力和最大剪力各等于多少？

图 4-44 习题 4-18 图

第5章 梁的弯曲应力

本章知识点

【知识点】 纯弯曲，横力弯曲，平面假设，中性层，中性轴，纯弯曲梁横截面上的正应力，横力弯曲梁横截面上的正应力，弯曲切应力，弯曲正应力强度条件，弯曲切应力强度条件，弯曲中心，平面弯曲充要条件，提高弯曲强度的措施。

【重点】 弯曲正应力强度条件，弯曲切应力强度条件。

【难点】 当梁的截面上下不对称、材料的拉压性能不同、梁的弯矩有正负时的正应力强度计算，弯曲切应力，弯曲中心。

§5-1 梁的弯曲正应力与强度条件

梁的剪力图和弯矩图直观表示了梁各个截面上内力的大小，计算内力的目的是为了计算应力，解决梁的强度问题。因此，本章研究在已知内力的情况下，如何分析梁横截面上各点的应力分布规律和应力计算，并建立梁弯曲问题的强度条件。

一、纯弯曲与横力弯曲

前面一章详细讨论了梁横截面上的剪力和弯矩，且指出弯矩是垂直于横截面的内力系的合力偶矩；而剪力是切于横截面的内力系的合力。一般情况下，梁截面上既有弯矩又有剪力。对于横截面上的某点而言，则既有正应力又有切应力。弯矩 M 只与横截面上的正应力 σ 相关，而剪力 F_S 只与切应力 τ 相关。

在图 5-1（a）中，简支梁 AB 受两个外力 F 作用产生平面弯曲。其剪力图和

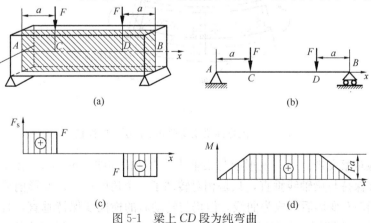

图 5-1 梁上 CD 段为纯弯曲

弯矩图分别如图5-1（c）、（d）所示。从图中看出，在AC和DB两段内，梁横截面上既有弯矩又有剪力，因而既有正应力又有切应力，这种情况下的弯曲，称为**横力弯曲**或**剪切弯曲**。在CD段内，横截面上只有弯矩而没有剪力，于是就只有正应力而无切应力，且全段内弯矩为一常数，这种情况下的弯曲，称为**纯弯曲**。本节首先建立纯弯曲情况下梁的正应力计算公式，然后将其推广到横力弯曲情况。

二、纯弯曲时梁横截面上的正应力

采用与研究圆轴扭转应力问题类似的方法，我们仍然从实验观察、几何关系（变形协调关系）、物理关系和静力学关系四个方面入手，推导建立梁弯曲正应力的计算公式。

1. 实验观察

纯弯曲容易在材料实验机上实现。为了便于观察，可在变形前矩形截面梁的侧面上画出两条相邻的横向线mm和nn，并在两横向线间靠近顶面和底面处分别画上与梁轴线平行的纵向线aa和bb，如图5-2（a）所示。设在梁的纵向对称面内，作用大小相等、方向相反的力偶，使梁发生纯弯曲变形如图5-2（b）所示。

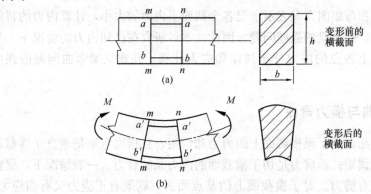

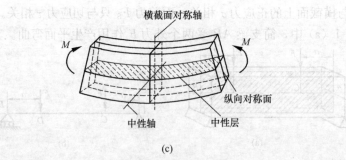

图5-2 纯弯曲梁段变形和中性层、中性轴

实验观察发现：（1）变形前与梁轴线垂直的横向线mm、nn，在梁变形后仍为直线并保持与梁轴线垂直，只是相对转动了一个角度；（2）变形前梁表面的纵向线aa和bb变形后均成为曲线，但仍与转动后的横向线保持垂直，且靠近凹边的纵向线$a'a'$缩短，而靠近凸边的纵向线$b'b'$伸长；（3）在纵向线伸长区，梁的

宽度缩小，而在纵向线缩短区，梁的宽度则增大。

依据上面所观察的变形现象，考虑到材料的连续性、均匀性，以及从梁的表面到其内部并无使其变形突变的作用因素，可以由表及里对梁的变形与受力做出如下假设：(1) **平面假设**：即变形前为平面的横截面，变形后仍保持为平面，且仍与弯曲的纵向线垂直，只是绕横截面内某根轴转了一个角度。(2) **单向受力假设**：即将梁设想成由众多平行于梁轴线的纵向纤维所组成，各纵向纤维为单向拉伸或单向压缩应力状态，相互之间无挤压。

根据上述假设，发生如图 5-2 所示向下凸的弯曲变形后，必然要引起靠近底面的纤维伸长，靠近顶面的纤维缩短。因为横截面仍保持为平面，变形是连续的，所以沿截面高度，由底面纤维的伸长连续地逐渐变为顶面纤维的缩短，中间必定有一层纤维的长度不变。这一层纤维称为**中性层**，中性层与横截面的交线称为**中性轴**，如图 5-2（c）所示。梁弯曲时，横截面绕中性轴转动。

注意：在平面弯曲问题中，梁上横向荷载皆作用在梁的纵向对称面内，由于对称性，梁的变形必对称于荷载所在的纵向对称平面，所以平面弯曲时，中性轴必垂直于纵向对称平面。

2. 几何关系

为了研究梁内纵向纤维正应变沿横截面高度变化规律，用相距 dx 的两个横截面 m-m 与 n-n，从梁中取出一微段，并在微段梁的横截面上，取荷载作用面与横截面的交线为 y 轴（横截面的对称轴），取中性轴为 z 轴，由于中性轴垂直于荷载作用面，故 z 轴垂直于 y 轴（图 5-3a）。研究距中性层 O_1O_2 的距离为 y 的纵向纤维 bb 的变形情况。

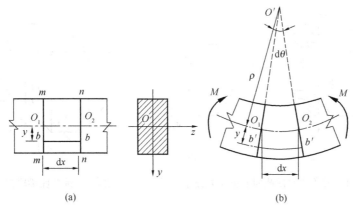

图 5-3 微段梁变形

根据平面假设，微段梁变形后，横截面 m-m 与 n-n 仍保持平面，只是相对转动了一个角度 dθ，并相交于变形后中性层 O_1O_2 的曲率中心 O' 处（图 5-3b）。设变形后中性层 O_1O_2 的曲率半径为 ρ，而距中性层 O_1O_2 为 y 的纵向纤维 bb 的原长 $\overline{bb} = \mathrm{d}x = O_1O_2 = \rho\mathrm{d}\theta$，变形后的长度 $\widehat{b'b'} = (\rho+y)\mathrm{d}\theta$，则纵向纤维 bb 的正应变为

$$\varepsilon = \frac{\widehat{b'b'} - \overline{bb}}{\overline{bb}} = \frac{\widehat{b'b'} - \mathrm{d}x}{\mathrm{d}x} = \frac{(\rho+y)\mathrm{d}\theta - \rho\mathrm{d}\theta}{\rho\mathrm{d}\theta} = \frac{y}{\rho} \tag{5-1}$$

对任一指定横截面，中性层的曲率 $1/\rho$ 由梁及其受力情况确定，故曲率是一个常量。因此，式 (5-1) 表明，横截面上任一点处的纵向线应变 ε 与该点到中性轴的距离 y 成正比，离中性轴越远，线应变越大。中性轴上各点处的线应变为零。

3. 物理关系

根据单向受力假设，纯弯曲时，各层纤维仅受到轴向拉伸和压缩的作用，梁上各点皆处于单向应力状态。当材料处于线弹性范围内，由胡克定律 $\sigma = E\varepsilon$ 可得到距中性轴的距离为 y 的横截面上点的正应力为

$$\sigma = E\varepsilon = E\frac{y}{\rho} \tag{5-2}$$

对任一指定的横截面 E/ρ 为常量。故式 (5-2) 表明，梁横截面上任一点处的弯曲正应力 σ 与该点到中性轴的距离 y 成正比，即弯曲正应力沿截面高度按线性分布。在 $y=0$，即中性轴上各点处的弯曲正应力为零；在靠近梁的上下表面的点处，y 最大，弯曲正应力也最大。据此可绘出梁横截面上正应力沿高度的分布规律，如图 5-4 (a)、(b) 所示。

在式 (5-2) 中，中性轴位置以及中性层的曲率半径 ρ 尚未确定，所以式 (5-2) 还不能直接用于计算弯曲正应力，必须通过静力平衡关系来解决。

4. 静力学关系

如图 5-5 所示，在梁的横截面上围绕 K 点取微面积 dA，设 z 为横截面的中性轴，K 点到中性轴的距离为 y，若该点的正应力为 σ，则微面积 dA 上的内力为 σdA。

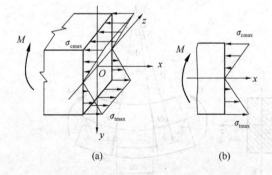

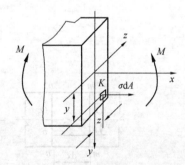

图 5-4　梁弯曲时横截面上正应力分布　　　图 5-5　纯弯曲梁段内外力平衡

截面上各处的内力构成一个空间平行力系，有可能组成三个内力分量：轴力 F_N、绕 y 和 z 轴之矩 M_y 与 M_z，即

$$F_N = \int_A \sigma dA \tag{5-3}$$

$$M_y = \int_A z\sigma dA \tag{5-4}$$

$$M_z = \int_A y\sigma dA \tag{5-5}$$

如前所述，梁在纯弯曲时，其横截面上的内力分量仅有弯矩 M，故截面上的

F_N 和 M_y 均等于零,而 M_z 就是横截面上的弯矩 M,即

$$F_N = \int_A \sigma dA = 0 \tag{5-6}$$

$$M_y = \int_A z\sigma dA = 0 \tag{5-7}$$

$$M_z = \int_A y\sigma dA = M \tag{5-8}$$

将式(5-2)代入式(5-6),并根据附录中有关截面几何参数的定义,可得

$$F_N = \frac{E}{\rho} \int_A y dA = \frac{ES_z}{\rho} = 0 \tag{5-9}$$

式中,$S_z = \int_A y dA$ 为横截面 A 对中性轴 z 的静矩。由于 $E/\rho \neq 0$,故必有 $S_z = 0$,根据附录 A 可知,**中性轴 z 轴必然通过横截面的形心**,于是中性轴的位置得以确定。

将式(5-2)代入式(5-7),可得

$$M_y = \frac{E}{\rho} \int_A zy dA = \frac{EI_{yz}}{\rho} = 0 \tag{5-10}$$

式中,$I_{yz} = \int_A yz dA$ 为横截面 A 对 y 和 z 轴的惯性积。由于 y 轴是横截面的对称轴,故有 $I_{yz} = 0$,因此该式自然成立。同时表明,y、z 轴为横截面上一对相互垂直的主形心惯性轴。

将式(5-2)代入式(5-8),可得

$$M_z = \frac{E}{\rho} \int_A y^2 dA = \frac{EI_z}{\rho} = M \tag{5-11}$$

式中,$I_z = \int_A y^2 dA$ 为横截面 A 对中性轴 z 的惯性矩。于是得到中性层的曲率为

$$\frac{1}{\rho} = \frac{M}{EI_z} \tag{5-12}$$

式(5-12)即为用曲率 $1/\rho$ 表示的梁弯曲变形的计算公式。式(5-12)表明,梁的 EI_z 越大,曲率 $1/\rho$ 越小,故将乘积 EI_z 称为梁的**弯曲刚度**,它表示梁抵抗弯曲变形的能力。上式表明,用曲率 $1/\rho$ 表示的梁的弯曲变形与梁所承受的弯矩 M 成正比,与弯曲刚度 EI_z 成反比。

将式(5-12)代入式(5-2),即得

$$\sigma = \frac{My}{I_z} \tag{5-13}$$

式(5-13)就是梁在纯弯曲情形下横截面上任一点处的正应力计算公式。称为**弯曲正应力公式**。式中,M 为横截面上的弯矩,y 为所求应力点至 z 轴的距离,I_z 为横截面对中性轴 z 的惯性矩。式(5-13)表明,横截面上任一点处的弯曲正应力与该截面的弯矩成正比,与截面对中性轴的惯性矩成反比,与点到中性轴的距离成正比,即沿截面高度线性分布,而中性轴上各点处的弯曲正应力为零(图5-4a、b)。

在式(5-13)中,将弯矩 M 和距离 y 按照规定的符号代入计算,所得到的

正应力 σ 若为正值，即为拉应力，若为负值则为压应力。在通常具体计算过程中，将弯矩 M 和距离 y 以绝对值代入式（5-2），而所求的正应力 σ 是拉应力还是压应力，则根据梁的变形情况来判断：以中性层为分界线，梁变形后凸出边的应力为拉应力，凹入边的应力则为压应力。实际上，依据弯矩 M 的方向很容易判断出梁的变形情况。

必须说明的是，式（5-12）、式（5-13）虽然是由矩形截面梁导出的，但在其推导过程中并没有使用矩形截面的几何性质，故对横截面对称于 y 轴（圆形、工字形、T 形和槽形等）的梁，上述公式都是适用的。

从式（5-13）可以看出，对于等截面梁来说，最大弯曲正应力发生在横截面上距中性轴最远（即横截面上、下边缘）的各点处，其值为

$$\sigma_{max} = \frac{My_{max}}{I_z} \tag{5-14}$$

令

$$W_z = \frac{I_z}{y_{max}} \tag{5-15}$$

则有

$$\sigma_{max} = \frac{M}{W_z} \tag{5-16}$$

式中，W_z 称为**弯曲截面系数（抗弯截面模量）**，是截面的几何性质之一，其值与横截面的形状和尺寸有关，单位为 m^3。

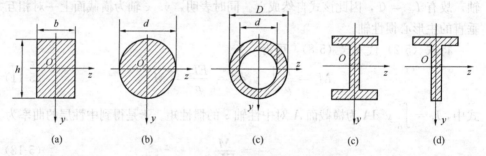

图 5-6 矩形与圆形截面的弯曲截面系数

对于如图 5-6（a）所示，宽为 b、高为 h 的矩形截面，有

$$I_z = \frac{bh^3}{12}, y_{max} = \frac{h}{2}, W_z = \frac{I_z}{h/2} = \frac{bh^3/12}{h/2} = \frac{bh^2}{6} \tag{5-17}$$

对于如图 5-6（b）所示，直径为 d 的实心圆形截面，有

$$I_z = \frac{\pi d^4}{64}, y_{max} = \frac{d}{2}, W_z = \frac{I_z}{d/2} = \frac{\pi d^4/64}{d/2} = \frac{\pi d^3}{32} \tag{5-18}$$

对于如图 5-6（c）所示，外径为 D、内径为 d 的空心圆截面，有

$$I_z = \frac{\pi}{64}(D^4 - d^4)\ y_{max} = \frac{D}{2}, W_z = \frac{\pi D^3}{32}\left[1 - \left(\frac{d}{D}\right)^4\right] = \frac{\pi D^3}{32}[1 - \alpha^4] \tag{5-19}$$

式（5-19）中，$\alpha = d/D$，表示内、外径的比值。

对于各种轧制型钢，其弯曲截面系数 W_z 可直接从附录 B 中的型钢规格表中查得。

梁受弯时，其横截面上既有拉应力也有压应力。对于矩形、圆形和工字形这

类截面,其中性轴为横截面的对称轴,其上、下边缘点到中性轴的距离相等,故最大拉应力和最大压应力的绝对值相等,可直接用式(5-16)求得,如图 5-7(a)所示。对于中性轴不是对称轴的横截面,例如 T 字形截面,其最大拉应力和最大压应力的绝对值不等,则应分别将截面受拉和受压一侧距中性轴最远的距离代入式(5-13),以求得相应的最大应力,如图 5-7(b)所示。

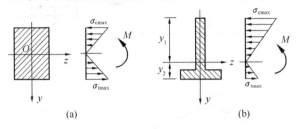

图 5-7 最大拉应力与最大压应力

三、横力弯曲时梁横截面上的正应力

纯弯曲的情况只有在不考虑梁自重的影响时才有可能发生。工程中的梁大都属于横力弯曲的情况。梁在横力弯曲时,横截面上既有弯矩又有剪力;相应地,在梁的横截面上既有正应力也有切应力。由于切应力的存在,梁的横截面将不再保持平面而产生翘曲。此外,由于横向力的作用,在梁的纵向截面上还将产生挤压应力。但弹性理论研究结果表明,对于一般的细长梁(梁的跨度 l 与横截面高度 h 之比 $l/h > 5$),横截面上的正应力分布规律与纯弯曲时几乎相同(例如,对均布荷载作用下的矩形截面简支梁,当其跨度与截面高度之比 $l/h > 5$ 时,按式(5-13)所得的最大弯曲正应力的误差不超过 1‰),即切应力和挤压应力对正应力的影响很小,可以忽略不计。在实际工程中常用的梁,其跨高比 l/h 的值一般 $\gg 5$。因此,应用纯弯曲时的正应力公式来计算梁在横力弯曲时横截面上的正应力,足以满足工程上的精度要求,且梁的跨高比越大,计算结果的误差就越小。所以纯弯曲的公式(5-13)可以推广应用于横力弯曲时的细长梁。

在横力弯曲情况下,由于弯矩沿梁轴线是变化的,所以各横截面的弯矩不同,则每个截面的最大弯曲正应力也不同。故式(5-13)中的弯矩应以所求横截面上的弯矩代之。

【**例 5-1**】 箱形截面简支梁荷载情况及横截面尺寸如图 5-8(a)、(b)所示。试求:(1)梁最大弯矩所在截面上 a、b、c、d 四点处的正应力;(2)绘出最大弯矩所在截面上正应力沿高度的分布规律图。

【**解**】 (1)求 C 截面上 a、b、c、d 四点处的正应力。

1)求梁的最大弯矩。作梁的弯矩图,如图 5-8(c)所示,可见,跨中截面 C 即为最大弯矩所在截面,其弯矩值为

$$M_C = 20 \text{ kN} \cdot \text{m}$$

2)确定中性轴的位置并计算截面对中性轴的惯性矩。该截面有两个对称轴,故由平面弯曲的理论可知该截面的水平对称轴即为该截面的中性轴 z,如图 5-8

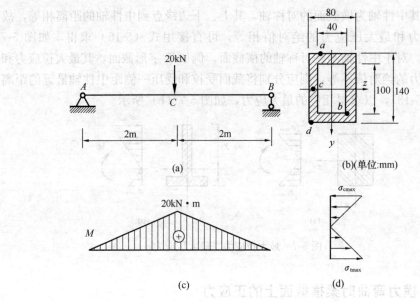

图 5-8 例 5-1 图

(b) 所示。

将该箱形截面视为外面的大矩形减去里面的小矩形所得的图形,于是利用组合图形惯性矩的计算方法可计算得该箱形截面对中性轴 z 的惯性矩为

$$I_z = \frac{80 \times 140^3}{12} - \frac{40 \times 100^3}{12} = 14.96 \times 10^6 \text{ mm}^4 = 14.96 \times 10^{-6} \text{ m}^4$$

3) 计算截面 C 上 a、b、c、d 四点处的正应力。由图 5-8(b)可见,a、b、c、d 四点到中性轴的距离分别为

$$y_a = 70\text{mm}, \quad y_b = 50\text{mm}, \quad y_c = 0, \quad y_d = 70\text{mm}$$

将 $M_C = 20\text{kN} \cdot \text{m}$,$y_a = 70\text{mm}$,$I_z = 14.96 \times 10^{-6} \text{ m}^4$ 代入弯曲正应力公式(5-13),得 a 点处的正应力为

$$\sigma_a = \frac{M_C y_a}{I_z} = \frac{20 \times 10^3 \times 70 \times 10^{-3}}{14.96 \times 10^{-6}} = 93.6 \times 10^6 \text{Pa} = 93.6 \text{MPa}$$

将 $M_C = 20\text{kN} \cdot \text{m}$,$y_b = 50\text{mm}$,$I_z = 14.96 \times 10^{-6} \text{ m}^4$ 代入弯曲正应力公式(5-13),得 b 点处的正应力为

$$\sigma_b = \frac{M_C y_b}{I_z} = \frac{20 \times 10^3 \times 50 \times 10^{-3}}{14.96 \times 10^{-6}} = 66.8 \times 10^6 \text{Pa} = 66.8 \text{MPa}$$

将 $M_C = 20\text{kN} \cdot \text{m}$,$y_c = 0$,$I_z = 14.96 \times 10^{-6} \text{ m}^4$ 代入弯曲正应力公式(5-13),得 c 点处的正应力为

$$\sigma_c = \frac{M_C y_c}{I_z} = \frac{20 \times 10^3 \times 0}{14.96 \times 10^{-6}} = 0$$

将 $M_C = 20\text{kN} \cdot \text{m}$,$y_d = 70\text{mm}$,$I_z = 14.96 \times 10^{-6} \text{ m}^4$ 代入弯曲正应力公式(5-13),得 d 点处的正应力为

$$\sigma_d = \frac{M_C y_d}{I_z} = \frac{20 \times 10^3 \times 70 \times 10^{-3}}{14.96 \times 10^{-6}} = 93.6 \times 10^6 \text{Pa} = 93.6 \text{MPa}$$

由弯矩图可见 M_C 为正，由弯矩的正负号规定可知，截面 C 中性轴以上各点受压，中性轴以下各点受拉，中性轴上各点正应力为零。显然 a 点位于受压区，所以 a 点处的正应力为压应力；b 点、d 点位于受拉区，所以 b 点、d 点处的正应力为拉应力；c 点位于中性轴上，所以 c 点处的正应力为零。

（2）作截面 C 上正应力沿高度的分布规律图。由式（5-13）可知弯曲正应力沿截面高度线性分布，故根据上述计算和分析结论绘出截面 C 上正应力沿高度的分布规律如图 5-8（d）所示。

【例 5-2】 工字形截面梁的尺寸及荷载情况如图 5-9（a）、（b）所示。试求：（1）截面 B 及截面 C 上 a、b 两点处的正应力；（2）作出截面 B、截面 C 上正应力沿高度的分布规律图；（3）求梁的最大拉应力和最大压应力。

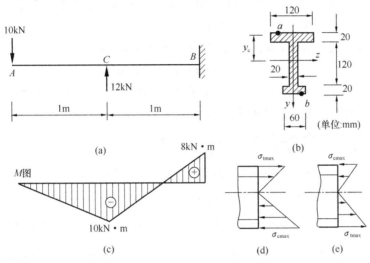

图 5-9 例 5-2 图

【解】（1）求截面 B、截面 C 上 a、b 两点处的正应力。

1）求梁截面 B、截面 C 上的弯矩。作梁的弯矩图，如图 5-9（c）所示，可见，截面 C 为最大负弯矩所在截面，其弯矩绝对值为

$$M_C = 10 \text{ kN·m}$$

B 截面即为最大正弯矩所在截面，其弯矩值为

$$M_B = 8 \text{kN·m}$$

2）确定中性轴的位置，并计算截面对中性轴的惯性矩。按梁平面弯曲理论，中性轴为横截面上垂直于荷载作用面（即梁纵向对称面）的形心主轴。故要确定中性轴的位置，必须确定横截面形心的位置。由于 y 轴是工字形截面的对称轴（图 5-9b），故截面形心必位于 y 轴上。将该截面划分为上、中、下三个矩形，利用组合图形的形心位置计算方法可得，该截面的形心到截面上边缘的距离为

$$y_C = \frac{\sum A_i y_i}{\sum A_i} = \frac{120 \times 20 \times 10 + 120 \times 20 \times 80 + 60 \times 20 \times 150}{120 \times 20 + 120 \times 20 + 60 \times 20} = 66 \text{mm}$$

由此确定了中性轴的位置，即中性轴过形心并垂直于 y 轴，如图 5-9（b）所示。

为了求该截面对中性轴的惯性矩,仍将工字形截面划分为上、中、下三个矩形,由图 5-9(b)所示截面尺寸可求得三矩形形心相对于中性轴的距离,于是根据组合图形惯性矩的计算方法,利用惯性矩的平行移轴公式,可计算得该截面对中性轴的惯性矩为

$$I_z = \frac{120 \times 20^3}{12} + 120 \times 20 \times 56^2 + \frac{20 \times 120^3}{12} + 20 \times 120 \times 14^2 +$$

$$\frac{60 \times 20^3}{12} + 60 \times 20 \times 84^2 = 19.46 \times 10^6 \text{mm}^4 = 19.46 \times 10^6 \text{m}^4$$

3) 计算截面 C、截面 B 上 a、b 两点处的正应力。由弯矩图(图 5-9c)可见 M_C 为负,根据弯矩的正负号规定可知,截面 C 中性轴以上各点受拉,中性轴以下各点受压。显然 a 点位于受拉区,所以 a 点处的正应力为拉应力;b 点位于受压区,所以 b 点处的正应力为压应力。

由图 5-9(b)可见,a、b 两点到中性轴的距离分别为

$$y_a = 66 \text{ mm}, y_b = 94 \text{mm}$$

将 $M_C = 10$ kN·m,$y_a = 66$ mm,$I_z = 19.46 \times 10^{-6}$ m 代入弯曲正应力公式(5-13),得截面 C 上 a 点处的正应力为

$$\sigma_{C_a} = \frac{M_C y_a}{I_z} = \frac{10 \times 10^3 \times 66 \times 10^{-3}}{19.46 \times 10^{-6}} \text{Pa} = 33.9 \times 10^6 \text{Pa} = 33.9 \text{MPa}(拉应力)$$

将 $M_C = 10$ kN·m,$y_b = 94$ mm,$I_z = 19.46 \times 10^{-6}$ m 代入弯曲正应力公式(5-13),得截面 C 上 b 点处的正应力为

$$\sigma_{C_b} = \frac{M_C y_b}{I_z} = \frac{10 \times 10^3 \times 94 \times 10^{-3}}{19.46 \times 10^{-6}} = 48.3 \times 10^6 \text{Pa} = 48.3 \text{MPa}(压应力)$$

由弯矩图(图 5-7c)可见 M_B 为正,由弯矩的正负号规定可知,B 截面中性轴以下各点受拉,中性轴以上各点受压。显然 a 点位于受压区,所以 a 点处的正应力为压应力;b 点位于受拉区,所以 b 点处的正应力为拉应力。

将 $M_B = 8$ kN·m,$y_a = 66$ mm,$I_z = 19.46 \times 10^{-6}$ m 代入弯曲正应力公式(5-13),得截面 B 上 a 点处的正应力为

$$\sigma_{Ba} = \frac{M_B y_a}{I_z} = \frac{8 \times 10^3 \times 66 \times 10^{-3}}{19.46 \times 10^{-6}} = 23.7 \times 10^6 \text{Pa} = 23.7 \text{MPa}(压应力)$$

将 $M_B = 8$ kN·m,$y_b = 94$ mm,$I_z = 19.46 \times 10^{-6}$ m 代入弯曲正应力公式(5-13),得截面 B 上 b 点处的正应力为

$$\sigma_{Bb} = \frac{M_B y_b}{I_z} = \frac{8 \times 10^3 \times 94 \times 10^{-3}}{19.46 \times 10^{-6}} = 38.6 \times 10^6 \text{Pa} = 38.6 \text{MPa}(拉应力)$$

(2) 绘制截面 B、截面 C 上正应力沿高度的分布规律图。由式(5-13)可知弯曲正应力沿截面高度线性分布,故根据上述计算和分析的结论绘出截面 C、截面 B 上正应力沿高度的分布规律,如图 5-9(d)、(e)所示。

(3) 求梁的最大拉应力和最大压应力。此梁横截面不对称于中性轴,所以同一截面上最大拉应力和最大压应力的数值不相等。再结合梁的弯矩图有正负峰值弯矩的情况可知,梁的最大拉应力和最大压应力只可能发生在正负峰值弯矩所在截面的上边缘或下边缘处。

将上述最大正负弯矩所在截面B、截面C的上边缘及下边缘处的正应力计算结果加以比较,可知梁的最大拉应力发生在截面B的下边缘处,而最大压应力发生在截面C的下边缘处,其值分别为

$$\sigma_{tmax} = \sigma_{B_b} = 38.6 \text{MPa}$$

$$\sigma_{cmax} = \sigma_{C_b} = 48.3 \text{MPa}$$

注意:(1)若梁横截面关于中性轴对称,则同一截面上最大的拉应力与最大压应力的数值相等。所以,对中性轴是截面对称轴的梁,其绝对值最大的正应力必定发生在绝对值最大的弯矩所在截面的上、下边缘处。

对于中性轴不是对称轴的截面,在计算弯曲正应力前必须确定中性轴的位置,并以此计算截面对中性轴的惯性矩I_z及中性轴的距离y。

(2)对于中性轴不是对称轴的截面,且有最大正、负弯矩的梁,不能简单地断定梁的最大拉、压应力必然发生在梁弯矩绝对值最大的截面上。例如在例5-2中,截面B的弯矩值虽然小于截面C的,但截面B的弯矩是正的,该截面最大拉应力发生在截面的下边缘各点,而这些点到中性轴的距离比较远,其值却大于截面C的最大拉应力。因而需要将最大正、负弯矩所在截面的上、下边缘处的正应力分别进行计算并加以比较,才能得出正确的结论。

应当强调,式(5-12)和式(5-13)的应用是有限制的,既要求梁的弯曲为平面弯曲,又要求材料是线弹性的,并且在拉、压时弹性模量相同。

顺便指出,式(5-12)和式(5-13)是根据等截面直梁导出的,但对于符合上述要求的变截面直梁,以及曲率很小的曲梁($h/\rho \leqslant 0.2$,h为横截面高度,ρ为曲梁轴线的曲率半径)也近似可用。

四、梁的弯曲正应力强度条件

由式(5-16)可知,等直梁的最大弯曲正应力,发生在最大弯矩所在截面(因该截面易于发生强度失效,故称为**危险截面**)上距中性轴最远的各点处(称为**危险点**),即

$$\sigma_{max} = \frac{M_{max} y_{max}}{I_z} = \frac{M_{max}}{W_z} \tag{5-20}$$

对于工程中常见的细长梁,强度的主要控制因素是弯曲正应力。为了保证梁的安全,必须控制梁内最大弯曲正应力σ_{max}不超过材料的弯曲许用正应力$[\sigma]$,即等直梁的弯曲正应力强度条件为

$$\sigma_{max} = \frac{M_{max}}{W_z} \leqslant [\sigma] \tag{5-21}$$

对于由脆性材料制成的梁,其抗压能力远大于抗拉能力,因此通常将梁的横截面设计成与中性轴不对称的形状,如T形截面等。按弯曲正应力强度条件要求,梁上最大拉应力σ_{tmax}和最大压应力σ_{cmax}分别不得超过材料的许用拉应力$[\sigma_t]$和许用压应力$[\sigma_c]$,即

$$\sigma_{tmax} = \frac{M_{max} y_{tmax}}{I_z} \leqslant [\sigma_t] \tag{5-22a}$$

$$\sigma_{cmax} = \frac{M_{max} y_{cmax}}{I_z} \leqslant [\sigma_c] \tag{5-22b}$$

式中，y_{tmax} 与 y_{cmax} 分别代表最大拉应力 σ_{tmax} 与最大压应力 σ_{cmax} 所在点距中性轴的距离。

式（5-20）与式（5-16）中的 σ_{max} 含义略有不同，式（5-20）中指的是整个梁所有横截面的最大弯曲正应力中的最大者。

关于各种材料的弯曲许用应力，在某些情况下可以近似用其拉伸的许用应力代替。但事实上，材料在弯曲时的强度与在轴向拉伸及压缩时的强度并不相同，而且前者略高于后者。故在一些设计规范中规定的弯曲许用应力高于拉伸许用应力，详细资料可查阅有关规范。

根据弯曲正应力强度条件，可以对梁进行强度计算，即：

(1) 校核梁的强度：已知梁的截面形状、尺寸与梁的材料及梁上所加的荷载，校核梁是否满足强度要求。

(2) 设计梁的截面尺寸：已知梁的材料和梁上所加的荷载，确定梁所需截面的尺寸。

(3) 确定梁的许用荷载：已知梁的截面形状、尺寸与梁的材料，可计算梁所能承受的最大弯矩，然后再由弯矩与荷载的关系，求出梁所能承受的最大荷载。

下面举例说明。

【例 5-3】 图 5-10（a）所示简支梁由 20a 号槽钢制成，已知其弯曲许用正应力 $[\sigma] = 170 \text{MPa}$。试按弯曲正应力强度条件校核梁的强度。

【解】 (1) 求梁的最大弯矩。作梁的弯矩图，如图 5-10（c）所示，可见 B 截面上弯矩最大，所以 B 截面为危险截面，其弯矩为

$$M_{max} = 4 \text{kN} \cdot \text{m}$$

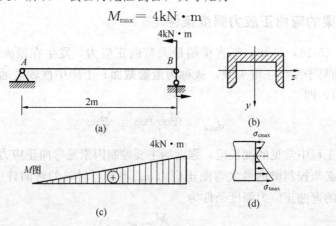

图 5-10 例 5-3 图

(2) 校核梁的强度。由图 5-10（b）可见，梁的横截面上下不对称，即截面上边缘到中性轴的距离与下边缘到中性轴的距离不相等。但考虑到材料的抗拉、抗压性能相同，故危险点必位于危险截面上距中性轴最远的点处，即此梁绝对值最大的正应力发生在 B 截面的下边缘处（图 5-10b）；由型钢表可查得，20a 号槽钢截面的抗弯截面模量为

$$W_z = \frac{I_z}{y_{\max}} = 24.2 \text{ cm}^3 = 24.2 \times 10^{-6} \text{ m}^3$$

根据弯曲正应力强度条件即式（5-21），可得

$$\sigma_{\max} = \frac{M_{\max}}{W_z} = \frac{4 \times 10^3}{24.2 \times 10^{-6}} = 165.34 \times 10^6 \text{ Pa} = 165.34 \text{ MPa} < [\sigma]$$

可见，梁满足强度条件。

注意：（1）梁的弯曲正应力强度计算是从危险截面（即弯矩绝对值最大的横截面）、危险点（即弯曲正应力最大的点）处入手，因此首先要作出梁的弯矩图。

（2）对塑性材料制成的梁，由于材料的抗拉、抗压性能相同，故危险截面为绝对值最大的弯矩所在截面，危险点为危险截面上距中性轴最远的点。

【例 5-4】 悬臂梁用型钢制成，已知：$[\sigma] = 160 \text{ MPa}$，荷载与尺寸如图 5-11（a）所示。试按弯曲正应力强度条件，选择工字钢（图 5-11b）的型号。

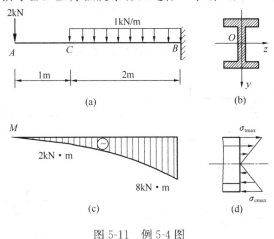

图 5-11 例 5-4 图

【解】（1）求梁的最大弯矩。作梁的弯矩图，如图 5-11（c）所示，可见固定端处截面 B 上弯矩的绝对值最大，所以截面 B 为危险截面，其弯矩值为

$$M_{\max} = 8 \text{ kN} \cdot \text{m}$$

（2）设计梁的截面。如图 5-11（b）所示，工字形截面对称于中性轴，故截面 B 的上边缘及下边缘各点均为此梁的危险点（图 5-11d）。根据弯曲正应力强度条件即式（5-21），可得梁所必需的抗弯截面系数为

$$W_z \geq \frac{M_{\max}}{[\sigma]} = \frac{8 \times 10^3}{170 \times 10^6} = 0.047 \times 10^{-3} \text{ m}^3 = 47 \times 10^3 \text{ mm}^3$$

查型钢规格表，有 10 号工字钢，其抗弯截面系数 $W_z = 49 \text{ cm}^3 = 49 \times 10^3 \text{ mm}^3$，它略大于强度计算所得的 W_z 值，所以，选用 10 号工字钢能满足强度要求。

【例 5-5】 如图 5-12（a）所示⊥形截面铸铁梁。已知：$a = 2 \text{ m}$，梁横截面形心至上边缘、下边缘的距离分别为 $y_1 = 120 \text{ mm}$，$y_2 = 80 \text{ mm}$，截面对于中性轴的惯性矩为 $I_z = 52 \times 10^6 \text{ mm}^4$，铸铁材料的许用拉应力 $[\sigma_t] = 30 \text{ MPa}$，许用压应力 $[\sigma_c] = 70 \text{ MPa}$。试求：（1）梁的许用荷载 $[F]$；（2）将⊥形截面倒置（图 5-12g）时梁的许用荷载 $[F]$。

【解】 (1) 求梁的最大弯矩。作梁的弯矩图（图5-12b），可见最大负弯矩位于 A 截面上，最大正弯矩位于 D 截面上，其弯矩绝对值分别为

$$M_A = \frac{Fa}{2}, M_D = \frac{Fa}{4}$$

(2) 求梁的许用荷载。

1) 求⊥形截面梁的许用荷载 $[F]$。因为梁的抗拉、压强度不同，截面对中性轴又不对称，所以最大负弯矩和最大正弯矩所在截面都有可能是危险截面，故分别对 A 截面和 D 截面，按最大拉应力强度条件式 (5-22a) 及最大压应力强度条件式 (5-22b)，计算梁的许用荷载值，并确定其中较小者为梁的许用荷载，即对 A 截面，最大拉应力发生在截面的上边缘处（图5-12c），按其强度条件

$$\sigma_{tmax} = \frac{M_A y_{max}}{I_z} = \frac{M_A y_1}{I_z} = \frac{\frac{F}{2} \times 2 \times 120 \times 10^{-3}}{52 \times 10^6 \times 10^{-12}} \leqslant [\sigma_t] = 30 \times 10^6 \text{Pa}$$

计算得

$$F \leqslant 13 \times 10^3 \text{N} = 13 \text{kN}$$

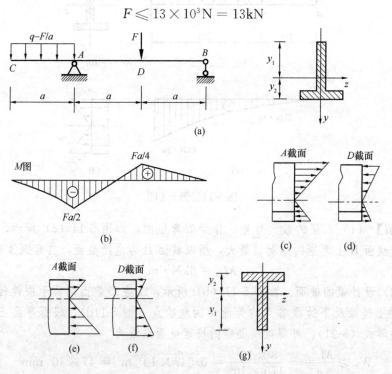

图 5-12 例 5-5 图

最大压应力发生在截面的下边缘处（图5-12c），按其强度条件

$$\sigma_{cmax} = \frac{M_A y_c}{I_z} = \frac{M_A y_2}{I_z} = \frac{\frac{F}{2} \times 2 \times 80 \times 10^{-3}}{52 \times 10^6 \times 10^{-12}} \leqslant [\sigma_c] = 70 \times 10^6 \text{Pa}$$

计算得

$$F \leqslant 45.5 \times 10^3 \text{N} = 45.5 \text{kN}$$

对 D 截面，最大拉应力发生在截面的下边缘处（图5-12d），按其强度条件

第 5 章 梁的弯曲应力

$$\sigma_{t\max} = \frac{M_D y_t}{I_z} = \frac{M_D y_2}{I_z} = \frac{\dfrac{F}{4} \times 2 \times 80 \times 10^{-3}}{52 \times 10^6 \times 10^{-12}} \leqslant [\sigma_t] = 30 \times 10^6 \text{Pa}$$

计算得

$$F \leqslant 39 \times 10^3 \text{N} = 39 \text{kN}$$

最大压应力发生在截面的下边缘处（图 5-12d），按其强度条件

$$\sigma_{c\max} = \frac{M_D y_{c\max}}{I_z} = \frac{M_D y_1}{I_z} = \frac{\dfrac{F}{4} \times 2 \times 120 \times 10^{-3}}{52 \times 10^6 \times 10^{-12}} \leqslant [\sigma_c] = 70 \times 10^6 \text{Pa}$$

计算得

$$F \leqslant 30.7 \times 10^3 \text{N} = 30.7 \text{kN}$$

取其中较小者，即得该梁的许用荷载为 $[F] = 13 \text{kN}$。

2) 求⊥形截面倒置（图 5-12g）时梁的许用荷载 $[F]$。将⊥形截面倒置成 T 形截面时，对 A 截面，最大拉应力发生在截面的下边缘处（图 5-12e），按弯曲正应力强度条件

$$\sigma_{t\max} = \frac{M_A y_{t\max}}{I_z} = \frac{M_A y_2}{I_z} = \frac{\dfrac{F}{2} \times 2 \times 80 \times 10^{-3}}{52 \times 10^6 \times 10^{-12}} \leqslant [\sigma_t] = 30 \times 10^6 \text{Pa}$$

计算得

$$F \leqslant 19.5 \times 10^3 \text{N} = 19.5 \text{kN}$$

而最大压应力发生在截面的上边缘处（图 5-12e），按弯曲正应力强度条件

$$\sigma_{c\max} = \frac{M_A y_{c\max}}{I_z} = \frac{M_A y_1}{I_z} = \frac{\dfrac{F}{2} \times 2 \times 120 \times 10^{-3}}{52 \times 10^6 \times 10^{-12}} \leqslant [\sigma_c] = 70 \times 10^6 \text{Pa}$$

计算得

$$F \leqslant 30.3 \times 10^3 \text{N} = 30.3 \text{kN}$$

对 D 截面，最大拉应力发生在截面的下边缘处（图 5-12f），按弯曲正应力强度条件

$$\sigma_{t\max} = \frac{M_D y_{t\max}}{I_z} = \frac{M_D y_1}{I_z} = \frac{\dfrac{F}{4} \times 2 \times 120 \times 10^{-3}}{52 \times 10^6 \times 10^{-12}} \leqslant [\sigma_t] = 30 \times 10^6 \text{Pa}$$

计算得

$$F \leqslant 26 \times 10^3 \text{N} = 26 \text{kN}$$

最大压应力发生在截面的上边缘处（图 5-12f），按弯曲正应力强度条件

$$\sigma_{c\max} = \frac{M_D y_{c\max}}{I_z} = \frac{M_D y_2}{I_z} = \frac{\dfrac{F}{4} \times 2 \times 80 \times 10^{-3}}{52 \times 10^6 \times 10^{-12}} \leqslant [\sigma_c] = 70 \times 10^6 \text{Pa}$$

计算得

$$F \leqslant 91 \times 10^3 \text{N} = 91 \text{kN}$$

取其中较小者，即得该梁的许用荷载 $[F] = 19.5 \text{kN}$。

说明 （1）比较两种截面放置方式，可见后者梁的许用荷载值明显大于前者，即后者的承载能力较大。这是因为后者是根据梁绝对值最大的弯矩所在截面

的变形情况，将梁的横截面按中性轴偏于受拉侧放置的缘故。所以，对用铸铁一类抗压强度大于抗拉强度的材料制成的梁，而梁有正负最大弯矩，中性轴又不对称于横截面，则应将截面按梁绝对值最大的弯矩所在之处中性轴偏于受拉侧放置才是合理的。

（2）本例的计算还可以简化。实际上由 $(y_1/y_2) > [\sigma_t]/[\sigma_c]$ 分析可知，不论梁的截面如何放置，也不论危险截面是截面 D 还是截面 A，该梁的危险点为最大拉应力所在的点，即该梁的强度由最大拉应力控制。因此只需分别对正、负最大弯矩所在截面（截面 D 和截面 A），按最大拉应力强度条件式（5-22a）计算梁的许用荷载值，并确定其中较小者为梁的许可荷载。

综上分析可知：危险截面、危险点的确定是梁的强度设计的关键，应综合考虑梁的各峰值弯矩、横截面形状和尺寸，以及材料的力学性质等因素。若梁的情况比较复杂，而不能直接判断危险截面、危险点的确切位置时，应对各个可能的危险截面、危险点逐一进行计算，以保证梁的安全。

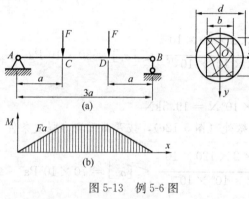

图 5-13 例 5-6 图

【例 5-6】 如图 5-13（a）所示，矩形截面简支梁由圆形木料制成，已知 $F = 5\text{kN}$，$a = 1.5\text{m}$，$[\sigma] = 10\text{MPa}$。若要求在圆木中所取矩形截面的抗弯截面系数具有最大值，试求：（1）此矩形的截面高宽比 h/b 的值；（2）所需木料的最小直径 d。

【解】（1）确定 W_z 为最大时的 h/b 的值。

在直径为 d 的圆木的圆周上，任取一个高为 h、宽为 b 的矩形截面，如图 5-13（a）所示。则该矩形截面的抗弯截面系数为

$$W_z = \frac{bh^2}{6} = \frac{b}{6}(d^2 - b^2)$$

将 W_z 对 b 求导，并令 $\frac{W_z}{b} = 0$，有

$$\frac{d^2}{6} - \frac{b^2}{2} = 0$$

当 $b = \frac{\sqrt{3}}{3}d$ 时，抗弯截面系数将取得最大值。此时截面的高度为

$$h = \sqrt{d^2 - b^2} = \sqrt{d^2 - \frac{d^2}{3}} = \frac{\sqrt{6}}{3}d$$

矩形截面的高宽比为

$$\frac{h}{b} = \frac{\sqrt{6}d/3}{\sqrt{3}d/3} = \sqrt{2}$$

此时截面的抗弯截面系数为

$$W_{z\max} = \frac{bh^2}{6} = \frac{b}{6}(d^2 - b^2) = \frac{\sqrt{3}}{27}d^3$$

(2) 确定圆木直径 d。

由图 5-13 (b) 所示的弯矩图可知
$$M_{\max} = Fa = 5 \times 1.5 = 7.5 \text{kN} \cdot \text{m}$$

由弯曲正应力强度条件
$$\sigma_{\max} = \frac{M_{\max}}{W_z} \leqslant [\sigma]$$

将 $M_{\max}$ 和 $W_{z\max}$ 代入，可得
$$d \geqslant \sqrt[3]{\frac{27 M_{\max}}{\sqrt{3}\,[\sigma]}} = \sqrt[3]{\frac{27 \times 7.5 \times 10^3}{\sqrt{3} \times 10 \times 10^6}} = 227 \text{mm}$$

所需木料的最小直径应为 227mm。

注意： 此题属于截面合理设计问题，需要应用函数求极值的思路进行求解。

§5-2 梁的弯曲切应力与强度条件

梁在横力弯曲的情况下，梁的横截面上既有弯矩又有剪力，相应地，横截面上既有正应力，也有切应力。工程实际表明，对一般的实心截面或非薄壁截面的细长梁，弯曲正应力对其强度的影响是主要的，而弯曲切应力的影响很小，可以不予考虑。但对非细长梁或支座附近作用有较大的横向荷载，或对抗剪能力差的梁（如木梁、焊接或铆接的薄壁截面梁等），其弯曲切应力对梁的强度的影响一般不能忽视。

一、梁的弯曲切应力的计算方法

一般而言，横截面上弯曲切应力的分布情况比弯曲正应力的分布情况要复杂得多，因此对由剪力引起的弯曲切应力，首先是在确定弯曲正应力公式（5-13）仍然适用的基础上，假设切应力在横截面上的分布规律，然后再根据平衡条件得出弯曲切应力的近似计算公式。下面按梁截面的形状分几种情况介绍梁的弯曲切应力的计算方法。

1. 矩形截面梁的切应力

图 5-14 (a) 所示矩形截面梁，设其高度为 h，宽度为 b，在梁的纵向对称面 xy 内作用有任意横向荷载。现用相距 dx 的两个横截面 m-m 与 n-n 从梁中截取一微段并放大，如图 5-14 (b) 所示。由于微段梁上无荷载，横截面 m-m 与 n-n 上，剪力大小相等，均为 F_S，而弯矩不等，分别为 M 和 $M+dM$（图 5-14b）。因此两横截面上同一个坐标处的正应力也不相同（图 5-14c）。

现对矩形截面上的弯曲切应力作以下两个假设：（1）横截面上各点处切应力的方向皆与该截面上的剪力 F_S 平行；（2）横截面上切应力沿横截面宽度均匀分布，即离中性轴等远的各点处的切应力相等（图 5-14b）。

根据上述假设所求得切应力与弹性理论的结果比较发现，对于狭长矩形截面梁，上述假设合理；对于一般高度 h 大于宽度 b 的矩形截面梁在工程计算中也是适用的。基于上述假设，仅由静力平衡方程即可推出弯曲切应力计算公式。

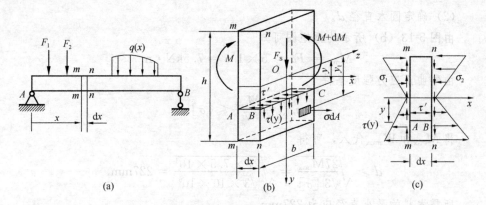

图 5-14 梁横截面上切应力

设图 5-14（b）中横截面上距中性轴坐标为 y 处的切应力大小相等，以 $\tau(y)$ 表示，为计算 $\tau(y)$ 的大小，现用一个平行于中性层的纵向平面 ABCD 将微段截开，并取下半部分为研究对象（图 5-15a），在研究对象的左侧面和右侧面上作用有弯曲正应力 σ_1 与 σ_2，设它们组成的内力系的合力分别为 F_{N1}^* 和 F_{N2}^*，则有

$$F_{N1}^* = \int_{A^*} \sigma_1 dA = \int_{A^*} \frac{M y_1}{I_z} dA = \frac{M}{I_z} \int_{A^*} y_1 dA = \frac{M}{I_z} S_z^* \tag{5-23a}$$

$$F_{N2}^* = \int_{A^*} \sigma_2 dA = \int_{A^*} \frac{(M+dM) y_1}{I_z} dA = \frac{M+dM}{I_z} \int_{A^*} y_1 dA = \frac{M+dM}{I_z} S_z^* \tag{5-23b}$$

式中，A^* 为研究对象微块左侧面和右侧面的面积，也是所研究横截面上距中性轴为 y 的横线以外部分的面积；$S_z^* = \int_{A^*} y_1 dA$ 为面积 A^* 对中性轴的静矩。

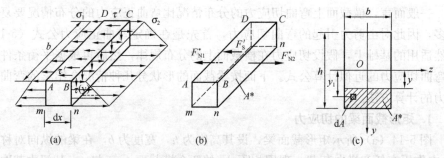

图 5-15 局部微段梁的正应力、切应力分布与受力

在研究对象的左侧面和右侧面上还作用有切应力。右侧面的 BC 边的切应力就是 $\tau(y)$，根据切应力互等定理，则在 ABCD 面上的 BC 边的切应力 $\tau' = \tau(y)$；又由于 ABCD 面的 AB 边很小（dx），因此可假设整个 ABCD 面上切应力均匀分布，即为 $\tau(y)$。设 ABCD 面上切应力组成的内力系的合力为 F_S'，则有

$$F_S' = \int_A \tau(y) dA = \tau(y) \int_A dx = \tau(y) b dx \tag{5-23c}$$

F_{N1}^*、F_{N2}^* 及 F_S' 的方向都平行于 x 轴（图 5-15b），应满足平衡条件 $\Sigma F_x = 0$，即

$$F_{N2}^* - F_{N1}^* - F_S' = 0 \tag{5-23d}$$

将式 (5-23a)、式 (5-23b)、式 (5-23c) 代入上式 (5-23d)，并利用微分关系 $dM/dx = F_S$，可得

$$\tau(y) = \frac{F_S S_z^*}{I_z b} \tag{5-24}$$

式 (5-24) 即矩形截面上任一点的弯曲切应力的计算公式，称为**弯曲切应力公式**。式中，F_S 为横截面上的剪力；I_z 为整个横截面对中性轴的惯性矩；S_z^* 为横截面上距中性轴为 y 的横线以下部分的面积对中性轴的静矩（图 5-15c）；b 为矩形截面宽度。

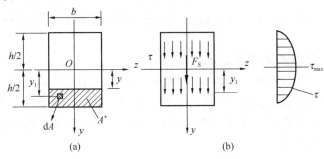

图 5-16 矩形截面梁弯曲切应力分布

式 (5-24) 中 F_S、I_z 和 b 对某一横截面而言均为常量，因此横截面上的切应力沿截面高度的变化情况，由静矩 S_z^* 与坐标 y 之间的关系来反映。图 5-15 (c) 中，

$$S_z^* = \int_{A^*} y_1 \, dA = A^* y_C^* = b \left(\frac{h}{2} - y\right) \times \frac{1}{2} \left(\frac{h}{2} + y\right) = \frac{b}{2} \left(\frac{h^2}{4} - y^2\right) \tag{5-25}$$

将式 (5-25) 及 $I_z = \dfrac{bh^3}{12}$ 代入式 (5-24)，可得

$$\tau(y) = \frac{3 F_S}{2bh} \left(1 - \frac{4 y^2}{h^2}\right) \tag{5-26}$$

由上式可知，在矩形截面梁上的弯曲切应力 τ 沿截面高度是按二次抛物线规律变化的（图 5-16）。当 $y = \pm h/2$ 时，即在横截面上距中性轴最远处（上、下边缘各点处），弯曲切应力 $\tau = 0$；当 $y = 0$ 时，即在中性轴上各点处，弯曲切应力达到最大值，为

$$\tau_{\max} = \frac{3 F_S}{2bh} = \frac{3}{2} \frac{F_S}{A} \tag{5-27}$$

式 (5-27) 中，$A = bh$ 为矩形截面面积。式 (5-27) 表明，矩形截面梁横截面上的最大弯曲切应力为平均切应力的 1.5 倍。

对比精确分析的计算结果可知，对于 h 比 b 大得多的矩形截面，式 (5-27) 的计算结果是足够精确的。例如，当 $h = 2b$ 时，所得的 $\tau_{\max}$ 值略偏小，误差约为 3%；当 $h = b$ 时，误差将达 13%；而当 $h \leqslant b/2$ 时，$\tau_{\max}$ 值过小，误差将超过 40%，但在这种情形下切应力的实际数值本身将是很小的（正应力值一般很大），对梁的强度影响不大。

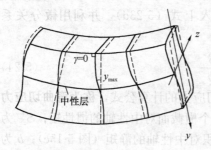

图 5-17 切应变沿截面高度非均匀分布

以上分析表明，矩形截面梁弯曲切应力沿截面高度的分布是非均匀的。根据剪切胡克定律可知，切应变 γ 沿截面高度的分布也是非均匀的。在中性轴上各点处，γ 最大；在截面的上、下边缘各点处，$\gamma=0$（图 5-17）。因此，存在剪力的横截面将发生翘曲，不再保持平面，而且一般情况下，各个横截面的剪力不同，因而各横截面的这种翘曲程度也是不同的。但是，精确分析表明这种翘曲对弯曲正应力的影响很小，可以忽略不计。

2. 圆形与薄壁圆环形截面梁的切应力

根据切应力互等定理，横截面周边上的切应力必定与周边相切，对于其在横截面上的分布可作如下假设：距中性轴为 y 的 AB 弦上各点的切应力方向汇交于点 A、B 处的切线的交点 O' 上（图 5-18a）。经推导，AB 弦上各点沿 y 方向的切应力分量的表达式为

$$\tau_y = \frac{F_S S_z^*(y)}{I_z b(y)}$$

对于圆形截面梁，最大弯曲切应力发生在中性轴上，沿中性轴均匀分布，方向平行于剪力 F_S 方向（沿 y 轴方向），其值仍可用式（5-24）计算，即

$$\tau_{max} = \frac{F_S S_{zmax}^*}{I_z b} \quad (5\text{-}28)$$

式中，b 为圆截面在中性轴处的宽度，即圆的直径 d；I_z 为整个横截面对中性轴的惯性矩；S_{zmax}^* 为中性轴一侧的部分

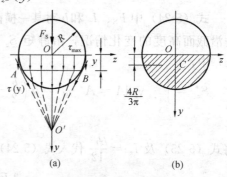

图 5-18 圆形截面梁弯曲切应力分布

截面（半圆面积）对中性轴的静矩。对于如图 5-18（a）所示直径为 d 的圆形截面，按式（5-28）计算其最大弯曲切应力时，$b=d=2R$，$I_z = \pi d^4 / 64$，S_{zmax}^* 为图 5-18（b）中阴影线的部分截面（半圆面积）对中性轴的静矩，其值为

$$S_{zmax}^* = \frac{\pi R^2}{2} \times \frac{4R}{3\pi} = \frac{d^3}{12}$$

于是得中性轴上切应力

$$\tau_{max} = \frac{4}{3} \frac{F_S}{A} \quad (5\text{-}29)$$

式中，$A = \pi R^2$ 为圆截面的面积。可见，圆截面上的最大弯曲切应力为其平均值的 4/3 倍。

对于图 5-19（a）所示的薄壁圆环形截面，其最大弯曲切应力 τ_{max} 仍发生在中性轴上。在式（5-24）中取 $b=2\delta$，$I_z = \pi R_0^3 \delta$，$S_{zmax}^* = (\pi R_0 \delta)(2R_0/\pi) = 2R_0^2 \delta$，

可以求得

$$\tau_{max} = \frac{F_S S_{zmax}^*}{I_z b} = \frac{F_S 2R_0^2 \delta}{2\pi R_0^2 \delta^2} = 2\frac{F_S}{A} \tag{5-30}$$

式中，$A = \pi[(2R_0+\delta)^2 - (2R_0-\delta)^2]/4 = 2\pi R_0 \delta$，代表圆环形截面的面积。可见薄壁圆环形截面梁横截面上的最大弯曲切应力是其平均切应力的 2 倍。

3. 工字形截面梁的切应力

工字形截面由腹板和上、下翼缘组成。在横力弯曲条件下，翼缘和腹板上均有切应力存在，切应力的分布如图 5-20 所示。图中截面受竖直向下的剪力，因此截面上向下的切应力组成的内力系的合力与剪力相等；水平方向上的切应力组成的内力系的合力为零，而且它们像水流那样，从上翼缘两侧流入，从下翼缘的两侧流出。

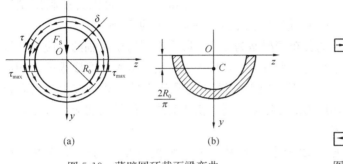

图 5-19 薄壁圆环截面梁弯曲
切应力分布

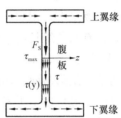

图 5-20 工字形截面梁
弯曲切应力流向

先研究工字形截面腹板上任一点处的弯曲切应力 τ。由于腹板是狭长矩形，可以直接由式 (5-24) 计算腹板上距中性轴为 y 处各点的切应力，即

$$\tau(y) = \frac{F_S S_z^*}{I_z d} \tag{5-31}$$

式中，d 为腹板厚度；S_z^* 为距中性轴为 y 的横线以外的横截面面积（图 5-21a 中阴影线部分的面积）对中性轴的静距，其值为

$$S_z^* = \left[d\left(\frac{h}{2}-y\right)\right]\left[y + \frac{1}{2}\left(\frac{h}{2}-y\right)\right] + (b\delta)\left(\frac{h}{2}+\frac{\delta}{2}\right)$$

$$= \frac{d}{8}(h^2-4y^2) + \frac{b\delta}{2}(h+\delta)$$

$$\tau(y) = \frac{F_S}{8I_z d}[4b\delta(h+\delta) + d(h^2-4y^2)] \tag{5-32}$$

式 (5-32) 表明，腹板内弯曲切应力大小沿腹板高度按抛物线规律分布（图 5-21b）。

在中性轴上各点处（$y=0$）的切应力最大，其值为

$$\tau_{max} = \frac{F_S S_{zmax}^*}{I_z d} = \frac{F_S}{8I_z d}[4b\delta(h+\delta) + dh^2] \tag{5-33}$$

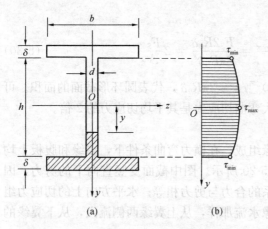

图 5-21 工字形截面梁腹板的弯曲切应力分布

在腹板与翼缘的交界处（$y = \pm h/2$），切应力最小，其值为

$$\tau_{\min} = \frac{F_S}{8I_z d}\left[4b\delta(h+\delta)\right]$$

(5-34)

比较式（5-33）与式（5-34）可见，当腹板厚度 d 远小于翼缘宽度 b 时，最大切应力与最小切应力的差值很小，因此，腹板上切应力可近似视为均匀分布。

对于工字形截面型钢，在具体计算 $\tau_{\max}$ 时，可以直接利用型钢规格表中给出的比值 I_z/S_z^*；此比值就是式（5-33）中的 $I_z/S_{z\max}^*$。

在翼缘上，切应力的分布情况略为复杂，除了有平行于 y 轴的切应力分量 τ_y 外，还有与翼缘长边平行的水平方向的切应力分量 τ_z。因翼缘厚度很薄，切应力 τ_y 很小可以忽略不计，故水平切应力分量 τ_z 是翼缘上的主要切应力。后者也可以仿照求矩形截面上切应力的方法来求得，由于翼缘上的最大切应力较小，强度计算时一般可以不予考虑。

计算表明，工字形截面的上、下翼缘主要承担弯矩，而腹板则主要承担剪力。

二、梁的弯曲切应力强度条件

一般情况下，等直梁在横力弯曲时，最大弯曲切应力 $\tau_{\max}$ 发生在最大剪力 $F_{S\max}$ 所在截面（称为危险截面）的中性轴上各点（称危险点）处，其计算的统一公式为

$$\tau_{\max} = \frac{F_{\max}S_{z\max}^*}{I_z b}$$

(5-35)

而中性轴处弯曲正应力 $\sigma=0$，所以中性轴上各点均处于纯剪切应力状态，其弯曲切应力强度条件为

$$\tau_{\max} = \frac{F_{S\max}S_{z\max}^*}{I_z b} \leqslant [\tau]$$

(5-36)

式中，$[\tau]$ 为材料在横力弯曲时的许用切应力；$F_{S\max}$ 为全梁的最大剪力；I_z 为整个截面对中性轴 z 的惯性矩；b 为横截面在中性轴处的宽度；$S_{z\max}^*$ 为中性轴一侧的横截面面积对中性轴的静矩。弯曲切应力强度条件即为要求等直梁内最大弯曲切应力 $\tau_{\max}$ 不超过材料的许用切应力 $[\tau]$。

对于非薄壁截面的细长梁，梁的强度主要取决于正应力，按正应力强度条件选择截面或确定许可荷载后，一般不需要进行切应力强度校核。但在下列几种情况下，需要校核梁的切应力强度：

(1) 梁的跨度较短而又受到很大的集中力作用,或在支座附近有较大的集中力作用。在这两种情况下,梁内可能出现的弯矩较小,而集中力作用处横截面上的剪力却很大。

(2) 工字形梁或焊接、铆接的组合截面的钢梁,腹板的切应力较大,须进行切应力强度校核。

(3) 木材在顺纹方向抗剪能力较差,木梁在横力弯曲时可能因中性层上的切应力过大而使梁沿中性层发生剪切破坏。因此,需要按木材顺纹方向的许用切应力对其进行强度校核。

【例 5-7】 图 5-22(a)所示矩形截面悬臂梁,设 F、l、b、h 为已知,试求梁中的最大正应力及最大切应力,并比较两者的大小。

【解】 (1) 求梁的最大剪力和最大弯矩。作梁的剪力图和弯矩图,由图 5-22(b)、(c) 可见,该梁的危险截面在固定端处,其端截面上的弯矩、剪力值(绝对值)为

$$M_{\max} = \frac{ql^2}{2}$$

$$F_{\max} = ql$$

(2) 求梁中的最大正应力及最大切应力。由式(5-20)可得梁的最大弯曲正应力为

$$\sigma_{\max} = \frac{M_{\max}}{W_z} = \frac{3ql^2}{bh^2}$$

按式(5-27),可得梁的最大弯曲切应力为

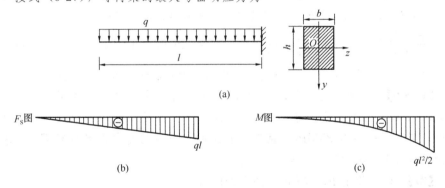

图 5-22 例 5-7 图

$$\tau_{\max} = \frac{3}{2} \frac{F_{\max}}{A} = \frac{3ql}{2bh}$$

(3) 求最大正应力及最大切应力之比为

$$\frac{\sigma_{\max}}{\tau_{\max}} = \frac{2l}{h}$$

注意: 由此例可见,当 $l \geqslant 5h$ 时,$\sigma_{\max} \geqslant 10\tau_{\max}$,即切应力值相对较小。进一步计算表明,对于非薄壁截面细长梁,弯曲切应力与弯曲正应力的比值的数量级约等于梁的高跨比。

【例 5-8】 图 5-23 所示外伸梁,荷载 F 可沿梁轴移动。若梁用 18a 号工字钢

制成，材料的许用弯曲正应力 $[\sigma]=170\text{MPa}$，许用弯曲切应力 $[\tau]=60\text{MPa}$。试校核此梁的强度。

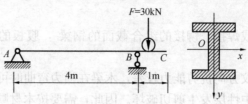

图 5-23　例 5-8 图

【解】（1）内力分析。由于荷载 F 是移动的，故须确定荷载的最不利位置。按弯矩、剪力的计算公式不难得出，当荷载位于梁的跨中时，有峰值最大的弯矩，为

$$M_{\max}=30\text{kN}\cdot\text{m}$$

当荷载在梁的外伸部分移动时，或者移动到支座附近时，有峰值最大的剪力，为

$$F_{S\max}=F=30\text{ kN}$$

（2）校核梁弯曲正应力强度。由型钢规格表查得 18a 工字钢 $W_z=185\text{cm}^3$。于是，将有关数据代入式（5-21），可得

$$\sigma_{\max}=\frac{M_{\max}}{W_z}=\frac{30\times10^3}{185\times10^{-6}}=162.2\times10^6\text{Pa}=162.2\text{MPa}<[\sigma]$$

（3）校核梁的弯曲切应力强度。由型钢规格表查得 18a 工字钢 $I_z/S_{z\max}^*=15.4\text{cm}$，$b=6.5\text{mm}$。于是，将有关数据代入式（5-33），得

$$\tau_{\max}=\frac{F_{\max}S_{z\max}^*}{I_zb}=\frac{30\times10^3}{15.4\times10^{-2}\times6.5\times10^{-3}}=29.97\times10^6\text{Pa}=29.97\text{MPa}<[\tau]$$

由计算结果可知，梁同时满足弯曲正应力和弯曲切应力强度条件。

【例 5-9】一悬臂梁长为 $l=900\text{mm}$，在自由端受集中力 F 作用。梁由三块 $50\text{mm}\times10\text{mm}$ 的木板胶合而成，如图 5-24 所示，图中 z 轴为中性轴。胶合缝的许用切应力 $[\tau]=0.35\text{MPa}$。试按胶合缝的切应力强度求许可荷载 F，并求在此荷载作用下，梁的最大弯曲正应力。

【解】（1）绘出 F_S、M 图（图 5-24b、c）

（2）胶合缝的切应力强度计算。对自由端受一集中力 F 作用的悬臂梁，其任一横截面上剪力 F_S 都等于外力 F。横截面对中性轴 z 的惯性矩为

$$I_z=\frac{bh^3}{12}=\frac{1}{12}\times0.1\times0.15^2=0.281\times10^{-4}\text{m}^4$$

胶合缝处以外部分截面对 z 轴的静矩为

$$S_z^*=0.1\times0.05\times0.05=2.5\times10^{-4}\text{m}^2$$

由切应力计算公式及切应力互等定理，可得粘结面的纵向切应力 τ' 的计算表达式为

$$\tau'=\tau=\frac{S_z^*}{I_zb}=\frac{FS_z^*}{I_zb}$$

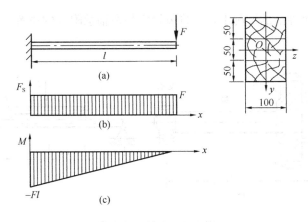

图 5-24 例 5-9 图

由胶合缝切应力的强度条件：$\tau' \leqslant [\tau]$，可求得许可荷载 F 为
$$F \leqslant \frac{[\tau] b I_z}{S_z^*} = \frac{0.35 \times 10^6 \times 0.1 \times 0.281 \times 10^{-4}}{2.5 \times 10^{-4}} = 3.94 \text{kN}$$

(3) 梁的最大弯曲正应力。由弯矩图可知
$$M_{\max} = Fl = 3940 \times 0.9 = 3546 \text{N} \cdot \text{m} = 3.546 \text{kN} \cdot \text{m}$$

梁的最大弯曲正应力为
$$\sigma_{\max} = \frac{M_{\max}}{I_z} \times \frac{h}{2} = \frac{3546 \times 0.15}{2 \times 0.281 \times 10^{-4}} = 9.46 \text{MPa}$$

综上所述，对梁进行强度计算时应同时满足弯曲正应力和弯曲切应力强度条件，其计算步骤如下：

(1) 绘制梁的剪力图与弯矩图，确定绝对值最大的剪力与绝对值最大的弯矩所在截面的位置，即确定危险截面的位置。

(2) 根据危险截面上正应力和切应力的分布规律，判断危险截面上 $\sigma_{\max}$ 和 $\tau_{\max}$ 所处位置，即危险点的位置。

(3) 分别计算危险点的应力 $\sigma_{\max}$ 和 $\tau_{\max}$，并分别按式（5-21）、式（5-35）进行强度计算。

特别要注意，剪力绝对值最大的危险截面与弯矩绝对值最大的危险截面不一定是同一截面，$\sigma_{\max}$ 和 $\tau_{\max}$ 更不在同一点。

§5-3 提高弯曲强度的措施

如前所述，梁的弯曲强度是由其内力情况、截面几何形状和尺寸以及材料的力学性质所决定的。在本节主要针对弯曲正应力强度条件，本着安全、经济、实用的原则，在尽可能不增加材料或少增加材料的前提下，着重从降低危险截面的弯矩和选用合理截面形状的角度，介绍提高弯曲强度的常用方法。

一、降低最大弯矩

1. 改变加载位置或加载方式

若条件许可，可将荷载布置在靠近支座处。如图 5-25（a）所示的齿轮轴，在不影响其使用性能的情况下,可将齿轮安装在轴承附近的位置上,以降低轴的最大弯矩。

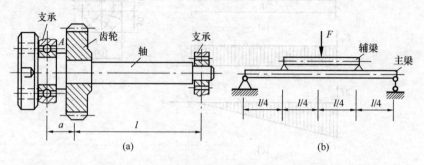

图 5-25 合理安排荷载

若荷载位置不能改变,则在结构允许的情况下可以通过辅助构件(例如加辅梁,见图 5-25b),将集中荷载化为分散荷载,从而降低最大弯矩。

2. 合理设置支座

将梁支座设置在合适位置,使支座间的跨度减小,可以降低梁内的最大弯矩。如图 5-26(a)所示均布荷载作用下的简支梁,$M_{max}=ql^2/8=0.125ql^2$;若将两端支座各向里移动 $a=0.2l$(图 5-26a),则最大弯矩减小为 $M_{max}=ql^2/40=0.025ql^2$,只是前者的 1/5,其承载能力提高 4 倍。门式起重机大梁(图 5-27a)及圆筒形容器(图 5-27b),其支座不在两端而略靠中间,都可以起到降低 M_{max} 的效果。

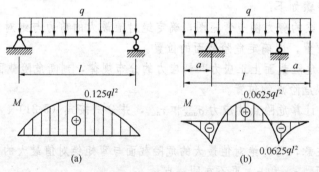

图 5-26 合理设置支座

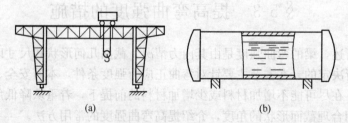

图 5-27 合理设置支座

3. 采用静不定梁

对静定梁增加支座,使其成为静不定梁,对缓和受力、减小弯矩峰值也是相当有用的。

二、提高抗弯截面系数

1. 截面的合理放置

若截面形状、尺寸均已确定时，要注意结合梁的受力情况及材料的力学性质，合理放置截面。如桥梁、房屋等建筑结构中的矩形截面梁多为竖放，又如例 5-5 中铸铁梁，设计为⊥形截面。

2. 选用合理的截面形状

对不同截面形状，可以用比值 W_z/A 来衡量其合理性和经济性。比值 W_z/A 越大，则截面的形状就越为经济合理。常见截面的 W_z/A 列于表 5-1 中。

几种常见截面的 W_z/A 值　　　　　　　表 5-1

截面形状	矩形	圆形	槽形	工字形	圆环
$\dfrac{W_z}{A}$	$0.167h$	$0.125d$	$(0.27\sim0.31)h$	$(0.27\sim0.31)h$	$0.25D(1+a^2)$，$a=\dfrac{d}{D}$

从表 5-1 中可以看出，材料中远离中性轴的截面如工字形、圆环等，都比较经济合理。这是因为弯曲正应力沿截面高度线性分布，中性轴附近应力较小，该处的材料不能发挥作用，将这些材料移到离中性轴较远处，则可以提高材料的利用率。如将矩形截面靠近中性轴的这部分面积移到离中性轴较远的上下边缘处形成翼缘，即把图 5-28（a）中阴影部分面积移至虚线部分，形成工字形截面，使材料被充分利用，提高经济性。工程实际中的吊车梁、桥梁中采用的工字形、箱形等截面钢梁、房屋建筑中的楼板采用的空心圆孔板等，都是采用合理截面的例子。

应当指出，在选择截面的合理形状时，为了充分利用材料，应全面考虑梁的受力情况及材料特性的因素。例如，对于抗拉、抗压强度相等的材料，宜采用关于中性轴对称的工字形、箱形等对称截面。对抗拉强度低于抗压强度的脆性材料，宜采用关于中性轴不对称的截面，如 T 形、槽形等，并注意按中性轴靠近受拉侧来放置截面（图 5-28）。对这类截面，如能使 y_1 和 y_2 之比接近于下列关系：

$$\frac{\sigma_{tmax}}{\sigma_{cmax}} = \frac{M_{max}\cdot y_1}{I_z} \Big/ \frac{M_{max}\cdot y_2}{I_z} = \frac{y_1}{y_2} = \frac{[\sigma_t]}{[\sigma_c]}$$

式中 $[\sigma_t]$ 和 $[\sigma_c]$ 分别表示拉伸和压缩的许用应力，则最大拉应力和最大压应力便可以同样的程度接近许用应力。

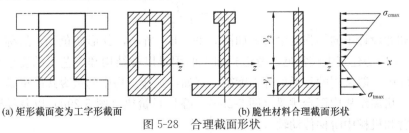

(a) 矩形截面变为工字形截面　　　(b) 脆性材料合理截面形状

图 5-28　合理截面形状

三、采用变截面梁

为了节省材料,减轻自重,往往根据梁的受力情况,设计变截面梁,即在弯矩较大处横截面较大,在弯矩较小处横截面较小,横截面大小沿轴线变化。若使变截面梁每个横截面上最大弯曲正应力都相等,且均达到材料的许用应力,这种变截面梁是最理想的形式,称为等强度梁或满应力梁。由强度条件

$$\sigma = \frac{M(x)}{W(x)} \leqslant [\sigma]$$

可得到等强度梁各截面的抗弯截面模量为

$$W(x) = \frac{M(x)}{\sigma} \tag{5-37}$$

式中,$M(x)$是等强度梁横截面上的弯矩,$[\sigma]$为许可应力。

工程实际中,可以固定截面的某个尺寸,根据式(5-37)得到各截面的抗弯截面模量,然后确定另一个尺寸。例如,图5-29(a)所示的矩形截面简支梁,令其宽度不变而让高度变化,则高度$h = h(x)$沿梁轴线变化的规律为

$$h(x) = \sqrt{\frac{3Fx}{b[\sigma]}}$$

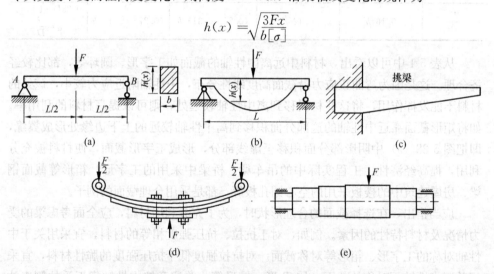

图5-29 工程中常见的近似等强度梁

由上式可知,当$x = 0$时,$h(x) = 0$。显然两端处的梁截面高度不能为零,须应用该处的切应力强度条件确定该处的最小高度h_{min}。由弯曲切应力强度条件

$$\tau_{max} = \frac{3F_{Smax}}{2bh_{min}} \leqslant [\tau]$$

得

$$h_{min} = \frac{3F}{4b[\tau]}$$

如此设计出的等强度梁形式如图5-29(b)所示,其形如鱼肚,故称"鱼腹梁",在厂房建筑中较常见。考虑到加工的困难以及结构和工艺上的要求等,工程实际中一般采用的是近似等强度梁。例如,工业厂房中的鱼腹式吊车梁(图5-29b)、房屋结构中阳台挑梁(图5-29c)、叠板弹簧梁(图5-29d)以及摇臂钻床的摇臂和机械中阶梯传动轴(图5-29e)等。

§5-4 弯曲中心和平面弯曲的充要条件

一、弯曲中心

前面所讨论的平面弯曲问题中杆件均有一个纵向对称面，且横向力作用在对称面内，杆件只可能在纵向对称面内发生弯曲变形而不会产生扭转变形。

对于图 5-30（a）所示的槽形截面梁，横向力作用在形心主惯性平面，构件除发生弯曲变形外，还将发生扭转变形。只有当横向力作用线通过截面内某一特定点 E 时，杆件才只发生弯曲变形而无扭转变形（图 5-30b），这个特定点 E 称为横截面的**弯曲中心**或**剪切中心**。

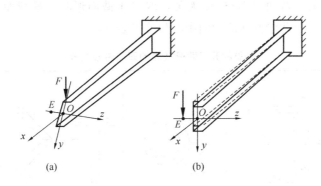

图 5-30 弯曲中心的概念

在实际工程中，对于型材中的工字钢、槽钢、角钢等这一类开口薄壁截面杆件，横力变曲时，不希望杆件发生扭转变形，因此必须使横向力作用点通过弯曲中心。确定这类杆件的弯曲中心位置，在工程中具有很大的实际意义。

下面以槽钢为例说明确定弯曲中心位置的方法。图 5-31（a）表示槽形截面梁的横截面，当横向力平行于 y 轴时，槽形截面的腹板上有切应力 τ_1 存在（垂直方向），翼缘上有水平方向的切应力 τ_2 存在，其分布规律如图 5-31（a）所示。

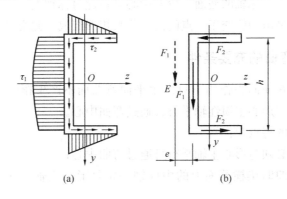

图 5-31 槽形截面的切应力分布

腹板上垂直切应力的合力用 F_1 表示，翼缘上水平切应力的合力用 F_2 表示。

上、下翼缘上的水平切应力大小相等、方向相反，可合成为一个矩为 F_2h 的力偶，腹板上垂直切应力的合力 F_1 近似地等于横截面上的剪力 F_S。将力偶矩 F_2h 与力 F_1 进一步合成，即可得到槽形截面弯曲切应力的合力 F_1，其数值等于 F_S，作用线距腹板的中线为 e（图 5-31b）。如对腹板中线与 z 轴的交点取矩，由合力矩定理得

$$F_2h = F_1e$$

因为
$$F_1 \approx F_S$$

解得
$$e = \frac{F_2}{F_S}h$$

关于 e 的具体数值可参考有关书籍，这里不再详细叙述。

上述结果表明，槽形截面弯曲切应力的合力不通过形心，切应力的合力作用点就是弯曲中心。弯曲中心与 F_S 无关，取决于截面形状，是截面的几何性质。工程中常用的开口薄壁截面的弯曲中心位置见表 5-2。

常见的开口薄壁截面的弯曲中心位置　　　　表 5-2

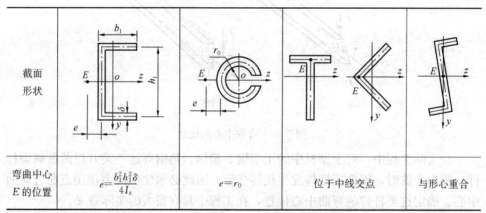

截面形状				
弯曲中心 E 的位置	$e=\dfrac{b_1^2h_1^2\delta}{4I_z}$	$e=r_0$	位于中线交点	与形心重合

对于常见的薄壁截面，为了找到它们的弯曲中心，可掌握以下几条规律：

(1) 具有两个对称轴或反对称轴的截面弯曲中心与形心重合；
(2) 具有一个对称轴的截面，弯曲中心必在此对称轴上；
(3) 如截面是由中线交于一点的两个狭长矩形组成，此交点就是弯曲中心。

二、平面弯曲的充要条件

要保证杆件在横向力作用下只发生平面弯曲而不产生扭转变形的充要条件是：横向力必须与形心主惯性轴平行且通过弯曲中心。

即平面弯曲的特点为：

(1) 横向力必须与形心主轴平行且通过弯曲中心；
(2) 平面弯曲时梁横截面上的中性轴一定是形心主轴，它与外力作用平面垂直；
(3) 平面弯曲时梁的挠曲线在垂直于中性轴并与外力作用平面相重合或平行的平面内，是一条平面曲线。

第5章 梁的弯曲应力

小结及学习指导

本章研究在平面弯曲条件下,梁横截面上的正应力、切应力分布规律和梁的强度计算问题,是材料力学课程的重点内容。

梁横截面上的正应力、切应力分布规律和计算方法,梁的正应力强度计算、切应力强度计算问题等内容是读者要掌握的重点。

理解弯曲正应力、切应力公式的推导过程及适用条件,能熟练使用公式进行计算。由于梁横截面上的正应力和切应力均与横截面的几何性质有关,因此要重视截面图形的几何性质,并能熟练进行计算。

在进行弯曲强度计算时,首先画出剪力图和弯矩图,确定危险截面的位置;然后根据应力分布情况,判断危险截面上危险点(σ_{max} 和 τ_{max} 作用点)的位置,并计算危险点的应力值;注意 σ_{max} 和 τ_{max} 的作用点不一定在同一截面上,更不在同一点上;最后分别用正应力强度条件和切应力强度条件进行强度计算。

按照弯曲强度条件,同样可以解决强度校核、截面设计及确定许用荷载这三类强度问题。值得说明的是,对于细长梁,通常正应力强度的影响是主要的,因此,一般情况下,只需按照正应力进行强度计算。只是在一些特殊情况下,个别截面上的切应力较大时,必须注意校核切应力强度。

思 考 题

5-1 在推导纯弯曲梁弯曲正应力公式时做了哪些假设?这些假设起到了什么作用?

5-2 如何通过几何、物理与静力学三方面关系的分析导出纯弯曲梁横截面正应力的计算公式?

5-3 什么是梁的中性层?什么是横截面的中性轴?怎样确定横截面中性轴的位置?纯弯曲时中性层的曲率与弯矩及梁的抗弯刚度之间有何关系?

5-4 试画出图 5-32 所示梁截面 m-m 上的弯曲正应力沿截面高度分布示意图。梁的横截面形状有图 5-32(a)、(b)、(c)、(d)四种,z 是截面的形心主惯性轴。

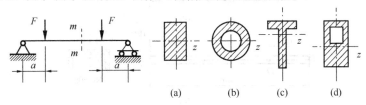

图 5-32 思考题 5-4 图

5-5 什么是抗弯截面模量?它与材料有关吗?试写出矩形、实心圆形及空心圆形截面的抗弯截面模量计算公式。

5-6 如图 5-33 所示,欲将直径为 d 的圆木加工成矩形截面梁,宽度 b 应取何值才能使梁的抗弯截面模量最大?

5-7 为什么能将纯弯曲梁横截面的正应力计算公式近似用于横力弯曲梁?

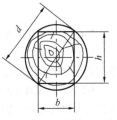

图 5-33 思考题 5-6 图

5-8 矩形截面梁的弯曲剪应力在横截面上什么位置取得最大值？弯曲剪应力的方向如何？

5-9 工字形截面梁的弯矩主要由截面上哪部分面积承担？剪力主要由哪部分面积承担？腹板上的弯曲剪应力按什么规律分布？哪里弯曲剪应力最大？

5-10 梁的弯曲剪应力强度条件表达式是什么？在什么情况下需要进行梁的弯曲剪应力强度校核？

5-11 在梁的弯曲强度计算问题中 σ_{max} 与 τ_{max} 是否可能发生在梁的同一个截面上？

5-12 确定梁的合理截面形状的原则是什么？工字形截面和 T 字形截面各应用于什么场合？各具有什么优点？

习 题

5-1 把直径 $d=1$mm 的钢丝绕在直径 2m 的卷筒上，试计算该钢丝中产生的最大正应力，设 $E=200$GPa。

5-2 如图 5-34 所示为一矩形截面简支梁，试求 1-1 截面上 C、D 两点处的正应力。

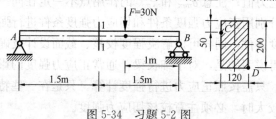

图 5-34 习题 5-2 图

5-3 试求图 5-35 所示各梁 D 截面上 a 点的正应力及最大正应力。

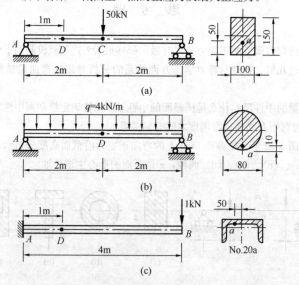

图 5-35 习题 5-3 图

5-4 简支梁受均布荷载作用如图 5-36 所示，若分别采用截面面积相等的实心圆截面和空心圆截面，已知 $D_1=40$mm，$d_2/D_2=3/4$；试分别计算它们的最大弯曲正应力，空心圆截面的最大正应力比实心圆截面的最大正应力减小了百分之几？

5-5 T 形截面外伸梁的荷载情况及截面尺寸如图 5-37（a）、(b) 所示，试求：(1) 梁的最大拉应力和最大压应力；(2) 若将截面倒置（图 5-37c），梁的最大拉应力和最大压应力。

5-6 如图 5-38 所示矩形截面钢梁，在荷载 F 作用下，测得横截面 C 底部的纵向正应变

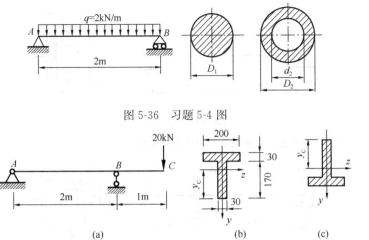

图 5-36　习题 5-4 图

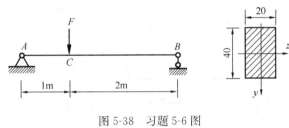

图 5-37　习题 5-5 图

$\varepsilon = 4.0 \times 10^{-4}$。已知钢的弹性模量 $E=200\text{GPa}$，试求：(1) 梁内的最大弯曲正应力；(2) 梁上的荷载 F。

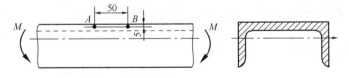

图 5-38　习题 5-6 图

5-7　如图 5-39 所示 20b 号槽钢纯弯曲变形时，测出 A、B 两点间长度的改变为 $\Delta l = 27 \times 10^{-3}\text{mm}$，材料的 $E=200\text{GPa}$。试求梁横截面上的弯矩 M。

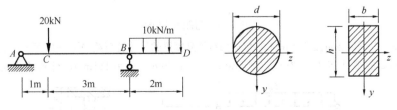

图 5-39　习题 5-7 图

5-8　如图 5-40 所示钢梁，材料的许用应力 $[\sigma]=160\text{MPa}$。求：(1) 试按弯曲正应力强度条件选择圆形和矩形（高宽比为 2）两种截面尺寸；(2) 比较两种截面的 W_z/A，并说明哪种截面形式最为经济。

图 5-40　习题 5-8 图

5-9　如图 5-41 所示矩形截面木梁，$b=100\text{mm}$，$h=200\text{mm}$，许用应力 $[\sigma]=10\text{MPa}$。若欲在梁跨中截面上垂直钻一直径为 $d=40\text{mm}$ 的圆孔（不考虑应力集中），试问是否安全？

5-10　铸铁梁的荷载及横截面尺寸如图 5-42 所示。许用拉应力 $[\sigma_t]=30\text{MPa}$，许用压应

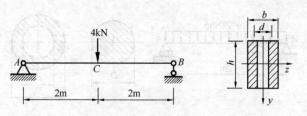

图 5-41 习题 5-9 图

力 $[\sigma_c] = 90\text{MPa}$。试按正应力强度条件校核梁的强度。

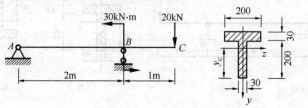

图 5-42 习题 5-10 图

5-11 如图 5-43 所示⊥形截面铸铁悬臂梁，尺寸与荷载见图，如材料的拉伸许用应力 $[\sigma_t] = 50\text{MPa}$，压缩许用应力 $[\sigma_c] = 160\text{MPa}$，截面对形心轴 z_C 的惯性矩 $I_{zC} = 10180 \times 10^4 \text{mm}^4$，$h_1 = 96.4\text{mm}$，试计算该梁的许可荷载 $[F]$。

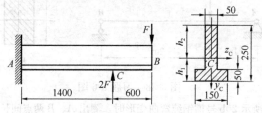

图 5-43 习题 5-11 图

5-12 铸铁梁的横截面尺寸与荷载如图 5-44 所示，拉伸许用应力 $[\sigma_t] = 40\text{MPa}$，压缩许用应力 $[\sigma_c] = 160\text{MPa}$。试按正应力强度条件校核梁的强度。如荷载不变，但将 T 形横截面倒置，即翼缘在下成为⊥形，是否合理？何故？

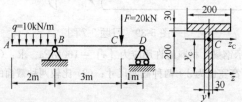

图 5-44 习题 5-12 图

5-13 上下翼缘宽度不等的工字形截面铸铁悬臂梁的尺寸及荷载如图 5-45 所示。已知截面对形心轴 z 的惯性矩 $I_z = 235 \times 10^6 \text{mm}^4$，$y_1 = 119\text{mm}$，$y_2 = 181\text{mm}$，材料的许用拉应力

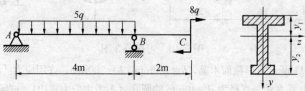

图 5-45 习题 5-13 图

$[\sigma_\text{t}]=40\text{MPa}$，许用压应力 $[\sigma_\text{c}]=120\text{MPa}$。试求该梁的许用均布荷载 $[q]$。

5-14 工字形截面外伸梁的荷载及截面尺寸如图 5-46 所示，已知 $[\sigma_\text{t}]/[\sigma_\text{c}]=1/4$。试求该梁的合理外伸长度。

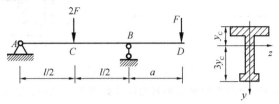

图 5-46　习题 5-14 图

5-15 如图 5-47 所示为梁和杆的组合结构，CD 为 10 号工字钢梁，B 处用 $d=10\text{mm}$ 的圆钢杆 BE 支承。已知梁及杆的许用正应力 $[\sigma]=160\text{MPa}$，试求该结构的许用均布荷载 $[q]$。

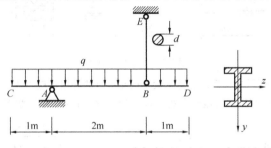

图 5-47　习题 5-15 图

5-16 矩形截面简支梁的荷载及截面尺寸如图 5-48 所示，试求 1-1 截面上 a 点和 b 点的正应力和切应力。

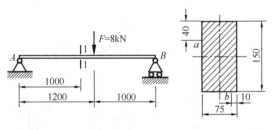

图 5-48　习题 5-16 图

5-17 如图 5-49 所示，试求在均布荷载作用下，圆截面简支梁内最大弯曲正应力和最大切应力，并指出它们出现于何处。

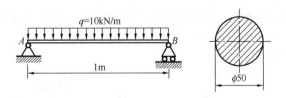

图 5-49　习题 5-17 图

5-18 由三块木板胶合而成的悬臂梁，自由端处承受荷载作用，其截面尺寸如图 5-50 所示。已知 $I_z=46.5\times10^6\text{mm}^4$，$y_C=130\text{mm}$。试求：(1) 梁截面上的最大切应力；(2) 纵向胶合面上的切应力。

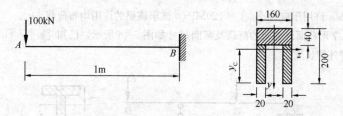

图 5-50 习题 5-18 图

5-19 由三块木板胶合而成的简支梁截面尺寸如图 5-51 所示。若木材的许用正应力为 $[\sigma]=10\text{MPa}$，木材的许用切应力 $[\tau]=1\text{MPa}$，胶缝的许用切应力为 $[\tau]_{胶}=0.34\text{MPa}$。试求梁的许用弯曲力偶矩 $[M_e]$。

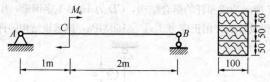

图 5-51 习题 5-19 图

5-20 如图 5-52 所示矩形截面悬臂木梁。已知木材的许用正应力为 $[\sigma]=10\text{MPa}$，木材的许用切应力为 $[\tau]=1\text{MPa}$。若截面高宽比为 $h/b=3/2$，试确定矩形截面尺寸。

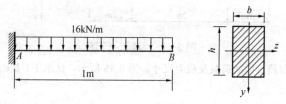

图 5-52 习题 5-20 图

5-21 如图 5-53 所示为 22a 号工字钢梁。已知材料的许用正应力 $[\sigma]=160\text{MPa}$，材料的许用切应力 $[\tau]=80\text{MPa}$。$\dfrac{I_z}{S_z^*}=18.9\text{cm}$ 试校核该梁的强度。

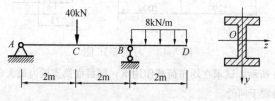

图 5-53 习题 5-21 图

5-22 T 形截面外伸钢梁，受力情况和截面尺寸如图 5-54 所示。已知 $I_z=8.84\times10^6\text{mm}^4$，$y_C=5\text{mm}$，$a=1\text{m}$，材料的许用正应力 $[\sigma]=160\text{MPa}$，材料的许用切应力 $[\tau]=80\text{MPa}$。试求该结构的许用均布荷载 $[q]$。

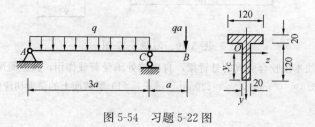

图 5-54 习题 5-22 图

第 5 章 梁的弯曲应力

5-23 如图 5-55 所示简支梁由两根材料相同、宽度相等、厚度 $h_1/h_2=1/2$ 的矩形截面板叠合而成。不计板间摩擦，试求两块板内的最大正应力之比，并画出正应力沿截面高度的分布图。

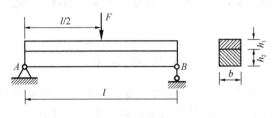

图 5-55　习题 5-23 图

5-24 用螺钉将四块木板连接而成的箱形截面梁如图 5-56 所示，设 $F=6$kN。每块木板的横截面尺寸均为 150mm×25mm。如每一螺钉的许可剪力为 1.1kN，试确定螺钉的间距 s。

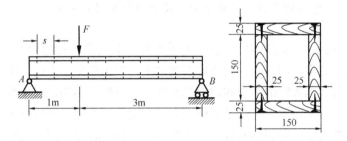

图 5-56　习题 5-24 图

5-25 均布荷载作用下的简支梁，由圆管和实心圆杆套合而成如图 5-57 所示，变形后两杆仍然紧密接触。管及杆的材料的弹性模量分别为 E_1 和 E_2，且 $E_1=2E_2$。试求管及杆各自承担的弯矩。

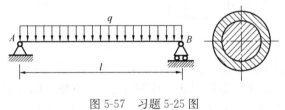

图 5-57　习题 5-25 图

第6章 梁的弯曲变形

本章知识点

【知识点】 挠曲线，挠度，挠曲线方程，转角，转角方程，挠曲线的曲率公式，挠曲线近似微分方程，计算梁变形的积分法，边界条件和连续性条件，计算梁变形的叠加法，简单超静定梁的求解，梁的刚度条件。

【重点】 梁变形方程的建立，积分法、叠加法计算梁的变形，简单超静定梁的求解。

【难点】 弯曲切应力，弯曲中心，简单超静定梁的求解。

前面一章讨论了梁的强度计算。工程中对于某些受弯构件除有强度要求外，往往还有刚度要求，即要求它的变形不能过大。以车床主轴为例（图 6-1），若其变形过大，将影响齿轮的啮合和轴承的配合，造成磨损不匀，产生噪声，降低寿命，还会影响加工精度。再以吊车梁为例，当变形过大时，将使梁上小车行走困难，出现爬坡现象，还会引起较严重的振动。所以，若变形超过允许数值，即使仍然是弹性的，也被认为是一种失效现象。

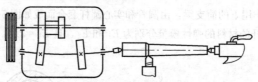

图 6-1 车床主轴

工程中虽然经常须限制弯曲变形，但在另外一些情况下，常常又利用弯曲变形达到某种要求。例如，叠板弹簧（见图 6-2）应有较大的变形，才可以更好地起到缓冲减振的作用。弹簧扳手（见图 6-3）要有明显的弯曲变形，才可以使测得的力矩更加准确。

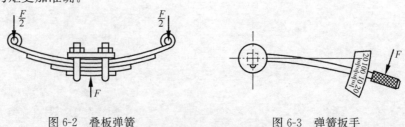

图 6-2 叠板弹簧　　　　　图 6-3 弹簧扳手

弯曲变形计算除用于解决弯曲刚度问题外，还用于求解超静定系统和振动计算。

§6-1 梁弯曲变形时的挠度与转角、挠曲线近似微分方程

一、挠度与转角间关系

本章主要研究平面弯曲下梁的变形。为研究其在对称弯曲时的位移,取梁在变形前的轴线为 x 轴,梁横截面的铅垂对称轴为 y 轴(以向上为正),而 xy 平面即为梁上荷载作用的纵向对称平面。梁在发生对称弯曲变形后,其轴线将成为 xy 平面内的一条曲线(如图 6-4 所示),称为**挠曲线**。有时也称为弹性曲线。挠曲线上横坐标为 x 的任意点的纵坐标用 $w=w(x)$ 来表示,它代表坐标为 x 的横截面的形心沿 y 方向的线位移,称为**挠度** (deflection)。工程中常见梁的挠度都远小于其跨度,因而挠曲线是一条极为平坦的曲线,所以任一截面的形心在水平方向的位移系高阶微量,可忽略不计。这样,挠曲线的方程式可以写成

$$w = w(x) = f(x) \tag{6-1}$$

在弯曲变形中,梁的横截面相对于原来位置转过的角度(梁横截面绕中性轴转动的角位移)$\theta = \theta(x)$,称为该截面的**转角** (slope)。显然,梁的每个横截面都有各自的挠度和转角。挠度和转角完全确定了梁某一横截面的弯曲变形。

在图 6-4 所示坐标系中,挠度以向上为正,向下为负;转角以逆时针转向为正,顺时针转向为负。挠度与转角是度量弯曲变形的两个基本量。

根据平截面假设,弯曲变形前垂直于 x 轴线的横截面,变形后仍然垂直于挠曲线。所以,截面转角 θ 就是 y 轴与挠曲线法线间的夹角,即等于 x 轴与挠曲线切线的夹角。由于挠曲线是一条极其平坦光滑连续的曲线,θ 是一个非常小的角度,故有

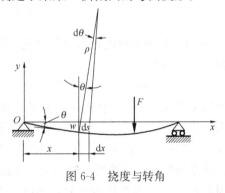

图 6-4 挠度与转角

$$\theta = \theta(x) \approx \tan\theta(x) = \frac{\mathrm{d}w(x)}{\mathrm{d}x} = w'(x) = f'(x) \tag{6-2}$$

式(6-2)称为梁的转角方程。它表明,变形后梁横截面的转角等于挠曲线在该截面处切线的斜率。

二、挠曲线近似微分方程

在纯弯曲情况下,弯矩与曲率间的关系为

$$\frac{1}{\rho} = \frac{M}{EI} \tag{a}$$

而在横力弯曲情况下,梁截面上既有弯矩又有剪力,式(a)只代表弯矩对弯曲变形的影响。对于跨度远大于截面高度的梁,剪力 F_S 对弯曲变形的影响可

以忽略不计，则式（a）便可作为横力弯曲变形的基本方程。这时，M 和 ρ 都与横截面的位置有关，即 M 和 ρ 皆为 x 的函数。式（a）变为

$$\frac{1}{\rho(x)} = \frac{M(x)}{EI} \tag{b}$$

由高等数学微分学可知，平面曲线 $w = w(x) = f(x)$ 上任一点的曲率为

$$\frac{1}{\rho(x)} = \pm \frac{\dfrac{d^2 w}{dx^2}}{\left[1 + \left(\dfrac{dw}{dx}\right)^2\right]^{3/2}} \tag{c}$$

将上述关系用于分析梁的弯曲变形，于是由式（b）和式（c）得

$$\frac{\dfrac{d^2 w}{dx^2}}{\left[1 + \left(\dfrac{dw}{dx}\right)^2\right]^{3/2}} = \pm \frac{M(x)}{EI} \tag{6-3}$$

上式称为**挠曲线微分方程**，它是一个二阶非线性常微分方程。适用于弯曲变形的任意情况。

在小变形情况下，由于挠曲线极其平坦，截面转角 $\theta(x) \approx \tan\theta(x) = \dfrac{dw}{dx}$ 实际非常小，因此 $\left(\dfrac{dw}{dx}\right)^2$ 之值更远小于 1，故可以忽略不计，即 $\left[1 + \left(\dfrac{dw}{dx}\right)^2\right] \approx 1$，则式（6-3）可简化为

$$\frac{d^2 w}{dx^2} = \pm \frac{M(x)}{EI} \tag{6-4}$$

式（6-4）称为**挠曲线近似微分方程**。实践表明，由此方程求得的挠度与转角的精度是足够的。

接着应讨论式（6-4）右端符号的选择。在所设坐标系中，以 y 轴向上为正，如果梁段承受正弯矩作用时，它的挠曲线为下凸曲线，因此其 $d^2 w/dx^2 = w''$ 亦为正值，如图 6-5（a）所示。反之，当梁段承受负弯矩作用时，挠曲线为上凸曲线，故其 $d^2 w/dx^2 = w''$ 为负，如图 6-5（b）所示。可见，如果弯矩的正负符号仍按以前规定，并选用 y 轴向上的坐标系，则弯矩 M 与 $d^2 w/dx^2 = w''$ 恒为同号，因此式（6-4）右端应取正号，即挠曲线近似微分方程为

$$w'' = \frac{d^2 w}{dx^2} = \frac{M(x)}{EI} \tag{6-5}$$

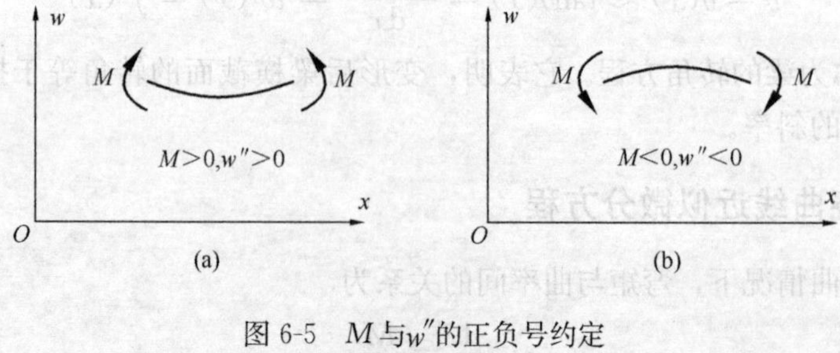

图 6-5 M 与 w'' 的正负号约定

对于等直梁，其 EI 为常量，故上式可改写为

$$EIw'' = EI \frac{d^2 w}{dx^2} = M(x) \tag{6-6}$$

式（6-5）和式（6-6）是研究小挠度弯曲变形的基本方程式，解微分方程式（6-5）、式（6-6）可得梁弯曲变形的两个基本量挠度 w 和转角 θ。

应该指出：由于 x 轴的方向既不影响弯矩的正负，也不影响 $\mathrm{d}^2w/\mathrm{d}x^2 = w''$ 的正负，所以式（6-5）和式（6-6）同样适合于 x 轴向左的坐标系。

§6-2 用积分法求弯曲变形

将挠曲线近似微分方程式（6-5）的两边乘以 $\mathrm{d}x$，积分即可得转角方程为

$$\theta = \frac{\mathrm{d}w}{\mathrm{d}x} = \int \frac{M(x)}{EI}\mathrm{d}x + C \tag{a}$$

再乘以 $\mathrm{d}x$ 并积分，即可得挠曲线的方程

$$w = \iint \left(\frac{M(x)}{EI}\mathrm{d}x\right)\mathrm{d}x + Cx + D \tag{b}$$

式中 C、D 为积分常数。等截面梁的 EI 为常数，积分时可以提出积分号外。

在挠曲线的某些点上，挠度或转角有时是已知的。例如，在固定端，挠度和转角都等于零；在铰支座上，挠度等于零，转角一般情况下不为零。在弯曲变形的对称点上，转角应等于零。这类条件统称为**边界条件**（图6-6）。此外，挠曲线应该是一条连续的光滑曲线，不应有不连续和不光滑情况。亦即，在挠曲线的任意点上，有唯一确定的挠度和转角。这就是**连续性条件**（图6-7）。根据连续性条件和边界条件，就可以确定积分常数。

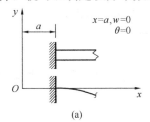
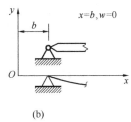

图 6-6 梁的边界条件

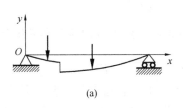
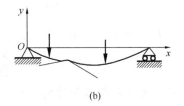

图 6-7 梁的不连续性条件

【**例 6-1**】 图 6-8（a）为镗刀在工件上镗孔的示意图。为保证镗孔精度，镗刀杆的弯曲变形不能过大。设径向切削力 $F = 200\mathrm{N}$，镗刀杆直径 $d = 10\mathrm{mm}$，外伸长度 $l = 50\mathrm{mm}$。材料的弹性模量 $E = 210\mathrm{GPa}$。试求镗刀杆上安装镗刀头的截面 B 的转角和挠度。

【**解**】 镗刀杆可以简化为悬臂梁，如图 6-8（b）所示。选取坐标系如图 6-8（b）所示，任意横截面上的弯矩为

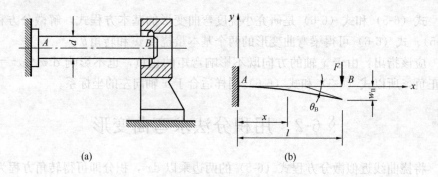

图 6-8 例 6-1 图

$$M = -F(l-x) \tag{a}$$

由式 (6-6) 得挠曲线的微分方程为

$$EIw'' = M = -F(l-x) \tag{b}$$

积分后得

$$EIw' = \frac{F}{2}x^2 - Flx + C \tag{c}$$

$$EIw = \frac{F}{6}x^3 - \frac{F}{2}lx^2 + Cx + D \tag{d}$$

在固定端 A，转角和挠度均应等于零，即

当 $x = 0$ 时， $w'_A = \theta_A = 0$ \hfill (e)

$$w_A = 0 \tag{f}$$

将边界条件式 (e) 代入式 (c)，式 (f) 代入式 (d)，得

$$C = EI\theta_A = 0$$

$$D = EIw_A = 0$$

再将所得积分常数 C 和 D 代回式 (c) 和式 (d)，得转角方程和挠度方程分别为

$$EI\theta = \frac{F}{2}x^2 - Flx$$

$$EIw = \frac{F}{6}x^3 - \frac{F}{2}lx^2$$

以截面 B 的横坐标 $x = l$ 代入以上两式，得截面 B 的转角和挠度分别为

$$w'_B = \theta_B = -\frac{Fl^2}{2EI}, \quad w_B = -\frac{Fl^3}{3EI}$$

θ_B 为负，表示截面 B 的转角是顺时针方向。w_B 也为负，表示 B 点的挠度向下。将 $F = 200\text{N}$，$l = 50\text{mm}$，$E = 210\text{GPa}$ 和 $I = \pi d^2/64 = 491\text{mm}^4$ 代入上式，计算可得

$$\theta_B = -0.00242\text{rad}, \quad w_B = -0.0805\text{mm}$$

【**例 6-2**】 桥式起重机的大梁和建筑中的一些梁都可简化成简支梁，梁的自重就是均布荷载。试讨论在均布荷载作用下，简支梁的弯曲变形。

【**解**】 计算简支梁的反力，写出弯矩方程，利用式 (6-6) 积分两次，可得

$$EIw' = \frac{ql}{4}x^2 - \frac{q}{6}x^3 + C \tag{a}$$

$$EIw = \frac{ql}{12}x^3 - \frac{q}{24}x^4 + Cx + D \quad \text{(b)}$$

铰支座上的挠度等于零，故当

$$x = 0, w = 0$$

因为梁上的外力和边界条件都与跨度中点对称，挠曲线也应与该点对称。因此，在跨度中点处，挠曲线的斜率 w' 和截面转角 θ 均应等于零，即

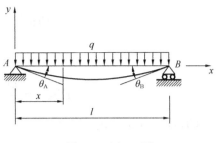

图 6-9 例 6-2 图

$$x = \frac{l}{2}, w' = 0$$

把以上两个边界条件分别代入 w 和 w' 的表达式，可以求出

$$C = -\frac{ql^3}{24}, D = 0$$

于是分别得到转角方程及挠曲线方程为

$$EIw' = EI\theta = \frac{ql}{4}x^2 - \frac{q}{6}x^3 - \frac{ql^3}{24} \quad \text{(c)}$$

$$EIw = \frac{ql}{12}x^3 - \frac{q}{24}x^4 - \frac{ql^3}{24}x \quad \text{(d)}$$

在跨度中点，挠曲线切线的斜率等于零，挠度为极值。由上式可得

$$f_{\max} = w \big|_{x=l/2} = -\frac{5ql^4}{384EI} \quad \text{(e)}$$

在 A、B 两端，截面转角的数值相等，符号相反且绝对值最大。于是在式 (c) 中分别令 $x = 0$ 和 $x = l$，得

$$\theta_{\max} = -\theta_A = \theta_B = \frac{ql^3}{24EI}$$

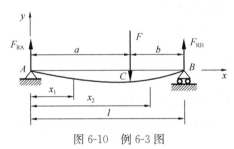

图 6-10 例 6-3 图

【例 6-3】 内燃机中的凸轮轴或某些齿轮轴，可以简化成在集中力 F 作用下的简支梁，如图 6-10 所示。试讨论该简支梁的弯曲变形。

【解】 求出梁在两端的支反力

$$F_{RA} = \frac{Fb}{l}, F_{RB} = \frac{Fa}{l}$$

分别列出弯矩方程

AC 段 $\quad M_1 = \frac{Fb}{l}x_1 \ (0 \leqslant x \leqslant a)$

CB 段 $\quad M_2 = \frac{Fb}{l}x_2 - F(x_2 - a) \ (a \leqslant x \leqslant l)$

由于 AC 段和 CB 段内弯矩方程不同，挠曲线的微分方程也就不同，所以应分成两段进行积分。在 CB 段内积分时，对含有 $(x_2 - a)$ 的项就以 $(x_2 - a)$ 为自变量，这可使确定积分常数得到简化。积分结果如下：

AC 段 $\quad (0 \leqslant x_1 \leqslant a)$

$$EIw''_1 = M_1 = \frac{Fb}{l}x_1$$

$$EIw'_1 = \frac{Fb}{l}\frac{x_1^2}{2} + C_1$$

$$EIw_1 = \frac{Fb}{l}\frac{x_1^3}{6} + C_1 x_1 + D_1$$

CB 段 （$a \leqslant x_2 \leqslant l$）

$$EIw''_2 = M_2 = \frac{Fb}{l}x_2 - F(x_2 - a)$$

$$EIw'_2 = \frac{Fb}{l}\frac{x_2^2}{2} - F\frac{(x_2-a)^2}{2} + C_2$$

$$EIw_2 = \frac{Fb}{l}\frac{x_2^3}{6} - \frac{F(x_2-a)^3}{6} + C_2 x_2 + D_2$$

积分出现的 4 个积分常数，需要 4 个条件来确定。由于挠曲线应该是一条光滑连续的曲线。因此，在 AC 和 BC 两段的交界截面 C 处，由 AC 段确定的 C 截面转角应该等于由 BC 段确定的 C 截面的转角；而由 AC 段确定的 C 截面挠度应该等于由 BC 段确定的 C 截面的挠度，即

$$x_1 = x_2 = a \text{ 时}, \quad w'^2_1 = w'^2_2, \quad w_1 = w_2$$

应用上述连续性条件得

$$\frac{Fb}{l} \cdot \frac{a^2}{2} + C_1 = \frac{Fb}{l} \cdot \frac{a^2}{2} - F\frac{(a-a)^2}{2} + C_2$$

$$\frac{Fb}{l} \cdot \frac{a^3}{6} + C_1 a + D_1 = \frac{Fb}{l} \cdot \frac{a^3}{6} - \frac{F(a-a)^3}{6} + C_2 a + D_2$$

由以上两式即可求得

$$C_1 = C_2, D_1 = D_2$$

此外，梁在 A、B 两端皆为铰支座，边界条件为

$$x_1 = 0 \text{ 时}, \quad w_1 = 0$$
$$x_2 = l \text{ 时}, \quad w_2 = 0$$

将 AC 段和 CB 段的挠度方程代入上式即可求得

$$D_1 = D_2 = 0, C_1 = C_2 = -\frac{Fb}{6l}(l^2 - b^2)$$

把所求得的 4 个积分常数代入 AC 段和 CB 段的转角方程和挠度方程，结果如下：

AC 段（$0 \leqslant x_1 \leqslant a$）

$$EIw'_1 = -\frac{Fb}{6l}(l^2 - b^2 - 3x_1^2)$$

$$EIw_1 = -\frac{Fbx_1}{6l}(l^2 - b^2 - x_1^2)$$

CB 段（$a \leqslant x_2 \leqslant l$）

$$EIw'_2 = -\frac{Fb}{6l}\left[(l^2 - b^2 - 3x_2^2) + \frac{3l}{b}(x_2-a)^2\right]$$

$$EIw_2 = -\frac{Fb}{6l}\left[(l^2 - b^2 - x_2^2)x_2 + \frac{l}{b}(x_2-a)^3\right]$$

第6章 梁的弯曲变形

最大转角：在转角方程中分别令 $x_1=0$ 和令 $x_2=l$，可计算出梁在 A、B 两截面的转角分别为

$$\theta_A = -\frac{Fb(l^2-b^2)}{6EIl} = -\frac{Fab(l+b)}{6EIl}$$

$$\theta_B = -\frac{Fab(l+a)}{6EIl}$$

当 $a > b$ 时，可以断定 θ_B 为最大转角。

最大挠度：当 $\theta = \dfrac{\mathrm{d}w}{\mathrm{d}x} = 0$ 时，w 为极值。所以应当首先确定转角 θ 为零的截面位置。因为截面 A 的转角 θ_A 为负值。此外，当 $x_1 = a$ 时，又可求得截面 C 的转角为

$$\theta_C = \frac{Fab}{3EIl}(a-b)$$

如果 $a > b$，则 θ_C 为正。可见从截面 A 到截面 C，转角由负变为正，改变了正负号。挠曲线既为光滑连续曲线，则 $\theta = 0$ 的截面必然在 AC 段内。令 $x_1 = x_0$ 时，AC 段的转角方程为零，可求得

$$EIw'_1 = -\frac{Fb}{6l}(l^2 - b^2 - 3x_0^2) = 0$$

$$x_0 = \sqrt{\frac{l^2 - b^2}{3}}$$

x_0 即为挠度最大值的截面的横坐标。将 x_0 代入 AC 段的挠度方程，即可求得最大挠度为

$$w_{\max} = w_1 \big|_{x_1 = x_0} = -\frac{Fb}{9\sqrt{3}EIl}\sqrt{(l^2-b^2)^3}$$

当集中力 F 作用于跨度中点时，$a = b = l/2$，即 $x_0 = l/2$ 时，最大挠度在跨度中点。这也可由挠曲线的对称性直接看出。另一种极端情况是集中力 F 无限接近于右端支座（或左端支座），以至于 b^2 无限小，可以忽略不计，于是由上述方程式可得

$$x_0 = \frac{l}{\sqrt{3}} = 0.577l$$

$$w_{\max} = -\frac{Fbl^2}{9\sqrt{3}EI}$$

可见即使在这种极端情况下，发生最大挠度的截面仍然在跨度中点附近。也就是说挠度为最大值的截面总是靠近跨度中点，所以可以用跨度中点的挠度近似地代替最大挠度。在 AC 段的挠度方程中，令 $x = l/2$，求出跨度中点的挠度为

$$w_{\frac{l}{2}} = -\frac{Fb}{48EI}(3l^2 - 4b^2)$$

在上述极端情况下，集中力 F 无限靠近支座 B 时，

$$w_{\frac{l}{2}} \approx -\frac{Fb}{48EI}3l^2 = -\frac{Fbl^2}{16EI}$$

这时用 $w_{\frac{l}{2}}$ 代替 $w_{\max}$ 所引起的误差为

$$\frac{w_{\max}-w_{\frac{l}{2}}}{w_{\max}}\times 100\%=2.65\%$$

可见在简支梁中,只要挠曲线上无拐点,总可用跨度中点的挠度代替最大挠度,并且不会引起很大误差。

由上例看出,如梁上荷载复杂,写出弯矩方程时分段越多,积分常数也越多,确定积分常数就十分冗繁。只是由于在列出弯矩方程和积分时采取了一些措施,才使积分常数最终归结为两个。

积分法的优点是可以求得转角和挠度的普遍方程。但当只需确定某些特定截面的转角和挠度,而并不需求出转角和挠度的普遍方程时,用积分法就显得过于累赘。为此,将梁在某些简单荷载作用下的变形列入表 6-1,以便于直接查用;而且利用这些表格,使用叠加法,还可以较方便地解决一些弯曲变形问题。

梁在简单荷载作用下的变形　　　　　　　　　　　　　　表 6-1

序号	梁的简图	挠曲线方程	端截面转角	最大挠度
1	(悬臂梁,自由端受力偶 M_e)	$w=-\dfrac{M_e x^2}{2EI}$	$\theta_B=-\dfrac{M_e l}{EI}$	$w_B=-\dfrac{M_e l^2}{2EI}$
2	(悬臂梁,自由端受集中力 F)	$w=-\dfrac{Fx^2}{6EI}(3l-x)$	$\theta_B=-\dfrac{Fl^2}{2EI}$	$w_B=-\dfrac{Fl^3}{3EI}$
3	(悬臂梁,距 A 端 a 处受集中力 F)	$w=-\dfrac{Fx^2}{6EI}(3a-x)$ $(0\leqslant x\leqslant a)$ $w=-\dfrac{Fa^2}{6EI}(3x-a)$ $(a\leqslant x\leqslant l)$	$\theta_B=-\dfrac{Fa^2}{2EI}$	$w_B=-\dfrac{Fa^2}{6EI}(3l-a)$
4	(悬臂梁,均布荷载 q)	$w=-\dfrac{qx^2}{24EI}(x^2-4lx+6l^2)$	$\theta_B=-\dfrac{ql^3}{6EI}$	$w_B=-\dfrac{ql^4}{8EI}$
5	(简支梁,A 端受力偶 M_e)	$w=-\dfrac{M_e x}{6EIl}(l-x)(2l-x)$	$\theta_A=-\dfrac{M_e l}{3EI}$ $\theta_B=\dfrac{M_e l}{6EI}$	$x=(1-\dfrac{1}{\sqrt{3}})l,$ $w_{\max}=-\dfrac{M_e l^2}{9\sqrt{3}EI}$ $x=\dfrac{l}{2},$ $w_{\frac{l}{2}}=-\dfrac{M_e l^2}{16EI}$

续表

序号	梁的简图	挠曲线方程	端截面转角	最大挠度
6		$w = -\dfrac{M_e x}{6EIl}(l^2 - x^2)$	$\theta_A = -\dfrac{M_e l}{6EI}$ $\theta_B = \dfrac{M_e l}{3EI}$	$x = \dfrac{l}{\sqrt{3}}$, $w_{\max} = -\dfrac{M_e l^2}{9\sqrt{3}EI}$ $x = \dfrac{l}{2}$, $w_{\frac{l}{2}} = -\dfrac{M_e l^2}{16EI}$
7		$w = -\dfrac{M_e x}{6EIl}$ $(l^2 - 3b^2 - x^2)$ $(0 \leqslant x \leqslant a)$ $w = -\dfrac{M_e}{6EIl}[-x^3 + 3l$ $(x-a)^2 + (l^2 - 3b^2)x]$ $(a \leqslant x \leqslant l)$	$\theta_A = \dfrac{M_e}{6EIl}$ $(l^2 - 3b^2)$ $\theta_B = \dfrac{M_e}{6EIl}$ $(l^2 - 3a^2)$	
8		$w = -\dfrac{Fx}{48EI}(3l^2 - 4x^2)$ $(0 \leqslant x \leqslant \dfrac{l}{2})$	$\theta_A = -\theta_B$ $= -\dfrac{Fl^2}{16EI}$	$w_{\max} = -\dfrac{Fl^3}{48EI}$
9		$w = -\dfrac{Fbx}{6EIl}$ $(l^2 - x^2 - b^2)$ $(0 \leqslant x \leqslant a)$ $w = -\dfrac{Fb}{6EIl}\left[\dfrac{l}{b}(x-a)^3\right.$ $\left. + (l^2 - b^2)x - x^3\right]$ $(a \leqslant x \leqslant l)$	$\theta_A = -\dfrac{Fab(l+b)}{6EIl}$ $\theta_B = \dfrac{Fab(l+a)}{6EIl}$	设 $a > b$, 在 $x = \sqrt{\dfrac{l^2 - b^2}{3}}$ 处, $w_{\max} = -\dfrac{Fb(l^2 - b^2)^{3/2}}{9\sqrt{3}EIl}$ 在 $x = l/2$ 处, $w_{l/2} = -\dfrac{Fb(3l^2 - 4b^2)}{48EI}$
10		$w = -\dfrac{qx}{24EI}$ $(l^3 - 2lx^2 + x^3)$	$\theta_A = -\theta_B$ $= -\dfrac{ql^3}{24EI}$	$w_{\max} = -\dfrac{5ql^4}{384EI}$

§6-3 用叠加法求弯曲变形

一、叠加法

在小变形条件下,且当梁内应力不超过比例极限时,挠曲线近似微分方程是一个线性微分方程。由前述分析可知,由于横截面形心的轴向位移可以忽略不

计，因而梁内任一横截面的弯矩与荷载成线性齐次关系。例如图 6-11 所示梁，任一横截面的弯矩为

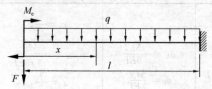

$$M = M_e - Fx - q\frac{x^2}{2}$$

即与荷载 M_e、F 及 q 成线性齐次关系。

图 6-11 弯矩与荷载呈线性关系

既然挠曲线近似微分方程为线性微分方程，而弯矩又与荷载成线性齐次关系，因此，当梁同时作用几个荷载时，挠曲线近似微分方程的解，必等于各荷载单独作用时挠曲线近似微分方程的解的线性组合，而由此求得的挠度与转角也一定与荷载成线性齐次关系。

由此可见，梁在几个荷载（如集中力、集中力偶或分布力）同时作用下，某一横截面的挠度和转角，应分别等于每个荷载单独作用下该截面的挠度和转角的叠加。此即为叠加原理。如对于图 6-11 所示梁，若荷载 M_e、F 与 q 单独作用时截面 A 的挠度分别为 w_{M_e}、w_F 与 w_q，则当它们同时作用时该截面的挠度为

$$w = w_{M_e} + w_F + w_q$$

在工程实际中，往往需计算梁在几个荷载同时作用下的最大挠度和最大转角。若已知梁在每个荷载单独作用下的挠度和转角，则按叠加原理来计算梁的最大挠度和最大转角将较为简便。

【例 6-4】 桥式起重机的大梁的自重为均布荷载，集度为 q。作用于跨度中点的吊重为集中力 F。试求大梁跨度中点的挠度 w_C。

【解】 大梁的变形是均布荷载 q 和集中力 F 共同引起的。在均布荷载 q 单独作用下，大梁跨度中点的挠度由表 6-1 查出为

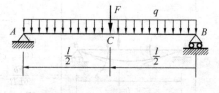

$$w_{Cq} = -\frac{5ql^4}{384EI}$$

图 6-12 例 6-4 图

在集中力 F 单独作用下，大梁跨度中点 C 的挠度由表 6-1 查出为

$$w_{CF} = -\frac{Fl^3}{48EI}$$

叠加以上结果，求得在均布荷载和集中力共同作用下，大梁跨度中点 C 的挠度为

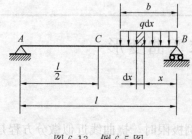

$$w_C = w_{Cq} + w_{CF} = -\frac{5ql^4}{384EI} - \frac{Fl^3}{48EI}$$

【例 6-5】 在简支梁的一部分上作用均布荷载。试求跨度中点的挠度。设 $b < l/2$。

【解】 这一问题可以把梁分成两段，用积分法求解。现在采用叠加法求解。利用表 6-1 中的公式，跨度中点 C 由微分荷载 $dF = q dx$ 引起的挠度为：

图 6-13 例 6-5 图

$$\mathrm{d}w_C = -\frac{\mathrm{d}F \cdot x}{48EI}(3l^2 - 4x^2) = -\frac{qx}{48EI}(3l^2 - 4x^2)\mathrm{d}x$$

按照叠加法，在图 6-13 示均布荷载作用下，跨度中点 C 的挠度应为 $\mathrm{d}w_C$ 的积分，即

$$w_C = -\frac{q}{48EI}\int_0^b x(3l^2 - 4x^2)\mathrm{d}x = -\frac{qb^2}{48EI}\left(\frac{3}{2}l^2 - b^2\right)$$

二、逐段刚化法

计算梁变形的另一种重要方法是逐段刚化法（逐段分析求和法）。逐段刚化法是将梁分为几段，除所研究的梁段发生变形外，把其余各梁段均视为刚体，被刚化的梁段只有刚体位移而无变形。

叠加法与逐段刚化法有其共同点，即都是综合应用已有的计算结果。不同的是，前者是分解荷载，后者是分解梁，前者的理论基础是力作用的独立性原理，而后者的根据则是梁段局部变形与梁总体位移间的几何关系。但是，由于在实际求解时，常常是将两种方法联合应用，所以，习惯上又将二者统称为叠加法。

【**例 6-6**】 变截面悬臂梁如图 6-14（a）所示，试用叠加法求自由端的挠度 w_C。

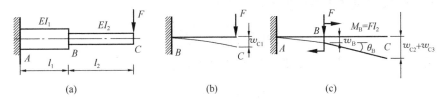

图 6-14 例 6-6 图

【**解**】 （1）首先将 AB 梁段刚化，BC 段看做弹性体。此时 B 处的挠度和转角为零，如图 6-14（b）所示。则 $w_{C1} = -\dfrac{Fl_2^3}{3EI_2}$

（2）将 BC 段刚化，AB 梁段看做弹性体，把 F 力简化到 B 截面，其等效力为集中力 F 和力偶矩 $M = Fl_2$，如图 6-14（c）所示，在 F 力作用下，考虑 AB 段变形，B 截面挠度、转角为

$$w_{BF} = -\frac{Fl_1^3}{3EI_1},\quad \theta_{BF} = -\frac{Fl_1^2}{2EI_1}$$

在 M 作用下，考虑 AB 段变形，B 截面挠度、转角为

$$w_{BM} = -\frac{(Fl_2)l_1^2}{2EI_1},\quad \theta_{BM} = -\frac{(Fl_2)l_1}{EI_1}$$

由于 BC 段为刚体，所以在 F、M 作用下引起 C 处的挠度为

$$w_{C2} = w_{BF} + w_{BM} \text{ 以及 } w_{C3} = \theta_B l_2 = (\theta_{BF} + \theta_{BM})l_2$$

（3）叠加计算 C 处的总挠度 w_C 为

$$w_C = w_{C1} + w_{C2} + w_{C3} = -\frac{Fl_2^3}{3EI_2} - \frac{Fl_1^3}{3EI_1} - \frac{Fl_1^2 l_2}{EI_1} - \frac{Fl_1 l_2^2}{EI_1}$$

【**例 6-7**】 车床主轴的计算简图可简化成外伸梁，如图 6-15（a）所示。F_1 为切削力，F_2 为齿轮传动力。若近似地把外伸梁作为等截面梁，试求截面 B 的转

角和端点 C 的挠度。

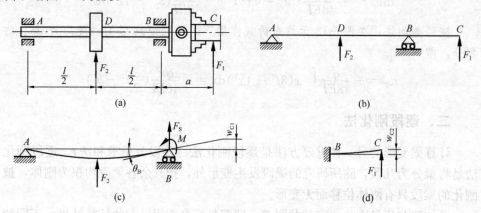

图 6-15 例 6-7 图

【解】 设想沿截面 B 将外伸梁分成两部分。

(1) AB 部分成为简支梁，梁上除集中力 F_2 外，在截面 B 上还有剪力 F_S 和弯矩 M，且 $F_S = F_1$，$M = F_1 a$。剪力 F_S 直接传递于支座 B，不引起变形。在弯矩 M 作用下，由表 6-1 查出截面 B 的转角为

$$\theta_{BM} = \frac{Ml}{3EI} = \frac{F_1 al}{3EI}$$

在 F_2 作用下，由表 6-1 查出截面 B 的转角为

$$\theta_{BF2} = -\frac{F_2 l^2}{16EI}$$

右边的负号表示，截面 B 因 F_2 引起的转角是顺时针的。叠加 θ_{BM} 和 θ_{BF2}，得 M 和 F_2 共同作用下截面 B 的转角为

$$\theta_B = \frac{F_1 al}{3EI} - \frac{F_2 l^2}{16EI}$$

这就是图 6-15（c）中外伸梁在截面 B 的转角。单独由于这一转角引起 C 点向上的挠度是

$$w_{C1} = a\theta_B = \frac{F_1 a^2 l}{3EI} - \frac{F_2 a l^2}{16EI}$$

(2) 先把 BC 梁段作为悬臂梁，在 F_1 作用下，由表 6-1 查出 C 点的挠度是

$$w_{C2} = \frac{F_1 a^3}{3EI}$$

其次，把外伸梁的 BC 梁段看作是整体转动了一个 θ_B 的悬臂梁，于是 C 点的挠度应为 w_{C1} 和 w_{C2} 的叠加，故有

$$w_C = w_{C1} + w_{C2} = \frac{F_1 a^2}{3EI}(a+l) - \frac{F_2 a l^2}{16EI}$$

【例 6-8】 图 6-16（a）所示等截面刚架，自由端承受集中荷载 F 作用，试求自由端的铅垂位移。设弯曲刚度 EI 与扭转刚度 GI_p 均分别为已知常数。

解题分析：整个刚架由 AB 与 BC 段组成，在 F 作用下，BC 段发生弯曲变形，AB 段发生弯曲与扭转变形，同时，AB 段的弯曲与扭转变形又引起 BC 段整

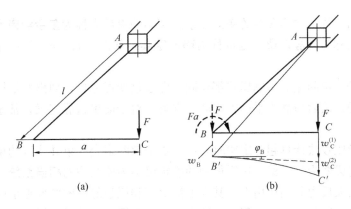

图 6-16 例 6-8 图

体向下平移和绕 AB 的刚性转动。采用逐段刚化法可计算自由端 C 的铅垂位移。

【解】 为了分析 AB 段的受力,将荷载 F 平移到截面 B(图 6-16b),得作用在该截面的集中力 F 和附加力偶矩 $M=Fa$,可见 AB 段处于弯扭组合受力状态。

(1) 先将 BC 段刚化。当 AB 段变形时,截面 B 发生铅垂位移 w_B 及角位移 φ_B,从而使截面 C 铅垂下移,大小为

$$w_C^{(1)} = w_B + a\varphi_B \tag{a}$$

而在荷载 F 作用下,AB 段截面 B 的铅垂位移为

$$w_B = \frac{Fl^3}{3EI} (\downarrow) \tag{b}$$

在附加力偶矩 $M=Fa$ 作用下,AB 段截面 B 的扭转角为

$$\varphi_B = \frac{(Fa)l}{GI_p} (\text{顺时针}) \tag{c}$$

将式 (b) 和式 (c) 代入式 (a) 得

$$w_C^{(1)} = w_B + a\varphi_B = \frac{Fl^3}{3EI} + \frac{Fa^2 l}{GI_p} (\downarrow) \tag{d}$$

(2) 将 AB 段刚化。在荷载 F 作用下,BC 段如同一"悬臂梁"发生弯曲变形,这时截面 C 的铅垂位移为

$$w_C^{(2)} = \frac{Fa^3}{3EI} (\downarrow) \tag{e}$$

于是截面 C 沿铅垂方向的总位移为

$$w_C = w_C^{(1)} + w_C^{(2)} = \frac{Fl^3}{3EI} + \frac{Fa^2 l}{GI_p} + \frac{Fa^3}{3EI} (\downarrow)$$

§6-4 简单超静定梁

前面讨论的一些梁,因其约束反力可用静力平衡方程确定,所以都是静定梁。但在实际工程中,某些梁的约束反力只用静力平衡方程并不能全部确定。例如图 6-17a 所示的悬臂梁,为了提高梁的强度与刚度,在自由端 B 增加一个可动支座,从限制梁刚体位移所必需的最小约束个数来说,这个支座是多余的,通常

把这种增加的约束称为**多余约束**。多余约束的约束反力称为**多余约束反力**，有多余约束的梁称为**超静定梁**，也可称为**静不定梁**。如图 6-17（a）所示为一次超静定梁。

所有静不定问题的解题思路都相同，即通过变形分析，列出变形协调方程作为补充方程，然后与静力平衡方程联立求解。对于简单超静定梁，常采用**变形比较法**求解。

用变形比较法计算超静定梁时，第一步是解除多余约束并代以约束反力，从而使超静定梁变为静定梁，这样得到的静定梁称为原结构的**相当系统**。相当系统在荷载和约束反力共同作用下，其变形情况应和原超静定梁的变形情况相同。利用该条件，可以建立补充方程，并解出多余约束反力。然后再根据静力平衡方程求出其他的支座反力。这种方法是将相当系统的变形和原超静定梁的变形进行比较来建立补充方程，故称为变形比较法。下面通过例题说明这种方法的解题过程。

【**例 6-9**】 试求图 6-17(a)所示一端固定一端简支的梁在均布荷载作用下的支座反力。

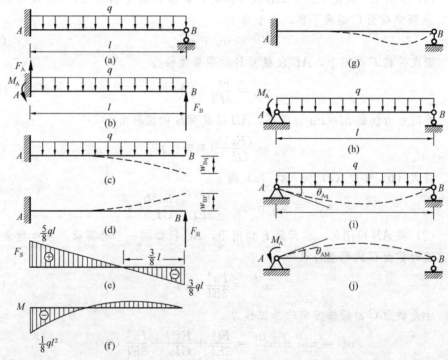

图 6-17 例 6-9 图

【**解**】 该题为一次超静定梁问题，以支座 B 处的铅垂方向位移约束作为超静定梁的多余约束，将其解除后，并代以约束反力 F_B，如图 6-17（b）所示。

(1) 静力平衡方程

设 A 端反力偶矩为 M_A，竖直方向反力为 F_A，则可列出解除约束后相当系统的静力平衡方程

第6章 梁的弯曲变形

$$\sum M_A = 0, \quad \frac{ql^2}{2} - F_B l + M_A = 0 \tag{a}$$

$$\sum F_y = 0, \quad F_A + F_B = ql \tag{b}$$

(2) 变形协调方程

在 q 和 F_B 共同作用下，为保证基本梁的变形与原超静定梁完全相同，B 点的挠度必须为零。设 q 和 F_B 单独作用时引起的 B 点挠度分别为 w_{Bq} 和 w_{BF}，则根据叠加法有

$$w_B = w_{Bq} + w_{BF} = 0 \tag{c}$$

又知 $w_{Bq} = -ql^4/(8EI)$，$w_{BF} = F_B l^3/(3EI)$，代入式（c）得

$$F_B = \frac{5ql}{8} (\uparrow) \tag{d}$$

求得的 F_B 为正，说明求解前假设的 F_B 的方向与实际方向一致，为向上的反力。将式（d）代入静力平衡方程式（a）和式（b），可求解得

$$M_A = \frac{ql^2}{8} (\text{逆时针}), \quad F_A = \frac{3ql}{8} (\uparrow)$$

讨论： ① 知道所有的反力后，即可画出梁的剪力图（图6-17e）和弯矩图（图6-17 f），并可计算梁的应力和变形。超静定梁的最大弯矩值和剪力值，均比在 B 端没有支座的静定梁要小；图6-17（g）给出了梁的变形示意图，其最大挠度值也比原静定梁小很多。这也是工程中大量采用超静定梁的原因。② 多余约束的选择并非唯一。例如，本题也可以把限制 A 端转角的约束（约束反力偶 M_A）作为多余约束。该约束去除后，梁就变成了简支梁，如图6-17（h）所示。此时的变形协调方程为 $\theta_A = 0$，即 $\theta_{Aq} + \theta_{AM} = 0$，从而可解出 M_A，所得结果相同。但应注意，解除多余约束后的相当系统必须是静定结构，在任何荷载作用下，都不发生刚体位移，并且能维持其静力平衡。恰当地选择多余约束，可以简化计算工作。

【例 6-10】 悬臂梁 AB，承受集中荷载 F 作用，因其刚度不够，用一短梁 AC 加固，两梁之间在 C 点用一滚珠支承，如图6-18（a）所示。试计算梁 AB 的最大挠度的减少量。设梁的弯曲刚度均为 EI。

解题分析： 梁 AB 和梁 AC 均为静定梁，但由于在截面 C 处相连，增加一约束，因而由它们组成的结构属于一次超静定结构，需要建立变形协调方程作为补充方程才能求解。

【解】（1）求解超静定问题

如果选择滚珠 C 为多余约束予以解除，并以相应多余反力 F_R 代替其作用，则原结构的相当系统如图6-18（b）所示。在多余反力 F_R 作用下，设梁 AC 的截面 C 的铅垂位移为 w_1；在荷载 F 与多余力 F_R 作用下，设梁 AB 截面 C 的铅垂位移为 w_2，则变形协调条件为

$$w_1 = w_2 \tag{a}$$

由表6-1查得

$$w_1 = \frac{F_R (l/2)^3}{3EI} = \frac{F_R l^3}{24EI} \tag{b}$$

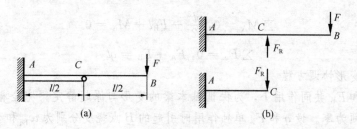

图 6-18 例 6-10 图

根据表 6-1 并利用叠加法,得

$$w_2 = \frac{(5F-2F_R)l^3}{48EI} \qquad \text{(c)}$$

将式 (b) 和式 (c) 代入式 (a),得变形协调方程为

$$\frac{F_R l^3}{24EI} = \frac{(5F-2F_R)l^3}{48EI}$$

由此得

$$F_R = \frac{5F}{4}$$

(2) 刚度比较

未加固时,梁 AB 的端点挠度即最大挠度为

$$\Delta = \frac{Fl^3}{3EI}$$

加固后,该截面的挠度变为

$$\Delta' = \frac{Fl^3}{3EI} - \frac{5F_R l^3}{48EI} = \frac{13Fl^3}{64EI}$$

仅为前者的 60.9%,由此可见,经过加固后,梁 AB 的最大挠度显著减小。

§6-5 梁的刚度条件与减少弯曲变形的措施

一、梁的刚度条件

梁的变形过大会影响梁的正常工作,故按强度条件设计好的梁,还需要进一步检查梁的变形是否在许用的范围内;若变形超过了允许值,还应按刚度条件重新设计。

用 $[w]$ 表示许用挠度,$[\theta]$ 表示许用转角,则梁的刚度条件为

$$|w|_{\max} \leqslant [w] \qquad (6\text{-}7)$$

$$|\theta|_{\max} \leqslant [\theta] \qquad (6\text{-}8)$$

在不同工程领域,对梁变形的许用值规定差别较大。例如,对跨度为 l 的桥式起重机梁,其许用挠度为

$$[w] = l/750 \sim l/500$$

在土建工程中,梁的许用挠度为

$$[w] = l/800 \sim l/200$$

对一般用途的轴,其许用挠度为

$$[w] = 3l/10000 \sim 5l/10000$$

在安装齿轮或滑动轴承处，轴的许用转角则为

$$[\theta] = 0.001 \text{rad}$$

其他梁或轴的许用位移值，可根据设计需要从有关规范或手册中查得。

二、梁的合理刚度设计

从挠曲线的近似微分方程及其积分可以看出，梁的位移（挠度和转角）除了与梁的支承和荷载情况有关外，还取决于以下三个因素，即

材料——梁的位移与材料的弹性模量 E 成正比；

截面——梁的位移与截面的惯性矩 I 成反比；

跨长——梁的位移与跨长 l 的 n 次幂成正比（在各种不同荷载形式下，n 分别等于1、2、3或4）。由此可见，为了减小梁的位移，可以采取下列措施：

1. 增大梁的弯曲刚度

对于弹性模量 E 不同的材料来说，弹性模量 E 值越大弯曲变形越小。但是对于钢材来说，采用高强度钢可以显著提高梁的强度，但对刚度的改善并不明显。因为高强度钢材与普通低碳钢的弹性模量 E 值是相接近的。故为了增大梁的刚度，应设法增大其惯性矩 I 值。在截面面积不变的情况下，采用适当形状的截面会使截面面积分布在距中性轴较远处，以增大截面的惯性矩，这样不仅可降低其应力，也能增大梁的弯曲刚度以减小位移。例如，工字形、槽形、T 形截面都比面积相等的矩形截面有更大的惯性矩，所以起重机大梁一般都采用工字形或箱形截面；机器的箱体采用加筋的方法提高箱壁的抗弯刚度，却不采用增加壁厚的方法。

2. 调整跨长和改变结构

由于梁的挠度和转角值与其跨长的 n 次幂成正比。因此，设法缩短梁的跨长，将能显著地减小其挠度和转角值。例如均布荷载作用下的简支梁，其最大挠度与梁的跨度的四次方成正比，当其跨度减小为原跨度的 1/2 时，则最大挠度将减小为原挠度的 1/16。工程实际中的钢梁通常采用两端外伸的外伸梁结构类型（图 6-19a），就是为了缩短跨长从而减小梁的最大挠度值。同时，由于梁的外伸部分的自重作用，将使梁的 AB 跨产生向上的挠度（图 6-19b），从而使 AB 跨的向下挠度有所减小。此外，增加梁的支座也可减小其挠度，例如在悬臂梁的自由端或者简支梁的跨中增加一个支座，均可使梁的挠度显著减小。但采取这种措施后，原来的静定梁就变成超静定梁了。

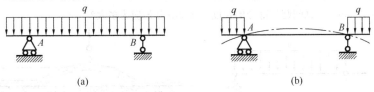

图 6-19 合理安排支座和荷载

小结及学习指导

本章研究梁的弯曲变形及其求解方法。

梁变形后的挠曲线，挠度和转角，挠曲线近似微分方程的建立，计算梁变形的积分法和叠加法，求解简单超静定梁的变形比较法，梁的刚度条件等内容是读者要掌握的重点内容。

梁的挠曲线是一条光滑连续的平面曲线，其方程由挠曲线近似微分方程积分两次而求得。梁上某一截面的挠度和转角不仅与该截面上的弯矩及截面形状、尺寸有关，还与整个梁的弯矩变化规律及其抗弯刚度有关。因此，读者要充分理解当梁的弯曲刚度不足时，采用局部加强措施并不能达到增强刚度的目的。

积分法是计算梁变形的基本方法，可求得整个梁的转角方程和挠曲线方程，用积分法求解梁变形时，利用边界条件和变形连续性条件确定积分常数是十分重要的。叠加法是先将梁上的复杂荷载分解或简化成几种简单荷载，再将简单荷载作用下梁的转角和挠度的计算结果叠加，得到梁在复杂荷载作用下的转角和挠度。叠加法在工程计算中有实用意义。

变形比较法求解超静定梁的关键是建立变形协调方程，选择基本静定梁的原则是使计算尽可能简单。

思 考 题

6-1 梁的截面位移与变形有何区别？有何联系？如图 6-20（a）、（b）所示两梁的尺寸及材料完全相同，所受外力也一样，只是支座处的几何约束条件不同。试问：(1)两梁的弯曲变形是否相同？(2)两梁相应横截面的位移是否相等？

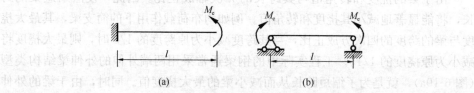

图 6-20 思考题 6-1 图

6-2 试用积分法求图 6-21 所示中间铰梁截面 C 的挠度 w_C 及相对转角 θ_C。

6-3 如图 6-22 所示，外径 $D = 500$mm、壁厚 $\delta = 10$mm 的钢管自由放在地面上，设管子为无限长而地基是刚性的。已知钢管材料的弹性模量 $E = 200$GPa，密度 $\rho = 8.0$kg/m^3。若起吊高度 $h = 100$mm，试问起吊部分的长度 l 及起吊力 F 应为多大？

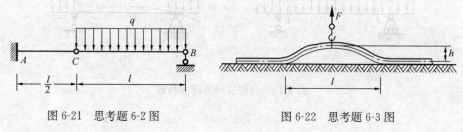

图 6-21 思考题 6-2 图   图 6-22 思考题 6-3 图

6-4 试按叠加原理并利用表 6-1 求图 6-23 所示梁跨中截面的挠度 w_C。

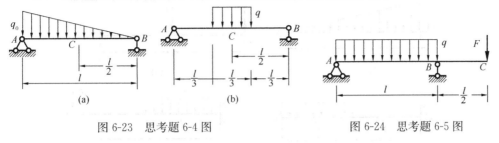

图 6-23 思考题 6-4 图　　　　图 6-24 思考题 6-5 图

6-5 如图 6-24 所示，为使荷载 F 作用点之挠度 w_C 等于零，试求荷载 F 与 q 之间的关系。

习　题

6-1 写出图 6-25 所示各梁的边界条件。在图 6-25（d）中支座 B 的弹簧刚度为 k。

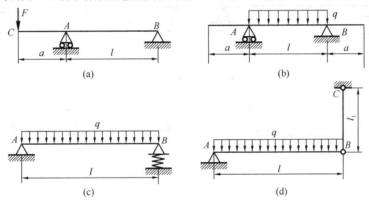

图 6-25 习题 6-1 图

6-2 如将坐标系取为 y 轴向下为正（见图 6-26），试证明挠曲线的微分方程应改写为 $\dfrac{\mathrm{d}^2 w}{\mathrm{d}x^2} = -\dfrac{M}{EI}$。

6-3 用积分法求图 6-27 所示各梁的挠曲线方程及自由端的挠度和转角。设 EI 为常量。

6-4 用积分法求图 6-28 所示各梁的挠曲线方程、端截面转角 θ_A 和 θ_B、跨度中点的挠度和最大挠度。设 EI 为常量。

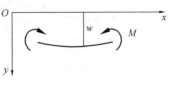

图 6-26 习题 6-2 图

6-5 求图 6-29 所示悬臂梁的挠曲线方程及自由端的挠度和转角。设 EI 为常量。求解时应注意到梁在 CB 段内无荷载，故 CB 仍为直线。

6-6 如图 6-30 所示，若只在悬臂梁的自由端作用弯曲力偶 M_e，使其成为纯弯曲，则由 $\dfrac{1}{\rho} = \dfrac{M_e}{EI}$ 和 ρ = 常量，挠曲线应为圆弧。若由微分方程进行积分，将得到 $w = \dfrac{M_e x^2}{2EI}$。它表明挠曲线是一抛物线。何以产生这种差别？试求按两种结果所得最大挠度的相对误差。

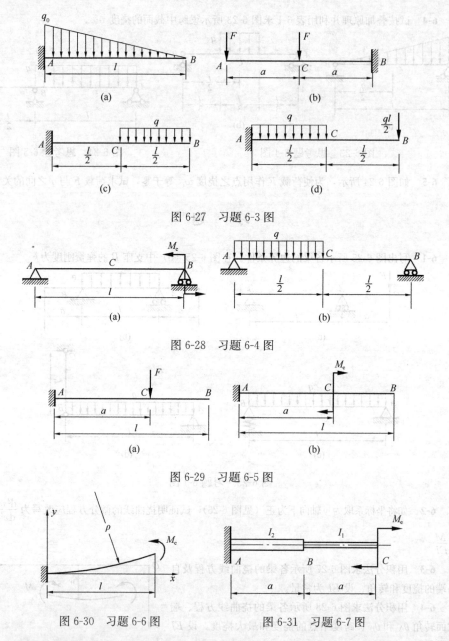

图 6-27 习题 6-3 图

图 6-28 习题 6-4 图

图 6-29 习题 6-5 图

图 6-30 习题 6-6 图

图 6-31 习题 6-7 图

6-7 试用叠加法求图 6-31 所示阶梯形梁的最大挠度。设 $I_2 = 2I_1$，E 为常数。

6-8 用积分法求梁的最大挠度和最大转角。在图 6-32（b）的情况下，梁对跨度中点对称，所以可以只考虑梁的二分之一。

6-9 用叠加法求图 6-33 所示各梁截面 A 的挠度和截面 B 的转角。EI 为已知常数。

6-10 用叠加法求图 6-34 所示外伸梁外伸端的挠度和转角。EI 为已知常数。

6-11 某磨床尾架如图 6-35 所示。顶尖上的作用力在垂直方向的分量 $F_V = 950$N，在水平方向的分量 $F_H = 600$N。顶尖材料的弹性模量 $E = 210$GPa。求顶尖的总挠度和总转角。

提示：先求顶尖上的合力，然后再求总挠度和总转角。

6-12 如图 6-36 所示，桥式起重机的最大荷载为 $W = 20$kN。起重机大梁为 32a 工字钢，$E = 210$GPa，$l = 8.76$m。规定 $[w] = \dfrac{l}{500}$，校核大梁的刚度。

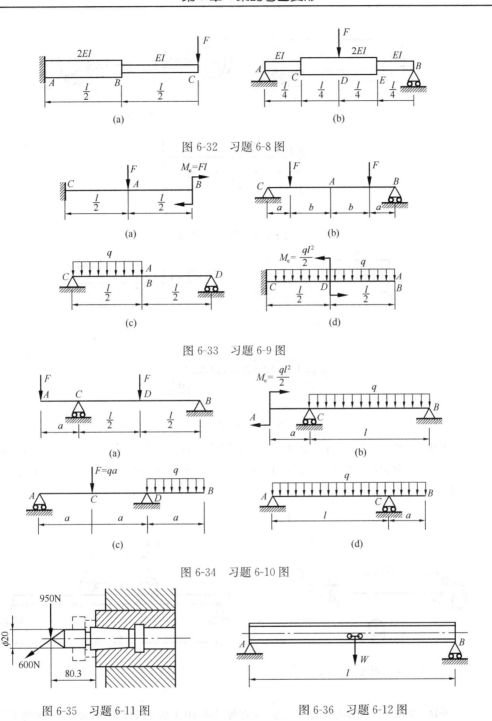

图 6-32 习题 6-8 图

图 6-33 习题 6-9 图

图 6-34 习题 6-10 图

图 6-35 习题 6-11 图

图 6-36 习题 6-12 图

6-13 弹簧扳手的主要尺寸及其受力简图如图 6-37 所示。材料的弹性模量 $E = 210 \text{GPa}$。当扳手产生 $200 \text{N} \cdot \text{m}$ 的力矩时，试求 C 点（刻度所在处）的挠度。

6-14 如图 6-38 所示，在简支梁的一半跨度内作用均布荷载 q，试求跨度中点的挠度。设 EI 为常数。

提示：把图 6-38 （a）中的荷载看作是图 6-38 （b）、（c）中两种荷载的叠加。但在图 6-38 （b）所示荷载作用下，跨度中点的挠度等于零。

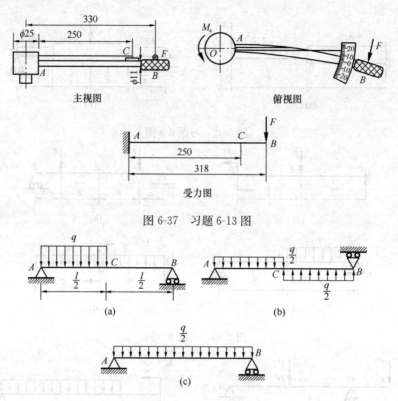

图 6-37 习题 6-13 图

图 6-38 习题 6-14 图

6-15 如图 6-39 所示，直角拐 AB 与 AC 轴刚性连接，A 处为一轴承，允许 AC 轴的端截面在轴承内自由转动，但不能上下移动。已知 $F = 60\text{N}$，$E = 210\text{GPa}$，$G = 0.4E$。试求截面 B 的垂直位移。

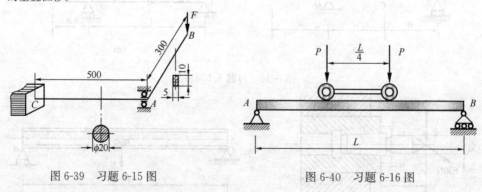

图 6-39 习题 6-15 图

图 6-40 习题 6-16 图

6-16 如图 6-40 所示轮距为 $L/4$ 的小车在简支梁 AB 上从左向右缓慢移动。设梁的弯曲刚度为 EI，小车左轮距 A 点的距离为 x，试绘出梁中点的挠度随 x 的变化曲线，并确定其最大值。

6-17 悬臂梁如图 6-41 所示，有荷载 F 沿梁移动。若使荷载移动时总保持相同的高度，试问应将梁轴线预弯成怎样的轴线？设 EI 为常数。

6-18 如图 6-42 所示，滚轮沿简支梁移动时，要求滚轮恰好走一水平路径，试问须将梁的轴线预先弯成怎样的曲线？设 EI 为常数。

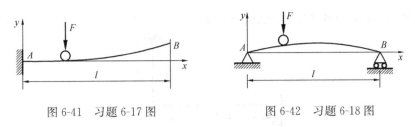

图 6-41 习题 6-17 图　　　　图 6-42 习题 6-18 图

6-19 如图 6-43 所示，一端固定的板条截面尺寸为 0.4mm×6mm，将它弯成半圆形。求力偶矩 M_e 及最大正应力 σ_{max} 的数值。设 $E=200\text{GPa}$。试问这种情况下，能否用 $\sigma=\dfrac{M}{W}$ 计算应力？能否用 $\dfrac{d^2w}{dx^2}=\dfrac{M}{EI}$ 计算变形？为什么？

6-20 图 6-44 中两根梁的 EI 相同，且等于常量。两梁由铰链相互连接。试求 F 力作用点 D 的位移。

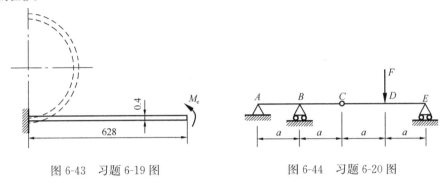

图 6-43 习题 6-19 图　　　　图 6-44 习题 6-20 图

6-21 试用变形比较法求解图 6-45 所示静不定梁的反力。EI 为常数。

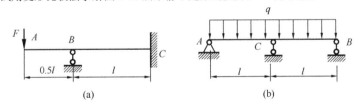

图 6-45 习题 6-21 图

6-22 等强度梁如图 6-46 所示，设 F、a、b、h 及弹性模量 E 均为已知。试求梁的最大挠度。

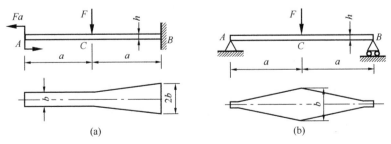

图 6-46 习题 6-22 图

6-23 如图 6-47 所示结构中，梁为 16 号工字钢，拉杆的截面为圆形。梁 AB 上作用均布荷载 $q=10\text{kN/m}$，梁长 $l=4\text{m}$；拉杆长 $a=5\text{m}$，直径 $d=10\text{mm}$。梁与拉杆材料相同，均为低

碳钢，$E=200\text{GPa}$。试求梁与拉杆内的最大正应力。

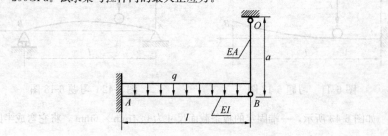

图 6-47 习题 6-23 图

第 7 章 应力状态和强度理论

本章知识点

【知识点】 一点的应力状态，单元体，主应力，主方向，主平面，主单元体，应力状态的类型，平面应力状态分析的解析法和图解法，三向应力状态下的最大正应力和最大切应力，广义胡克定律，强度理论的概念，四个常用的强度理论及其应用。

【重点】 一点的应力状态，平面应力状态分析的解析法和图解法，主应力，主平面，广义胡克定律，强度理论的概念，四个常用的强度理论及其应用。

【难点】 一点的应力状态，强度理论的选用。

§7-1 应力状态的概念

一、一点处的应力状态的概念

由前面各章对受力构件所作的应力分析可知，受力构件内一点处的应力性质、大小和方向是随该点所在截面的位置和方位而改变的。如轴向拉（压）杆件任一点 K 的横截面上只有正应力（图 7-1b、c），而斜截面上却同时存在正应力和切应力（图 7-1d），且 45°斜截面上切应力最大；受扭转圆轴横截面上只有切应力，而斜截面上则同时存在有正应力和切应力，在 45°斜截面上有最大拉（压）应力；弯曲梁内任一点的应力同样也是随所取截面的方位而变化的。我们把受力构件内一点处各个不同方位截面上应力的集合，称为一点处的应力状态（stress state at a point）。

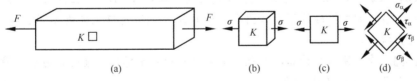

图 7-1 应力单元体

我们已研究了杆件在各种基本变形时横截面上的应力分布规律，并由此建立了强度条件。如轴向拉（压）杆件，由于危险点处横截面上的正应力是过该点所有方位截面上正应力的最大值，且处于单向拉（压）状态，因此可直接建立强度条件 $\sigma_{max} \leqslant [\sigma]$；对于自由扭转的圆轴和弯曲变形梁的切应力强度，由于危险点处横截面上的切应力是过该点所有方位截面上切应力的最大值，且处于纯剪切应力状态，因此可直接建立强度条件 $\tau_{max} \leqslant [\tau]$。但许多实验研究和工程实例的破坏现象表明，只研究杆件横截面上的应力，以其最大值建立强度条件是不够的。

工程实际中,杆件的破坏发生于斜截面的例子很多,如铸铁受压时,沿与横截面约 55°～60°的斜截面破坏(图 7-2a);铸铁受扭转时断裂发生在与横截面约 45°的斜面上(图 7-2b)。另外,在一般情况下,杆件一点处横截面上同时存在正应力和切应力的情况也很常见,如工字形截面梁 m-m 截面上的 A 点,既有弯曲正应力又有弯曲切应力(图 7-3),显然不能分别按照正应力和切应力来建立该点的强度条件。因此,以点为研究对象,全面地研究一点处的应力状态十分必要。

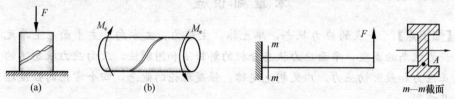

图 7-2 脆性材料沿斜面的破坏　　图 7-3 A 点处横截面上同时存在正应力和切应力

研究一点处的应力状态,目的在于了解一点处在不同方位截面上的应力变化规律,从而找出该点应力的最大值及其所在截面,为解决复杂应力状态的强度计算提供理论依据。

二、单元体和单元体的截取方法

研究受力构件中一点的应力状态,通常是围绕该点用三对平面截取出一个微小的正六面体,即单元体(element)。单元体的边长是无穷小的,因此可以假设作用在单元体各面上的应力是均匀分布的,且**单元体中两相互平行平面上的应力,大小相等,方向相反;在两个相互垂直的邻面上,切应力满足切应力互等定理**。当单元体三对相互垂直平面上的应力已知时,通过截面法就可确定该点任一截面上的应力,这样一点的应力状态就完全确定了。显然,从受力构件中截取单元体是应力状态分析的第一步,在截取单元体时,应尽可能使其三个相互垂直截面上的应力为已知。

下面通过实例说明单元体的截取以及单元体各面上应力的确定方法。

【例 7-1】 高为 h,宽为 b 的矩形截面简支梁,A、B、C 三点位于梁跨中截面左侧,各点到中性轴的距离如图 7-4(a)所示。试用单元体表示 A、B、C 三点的应力状态。

【解】 为方便分析计算,选取图 7-4(a)所示坐标系。梁的剪力图和弯矩图分别如图 7-5(b)、(c)所示。

为表示 A 点的应力状态,围绕 A 点取正六面体,该六面体的六个面由梁的两个横截面、两个垂直 y 轴的平面和两个垂直 z 轴的平面组成,如图 7-4(e)所示。由梁横截面上的正应力和切应力分布规律而知(图 7-4d),A 点单元体的左右两个面是梁的横截面,因此,这两个面上只有弯曲正应力,其大小为

$$\sigma_A = \frac{M}{W_z} = \frac{3Fl}{bh^2}$$

而在单元体的其他面上不受力。

类似地,取 B 点处的单元体如图 7-4(f)所示,在单元体左右两个面上,除

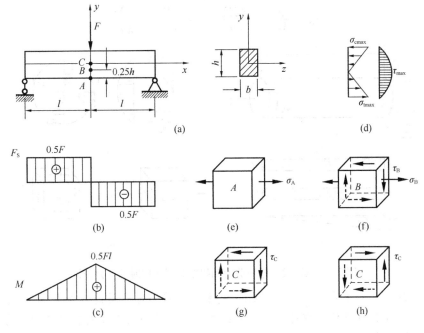

图 7-4 简支梁应力分析

了弯曲正应力 σ_B 还有弯曲切应力 τ_B。由切应力互等定理，在单元体的上下两个面上也必有切应力，而且大小与 τ_B 相等。在单元体的前后两个面上不受力。根据弯曲正应力和弯曲切应力公式，容易计算

$$\sigma_B = 0.5\sigma_A = \frac{3Fl}{2bh^2}, \tau_B = \frac{F_S S_z}{I_z b} = \frac{9F}{16bh}$$

同样方法，可取 C 点处的单元体如图 7-4（g）所示。由于 C 点位于中性轴上，所以只在单元体的左右和上下四个面上存在切应力，其大小为

$$\tau_C = \frac{F_S S_z}{I_z b} = \frac{3F}{4bh}$$

注意： 若 C 点位于梁跨中截面的右侧，则 C 点单元体的应力状态如图 7-4（h）所示。因为梁跨中截面左右两侧的剪力虽然大小相等，但方向却不同（见图 7-4b），故引起的切应力 τ_C 方向不同。

【例 7-2】 横截面直径为 d 的悬臂梁受力如图 7-5（a）所示，试用单元体表示 A、B 两点处的应力状态。

【解】 该悬臂梁承受弯矩、扭矩和剪力的共同作用，根据内力图（图 7-5b），很容易判断梁的固定端截面为危险截面，该截面上的扭矩、剪力和弯矩分别为

$$T = M_e, \quad F_S = F, \quad M = -Fl$$

该截面由内力弯矩、剪力和扭矩分别引起的应力分布规律如图 7-5（c）所示。由此可见，截面上的 A、B 两点为危险点。取 A 点处的单元体如图 7-5（d）所示。其左右两个面表示梁的横截面，作用有弯曲正应力和扭转切应力，弯曲切应力为零。上下两个面为垂直于 y 轴的面，无应力；前后两个为垂直于 z 轴的面，其上应力由切应力互等定理确定。A 点处单元体上各应力大小为

$$\sigma_A = \frac{M}{W_z} = \frac{32Fl}{\pi d^3}, \tau_A = \frac{T}{W_p} = \frac{16M_e}{\pi d^3}$$

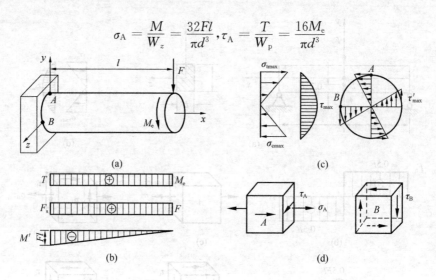

图 7-5 悬臂梁受弯矩剪力和扭矩共同作用时的应力分析

取 B 点处的单元体如图 7-5（d）所示，其单元体各面的方位与 A 点处单元体相同。由于 B 点位于中性轴上，所以在左、右两个面上作用有扭转切应力 τ'_{max} 和弯曲切应力 τ_{max}，两个切应力方向一致，合起来其值为

$$\tau_B = \frac{T}{W_P} + \frac{4F_S}{3A} = \frac{16M_e}{\pi d^3} + \frac{16F}{3\pi d^2} = \frac{16}{\pi d^2}\left(\frac{M_e}{d} + \frac{F}{3}\right)$$

【例 7-3】 工程上常用的锅炉或其他圆形容器，当圆筒的壁厚 δ 远小于其内径 D 时（$\delta \leqslant \frac{D}{20}$），称为薄壁圆筒。受内压 p 作用，如图 7-6（a）所示。不考虑大气压力作用。设 A 为筒体外表面上的点，B 点为筒体内表面上的点；试用单元体表示 A、B 两点处的应力状态。

【解】 取 A、B 两点处的单元体分别如图 7-6（b）、（c）所示。两个单元体的左、右两个面为垂直于 x 轴的面，即圆筒的横截面，其上只有拉应力 σ_x；上、下两个面为垂直于 y 轴的面，其上作用有拉应力 σ_y。对于 A 点的单元体（图 7-6b），其前面表示筒体外表面，后面表示无限接近且平行于外表面的面，因不考虑大气压力，故其上无应力作用即 $\sigma_z = 0$；而 B 点的单元体（图 7-6c），其前面表示筒体内表面，后面表示无限接近且平行于内表面的面，其上有压应力作用，$\sigma_z = -p$。

无论 A 点或 B 点，它们 x 方向和 y 方向的拉应力是相同的，下面计算 σ_x 和 σ_y 的大小。

σ_x 为薄壁圆筒横截面上的应力。在任一横截面处将筒体截开，考虑右半部分，如图 7-6（d）所示。因为沿圆筒轴线作用于筒底上的总压力为 $F = \pi D^2 p/4$，所以横截面上的轴力为

$$F_N = \frac{\pi D^2 p}{4}$$

由于壁厚远小于直径，其横截面面积近似为 $A = \pi D \delta$，则横截面上的正应力

$$\sigma_x = \frac{F_N}{A} = \frac{pD}{4\delta} \tag{7-1}$$

第7章 应力状态和强度理论

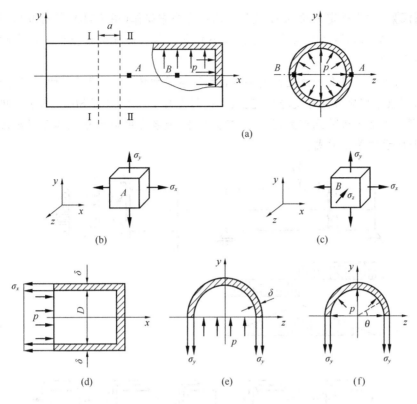

图 7-6 薄壁圆筒的应力分析

σ_y 为筒壁在周向所受的应力，由对称性可知，所有过圆筒轴线的纵截面都是对称面，其上切应力均为零；由于壁厚远小于直径，可认为正应力沿壁厚均匀分布。现用相距为 a 的任意两个横截面（图 7-6a）和一个 x-z 纵平面截开筒体，得到如图 7-6（e）所示的半圆环（在垂直纸面方向长度为 a）。筒内压力的作用效果相当于作用在边长为 $D\times a$ 矩形上，则有力系平衡关系

$$\sum F_y = 0, pDa - 2\sigma_y\delta a = 0 \quad \text{或} \quad \sigma_y = \frac{pD}{2\delta} \tag{7-2}$$

讨论：(1) 筒壁上的点在轴向和周（环）向均受拉应力；比较式（7-1）和式（7-2）发现，受内压圆筒的周向应力是其轴向应力的两倍。(2) 对于薄壁圆筒，其壁厚与内径的关系为 $\delta \leqslant D/20$，所以筒壁上点的轴向应力 σ_x 和周向应力 σ_y 的大小分别是壁厚方向压应力 p 的 5 倍和 10 倍。因此，工程设计中，可不考虑薄壁圆筒壁厚方向的压应力。(3) 在计算筒内压力在 y 方向合力时，认为筒内压力作用在边长为 $D\times a$ 矩形上（图 7-6e），现在证明这种处理方法是精确的。考虑图 7-6（f）中筒内壁一点，设该点与 z 轴的夹角为 θ，则该点压力 p 在 y 方向的分量为 $p\sin\theta$，力分量为 $p\sin\theta(\frac{D}{2}d\theta \cdot a)$，将其沿内壁半圆弧上积分得 $\int_0^\pi p\sin\theta \frac{D}{2} a d\theta = pDa$。

【例 7-4】 试定性地绘出图 7-7（a）所示矩形截面简支梁 m-m 截面上 A、B、C、D、E 五点处的应力单元体。

【解】 首先确定该梁 $m\text{-}m$ 截面上的应力分布规律(图 7-7b),然后分别围绕各点取五个单元体,再根据梁的应力计算公式求出各点处横截面上的正应力和切应力(图 7-7c)。

因为不考虑纵向纤维之间的挤压,所以,各单元体上、下截面上的正应力为零。另外,可根据切应力互等定理确定上、下截面上的切应力(图 7-8b)。由于各单元体前后两个平面上既无正应力,又无切应力作用,故各点的应力单元体可以画成如图 7-7(d) 所示的平面形式。

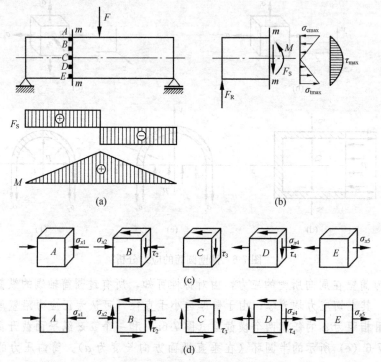

图 7-7 简支梁的应力分析

三、主平面、主应力

如图 7-8 所示为单元体六个面上都作用有应力的情况。弹性理论已经证明,将单元体旋转,改变其方位,总可以找到一组方位,在该方位上,单元体所有的

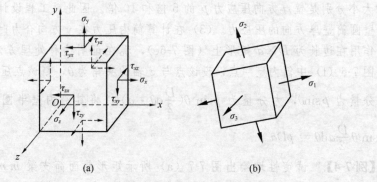

图 7-8 空间一般应力状态和三向应力状态单元体

面上只有正应力而没有切应力（图 7-8b）。这样的单元体称为**主单元体**，主单元体的三个互垂面称为**主平面**；主平面的法线方向称为该点应力的**主方向**；主单元体上的三个正应力称为**主应力**。一般将三个主应力按代数值从大到小排序，分别称为第一主应力 σ_1、第二主应力 σ_2 和第三主应力 σ_3，且

$$\sigma_1 \geqslant \sigma_2 \geqslant \sigma_3$$

例如某点的三个主应力分别为：-70MPa、10MPa、0；则 $\sigma_1 = 10\text{ MPa}$、$\sigma_2 = 0$、$\sigma_3 = -70\text{MPa}$。

四、应力状态的分类

按照三个主应力的取值情况，可将应力状态分为三类。

1. 单向应力状态

单元体上三个主应力中只有一个主应力不为零，称为单向应力状态。例 7-1 中 A 点和例 7-4 中 A、E 两点均为单向应力状态。单向应力状态又分单向拉伸应力状态（三个主应力为：$\sigma_1 > 0, \sigma_2 = 0, \sigma_3 = 0$）和单向压缩应力状态（三个主应力为：$\sigma_1 = 0, \sigma_2 = 0, \sigma_3 < 0$）。

2. 二向应力状态

单元体上三个主应力中有二个主应力不为零，称为二向应力状态。例 7-1 中的 B 点和 C 点，例 7-2 中的 A、B 两点和例 7-4 中的 B、C、D 三点，都是二向应力状态。

3. 三向应力状态

单元体上三个主应力均不为零，称为三向应力状态。例 7-3 中，薄壁圆筒内表面 B 点应力状态为三向应力状态，三个主应力分别为 $\sigma_1 = \sigma_y, \sigma_2 = \sigma_x, \sigma_3 = \sigma_z$。

如果三个主应力相等且均为拉应力，即 $\sigma_1 = \sigma_2 = \sigma_3 > 0$，这种应力状态称为**三向等拉应力状态**。例如，将一球状物丢入热水中，球体靠近外表面的材料遇热膨胀，对球心处材料产生拉应力，在球心点处的应力状态即为**三向等拉应力状态**。三向等拉应力状态是最容易造成材料破坏的应力状态。

如果三个主应力相等且均为压应力，即 $\sigma_1 = \sigma_2 = \sigma_3 < 0$，这种应力状态称为**三向等压应力状态**。例如，将一球状物丢入深水中，球受到水的压力，在球内任一点处的应力状态均为三向等压应力状态。三向等压应力状态是最不容易造成材料破坏的应力状态。钢轨受压表面上点的应力状态近似于三向等压应力状态。

单向应力状态和二向应力状态为**平面应力状态**，三向应力状态属空间应力状态。单向应力状态也称**简单应力状态**，而二向应力状态和三向应力状态又称为**复杂应力状态**。本章主要研究内容为二向应力状态即平面应力状态。

§7-2 平面应力状态分析的解析法

一、斜截面上的应力

图 7-9（a）所示为构件中一点的应力状态单元体。各个应力分量大小已知。

由于单元体在 z 向不受力,所以是平面应力状态。现在讨论如何计算过该点其他方位截面上的应力。

为了表述方便,将单元体上法线与 x 轴、y 轴、z 轴平行的截面分别称为 x 截面、y 截面、z 截面。现在研究与 z 轴平行的任一斜截面 ef 上的应力(图 7-9b),因为 z 截面上应力为零,将单元体改用平面图表示(图 7-9c)。应力的正负号作如下规定:正应力以拉应力为正,压应力为负;切应力以使得单元体作顺时针转动为正,反之为负。按照正负号规定,图 7-9(c)中的 σ_x、σ_y、τ_{xy} 均为正,而 τ_{yx} 为负。

斜截面的方位以其外法线 n 与 x 轴的夹角 α 表示,并规定:由 x 轴逆时针转至斜截面外法线 n 时 α 为正,反之为负。图 7-9(c)中的 α 为正值。该斜截面称为 α 截面或 n 截面。

以斜截面 ef 将单元体分成两部分,并研究三角块 aef 的平衡(图 7-9d)。斜截面 ef 上的正应力为 σ_α,切应力为 τ_α。σ_α、τ_α 的符号规定同前。

若 ef 面的面积为 dA,则 af 面和 ae 面的面积分别为 $dA\sin\alpha$ 和 $dA\cos\alpha$(图 7-9e)。将作用于三角块 aef 上的力分别投影于 ef 面的外法线 n 和切线 t 的方向,所得平衡方程为

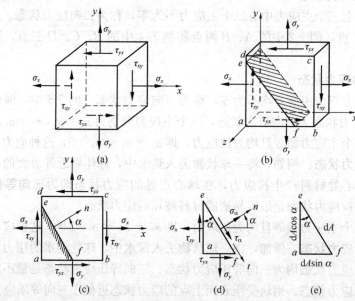

图 7-9 平面应力状态单元体

$$\sum F_n = 0,\quad \sigma_\alpha dA + d(\tau_{xy}dA\cos\alpha)\sin\alpha - d(\sigma_x dA\cos\alpha)\cos\alpha + (\tau_{yx}dA\sin\alpha)\cos\alpha - (\sigma_y dA\sin\alpha)\sin\alpha = 0$$

$$\sum F_t = 0,\quad \tau_\alpha dA - (\tau_{xy}dA\cos\alpha)\cos\alpha - (\sigma_x dA\cos\alpha)\sin\alpha + (\sigma_y dA\sin\alpha)\cos\alpha + (\tau_{yx}dA\sin\alpha)\sin\alpha = 0$$

根据切应力互等定理,τ_{xy} 和 τ_{yx} 在数值上相等,以 τ_{xy} 代换 τ_{yx},并利用三角函数相关公式,简化上述两平衡方程,最后可得

$$\sigma_\alpha = \frac{\sigma_x + \sigma_y}{2} + \frac{\sigma_x - \sigma_y}{2}\cos 2\alpha - \tau_{xy}\sin 2\alpha \tag{7-3}$$

第7章 应力状态和强度理论

$$\tau_\alpha = \frac{\sigma_x - \sigma_y}{2}\sin 2\alpha + \tau_{xy}\cos 2\alpha \tag{7-4}$$

式（7-3）和式（7-4）即为平面应力状态下求任意斜截面上的应力计算公式。公式表明，过单元体同一点截面方位不同，得到的 σ_α、τ_α 也不同，随 α 角度改变而变化。

由式（7-3）可知，法线与 x 轴的夹角为 $\beta = \alpha + 90°$ 的斜面上的正应力为

$$\sigma_{\alpha+90°} = \frac{\sigma_x + \sigma_y}{2} - \frac{\sigma_x - \sigma_y}{2}\cos 2\alpha + \tau_{xy}\sin 2\alpha \tag{7-5}$$

将式（7-3）和式（7-5）相加，得

$$\sigma_\alpha + \sigma_{\alpha+90°} = \sigma_x + \sigma_y \tag{7-6}$$

可见，相互垂直的两个斜截面的正应力之和为一常量，称为应力不变量。

二、主应力和主平面

正应力 σ_α 随 α 角变化而变化，那么 σ_α 的极值 $\sigma_{\max}$ 等于多少？它又发生在哪个方位的截面上呢？

由式（7-3），令 $\dfrac{\mathrm{d}\sigma_\alpha}{\mathrm{d}\alpha} = 0$，即

$$\frac{\mathrm{d}\sigma_\alpha}{\mathrm{d}\alpha} = -(\sigma_x - \sigma_y)\sin 2\alpha - 2\tau_{xy}\cos 2\alpha = 0$$

若用 α_0 表示应力取极值的截面方位，则上式可写作

$$\frac{\sigma_x - \sigma_y}{2}\sin 2\alpha_0 + \tau_{xy}\cos 2\alpha_0 = 0 \tag{a}$$

比较式（a）和式（7-4）可知，正应力为极值截面，也就是切应力 $\tau_\alpha = 0$ 的截面，这个截面就是主平面，即极值正应力就是主应力。从上式中解得的 α_0 即为主平面的方位

$$\tan 2\alpha_0 = -\frac{2\tau_{xy}}{\sigma_x - \sigma_y} \tag{7-7}$$

由式（7-7），得到 $\alpha_{01} = \alpha_0$ 和 $\alpha_{02} = \alpha_0 + \dfrac{\pi}{2}$ 互相垂直的两个主平面方位。

将式（7-7）代入式（7-3），并利用三角函数关系得到两个主平面上的主应力为

$$\left.\begin{array}{c}\sigma_{\max}\\ \sigma_{\min}\end{array}\right\} = \frac{\sigma_x + \sigma_y}{2} \pm \sqrt{\left(\frac{\sigma_x - \sigma_y}{2}\right)^2 + \tau_{xy}^2} \tag{7-8}$$

主应力单元体如图 7-10（a）所示。

由式（7-8）得到 $\sigma_{\max}$ 和 $\sigma_{\min}$ 后，与 z 轴方向的主应力（二向应力状态下，其值为零）按代数值大小排序，即可得该应力状态的三个主应力 $\sigma_1 \geqslant \sigma_2 \geqslant \sigma_3$。

至此对于一个一般的二向应力状态单元体，由式（7-3）和式（7-4）能够求出任一斜截面上的应力；由式（7-8）可求出单元体的主应力。但还有一个问题仍需解决，那就是，$\sigma_{\max}$、$\sigma_{\min}$ 与 α_{01}、α_{02} 的对应关系，可有如下三种解决方法。

（1）将 α_{01}、α_{02} 代入式（7-3），即可知主平面与主应力的对应关系；

(2) 如果 $\sigma_x > \sigma_y$，在 $|\alpha_0| < \dfrac{\pi}{4}$ 所对应截面上正应力为 $\sigma_{\max}$；如果 $\sigma_x < \sigma_y$，在 $|\alpha_0| < \dfrac{\pi}{4}$ 所对应截面上正应力为 $\sigma_{\min}$；

(3) 利用下一节的应力圆来判断。

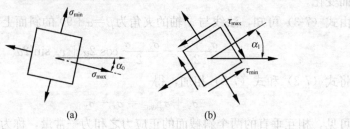

图 7-10 主应力单元体和主切应力单元体

三、极值切应力及其方位

切应力 τ_α 也是随 α 角变化而改变的，同理，由式 (7-4)，令 $\dfrac{\mathrm{d}\tau_\alpha}{\mathrm{d}\alpha} = 0$，即

$$\dfrac{\mathrm{d}\tau_\alpha}{\mathrm{d}\alpha} = (\sigma_x - \sigma_y)\cos 2\alpha - 2\tau_{xy}\sin 2\alpha = 0$$

从上式可得到有极值切应力平面的方位 α_1 为

$$\tan 2\alpha_1 = \dfrac{\sigma_x - \sigma_y}{2\tau_{xy}} \tag{7-9}$$

由式 (7-9) 可得到 $\alpha_{11} = \alpha_1$ 和 $\alpha_{12} = \alpha_1 + \dfrac{\pi}{2}$ 这两个极值切应力所在的平面，即最大切应力和最小切应力所在平面是相互垂直的。最大切应力和最小切应力的计算公式为

$$\left.\begin{array}{r}\tau_{\max} \\ \tau_{\min}\end{array}\right\} = \pm\sqrt{\left(\dfrac{\sigma_x - \sigma_y}{2}\right)^2 + \tau_{xy}^2} \tag{7-10}$$

比较式 (7-10) 和式 (7-8) 可得

$$\left.\begin{array}{r}\tau_{\max} \\ \tau_{\min}\end{array}\right\} = \pm\dfrac{\sigma_{\max} - \sigma_{\min}}{2} \tag{7-11}$$

主切应力单元体如图 7-10 (b) 所示。

说明：式 (7-11) 仅适用于图 7-9 (c) 所示平面应力状态情形，详细情况见 §7-4 节。

最后分析主平面与极值切应力平面的关系，比较式 (7-7) 和式 (7-9)，可得

$$\tan 2\alpha_0 \cdot \tan 2\alpha_1 = -1$$

也就是

$$2\alpha_1 = \dfrac{\pi}{2} \pm 2\alpha_0 \quad \text{或} \quad \alpha_1 = \dfrac{\pi}{4} \pm \alpha_0$$

上式说明，极值切应力所在的平面和主平面呈 45° 夹角。

【例 7-5】 如图 7-11（a）所示的单元体，已知 $\sigma_x = -40\text{MPa}, \sigma_y = 60\text{MPa}$，$\tau_{xy} = -50\text{MPa}$；试求 ef 截面上的应力及主应力和主单元体的方位。

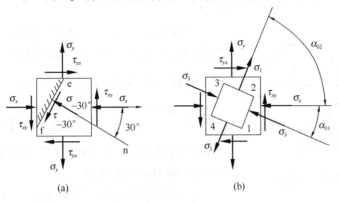

图 7-11 例 7-5 图

【解】 以 $\alpha = -30°$ 及已知数据代入式（7-3）和式（7-4），得

$$\sigma_{-30°} = \frac{-40+60}{2} + \frac{-40-60}{2}\cos(-60°) - (-50)\sin(-60°) = -58.3\text{MPa}$$

$$\tau_{-30°} = \frac{-40-60}{2}\sin(-60°) - 50\cos(-60°) = +18.3\text{MPa}$$

利用式（7-7），可得

$$\tan 2\alpha_0 = -\frac{2(-50)}{-40-60} = -1$$

∴ $2\alpha_0 = -45°$ 或 $+135°$ $\alpha_{01} = -22.5°, \alpha_{02} = +67.5°$

再利用式（7-8），得

$$\left.\begin{array}{c}\sigma_{\max}\\ \sigma_{\min}\end{array}\right\} = \frac{-40+60}{2} \pm \sqrt{\left(\frac{-40-60}{2}\right)^2 + (-50)^2} = \begin{cases}+80.7\text{MPa}\\ -60.7\text{MPa}\end{cases}$$

由于另一主应力为零，所以单元体的主应力是 $\sigma_1 = 80.7\text{MPa}, \sigma_2 = 0, \sigma_3 = -60.7\text{MPa}$。因为 $\sigma_x < \sigma_y$，$|\alpha_{01}| < 40°$，所以 α_{01} 角度所对应的截面上作用着 $\sigma_{\min}$ 亦即 σ_3。根据主应力的方向不难画出主单元体 1234，见图 7-11（b）。

§7-3 平面应力状态分析的图解法

一、应力圆方程

前面讨论指出，平面应力状态下，斜截面 ef 上的应力 σ_α、τ_α 可由式（7-3）和式（7-4）计算。这两个公式可以看作是以 α 为参数的参数方程。那么 σ_α、τ_α 之间又存在什么关系？这是本节讨论的内容。

为了消去参数 α，将式（7-3）和式（7-4）改写成

$$\sigma_\alpha - \frac{\sigma_x + \sigma_y}{2} = \frac{\sigma_x - \sigma_y}{2}\cos 2\alpha - \tau_{xy}\sin 2\alpha \qquad (a)$$

$$\tau_\alpha - 0 = \frac{\sigma_x - \sigma_y}{2}\sin 2\alpha + \tau_{xy}\cos 2\alpha \qquad (b)$$

将式(a)和式(b)等号两边平方，然后相加便可消去 α，可得

$$\left(\sigma_\alpha - \frac{\sigma_x + \sigma_y}{2}\right)^2 + \tau_\alpha^2 = \left(\frac{\sigma_x - \sigma_y}{2}\right)^2 + \tau_{xy}^2 \tag{7-12}$$

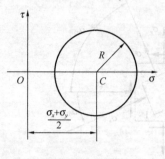

图 7-12 应力圆

可以看出，在以 σ 为横坐标轴，τ 为纵坐标轴的平面内，式 (7-12) 的轨迹为圆，如图 7-12 所示，其圆心 C 坐标为 $\left(\frac{\sigma_x + \sigma_y}{2}, 0\right)$，半径为 $R = \sqrt{\left(\frac{\sigma_x - \sigma_y}{2}\right)^2 + \tau_{xy}^2}$，此圆称为**应力圆**或**莫尔圆**，由德国工程师 Otto Mohr (1835—1918) 提出。式 (7-12) 称为应力圆方程。

应力圆方程表明：圆周上任一点的横坐标和纵坐标值，分别表示单元体中任一斜截面上的正应力 σ_α 和切应力 τ_α 的值。

二、应力圆的作法

设已知平面应力状态（图 7-13a）的应力分量 σ_x、σ_y 和 τ_{xy}，现在作该应力状态的应力圆。作法如下：

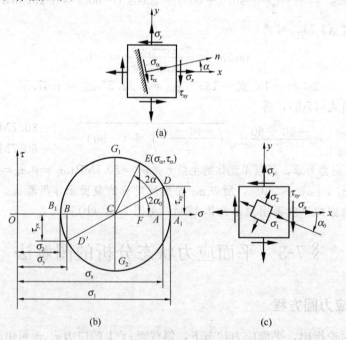

图 7-13 应力圆的作法

(1) 建立 $\sigma\tau$ 直角坐标轴系，σ 轴以向右为正，τ 轴以向上为正。

(2) 按一定比例，根据 x 截面上应力 (σ_x, τ_{xy}) 在 $\sigma\tau$ 坐标系中定出一点 D（D 点的横坐标 $\overline{OA} = \sigma_x$，纵坐标 $\overline{AD} = \tau_{xy}$）；根据 y 截面上应力 $(\sigma_y, -\tau_{yx})$ 在 $\sigma\tau$ 坐标系中定出一点 D'（D' 点的横坐标 $\overline{OB} = \sigma_y$，纵坐标 $\overline{BD'} = -\tau_{yx}$）。（不失一般性，这里作图时假设 $\sigma_x > \sigma_y > 0$，$\tau_{xy} > 0$。）

第7章 应力状态和强度理论

（3）连接 D 和 D' 交 σ 轴于 C 点，以 C 点为圆心、CD 或 CD' 为半径作圆，即为应力圆。这个圆就是根据方程式（7-12）所画出的应力圆（图7-13b）。

单元体和应力圆之间存在如下对应关系：（1）点面相对应，单元体上一个面上的应力和应力圆上一个点的纵横坐标相对应，即点面相对应；（2）应力圆上两倍角对应，单元体中 x 截面和 y 截面相互垂直，而在应力圆中与其对应的点 D 和 D' 恰是直径的两个端点，两点沿圆弧所夹的圆心角为 $180°$，即应力圆上两倍角对应。

圆心坐标：圆心 C 在 σ 轴上，$\overline{OC}=\overline{OB}+\overline{BC}$，因为 $\overline{OB}=\sigma_y$，$\overline{BC}=\overline{CA}=\dfrac{1}{2}(\sigma_x-\sigma_y)$，所以 $\overline{OC}=\sigma_y+\dfrac{\sigma_x-\sigma_y}{2}=\dfrac{\sigma_x+\sigma_y}{2}$，即圆心坐标为 $\left(\dfrac{\sigma_x+\sigma_y}{2},\ 0\right)$。

半径 R 的大小：在 $\triangle CDA$ 中，$\overline{CA}=\dfrac{\sigma_x-\sigma_y}{2}$，$\overline{AD}=\tau_{xy}$，即圆心半径为

$$R=\overline{CD}=\overline{CD'}=\sqrt{\overline{CA}^2+\overline{AD}^2}=\sqrt{\left(\dfrac{\sigma_x-\sigma_y}{2}\right)^2+\tau_{xy}^2}$$

依此方法所作的应力圆圆心坐标和半径的大小均与式（7-12）应力圆方程中的圆心坐标和半径的大小相等，因此所作的圆是正确。

三、利用应力圆确定斜截面上的应力

对于任意 α 斜截面，其上的应力很容易从应力圆上量取。如果 α 为正，将应力圆上的点 D 沿圆周逆时针旋转 2α 角，所得到的点 E（σ_α，τ_α）的坐标即是该截面上的应力 σ_α、τ_α（图7-13a、b）；如果 α 为负，则将应力圆上的点 D 沿圆周顺时针旋转 2α 角即可。

证明如下

$$\sigma_\alpha = \overline{OF} = \overline{OC}+\overline{CF} = \overline{OC}+\overline{CE}\cos(2\alpha+2\alpha_0) = \overline{OC}+\overline{CD}\cos(2\alpha+2\alpha_0)$$

$$= \dfrac{\sigma_x+\sigma_y}{2}+\overline{CD}(\cos2\alpha\cos2\alpha_0-\sin2\alpha\sin2\alpha_0) = \dfrac{\sigma_x+\sigma_y}{2}+\overline{CA}\cos2\alpha-\overline{AD}\sin2\alpha$$

$$= \dfrac{\sigma_x+\sigma_y}{2}+\dfrac{\sigma_x-\sigma_y}{2}\cos2\alpha-\tau_{xy}\sin2\alpha$$

$$\tau_\alpha = \overline{FE} = \overline{CE}\sin(2\alpha+2\alpha_0) = \overline{CD}\sin(2\alpha+2\alpha_0) = \overline{CA}\sin2\alpha+\overline{AD}\cos2\alpha$$

$$= \dfrac{\sigma_x-\sigma_y}{2}\sin2\alpha+\tau_{xy}\cos2\alpha$$

可见，E 点的坐标的确就是 α 斜截面上的应力。

四、利用应力圆确定主应力大小和主平面方位

从图7-13（b）中可以看出，应力圆和 σ 轴相交于 A_1、B_1 两点，由于这两点的纵坐标都为零，即切应力为零，因此，A_1、B_1 两点就是对应着单元体中的两个主平面。它们的横坐标就是单元体中对应于两个主平面上的主应力

$$\sigma_1 = \overline{OA_1} = \overline{OC}+\overline{CA_1} = \dfrac{\sigma_x+\sigma_y}{2}+\sqrt{\left(\dfrac{\sigma_x-\sigma_y}{2}\right)^2+\tau_{xy}^2} = \sigma_{\max}$$

$$\sigma_2 = \overline{OB_1} = \overline{OC} - \overline{B_1C} = \frac{\sigma_x + \sigma_y}{2} - \sqrt{\left(\frac{\sigma_x - \sigma_y}{2}\right)^2 + \tau_{xy}^2} = \sigma_{\min}$$

对于图 7-13（b）、(c) 的情形，$\sigma_{\max} = \sigma_1$，$\sigma_{\min} = \sigma_2$，$\sigma_3 = 0$。

根据"转向相同，夹角两倍"的关系，主平面的位置也可以由应力圆来确定。将应力圆上 D 点顺时针转 $2\alpha_0$，便得到 A_1 点。对应单元体，将 x 截面顺时针转 α_0，就得到了 σ_1 的作用面。因为 A_1、B_1 是应力圆的两个端点，所以 σ_1 的作用面必与 σ_2 的作用面相垂直。在确定了 σ_1 的作用面后，σ_2 的作用面也就被确定了（图 7-13c）。

五、利用应力圆确定极值切应力与极值切应力所在平面的方位

应力圆上的最高点 G_1 和最低点 G_2（图 7-13b）的纵坐标值分别表示应力圆中最大切应力和最小切应力。即极值切应力

$$\left.\begin{array}{r}\tau_{\max}\\ \tau_{\min}\end{array}\right\} = \pm R = \pm\sqrt{\left(\frac{\sigma_x - \sigma_y}{2}\right)^2 + \tau_{xy}^2} = \frac{\sigma_{\max} - \sigma_{\min}}{2}$$

因为 G_1 和 G_2 是直径的两端，所以 $\tau_{\max}$ 和 $\tau_{\min}$ 的作用面相互垂直。另外，由应力圆可见，因为 G_1A_1 所对应的圆心角是 $90°$，所以极值切应力作用面与主应力作用面相差 $45°$。此结论和解析法结论完全一致。

【例 7-6】 已知平面应力状态如图 7-14（a）所示（单位：MPa）。试用应力圆求：(1) 斜面上的应力，并在图中表示；(2) 主应力大小及方位并绘出主应力单元体；(3) 极值切应力及其所在平面的单元体。

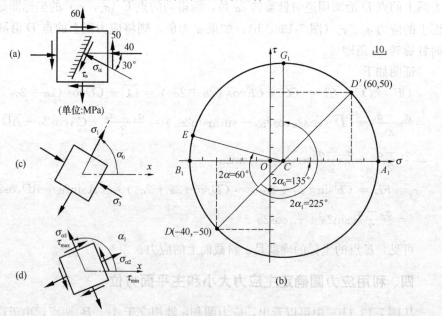

图 7-14 例 7-6 图

【解】 (1) 按选定比例尺作应力圆。在 $\sigma\tau$ 坐标系中，以 x 面上的应力：$\sigma_x = -40$MPa 和 $\tau_{xy} = -50$MPa 定出 D 点，以 y 面上的应力 $\sigma_y = 60$MPa 和 $\tau_{yx} = 50$MPa 定出 D' 点。然后连接 D 和 D' 两点，交 σ 轴于 C 点。以 C 点为圆心，以

$\overline{CD}$ 为半径作圆，即为所求的应力圆，如图 7-14（b）所示。

（2）确定 $\alpha=-30°$ 斜截面上的应力

以应力圆上 D 点为基准，沿圆弧顺时针转 $2\alpha=60°$ 的圆心角得到 E 点，E 点的横坐标和纵坐标值就是斜截面上正应力和切应力值。按选定的比例尺量得此点的坐标后可知

$$\sigma_{-30°}=-58\text{MPa}, \tau_{-30°}=18\text{MPa}$$

$\sigma_{-30°}$、$\tau_{-30°}$ 均表示于图 7-14（a）中。

（3）主应力及主单元体

应力圆与 σ 轴相交于 A_1、B_1 两点。A_1、B_1 两点的坐标值即为主应力值。由应力圆得

$$\sigma_1=80\text{MPa},\ \sigma_2=0,\ \sigma_3=-60\text{MPa}$$

为了确定主平面方位，可由 CD 量到 CA_1（或由 CD 量到 CB_1）得

$$2\alpha_0=135°,\ \alpha_0=67.5°\ (\sigma_1\text{ 与 }x\text{ 轴的夹角})$$

主应力及主单元体表示于图 7-14（c）中。

（4）极值切应力及其作用面

应力圆中点 G_1 的纵坐标，即为最大切应力值。由图可量到：$\tau_{\max}=70\text{MPa}$。G_1 的横坐标，即为极值切应力所在平面上的正应力，为 $\sigma_{a1}=10\text{MPa}$。

极值切应力平面的方位也可由 CD 量到 CG_1 而得

$$2\alpha_1=225°,\ \alpha_1=112.5°$$

极值切应力及其作用面均表示于图 7-14（d）中。

【例 7-7】 在下一章要讨论的弯扭组合变形中，经常会遇到图 7-15（a）所示的应力状态。设已知 σ、τ，试确定主应力大小和主平面的方位。

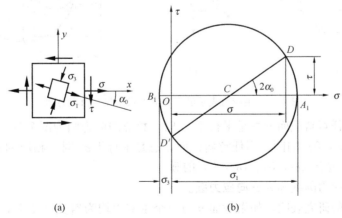

图 7-15　例 7-7 图

【解】 若采用解析法求解，由单元体的应力状态可知：

$$\sigma_x=\sigma, \tau_{xy}=\tau, \sigma_y=0, \tau_{yx}=-\tau$$

将其数值代入式（7-8），可得

$$\left.\begin{array}{r}\sigma_1\\\sigma_3\end{array}\right\}=\frac{\sigma}{2}\pm\sqrt{\left(\frac{\sigma}{2}\right)^2+\tau^2}$$

由于在根号前取"一"号的主应力总为负值,即总为压应力,故记为 σ_3。

由式(7-7)可以确定主平面的位置为

$$\tan 2\alpha_0 = -\frac{2\tau}{\sigma}$$

作为分析计算的辅助,可同时作出应力圆的草图(图7-15b),以检查计算结果有无错误。

§7-4 三向应力状态分析简介

用任意单元体进行空间应力状态分析已经超出了本书所涉及的范围,本节仅介绍由主单元体绘制应力圆及其确定极值应力的方法。

一、三向应力圆

考虑图 7-16(a)所示的主单元体,设主应力 σ_1、σ_2、σ_3 为已知。首先考察与 σ_3 平行的任意斜截面 n(其法线 n 垂直于 σ_3)上的应力。用截面 n 截取分离体,如图 7-16(b)所示,因为 σ_3 所在的两截面上的力自相平衡,所以截面 n 上的应力与 σ_3 无关,由 σ_1、σ_2 按二向应力状态作应力圆,即图 7-16(c)中过点 $(\sigma_1, 0)$、$(\sigma_2, 0)$ 的圆。

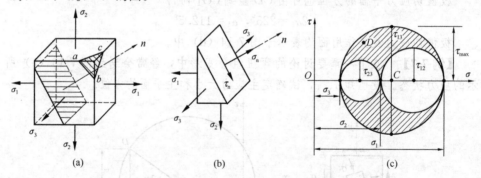

图 7-16　主应力表示的三向应力状态和三向应力圆

同理,任意斜截面 n 总是平行于 σ_1 时,相应的应力圆为图 7-16(c)中过点 $(\sigma_2, 0)$、$(\sigma_3, 0)$ 的圆;当任意斜截面 n 总是平行于 σ_2 时,相应的应力圆为图 7-16(c)中过点 $(\sigma_1, 0)$、$(\sigma_3, 0)$ 的圆。

这三个应力圆统称为**三向应力圆**。

进一步的研究表明,如果截面 n 与三个主应力均为斜交(图 7-16a 中 abc 截面),则与截面上应力 σ 和 τ 对应的 D 点必定落在三个应力圆所围的区域,即图 7-16(c)中的阴影区内。

综上所述,单元体任一斜截面在 $\sigma\tau$ 坐标系中对应的点,必定在三个应力圆所围的闭合区域上。

一般情况下,空间应力状态的三向应力圆由三个圆构成,但要注意两种特殊情况:当有两个主应力相等时,如单向应力状态时,其三向应力圆退化为一个圆;当三个主应力都相等时,其三向应力圆退化为一个点,称为**点圆**。

二、一点的最大应力

从三个应力圆中可以看出,单元体内(一点)的最大正应力和最小正应力分别为

$$\sigma_{\max} = \sigma_1, \sigma_{\min} = \sigma_3 \tag{7-13}$$

由 σ_1 和 σ_3 所作的应力圆是最大应力圆,工程上最感兴趣的就是最大应力圆。对应三个应力圆可以找到三对极值切应力,它们分别是

$$\tau_{12} = \pm \frac{\sigma_1 - \sigma_2}{2}$$

$$\tau_{23} = \pm \frac{\sigma_2 - \sigma_3}{2}$$

$$\tau_{13} = \pm \frac{\sigma_1 - \sigma_3}{2}$$

一点的最大切应力值等于最大应力圆的半径,即

$$\tau_{\max} = \frac{\sigma_1 - \sigma_3}{2} \tag{7-14}$$

$\tau_{\max}$ 作用面与主应力 σ_2 的作用面垂直,与主应力 σ_1 和 σ_3 的方向呈 45°角,即平行于 σ_2 所有截面上的最大切应力 $\tau_{\max} = \tau_{13}$ 作用在与 σ_1 和 σ_3 呈 45°的斜截面上,如图 7-17 (a) 所示;平行于 σ_3 所有截面上的最大切应力 τ_{12} 作用在与 σ_1 和 σ_2 呈 45°的斜截面上,如图 7-17 (b) 所示;而平行于 σ_1 所有截面上的最大切应力 τ_{23} 作用在与 σ_2 和 σ_3 呈 45°的斜截面上,如图 7-17 (c) 所示。

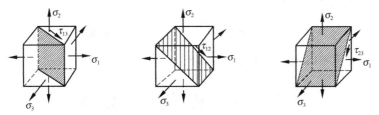

(a) 平行 σ_2 截面上的最大切应力 τ_{13} (b) 平行 σ_3 截面上的最大切应力 τ_{12} (c) 平行 σ_1 截面上的最大切应力 τ_{23}

图 7-17 最大切应力及作用面

需要指出:(1) 在求二向应力状态的最大切应力时,应视为特殊的空间应力状态,用公式 (7-14) 求解。

(2) 如果已知的不是主单元体,则可通过式 (7-8) 来求解主应力,继而作出三向应力圆。

【例 7-8】 如图 7-18 (a) 所示应力状态,$\sigma_x = 80\text{MPa}$,$\tau_{xy} = 35\text{MPa}$,$\sigma_y = 20\text{MPa}$,应力 $\sigma_z = -40\text{MPa}$,试画出三向应力圆,并求主应力、最大正应力和最大切应力。

【解】 (1) 画三向应力圆

对于图示单元体应力状态,σ_z 是主应力,其他两个主应力则可由 σ_x、τ_{xy} 与 σ_y 按二向应力状态方法作应力圆,如图 7-18 (b) 所示。

在 $\sigma\tau$ 平面内,如图 7-18 (c) 所示,由坐标 (80,35) 与 (20,-35) 分别确

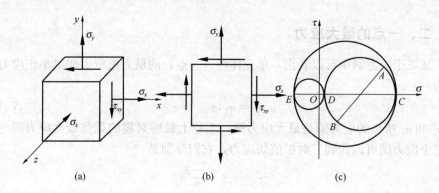

图 7-18 例 7-8 图

定 A 和 B 点,然后,以 AB 为直径画圆并与 σ 轴相交于 C 和 D,其横坐标分别为
$$\sigma_C = 96.1\text{MPa}, \quad \sigma_D = 3.9\text{MPa}$$

取 $E(-40, 0)$ 对应于主平面 z,于是,分别以 ED 及 EC 为直径画圆,即得三向应力圆。

(2) 确定主应力、最大正应力

σ_1、σ_2、σ_3 分别为点 C、D 和 E 的横坐标,从图 7-18(c)中量到三个主应力为
$$\sigma_1 = \sigma_C = 96.1\text{MPa}, \quad \sigma_2 = \sigma_D = 3.9\text{MPa}, \quad \sigma_3 = \sigma_E = -40\text{MPa}$$

最大正应力为
$$\sigma_{\max} = \sigma_1 = 96.1\text{MPa}$$

(3) 确定最大切应力
$$\tau_{\max} = \frac{\sigma_1 - \sigma_3}{2} = \frac{96.1 + 40.0}{2} = 68.1\text{MPa}$$

也可通过量取最大应力圆的半径得到。

§7-5 广义胡克定律

一、广义胡克定律

在研究轴向拉伸和压缩时已知,在线弹性范围内,应力与应变成正比 $\sigma = E\varepsilon$,而纵向应变 ε 和横向应变存在如下关系:$\varepsilon' = -\mu\varepsilon = -\mu\dfrac{\sigma}{E}$;扭转纯剪切有 $\tau = G\gamma$,这些关系式都称为胡克定律。对于复杂(三向)应力状态下的应力和应变关系——广义胡克定律,是本节主要讨论的问题。

可以证明:对于各向同性材料,在线弹性范围内、小变形条件下,正应力只引起线应变,而与切应力无关;切应力只引起同一平面内的切应变,而与正应力无关;对于一个如图 7-19(a)所示的一般三向应力状态的单元体,各平面上作用的不仅有正应力,而且还有切应力。可将其看作是三组单向应力与三组纯剪切的组合,分别进行计算,然后将相应结果进行叠加。

先讨论由正应力引起的正应变(线应变),如图 7-20 所示。

第 7 章 应力状态和强度理论

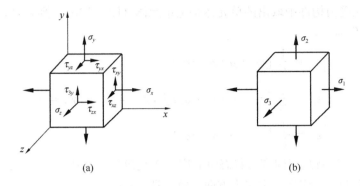

图 7-19 空间一般应力状态和主应力表示的三向应力状态单元体

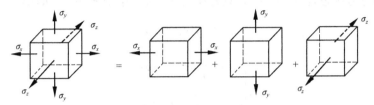

图 7-20 单向应力状态的叠加

在 σ_x 单独作用下,单元体沿 x 向伸长,沿 y、z 方向缩短,三个方向的应变为

$$\varepsilon'_x = \frac{\sigma_x}{E}, \varepsilon'_y = -\mu\varepsilon'_x = -\mu\frac{\sigma_x}{E}, \varepsilon'_z = -\mu\varepsilon'_x = -\mu\frac{\sigma_x}{E}$$

在 σ_y 单独作用下,单元体沿 y 向伸长,沿 x、z 方向缩短,三个方向的应变为

$$\varepsilon''_x = -\mu\varepsilon_y = -\mu\frac{\sigma_y}{E}, \varepsilon''_y = \frac{\sigma_y}{E}, \varepsilon''_z = -\mu\varepsilon_y = -\mu\frac{\sigma_y}{E}$$

在 σ_z 单独作用下,单元体沿 z 向伸长,沿 x、y 方向缩短,三个方向的应变为

$$\varepsilon'''_x = -\mu\varepsilon_y = -\mu\frac{\sigma_z}{E}, \varepsilon'''_y = -\mu\varepsilon_z = -\mu\frac{\sigma_z}{E}, \varepsilon'''_z = \frac{\sigma_z}{E}$$

则在 σ_x、σ_y、σ_z 共同作用下,单元体沿 x、y、z 方向的线应变为

$$\begin{cases} \varepsilon_x = \varepsilon'_x + \varepsilon''_x + \varepsilon'''_x = \frac{1}{E}[\sigma_x - \mu(\sigma_y + \sigma_z)] \\ \varepsilon_y = \frac{1}{E}[\sigma_y - \mu(\sigma_z + \sigma_x)] \\ \varepsilon_z = \frac{1}{E}[\sigma_z - \mu(\sigma_x + \sigma_y)] \end{cases} \quad (7-15)$$

在 xOy、yOz、zOx 三个平面内的切应变分别为

$$\gamma_{xy} = \frac{\tau_{xy}}{G}, \gamma_{yz} = \frac{\tau_{yz}}{G}, \gamma_{zx} = \frac{\tau_{zx}}{G} \quad (7-16)$$

式 (7-15) 和式 (7-16) 称为一般形式单元体的广义胡克定律。注意,式 (7-15) 中的 x、y、z 只代表互相垂直的三个方向,不一定非坐标轴不可。

对于平面应力状态 ($\sigma_z = 0$,$\tau_{yz} = \tau_{zx} = 0$),应力与应变关系则为

$$\begin{cases} \varepsilon_x = \frac{1}{E}(\sigma_x - \mu\sigma_y) \\ \varepsilon_y = \frac{1}{E}(\sigma_y - \mu\sigma_x) \quad \gamma_{xy} = \frac{1}{G}\tau_{xy} \\ \varepsilon_z = -\frac{\mu}{E}\sigma_x + \sigma_y \end{cases} \quad (7-17)$$

如果从受力构件中取出的单元体是主单元体（图 7-19b），则式（7-15）和式（7-16）可化为

$$\begin{cases} \varepsilon_1 = \dfrac{1}{E}[\sigma_1 - \mu(\sigma_2 + \sigma_3)] \\ \varepsilon_2 = \dfrac{1}{E}[\sigma_2 - \mu(\sigma_3 + \sigma_1)] , \gamma_{xy} = \gamma_{yz} = \gamma_{zx} = 0 \\ \varepsilon_3 = \dfrac{1}{E}[\sigma_3 - \mu(\sigma_1 + \sigma_2)] \end{cases} \quad (7\text{-}18)$$

式（7-18）就是三向应力状态时的广义胡克定律。式中 ε_1、ε_2、ε_3 称为主应变。可以证明，主应变与主应力方向一致，且 $\varepsilon_1 \geqslant \varepsilon_2 \geqslant \varepsilon_3$。

二向应力状态时（$\sigma_3 = 0$），只要在式（7-18）中令 $\sigma_3 = 0$，即得

$$\begin{cases} \varepsilon_1 = \dfrac{1}{E}(\sigma_1 - \mu\sigma_2) \\ \varepsilon_2 = \dfrac{1}{E}(\sigma_2 - \mu\sigma_1) \\ \varepsilon_3 = -\dfrac{\mu}{E}(\sigma_1 + \sigma_2) \end{cases} \quad (7\text{-}19)$$

式（7-19）也可以写成由主应变表示正应力的形式

$$\sigma_1 = \dfrac{E}{1-\mu^2}(\varepsilon_1 + \mu\varepsilon_2)$$
$$\sigma_2 = \dfrac{E}{1-\mu^2}(\varepsilon_2 + \mu\varepsilon_1) \quad (7\text{-}20)$$

需要说明：如果单元体在某一个方向没有应变，例如，$\varepsilon_z = 0$，这样的二向应力状态称为**平面应变状态**。对于平面应变状态，$\varepsilon_z = 0$，$\sigma_z = -\mu(\sigma_x + \sigma_y)$。

二、体积应变

构件受力变形后，通常会有体积变化。物体内一点处单位体积的改变量，称为该点处的体积应变，用 θ 表示。对于图 7-21 所示的主单元体，设变形前三个边长分别为 dx、dy 和 dz，其体积为

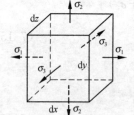

图 7-21 主单元体

$$dV_0 = dxdydz$$

变形后的边长分别为 $dx(1+\varepsilon_1)$，$dy(1+\varepsilon_2)$ 和 $dz(1+\varepsilon_3)$，因此，变形后的体积为

$$dV = (1+\varepsilon_1)(1+\varepsilon_2)(1+\varepsilon_3)dxdydz$$
$$\approx [1 + (\varepsilon_1 + \varepsilon_2 + \varepsilon_3)]dxdydz$$

在小变形条件下可略去高阶小量，体积应变为

$$\theta = \dfrac{dV - dV_0}{dV_0} = \dfrac{(1+\varepsilon_1)dx(1+\varepsilon_2)dy(1+\varepsilon_3)dz}{dxdydz}$$
$$= \varepsilon_1 + \varepsilon_2 + \varepsilon_3 + \varepsilon_1\varepsilon_2 + \varepsilon_2\varepsilon_3 + \varepsilon_3\varepsilon_1 + \varepsilon_1\varepsilon_2\varepsilon_3$$
$$= \varepsilon_1 + \varepsilon_2 + \varepsilon_3$$

将广义胡克定律的式（7-18）代入上式，可得

$$\theta = \frac{1-2\mu}{E}(\sigma_1 + \sigma_2 + \sigma_3) = \frac{3(1-2\mu)}{E} \cdot \frac{\sigma_1 + \sigma_2 + \sigma_3}{3} = K^{-1}\sigma_m \quad (7\text{-}21)$$

也就是

$$\sigma_m = K\theta \quad (7\text{-}22)$$

式（7-22）就称为**体积胡克定律**，式中 $\sigma_m = \frac{\sigma_1 + \sigma_2 + \sigma_3}{3}$ 是三个主应力的平均值，$K = \frac{E}{3(1-2\mu)}$ 称为体积弹性模量。

【**例 7-9**】 如图 7-22（a）所示槽形刚体，其内放置一边长为 $a=10\text{mm}$ 的正方体钢块，钢块顶面承受合力为 $F=8\text{kN}$ 的均布压力作用。试求钢块的三个主应力，已知材料的弹性模量 $E=200\text{GPa}$，泊松比 $\mu=0.3$。

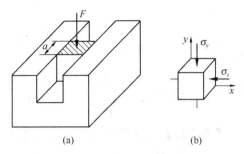

图 7-22 例 7-9 图

【**解**】 在压力 F 作用下，钢块除顶面直接受压外，因其侧向（x 方向）变形受阻，同时引起侧向压应力 σ_x，如图 7-22（b）所示，即钢块处于二向应力状态，而且

$$\varepsilon_x = 0$$

钢块顶面的压应力为

$$\sigma_y = \frac{F}{a^2} = \frac{8 \times 10^3}{0.010^2} = 8.0 \times 10^7 \text{Pa}$$

根据广义胡克定律

$$\varepsilon_x = -\frac{\sigma_x}{E} + \frac{\mu\sigma_y}{E} = 0$$

解得

$$\sigma_x = \mu\sigma_y = 0.3 \times (8.0 \times 10^7) = 2.4 \times 10^7 \text{Pa（压应力）}$$

可见，相应主应力为

$$\sigma_1 = 0, \quad \sigma_2 = -24\text{MPa}, \quad \sigma_3 = -80\text{MPa}$$

【**例 7-10**】 一直径 $d=20\text{mm}$ 的实心圆轴如图 7-23（a），在轴的两端加外力偶矩 $M_e = 126\text{N} \cdot \text{m}$。在轴的表面上某点 A 处用应变仪测出与轴线呈 $-45°$方向的应变 $\varepsilon = 5.0 \times 10^{-4}$。试求此圆轴材料的剪切弹性模量 G。

【**解**】 圆轴受扭转时，从轴表面上 A 点处取出主单元体，如图 7-23（b）所示在 A 点处沿 $-45°$方向测出的应变即是沿主应力 σ_1 方向的主应变 $\varepsilon = 5.0 \times 10^{-4}$。根据纯剪切的应力圆，知道三个主应力是 $\sigma_1 = \tau$，$\sigma_2 = 0$，$\sigma_3 = -\tau$，而切应力 τ 是横截面上边缘处的最大切应力，其值等于 M_e/W_p。

把三个主应力值代入式（7-18）的第 1 式，可得

$$\varepsilon_1 = \frac{1}{E}(\sigma_1 - \mu\sigma_3) = \frac{1+\mu}{E}\tau = \frac{1+\mu}{E} \cdot \frac{M_e}{W_p} \quad (a)$$

因为弹性模量 E、剪切弹性模量 G 和泊松比 μ 之间存在下列关系式

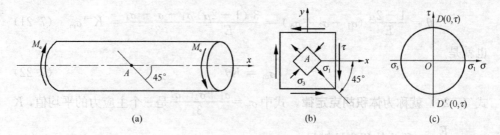

图 7-23 例 7-10 图

$$G = \frac{E}{2(1+\mu)}$$

将上式代入式 (a),得

$$G = \frac{1}{2\varepsilon_1} \cdot \frac{T}{W_p} = \frac{1}{2\varepsilon_1} \cdot \frac{M_e}{\frac{\pi}{16}d^3} = \frac{8 \times 126 \times 10^3}{5 \times 10^{-4} \times \pi \times 20^3} = 8.02 \times 10^4 \text{MPa} = 80.2 \text{GPa}$$

【例 7-11】 图 7-24 (a) 所示钢拉杆的横截面直径 $d = 20\text{mm}$,材料的弹性模量 $E = 200\text{GPa}$,泊松比 $\mu = 0.3$,现测得 C 点处与水平线呈 60°方向的正应变 $\varepsilon_{60°} = 410 \times 10^{-4}$。试求轴向拉力 F。

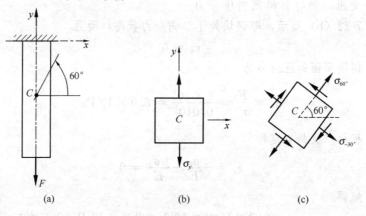

图 7-24 例 7-11 图

【解】 杆受轴向拉力作用,杆内任一点的应力状态为单向拉伸应力状态。现取 C 点的两个单元体,分别如图 7-24 (b)、(c) 所示。

图 7-24 (b) 中的单元体的应力分量为 $\sigma_x = 0$,$\tau_{xy} = 0$,σ_y 为未知。代入斜截面应力公式 (7-3),可计算图 7-24 (c) 所示单元体两个相互垂直面上的正应力,得

$$\sigma_{60°} = \frac{\sigma_y}{2} - \frac{\sigma_y}{2}\cos(2 \times 60°) = \frac{3}{4}\sigma_y, \quad \sigma_{-30°} = \frac{\sigma_y}{2} - \frac{\sigma_y}{2}\cos[2 \times (-30°)] = \frac{\sigma_y}{4}$$

则由广义胡克定律式 (7-17),得

$$\varepsilon_{60°} = \frac{1}{E}(\sigma_{60°} - \mu\sigma_{-30°}) = \frac{1}{E}\left(\frac{3}{4}\sigma_y - \mu\frac{1}{4}\sigma_y\right) = \frac{3-\mu}{4E}\sigma_y$$

所以有

$$\sigma_y = \frac{4E}{3-\mu}\varepsilon_{60°}$$

钢杆所承受的轴向拉力 F 为

$$F = \sigma_y A = \sigma_y \frac{\pi d^2}{4} = \frac{\pi E d^2}{3-\mu}\varepsilon_{60°}$$

$$= \frac{\pi(200 \times 10^3 \text{MPa})(20\text{mm})^2}{3-0.3} \times 410 \times 10^{-6} = 38.2 \times 10^3 \text{N} = 38.2 \text{kN}$$

需要指出：广义胡克定律式（7-17）中的 x、y 仅表示两个相互垂直的方向。因此，本题直接将式（7-17）中的 x、y 换为 $60°$、$-30°$ 进行计算。

*§7-6 由测点处的正应变确定应力状态

工程中广泛应用电阻应变测量法确定构件表面的应力状态。基本做法是，首先在需要关注的构件区域粘贴应变计，然后施加荷载，即可测量出某些方向上的正应变。已知一点处某些方向的正应变后，借助于广义胡克定律即可确定测量点的应力状态。

构件表面上的点一般是二向应力状态。如果该处的主方向未知，要确定一点的应力状态，需要知道三个不同方向上的正应变。设已测得构件表面一点 O 处与 x 轴夹角为 β_1、β_2、β_3 三个方向（图 7-25）的正应变 ε_{β_1}、ε_{β_2}、ε_{β_3}。则由广义胡克定律式（7-17）有

$$\varepsilon_{\beta i} = \frac{1}{E}(\sigma_{\beta i} - \mu \sigma_{\beta i+90°}) \quad (i=1,2,3) \tag{7-23}$$

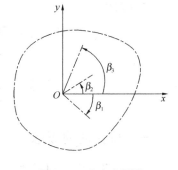

图 7-25 主应变测量

式中，$\sigma_{\beta i}$ 和 $\sigma_{\beta i+90°}$ 分别为与 $\varepsilon_{\beta i}$ 测量方向垂直和平行的两个斜截面上的正应力，它们与该点应力分量 σ_x、σ_y、τ_{xy} 间的关系为

$$\left.\begin{matrix}\sigma_{\beta i}\\ \sigma_{\beta i+90°}\end{matrix}\right\} = \frac{\sigma_x+\sigma_y}{2} \pm \frac{\sigma_x-\sigma_y}{2}\cos 2\beta_i \mp \tau_{xy}\sin 2\beta_i \quad (i=1,2,3) \tag{7-24}$$

将这些应力代入方程组（式 7-23），联立解出 σ_x、σ_y、τ_{xy}，该点的应力状态即被确定。

【例 7-12】 用三栅 $45°$ 应变花可测定图 7-26 中一点 C 处三个方向的正应变 ε_x、ε_y、$\varepsilon_{45°}$，试确定该点的主应力。

【解】（1）确定 σ_x、σ_y、σ_{xy}。

由斜截面应力公式（7-3）和式（7-5），得

$$\left.\begin{matrix}\sigma_{45°}\\ \sigma_{135°}\end{matrix}\right\} = \frac{\sigma_x+\sigma_y}{2} \mp \tau_{xy}$$

代入广义胡克定律 $\varepsilon_{45°} = \frac{1}{E}(\sigma_{45°}-\mu\sigma_{135°})$，得

$$\varepsilon_{45°} = \frac{1}{E}\left[\frac{1-\mu}{2}(\sigma_x+\sigma_y)-(1+\mu)\tau_{xy}\right] \tag{7-25a}$$

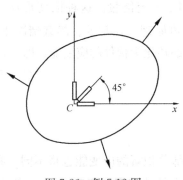

图 7-26 例 7-12 图

另有

$$\varepsilon_x = \frac{1}{E}(\sigma_x - \mu \sigma_y) \tag{7-25b}$$

$$\varepsilon_y = \frac{1}{E}(\sigma_y - \mu \sigma_x) \tag{7-25c}$$

联立式 (7-25a~c)，解得

$$\sigma_x = \frac{E}{1-\mu^2}(\varepsilon_x + \mu \varepsilon_y), \sigma_y = \frac{E}{1-\mu^2}(\varepsilon_y + \mu \varepsilon_x), \tau_{xy} = \frac{E}{1-\mu}\left(\frac{\varepsilon_y + \varepsilon_x}{2} - \mu \varepsilon_{45°}\right) \tag{7-25d}$$

(2) 确定主应力。位于 $x-y$ 平面内的主应力

$$\left.\begin{array}{c}\sigma_{\max}\\\sigma_{\min}\end{array}\right\} = \frac{\sigma_x + \sigma_y}{2} \pm \sqrt{\left(\frac{\sigma_x - \sigma_y}{2}\right)^2 + \tau_{xy}^2} \tag{7-25e}$$

$$= \frac{E}{2}\left(\frac{\varepsilon_x + \varepsilon_y}{1-\mu} \pm \frac{1}{1+\mu}\sqrt{(\varepsilon_x - \varepsilon_y)^2 + (\varepsilon_x + \varepsilon_y - 2\varepsilon_{45°})^2}\right)$$

主方向为

$$\alpha_0 = \frac{1}{2}\arctan\frac{-2\tau_{xy}}{\sigma_x - \sigma_y} = \frac{1}{2}\arctan\frac{-(\varepsilon_x + \varepsilon_y - 2\varepsilon_{45°})}{\varepsilon_x - \varepsilon_y} \tag{7-25f}$$

*§7-7 应变能密度

一、应变能的概念

弹性体受外力作用时要发生变形。由胡克定律，外力 F 与其变形量 Δ 呈线性关系，如图 7-27 (a) 所示。变形过程中，外力在相应位移上所做的功，记为 W，由定积分，W 应为 $F-\Delta$ 曲线下面的面积，显而易见，有

$$W = \frac{1}{2}F\Delta \tag{7-26}$$

在外力作用下构件发生变形，当外力撤除后，构件恢复其原来形状，可见，构件在外力作用下自身积储了一定能量。这种因变形而积

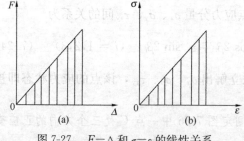

图 7-27 $F-\Delta$ 和 $\sigma-\varepsilon$ 的线性关系

蓄的能量称为**应变能**，用 V_ε 表示。根据能量守恒原理，在常温、静载情况下，可认为弹性变形过程中，外力对构件所做的功全部转化为构件的应变能，即

$$V_\varepsilon = W \tag{7-27}$$

该式称为弹性体的**应变能原理**或**功能原理**。

二、空间应力状态的应变能密度

一般而言，线弹性体各点变形不同，内部各部分积蓄的应变能也将不同。我们将线弹性体内一点处单位体积的应变能称为该点处**应变能密度**，用 v_ε 表示，

$v_\varepsilon = v_\varepsilon(x, y, z)$ 是一个空间分布函数。可用于描述弹性体内应变能的分布。

在弹性体内一点处取一主单元体，沿主方向选取坐标轴，如图 7-28（a）所示。设单元体的三个主应力为 σ_1、σ_2 和 σ_3，对应的主应变是 ε_1、ε_2 和 ε_3。单元体三个棱边长度分别为 dx、dy 和 dz。

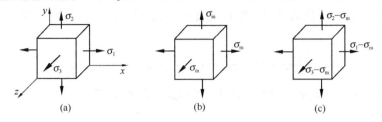

图 7-28　三向应力状态分解为三向等拉和偏斜应力状态

把三个主应力看做外力，假设单元体的三个主应力由零开始按某一比例增加到最后值，那么三个主应变也将成比例增长。现在计算它们对单元体所做的功。三个主应力在单元体的 x、y、z 截面上作用力分别为 $\sigma_1 dydz$、$\sigma_2 dxdz$、$\sigma_3 dxdy$，沿 dx、dy、dz 边的伸长（位移）分别为 $\varepsilon_1 dx$、$\varepsilon_2 dy$、$\varepsilon_3 dz$，则单元体上总的外力功为

$$dW = \frac{1}{2}\sigma_1 dydz \cdot \varepsilon_1 dx + \frac{1}{2}\sigma_2 dxdz \cdot \varepsilon_2 dy + \frac{1}{2}\sigma_3 dxdy \cdot \varepsilon_3 dz$$

$$= \frac{1}{2}(\sigma_1\varepsilon_1 + \sigma_2\varepsilon_2 + \sigma_3\varepsilon_3)dxdydz$$

由式（7-26），单元体内储存的弹性应变能为

$$dV_\varepsilon = dW = \frac{1}{2}(\sigma_1\varepsilon_1 + \sigma_2\varepsilon_2 + \sigma_3\varepsilon_3)dxdydz$$

用体积 $dxdydz$ 去除上式，即得应变能密度

$$v_\varepsilon = \frac{dV_\varepsilon}{dxdydz} = \frac{1}{2}(\sigma_1\varepsilon_1 + \sigma_2\varepsilon_2 + \sigma_3\varepsilon_3) \tag{7-28}$$

将广义胡克定律式（7-18）代入式（7-28），得

$$v_\varepsilon = \frac{1}{2E}\left[\sigma_1^2 + \sigma_2^2 + \sigma_3^2 - 2\mu(\sigma_1\sigma_2 + \sigma_2\sigma_3 + \sigma_3\sigma_1)\right] \tag{7-29}$$

三、体积改变能密度和形状改变能密度（畸变能密度）

进一步分析，图 7-28（a）所示的应力状态可以分解为图 7-28（b）、（c）所示两个应力状态。其中，图 7-28（b）中单元体三个主应力相同，均为平均应力 σ_m，是三向等拉或等压应力状态，也称为广义静水压应力状态。在平均应力作用下，单元体只发生体积改变而不发生形状改变。因此这种情况下的应变能密度称为**体积改变能密度**，用 v_v 表示。令 $\sigma_1 = \sigma_2 = \sigma_3 = \sigma_m$，并代入式（7-29），可得

$$v_v = \frac{3(1-2\mu)}{2E}\sigma_m^2 = \frac{1-2\mu}{6E}(\sigma_1 + \sigma_2 + \sigma_3)^2 \tag{7-30}$$

图 7-28（c）所示单元体的三个主应力由图 7-28（a）中单元体的三个主应力分别减去平均应力得到，称为**偏斜应力**或**应力偏量**状态。用 $\sigma_1' = \sigma_1 - \sigma_m$，$\sigma_2' =$

$\sigma_2 - \sigma_m$ 和 $\sigma_3' = \sigma_3 - \sigma_m$ 表示三个偏斜应力，则很容易计算，$\sigma_1' + \sigma_2' + \sigma_3' = 0$，即三个偏斜应力之和为零。由式 (7-21) 可知，其体积应变为零 ($\theta = 0$)。也就是说，偏斜应力只引起单元体形状改变而不引起体积变化。这种情况下的应变能密度称为**形状改变能密度**或**畸变能密度**，用 v_d 表示，将三个偏斜应力 $\sigma_1' = \sigma_1 - \sigma_m$，$\sigma_1' = \sigma_1 - \sigma_m$ 和 $\sigma_3' = \sigma_3 - \sigma_m$ 代入式 (7-29) 或直接用式 (7-29) 减去式 (7-30)，都可得到

$$v_d = \frac{1+\mu}{6E}\left[(\sigma_1 - \sigma_2)^2 + (\sigma_2 - \sigma_3)^2 + (\sigma_3 - \sigma_1)^2\right] \quad (7\text{-}31)$$

将式 (7-30) 和式 (7-31) 相加可得到式 (7-29)，即

$$v_\varepsilon = v_v + v_d \quad (7\text{-}32)$$

式 (7-32) 表明，一点的应变能密度总可以分解为体积改变能密度与畸变能密度之和。因此，式 (7-32) 称为**应变能密度分解式**。

§7-8 强 度 理 论

一、强度理论概述

前面章节曾讨论过，轴向拉压杆和梁的上、下表面各点的应力状态都是单向应力状态。单向应力状态下，塑性材料的强度失效形式是塑性屈服，即认为当构件中的工作应力 $\sigma = \sigma_s$ 时即失效。据此建立的相应强度条件为

$$\sigma_{\max} \leqslant [\sigma] = \frac{\sigma_s}{n}$$

如果是脆性材料，其强度失效形式是脆性断裂，即认为 $\sigma = \sigma_b$ 时即失效。强度条件为

$$\sigma_{\max} \leqslant [\sigma] = \frac{\sigma_b}{n}$$

受扭转圆轴上各点的应力状态是纯剪切应力状态，对于塑性材料，认为 $\tau = \tau_s$ 时发生失效，其强度条件为

$$\tau_{\max} \leqslant [\tau] = \frac{\tau_s}{n}$$

式中　σ_s、σ_b、τ_s——分别表示材料发生破坏时的应力，称为极限应力。由实验确定。

这些强度条件都是针对简单应力状态提出的，不适用于复杂应力状态。而工程实践中大多数受力构件处于复杂应力状态。如果从主应力来考虑，一般情况下三个主应力 σ_1、σ_2、σ_3 之间可能有各种比值，存在无数个组合。实际上很难用实验方法来测出各种主应力比例下材料的极限应力。所以不可能直接通过实验来获得复杂应力状态下强度条件，必须寻求其他解决问题的途径。

实践表明，材料在常温、静载下主要发生两种形式的强度失效：

1. 脆性断裂

材料无明显的塑性变形即发生突然断裂，断面较粗糙，且多发生在垂直于最

大正应力的截面上,例如铸铁受拉、扭,低温脆断等。关于断裂的强度理论有:最大拉应力理论和最大拉应变理论(最大伸长线应变理论)。

2. 塑性屈服(流动)

材料破坏前发生显著的塑性变形,破坏断面粒子较光滑,且多发生在最大切应力面上,例如低碳钢受拉、扭,铸铁受压。关于屈服的强度理论有:最大切应力理论和畸变能理论(形状改变比能理论)。

根据这两类破坏现象,人们在长期的生产实践中,综合分析材料的失效现象和规律,对强度失效提出各种假说或学说。这些假说或学说认为,材料的失效是应力、应变或应变能等因素引起的。按照这些假说或学说,无论是简单或复杂应力状态,引起失效的因素是相同的。这类假说或学说称为**强度理论**。利用强度理论,便可由简单应力状态的试验结果,建立复杂应力状态的强度条件。

二、四个常用的强度理论

1. 最大拉应力理论(第一强度理论)

这一理论认为,无论材料处于什么应力状态,只要发生脆性断裂,其共同原因都是由于单元体内的最大拉应力 σ_1 达到材料单向拉伸断裂时的最大拉应力,即强度极限 σ_b。根据这一理论,破坏条件为

$$\sigma_1 = \sigma_b \tag{a}$$

将 σ_b 除以安全因数得到许用应力 $[\sigma]$,所以强度条件为

$$\sigma_1 \leqslant [\sigma] = \frac{\sigma_b}{n} \tag{7-33}$$

式中 σ_1 ——构件危险点处的最大拉应力;

$[\sigma]$ ——单向拉伸时材料的许用应力。

试验表明:脆性材料在二向或三向拉伸断裂时,最大拉应力的理论与试验结果相当接近;而当存在压应力时,则只要最大压应力不超过最大拉应力值或超过不多。最大拉应力的理论与试验结果也大致相符。理论缺陷:未考虑 σ_2、σ_3 对断裂的影响。

2. 最大拉应变理论(第二强度理论)

这一理论认为最大拉应变是引起断裂的主要因素。即认为无论是什么应力状态,只要最大拉应变 ε_1 达到材料单向拉伸断裂时的最大拉应变 ε_{1u},材料即发生断裂,断裂条件为

$$\varepsilon_1 = \varepsilon_{1u} \tag{b}$$

由广义胡克定律,得到用主应力表示的断裂条件

$$\varepsilon_1 = \frac{1}{E}[\sigma_1 - \mu(\sigma_2 + \sigma_3)] = \varepsilon_{1u} = \frac{\sigma_b}{E} \tag{c}$$

$$\sigma_1 - \mu(\sigma_2 + \sigma_3) = \sigma_b \tag{d}$$

将 σ_b 除以安全因数得到许用应力 $[\sigma]$,于是按第二强度理论建立的强度条件为

$$\sigma_1 - \mu(\sigma_2 + \sigma_3) \leqslant [\sigma] \tag{7-34}$$

试验表明：脆性材料在双向拉伸压缩应力作用下，且压应力值超过拉应力值时，最大拉应变的理论与试验结果大致相符。此外，这一理论还解释了石料或混凝土等脆性材料在压缩时沿着纵向开裂的断裂破坏现象。理论缺陷：未考虑 ε_2、ε_3 对断裂的影响以及压缩应变的影响。

3. 最大切应力理论（第三强度理论）

这一理论认为最大切应力是引起屈服的主要因素。即无论材料处于什么应力状态，只要最大切应力达到单向拉伸时的最大切应力 τ_s，材料就将发生屈服。根据这一理论，屈服的条件为

$$\tau_{\max} = \tau_s \tag{e}$$

三向应力状态下的最大切应力为

$$\tau_{\max} = \frac{\sigma_1 - \sigma_3}{2} \tag{f}$$

而单向拉伸屈服极限时的最大切应力则为

$$\tau_s = \frac{\sigma_s}{2} \tag{g}$$

将式（f）和式（g）代入式（e），得材料的屈服条件为

$$\frac{\sigma_1 - \sigma_3}{2} = \frac{\sigma_s}{2} \quad 即 \quad \sigma_1 - \sigma_3 = \sigma_s \tag{h}$$

而相应的强度条件为

$$\sigma_1 - \sigma_3 \leqslant [\sigma] \tag{7-35}$$

该理论较为合理地解释了塑性材料的屈服现象。例如，低碳钢拉伸时，沿与轴线呈 $45°$ 的方向出现滑移线就是材料沿 $\tau_{\max}$ 所在平面发生滑移的痕迹。按该理论的计算结果与试验结果比较吻合，而且偏于安全。理论缺陷：未考虑 σ_2 对材料屈服破坏的影响。

4. 畸变能理论（第四强度理论）

该理论认为，畸变能密度是引起材料屈服的主要因素。即无论材料处于何种应力状态，只要畸变能密度 v_d 达到材料单向拉伸屈服时的畸变能密度 v_{ds}，材料就发生屈服，即

$$v_d = v_{ds} \tag{i}$$

按此理论，由于材料单向拉伸屈服时的应力 $\sigma_1 = \sigma_s$，$\sigma_2 = \sigma_3 = 0$，由式 (7-28) 得相应的畸变能密度为

$$v_{ds} = \frac{1+\mu}{6E}(2\sigma_s^2) = \frac{(1+\mu)\sigma_s^2}{3E} \tag{j}$$

将式 (7-28) 和式 (j) 代入式 (i) 可得材料的屈服条件为

$$\sqrt{\frac{1}{2}\left[(\sigma_1 - \sigma_2)^2 + (\sigma_2 - \sigma_3)^2 + (\sigma_3 - \sigma_1)^2\right]} = \sigma_s \tag{k}$$

式（k）也称为米赛斯（Mises）屈服条件，相应的强度条件为

$$\sqrt{\frac{1}{2}\left[(\sigma_1 - \sigma_2)^2 + (\sigma_2 - \sigma_3)^2 + (\sigma_3 - \sigma_1)^2\right]} \leqslant [\sigma] \tag{7-36}$$

大量的试验结果表明，畸变能屈服理论比最大切应力理论更好地描述了钢、铜、铝等塑性材料的屈服状态，由于最大切应力理论偏于安全，且使用较为简

第7章 应力状态和强度理论

便,故此两者均在工程中得到广泛应用。

*三、莫尔强度理论

德国土木工程师莫尔在库伦提出该理论的基础上进行了发展和完善,于 1913 年发表了莫尔强度理论,又称为莫尔-库伦强度理论。

砂岩、铸铁等脆性材料单向压缩破坏时,破坏面的法线与轴线夹角 $\beta > 45°$,而并非最大切应力所在的 45°截面,如图 7-29 所示。库伦认为,这是由于正应力使破坏时两错动面之间产生的摩擦力影响的结果。他提出截面上的切应力 τ 与摩擦力 $f\sigma$(正应力与摩擦因数之积)的差达到某极限值时材料沿该截面破坏。用公式表示为

$$\tau - f\sigma = C \qquad (7\text{-}37)$$

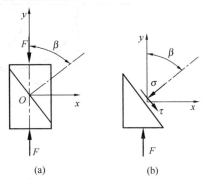

图 7-29 摩擦力对脆性材料单向压缩破坏的影响

在不同的应力状态下,破坏面上的正应力 σ 与切应力 τ 在 $\sigma - \tau$ 坐标系中确定了一条曲线,称为**极限曲线**。

根据式(7-37),当 σ 一定时,τ 越大越容易破坏,即极限曲线上的点必为破坏时三向应力圆中外圆上的点。一点处材料破坏时的最大应力圆称为**极限应力圆**。莫尔提出,材料在各种不同的应力状态下发生破坏时的所有极限应力圆的包络线为材料的极限曲线,如图 7-30 所示。因此莫尔强度理论的失效准则(破坏条件)为:无论一点处的应力状态如何,只要最大应力圆与极限曲线相切,材料就发生强度失效。

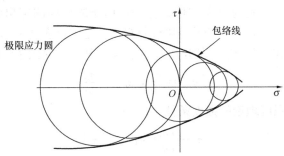

图 7-30 极限应力圆与包络线

可见,只要确定了极限曲线,即可判断任一应力状态下材料是否破坏。为简便计算,通常只测定材料的单向拉伸极限应力 σ_{tu} 和单向压缩极限应力 σ_{cu},用这两个应力状态的极限应力圆的公切线代替极限应力圆的包络线作为极限曲线。如图 7-31 所示,圆 O_1 和 O_2 分别为单向拉伸试验和单向压缩试验破坏时对应的应力圆,将它们的公切线 B_1B_2 和 $B_1'B_2'$ 近似取为极限曲线。图中 O_3 为工作应力状态的应力圆,设在该应力状态下材料发生强度失效,即圆 O_3 与极限曲线 B_1B_2 相切于 B_3 点,则由图 7-23 所示的几何关系可知

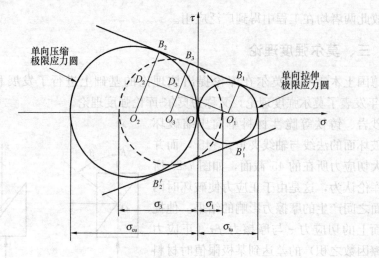

图 7-31 极限曲线

$$\frac{\overline{O_3D_3}}{\overline{O_2D_2}} = \frac{\overline{O_3O_1}}{\overline{O_2O_1}} \tag{7-38}$$

又

$$\overline{O_3D_3} = \overline{O_3B_3} - \overline{O_1B_1} = (\sigma_1 - \sigma_3)/2 - \sigma_{tu}/2$$

$$\overline{O_2D_2} = \overline{O_2B_2} - \overline{O_1B_1} = \sigma_{cu}/2 - \sigma_{tu}/2$$

$$\overline{O_3O_1} = \overline{OO_1} - \overline{O_3O} = \sigma_{tu}/2 - (\sigma_1 + \sigma_3)/2$$

$$\overline{O_2O_1} = \overline{O_2O} - \overline{OO_1} = \sigma_{cu}/2 + \sigma_{tu}/2$$

将上面各项代入式 (7-38)，得到莫尔失效准则（破坏条件）的数学表达式

$$\sigma_1 - \frac{\sigma_{tu}}{\sigma_{cu}} \cdot \sigma_3 = \sigma_{tu} \tag{7-39}$$

式中 σ_{tu}、σ_{cu}——分别为单向拉伸试验和单向压缩试验测定出的材料的极限应力，对于铸铁等脆性材料，就是抗拉强度 σ_{tb} 和抗压强度 σ_{cb}。

将失效准则式 (7-39) 中的拉压极限应力 σ_{tu} 和 σ_{cu} 分别用拉压许用应力

$$[\sigma_t] = \frac{\sigma_{tu}}{n}, [\sigma_c] = \frac{\sigma_{cu}}{n}$$

代入，得到莫尔强度理论的强度条件

$$\sigma_1 - \frac{[\sigma_t]}{[\sigma_c]} \cdot \sigma_3 \leqslant [\sigma_t] \tag{7-40}$$

由式 (7-40) 可知，当 $\sigma_3 = 0$ 时，莫尔强度理论与最大拉应力理论相同；当 $\sigma_1 = 0$ 时，即为单向压缩强度条件；若当 $[\sigma_t] = [\sigma_c] = [\sigma]$，莫尔强度理论与最大切应力理论形式相同。

对于拉、压强度不同的脆性材料，在以压为主的应力状态下，莫尔强度理论与实验结果符合较好。莫尔强度理论与第三强度理论一样，没有考虑中间主应力 σ_2 的影响。

四、强度理论的选用

为便于表述和应用，把各种强度理论的强度条件写成如下统一形式：

第7章 应力状态和强度理论

$$\sigma_r \leqslant [\sigma] \tag{7-41}$$

式中，σ_r 为**相当应力**，它由 3 个主应力按一定形式组合而成。各种强度理论的相当应力分别为

$$\sigma_{r1} = \sigma_1$$

$$\sigma_{r2} = \sigma_1 - \mu(\sigma_2 + \sigma_3)$$

$$\sigma_{r3} = \sigma_1 - \sigma_3$$

$$\sigma_{r4} = \sqrt{\frac{1}{2}[(\sigma_1 - \sigma_2)^2 + (\sigma_2 - \sigma_3)^2 + (\sigma_3 - \sigma_1)^2]}$$

$$\sigma_{rM} = \sigma_1 - \frac{[\sigma_t]}{[\sigma_c]} \cdot \sigma_3 \tag{7-42}$$

在对构件作强度计算时，应根据其应力状态特点、材料特性等因素选用适合的强度理论。根据试验资料，综合前面的讨论，可把各种强度理论的适用范围归纳如下：

1. 在常温、静载、复杂应力状态条件下，对于拉、压屈服强度相等的塑性材料，如低碳钢、铜、铝等，一般选择第三或第四强度理论。

2. 对于拉、压强度不等的脆性材料，如铸铁、石料等，以拉应力为主时，选用第一强度理论；以压应力为主时，选用第二强度理论或者莫尔强度理论。

3. 在三向等拉或接近三向等拉应力状态下，无论是脆性材料或是塑性材料，均选用第一强度理论；在三向等压或接近三向等压应力状态下，无论是脆性材料或是塑性材料，均选用第三或者第四强度理论。

工程实际中，由于问题的复杂性，可参照行业规范（如《机械工程手册》）选用强度理论。

【例 7-13】 图 7-32 所示单向与纯剪切组合应力状态，是一种常见的应力状态，试分别根据第三与第四强度理论建立相应的强度条件。

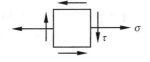

图 7-32 例 7-13 图

【解】 由式 (7-8) 可知，该单元体的最大与最小正应力分别为

$$\left.\begin{array}{r}\sigma_{\max}\\\sigma_{\min}\end{array}\right\} = \frac{1}{2}(\sigma \pm \sqrt{\sigma^2 + 4\tau^2})$$

可见，相应的主应力

$$\left.\begin{array}{r}\sigma_1\\\sigma_3\end{array}\right\} = \frac{1}{2}(\sigma \pm \sqrt{\sigma^2 + 4\tau^2}), \sigma_2 = 0$$

根据第三强度理论 $\sigma_1 - \sigma_3 \leqslant [\sigma]$，代入得到

$$\sigma_{r3} = \sqrt{\sigma^2 + 4\tau^2} \leqslant [\sigma] \tag{7-43}$$

根据第四强度理论 $\sqrt{\frac{1}{2}[(\sigma_1 - \sigma_2)^2 + (\sigma_2 - \sigma_3)^2 + (\sigma_3 - \sigma_1)^2]} \leqslant [\sigma]$，代入得到

$$\sigma_{r4} = \sqrt{\sigma^2 + 3\tau^2} \leqslant [\sigma] \tag{7-44}$$

讨论： (1) 该例题中的应力状态是材料力学遇到的较复杂的一种二向应力状

态。今后再遇到类似的应力状态时，可直接采用式（7-43）和式（7-44）计算第三、第四强度理论的相当应力。

（2）比较式（7-43）和式（7-44）可知，根据第三、第四强度理论计算的相当应力差别不大。

【例 7-14】 有一铸铁构件，其危险点处的应力状态如图 7-32 所示，$\sigma=20\text{MPa}$，$\tau=20\text{MPa}$；材料许用应力 $[\sigma_t]=35\text{MPa}$，$[\sigma_c]=120\text{MPa}$。试校核此构件的强度。

【解】 （1）计算主应力。由式（7-6）可知，最大与最小正应力分别为

$$\begin{cases}\sigma_{\max}\\ \sigma_{\min}\end{cases} = \frac{\sigma}{2} \pm \sqrt{\left(\frac{\sigma}{2}\right)^2+\tau^2} = \frac{20}{2} \pm \sqrt{\left(\frac{20}{2}\right)^2+20^2} = \begin{cases}32.4\text{MPa}\\ -12.4\text{MPa}\end{cases}$$

主应力为

$$\sigma_1=32.4\text{MPa}, \sigma_2=0, \sigma_3=-12.4\text{MPa}$$

（2）选用强度理论校核强度。虽然第三主应力为压应力，但 $|\sigma_1|>|\sigma_3|$，说明该点的应力状态以受拉为主，可选用第一强度理论。得

$$\sigma_{r1}=\sigma_1=32.4\text{MPa}<[\sigma_t]$$

满足强度要求。

【例 7-15】 已知铸铁的拉伸许用应力 $[\sigma_t]=30\text{MPa}$，压缩许用应力 $[\sigma_c]=90\text{MPa}$，泊松比 $\mu=0.3$，试对铸铁零件进行强度校核，危险点的主应力为（1）$\sigma_1=30\text{MPa}$，$\sigma_2=20\text{MPa}$，$\sigma_3=15\text{MPa}$；（2）$\sigma_1=-20\text{MPa}$，$\sigma_2=-30\text{MPa}$，$\sigma_3=-40\text{MPa}$；（3）$\sigma_1=10\text{MPa}$，$\sigma_2=-20\text{MPa}$，$\sigma_3=-30\text{MPa}$。

解题分析： 选用强度理论时，不但要考虑材料是脆性或是塑性，还要考虑危险点处的应力状态。

【解】 （1）$\sigma_1=30\text{MPa}$，$\sigma_2=20\text{MPa}$，$\sigma_3=15\text{MPa}$，危险点处于三向拉伸应力状态，不论材料是塑性还是脆性，均采用第一强度理论，即

$$\sigma_{r1}=\sigma_1=30\text{MPa}=[\sigma_t]$$

满足强度条件。

（2）$\sigma_1=-20\text{MPa}$，$\sigma_2=-30\text{MPa}$，$\sigma_3=-40\text{MPa}$，危险点处于三向压缩应力状态，即使是脆性材料，也应采用第三或第四强度理论，即

$$\sigma_{r3}=\sigma_1-\sigma_3=-20-(-40)=20\text{MPa}<[\sigma_t]$$

满足强度条件。

$$\sigma_{r4}=\sqrt{\frac{1}{2}\left[(-20+30)^2+(-30+40)^2+(-40+20)^2\right]}$$
$$=17.3\text{MPa}<[\sigma_t]$$

满足强度条件。

（3）$\sigma_1=10\text{MPa}$，$\sigma_2=-20\text{MPa}$，$\sigma_3=-30\text{MPa}$，脆性材料的危险点处于以压应力为主的应力状态，且许用拉应力与许用压应力不等，宜采用莫尔强度理论，即

$$\sigma_{rM}=\sigma_1-\frac{[\sigma_t]}{[\sigma_c]}\cdot\sigma_3=10-\frac{30}{90}(-30)=20\text{MPa}<[\sigma_t]$$

满足强度要求。

【例 7-16】 已知钢制薄壁圆柱形容器的内径 $D=100\text{cm}$，锅炉内部蒸汽压强 $p=3.6\text{MPa}$，如图 7-33（a）所示，材料的许用应力 $[\sigma]=160\text{MPa}$，试按第三和第四强度理论设计锅炉壁厚 δ，并比较它们差别。

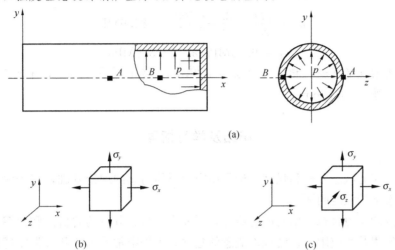

图 7-33 例 7-16 图

【解】 前面已经讨论过，在薄壁圆筒的外表面 A 点的应力状态如图 7-33（b）所示；内表面一点处 B 的应力状态如图 7-33（c）所示；外表面上点的主应力为

$$\sigma_1 = \sigma_y = \frac{pD}{2\delta}, \sigma_2 = \sigma_x = \frac{pD}{4\delta}, \sigma_3 = 0 \tag{7-45}$$

内表面上点的主应力为

$$\sigma_1 = \sigma_y = \frac{pD}{2\delta}, \sigma_2 = \sigma_x = \frac{pD}{4\delta}, \sigma_3 = -p \tag{7-46}$$

对于薄壁圆筒，p 与 $\dfrac{pD}{2\delta}$、$\dfrac{pD}{4\delta}$ 相比很小，可以忽略不计。因此，只考虑外表面的应力状态即可。

采用第三强度理论，将式（7-45）代入 $\sigma_{r3}=\sigma_1-\sigma_3=\dfrac{pD}{2\delta}$，由强度条件可得

$$\frac{pd}{2\delta} \leqslant [\sigma], \text{即} \frac{3.6(\text{MPa}) \times 1000(\text{mm})}{2\delta} \leqslant 160(\text{MPa})$$

$$\therefore \quad \delta \geqslant 11.25\text{mm}$$

由第四强度理论

$$\sqrt{\left(\frac{pD}{2\delta}\right)^2 + \left(\frac{pD}{4\delta}\right)^2 + \left(\frac{pD}{2\delta} - \frac{pD}{4\delta}\right)^2} \leqslant [\sigma]$$

$$\frac{pD}{2\delta} \times \frac{\sqrt{3}}{4} \leqslant [\sigma]$$

$$\frac{3.6 \times 1000}{\delta} \times \frac{\sqrt{3}}{4} \leqslant 160$$

∴ $\delta \geqslant 9.75\text{mm}$

如选用壁厚 $\delta=9.75\text{mm}$,这时 $\delta/D\approx 1/100$,故此容器确属于薄壁。采用第三和第四强度理论的差别约是 $(11.25-9.75)/9.75=15.4\%$。

现在取 $\delta=9.75\text{mm}$,按第四理论将主应力 $\sigma_3=-p$ 考虑进去时,有

$$\sigma_1 = \frac{pD}{2\delta} = \frac{3.6\times 100}{2\times 9.75} = 184.6\text{MPa}$$

$$\sigma_2 = 92.3\text{MPa}, \sigma_3 = -3.6\text{MPa}$$

按第四强度理论,相当应力 $\sigma_{r4}=163\text{MPa}$,超出 $[\sigma]$ 约 2%,不到 5%。最后可取壁厚 $\delta=9.75\text{mm}$。

小结及学习指导

平面应力状态分析和强度理论是研究变形体力学的理论基础,用于解决复杂应力状态下的强度问题。

一点的应力状态,单元体的概念,平面应力状态分析的解析法和图解法,广义胡克定律及其应用,强度理论概念的建立,工程中常采用的几种强度理论的相当应力及其强度条件等内容是要掌握的重点内容。

理解一点的应力状态概念及其表示方法,能从一般受力构件中取出代表任一点的应力状态的单元体。

能熟练利用解析法或图解法分析一点处的应力随截面方位变化的规律,计算该点的主应力、极值切应力及其所在平面的方位,注重掌握应力状态分析中的一些基本规律。能在单元体中把主应力单元体(主单元体)和极值切应力单元体表示出来,主应力单元体和极值切应力单元体分别从不同的侧面描述了该点处的应力状态。

广义胡克定律揭示了复杂应力状态在弹性范围内的应力-应变关系,是探讨强度理论和弹性理论的重要理论基础,要求读者能应用广义胡克定律解决复杂应力状态下的应力-应变关系问题。

深刻理解强度理论概念是如何建立的,了解经典强度理论分为两类:(1)关于脆性断裂的理论;(2)关于塑性屈服的理论。掌握各种强度理论的假设前提、适用范围及与之对应的相当应力计算式,正确选择适宜的强度理论解决各种复杂应力状态的强度问题。

思 考 题

7-1 什么叫一点的应力状态?为什么要研究一点的应力状态?

7-2 什么叫主平面和主应力?主应力和正应力有什么区别?如何确定平面应力状态的三个主应力及其作用面?

7-3 如图 7-34 所示各单元体分别属于哪一类应力状态?

7-4 一单元体和相应的应力圆如图 7-35 所示。试在应力圆上标出单元体上各斜截面所对应的点。

第7章 应力状态和强度理论

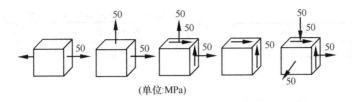

图 7-34 思考题 7-3 图

7-5 受均匀的径向压力 p 作用的圆盘如图 7-36 所示。试证明盘内任一点均处于二向等值的压缩应力状态。

7-6 试问在何种情况下，平面应力状态下的应力圆符合以下特征：（1）一个点圆；（2）圆心在原点；（3）与 τ 轴相切。

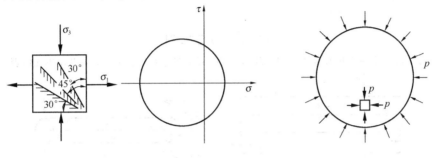

图 7-35 思考题 7-4 图   图 7-36 思考题 7-5 图

7-7 脆性材料一定要用第一、第二强度理论，塑性材料一定要用第三、第四强度理论，这个说法是否正确？

7-8 材料为 Q235 钢，屈服极限为 $\sigma_s = 235\text{MPa}$ 的构件内有图 7-37 所示 5 种应力状态（应力单位为 MPa）。试根据第三强度理论分别求出它们的安全因数。

7-9 在塑性材料制成的构件中，有图 7-38 所示的两种应力状态。若两者的 σ、τ 数值分别相等，试按第四强度理论分析比较两者的危险程度。

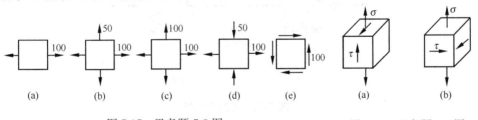

图 7-37 思考题 7-8 图   图 7-38 思考题 7-9 图

7-10 为什么按第三强度理论建立的强度条件较第四强度理论建立的强度条件进行强度计算的结果偏于安全？

7-11 水管在冬天常有冻裂的现象，根据作用与反作用原理，水管壁与管内所结冰之间的相互作用力应该相等，试问为什么不是冰被压碎而是水管被冻裂？

7-12 将沸水倒入厚玻璃杯里，玻璃杯内、外壁的受力情况如何？若因此而发生破裂，试问破裂是从内壁开始，还是从外壁开始？为什么？

习　题

7-1 试确定图 7-39 所示杆件中 A 点和 B 点处的单元体，并计算单元体上应力的数值。

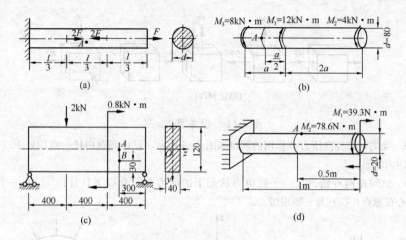

图 7-39 习题 7-1 图

7-2 试说明图 7-40 所示梁中 A、B、C、D、E 点处于什么应力状态,并用单元体表示。

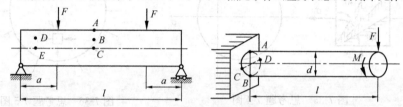

图 7-40 习题 7-2 图

7-3 已知单元体的应力状态如图 7-41 所示,试用解析法求指定斜截面上的正应力和剪应力,并在斜截面上画出其方向。图中应力单位均为 MPa。

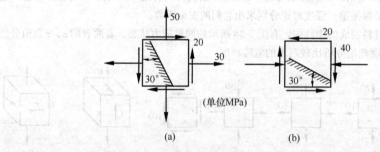

图 7-41 习题 7-3 图

7-4 已知单元体的应力状态如图 7-42 所示,图中应力单位均为 MPa。试用解析法求:(1) 指定斜截面上的应力,并表示于图中;(2) 主应力大小及方向,并画出主应力单元体(主单元体);(3) 最大切应力及其作用面。

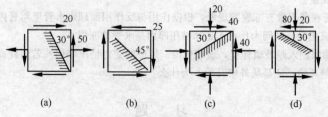

图 7-42 习题 7-4 和习题 7-6 图

7-5 试用解析法求图 7-43 所示各单元体的主应力及主方向，并画出主单元体。

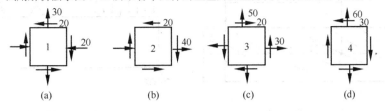

图 7-43 习题 7-5 图

7-6 已知单元体的应力状态如图 7-42 所示，图中应力单位均为 MPa。试用图解法求：(1) 指定斜截面上的应力，并表示于图中；(2) 主应力大小及方向，并画出主应力单元体（主单元体）；(3) 最大切应力及其作用面。

7-7 在通过一点的两个平面上，应力如图 7-44 所示，单位为 MPa。试求主应力大小及主平面的位置，并用单元体的草图表示出来。

7-8 如图 7-45 所示棱柱形单元体上的 $\sigma_y = 40$MPa，此单元体的 AB 面上无应力作用，试求 σ_x 及 τ_{xy}。

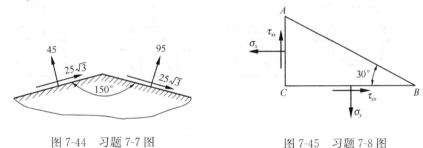

图 7-44 习题 7-7 图　　　　　图 7-45 习题 7-8 图

7-9 薄壁圆筒扭转-拉伸试验的示意图如图 7-46 所示。若 $F=30$kN，$M_e=600$N·m，且 $d=50$mm，$\delta=2$mm，试求：(1) A 点在指定斜截面上的应力；(2) A 点的主应力的大小及方向（用主单元体表示）。

7-10 如图 7-47 所示简支梁为 36a 工字钢，$F=140$kN，$l=4$m。A 点所在横截面在集中力 F 的左侧，且无限接近力 F 作用的截面。试求：(1) A 点在指定斜截面上的应力；(2) A 点的主应力及主平面的位置（用主单元体表示）。

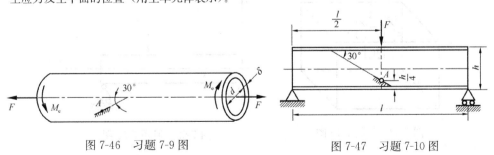

图 7-46 习题 7-9 图　　　　　图 7-47 习题 7-10 图

7-11 木质悬臂梁的横截面是高为 200mm、宽为 50mm 的矩形，如图 7-48 所示。在 A 点木材纤维与水平线的倾角为 20°。试求通过 A 点沿纤维方向的斜面上的正应力和切应力。

7-12 板条如图 7-49 所示。尖角的侧表面皆为自由表面，$0<\theta<\pi$。试证明：尖角端点 A 处为零应力状态，即 A 点的主应力均为零。

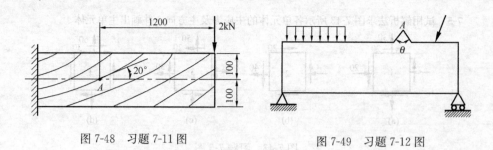

图 7-48　习题 7-11 图　　　图 7-49　习题 7-12 图

7-13 如图 7-50 所示的单元体前、后表面上无应力作用。试分别用解析法和图解法求与水平方向呈 $\alpha=-60°$ 的斜截面上的应力。并画出此单元体的三向应力圆，求出最大剪应力及其作用面。

7-14 空间应力状态的单元体如图 7-51 所示，试求主应力、主方向及最大切应力。并画出单元体的三向应力圆（图中应力单位：MPa）。

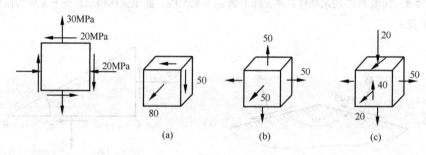

图 7-50　习题 7-13 图　　　图 7-51　习题 7-14 图

7-15 如图 7-52 所示，在一厚钢板上挖了一个尺寸为 $10mm^3$ 的立方孔穴，在这孔内恰好放一钢立方块而不留间隙，这立方块受 $P=7000N$ 的压力，试求这立方块内的所有三个主应力，假定厚钢板是不变形的。钢块的泊松比 $\mu=0.3$。

7-16 如图 7-53 所示，做梁的应力实验时，测得梁上某点 A 的变形 $\varepsilon_x=0.5\times10^{-3}$ 和 $\varepsilon_y=-1.65\times10^{-4}$。材料的弹性模量 $E=200GPa$，泊松比 $\mu=0.33$。试求该点的正应力 σ_x 及 σ_y。

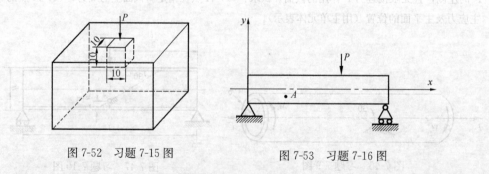

图 7-52　习题 7-15 图　　　图 7-53　习题 7-16 图

7-17 如图 7-54 所示，在矩形截面钢拉伸试件的轴向拉力 $F=20kN$ 时，测得试件中点 B 点处与轴线呈 $30°$ 方向的线应变 $\varepsilon_{30°}=3.25\times10^{-4}$。已知材料的弹性模量 $E=210GPa$，试求泊松比 μ。

7-18 如图 7-55 所示钢杆，截面为 $d=20mm$ 的圆形，其弹性模量 $E=200GPa$，泊松比 $\mu=0.3$。现从钢杆 A 点处与轴线呈 $30°$ 方向测得线应变 $\varepsilon_{30°}=540\times10^{-6}$，试求拉力 F 值。

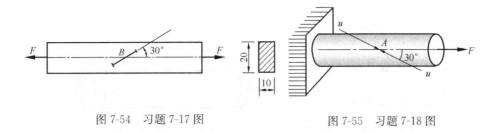

图 7-54　习题 7-17 图　　　　　图 7-55　习题 7-18 图

7-19　一受扭转的圆轴如图 7-56 所示，直径 $d=20$ mm，材料的 $E=200$ MPa，$\mu=0.3$，现用变形仪测得圆轴表面与轴线呈 45°方向的应变 $\varepsilon=5.2\times10^{-4}$，试求转矩 M_e。

7-20　简支梁由 18 号工字钢制成，如图 7-57 所示。在测得中性层上 K 点处沿与轴线呈 45°方向贴有一枚应变计，在跨中施加荷载 F 后，测得应变 $\varepsilon_{45°}=-2.6\times10^{-4}$。已知材料的弹性常数 $E=210$ GPa，$\mu=0.28$ 试求荷载 F。

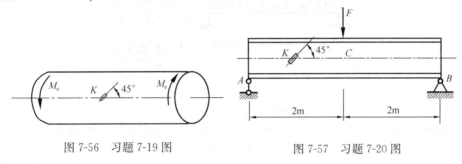

图 7-56　习题 7-19 图　　　　　图 7-57　习题 7-20 图

7-21　在受集中力偶矩 M_e 作用的矩形截面简支梁中如图 7-58 所示，测得中性层上 K 点处沿 45°方向线应变为 $\varepsilon_{45°}$。已知材料的弹性常数 E、μ 和梁横截面及长度尺寸 b、h、a、d、l。试求集中力偶矩 M_e。

7-22　从钢构件内某一点的周围取出一部分如图 7-59 所示。根据理论计算得 $\sigma=30$ MPa，$\tau=15$ MPa。材料的 $E=200$ GPa，$\mu=0.3$。试求对角线 AC 的长度改变量 Δl。

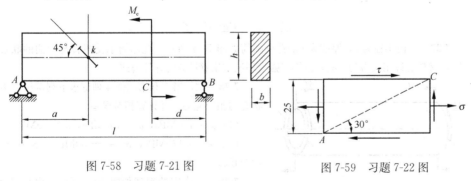

图 7-58　习题 7-21 图　　　　　图 7-59　习题 7-22 图

7-23　如图 7-60 所示，在受力钢构件表面上，由直角应变花测量得到应变值为：$\varepsilon_{0°}=450\times10^{-6}$，$\varepsilon_{45°}=200\times10^{-6}$ 及 $\varepsilon_{90°}=-200\times10^{-6}$。已知材料的 $E=210$ GPa，$\mu=0.28$。试求主应力、最大主应力的方向及面内最大切应力的大小。

7-24　如图 7-61 所示，一薄壁圆筒同时承受扭矩 M_e 和轴向力 F 的联合作用。已知 $F=140$ kN，$M_e=25$ kN·m，圆筒的中径 $2r=180$ mm，材料的 $[\sigma]=100$ MPa。试按第三强度理论设计圆筒壁厚 δ。

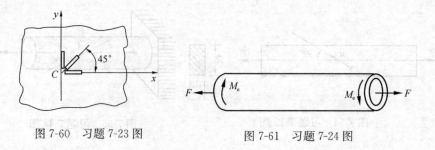

图 7-60 习题 7-23 图　　　　　图 7-61 习题 7-24 图

7-25 简支梁及截面尺寸如图 7-62（a）、(b) 所示。已知钢材的许用应力为 $[\sigma]=170\text{MPa}$，$[\tau]=170\text{MPa}$。试校核梁内的最大正应力和最大切应力，并按第四强度理论校核危险截面上的 a 点的强度。（注：通常在计算 a 点处的应力时近似地按 a' 点的位置计算）

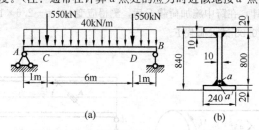

图 7-62 习题 7-25 图

7-26 用 Q235 钢制成的实心圆截面杆，受轴向拉力 F 及扭转力偶矩 M_e 共同作用如图 7-63 所示，且 $M_e=Fd/10$。今测得圆杆表面 K 点处沿图示方向的线应变 $\varepsilon_{30°}=14.33\times10^{-5}$。已知杆的直径 $d=10\text{mm}$，材料的弹性常数 $E=200\text{GPa}$，$\mu=0.3$。试求荷载 F 和 M_e。若许可应力 $[\sigma]=160\text{MPa}$，试按第四强度理论校核强度。

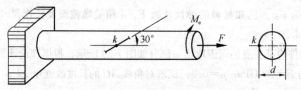

图 7-63 习题 7-26 图

7-27 一内半径为 r，厚度为 t 的薄壁圆筒如图 7-64 所示，此圆筒承受扭转与弯曲的联合作用，材料的许用应力为 $[\sigma]$，按第三强度理论求出壁厚 δ 的计算公式。

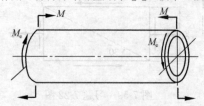

图 7-64 习题 7-27 图

7-28 试按第三和第四强度理论求下列两组应力状态的相当应力，并计算相对误差。

(1) $\sigma_1=120\text{MPa}$，$\sigma_2=100\text{MPa}$，$\sigma_3=80\text{MPa}$。

(2) $\sigma_1=120\text{MPa}$，$\sigma_2=-80\text{MPa}$，$\sigma_3=-100\text{MPa}$。

7-29 一中空的钢球如图 7-65 所示，内径 $d=20\text{mm}$，其内部的压强 $p=15\text{MPa}$，钢材的许用应力 $[\sigma]=130\text{MPa}$，试按第四强度理论与第三强度理论设计球壁的厚度 t。注意，在任何过球心的截面上，作用着均匀分布的拉应力 $\sigma=pd/4t$。

7-30 如图 7-66 所示，一直径为 $d=50\text{mm}$ 的实心铜圆柱，外面包着壁厚 $t=1\text{mm}$ 的钢筒，沿轴线承受压力 $P=20\text{N}$。试求铜柱和钢筒中的主应力。已知铜的泊松比 $\mu_b=0.32$，铜和钢的弹性模量分别为 E_b 和 E_s，并且 $E_s=2E_b$。（提示：当圆柱承受沿半径方向的均匀压力 p 时，

其中任一点的径向应力和环向应力均为 p）

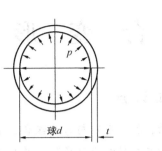

图 7-65　习题 7-29 图

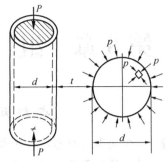

图 7-66　习题 7-30 图

7-31　如图 7-67 所示的单元体应力状态，已知 σ、τ（应力单位为 MPa）。试画三向应力圆，并求主应力、最大正应力与最大剪应力。

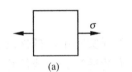　　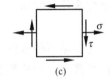

图 7-67　习题 7-31 图

7-32　作出图 7-68 中几种简单受力情况下单元体的应力圆。其中 σ_x、σ_y、τ 均为已知。
（1）简单拉伸，如图 7-68(a) 所示；（2）简单压缩，如图 7-68(b) 所示；
（3）双向拉伸，如图 7-68(c) 所示；（4）双向等值拉伸，如图 7-68(d) 所示；
（5）双向等值拉压，如图 7-68(e) 所示；（6）纯剪切，如图 7-68(f) 所示。

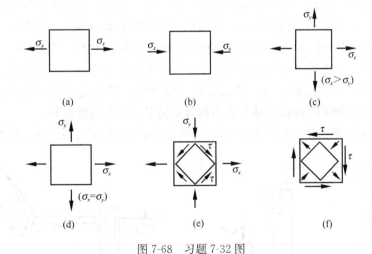

图 7-68　习题 7-32 图

第 8 章 组 合 变 形

本章知识点

【知识点】 组合变形的概念，斜弯曲、拉（压）与弯曲组合、偏心拉压时危险点的应力，中性轴的位置及变形，弯曲与扭转组合时危险点的应力及采用的强度理论。

【重点】 斜弯曲变形，偏心拉压及弯曲与扭转组合变形时的强度计算。

【难点】 组合变形情况下，危险截面和危险点的确定以及相应位置处内力和应力的分析及计算方法。

组合变形是两种或两种以上基本变形的组合。在工程实际中，杆件的受力变形情况种类繁多，分析组合变形问题的关键在于对外力的适当分解或简化。只要能将组合变形分解成几种基本变形，便可应用叠加原理来解决这类构件在组合变形时的强度计算问题。

§8-1 组合变形的概念和工程实例

前文中分别讨论了杆件在基本变形（拉、压、扭转、弯曲）时的强度和刚度计算。实际工程中不少构件同时产生两种或两种以上基本变形。例如，烟囱（图 8-1a）除自重引起的轴向压缩外，还有水平风力引起的弯曲；图 8-1（b）为工厂厂房的立柱，由于外力不通过立柱的中心线，所以立柱的变形既有压缩变形，又有弯曲变形。又如图 8-1（c）是机械中的传动轴，其承受弯曲和扭转的组合变形。这类由两种或两种以上基本变形组合的情况，称为**组合变形**。

分析组合变形时，如果构件变形在弹性范围内，小变形条件下，可按构件的

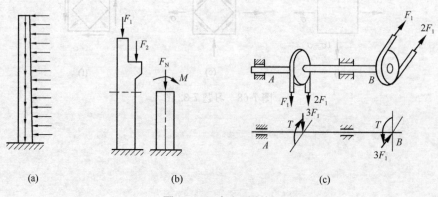

图 8-1 组合变形实例

原始形状和尺寸进行计算。可先将外力进行分解或简化，使每一种荷载只对应着一种基本变形。分别计算每一种基本变形下发生的内力、应力和变形，然后利用叠加原理综合考虑各基本变形形式的组合情况，以进行强度、刚度计算。如果构件的变形超出了线弹性范围，或虽未超出弹性范围但变形过大，而不能按其原始尺寸和形状进行计算，这时由于各基本变形之间相互影响，叠加原理不能使用。对于这类问题本书不作介绍，请读者参阅有关资料。

§8-2 斜弯曲

一、斜弯曲的概念

前面曾指出，若构件有一纵向对称面，且横向力作用于这一对称面内时，构件才发生平面弯曲。在实际工程结构中，作用于梁上的横向力有时并不在梁的纵向对称面内。例如，屋面桁条倾斜地放置于屋顶桁架上（图8-2），所受外力就不在纵向对称面内。这种情况下构件就要发生斜弯曲。

现以矩形截面悬臂梁（图8-3）为例，说明斜弯曲的应力和变形的分析方法，设外力 F 作用于梁自由端，过形心且与 z 轴夹角为 φ。取 $Oxyz$ 坐标系如图8-3所示。

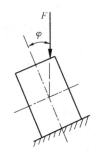
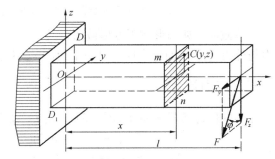

图8-2　倾斜放置的梁　　　图8-3　矩形截面悬臂梁上外力的分解

将 F 向两个形心主轴 y、z 方向分解，其分量分别为

$$F_y = F\sin\varphi, \quad F_z = F\cos\varphi$$

由图8-3知，F_y 将使梁在 xy 面内发生平面弯曲，而 F_z 则使梁在 xz 面内发生平面弯曲。因此，构件在 F 作用下，将产生两个平面弯曲的组合变形。

二、变形分析

自由端因 F_y 所引起的挠度为

$$w_y = \frac{F_y l^3}{3EI_z} = \frac{F\sin\varphi\, l^3}{3EI_z} \tag{8-1}$$

因 F_z 所引起的挠度为

$$w_z = \frac{F_z l^3}{3EI_y} = \frac{F\cos\varphi\, l^3}{3EI_y} \tag{8-2}$$

由叠加原理，自由端的总挠度是两个方向挠度的矢量和（图 8-4a），即
$$w = \sqrt{w_y^2 + w_z^2} \tag{8-3}$$
若总挠度 w 与 z 轴的夹角为 β，则
$$\tan\beta = \frac{w_y}{w_z} = \frac{I_y}{I_z}\tan\varphi \tag{8-4}$$
由上式可见，对于 $I_y \neq I_z$ 的截面，$\beta \neq \varphi$。这说明变形后梁的挠曲线所在平面与外力 F 作用面不在同一纵向平面内，故称为**斜弯曲**，如图 8-4（b）所示。

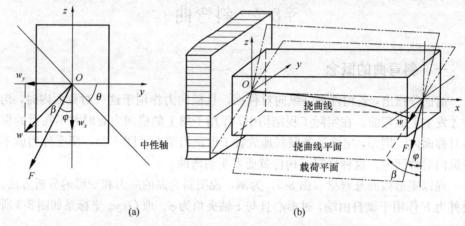

图 8-4 矩形截面悬臂梁自由端的总挠度和梁的斜弯曲

有些截面，如圆形或正方形截面，其 $I_y = I_z$，于是有 $\beta = \varphi$。表明挠曲线所在平面与外力 F 作用面仍在同一纵向平面内，仍然是平面弯曲。

三、应力计算

在梁的任意横截面 m-n（图 8-3），由 F_y 及 F_z 引起的弯矩分别为
$$\begin{aligned} M_z &= F_y(l-x) = F\sin\varphi(l-x) = M\sin\varphi \\ M_y &= F_z(l-x) = F\cos\varphi(l-x) = M\cos\varphi \end{aligned} \tag{8-5}$$
式中，$M = F(l-x)$。

在截面 m-n 上任意点 $C(y, z)$ 处，由 M_z 和 M_y 产生的正应力分别为
$$\begin{aligned} \sigma' &= \frac{M_z y}{I_z} = \frac{M\sin\varphi}{I_z}y \\ \sigma'' &= \frac{M_y z}{I_y} = \frac{M\cos\varphi}{I_y}z \end{aligned} \tag{8-6}$$
由叠加原理，C 点处的总应力为
$$\sigma = \sigma' + \sigma'' = M\left(\frac{\sin\varphi}{I_z}y + \frac{\cos\varphi}{I_y}z\right) \tag{8-7}$$
具体计算时，σ'、σ'' 是拉应力还是压应力，由观察梁的弯曲变形来确定。

由式（8-7）可知，σ 是 y、z 的线性函数。令 $\sigma = 0$，得出正应力为零的坐标点。以 (y_0, z_0) 代表这些点，则
$$\sigma = M\left(\frac{\sin\varphi}{I_z}y_0 + \frac{\cos\varphi}{I_y}z_0\right) = 0$$

即

$$\frac{\sin\varphi}{I_z}y_0 + \frac{\cos\varphi}{I_y}z_0 = 0 \tag{8-8}$$

可以看出，式(8-8)表示的是一个通过坐标原点的直线方程。在这条线上正应力为零，所以它就是中性轴。中性轴是一过形心的斜直线，它与 y 轴的夹角（图 8-5a）为

$$\tan\theta = \frac{z_0}{y_0} = -\frac{I_y}{I_z}\tan\varphi \tag{8-9}$$

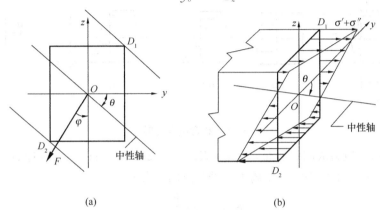

图 8-5 应力分布与中性轴

为了进行强度计算，必须找出构件上的危险截面和危险点。可见，对图 8-3 所示悬臂梁，固定端就是危险截面，而角点 D_1 点和 D_2 点是危险点。其中 D_1 点有最大拉应力，D_2 点有最大压应力。危险截面的应力分布如图 8-5（b）所示，其应力的绝对值为

$$|\sigma_{\max}| = \left|M_{\max}\left(\frac{\sin\varphi}{I_z}y_{\max} + \frac{\cos\varphi}{I_y}z_{\max}\right)\right| \tag{8-10}$$

§8-3 拉伸（压缩）与弯曲组合变形的强度计算

一、拉伸（压缩）与弯曲的组合变形

在杆件受拉伸（压缩）时，还有横向力的作用，这就会引起拉伸（压缩）与弯曲的组合变形。图 8-6（b）所示为一梁在水平拉力 F 和竖向均布荷载 q 共同作用下产生拉伸与弯曲的组合变形，火车预应力水泥枕木（图 8-6a）就是其实例。

二、内力分析

在任意横截面 m-m 上，内力有轴力 F_N、弯矩 M 和剪力 F_S（图 8-6c），由于剪力 F_S 作用产生的影响甚小，常忽略不计，从而只考虑轴力和弯矩作用。

三、应力分析

轴力 F_N 引起的正应力，在截面上是均匀分布的，用 σ_N 表示（图 8-6d），而

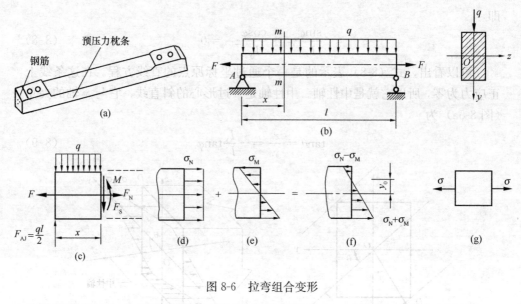

图 8-6 拉弯组合变形

弯矩引起的正应力成斜线分布,用 σ_M 表示(图 8-6e),两种应力叠加后如图 8-6 (f) 所示。截面上离中性轴距离为 y 处各点的应力为

$$\sigma = \sigma_N + \sigma_M = \frac{F_N}{A} \pm \frac{M}{I_z} y \tag{8-11}$$

显然,最大正应力和最小正应力将发生在弯矩最大的横截面上且离中性轴最远的下边缘和上边缘处,其计算式为

$$\begin{matrix}\sigma_{max}\\ \sigma_{min}\end{matrix} = \frac{F_N}{A} \pm \frac{M_{max}}{W_z}$$

四、强度条件

因为危险点处的上、下边缘均为单向应力状态,所以拉伸(压缩)与弯曲组合变形杆的强度条件表示为

$$\begin{matrix}\sigma_{max}\\ \sigma_{min}\end{matrix} = \frac{F_N}{A} \pm \frac{M_{max}}{W_z} \leqslant [\sigma] \tag{8-12}$$

叠加后的应力分布如图 8-6 (f) 所示。显然,梁的上下两端分别承受拉应力和压应力。对于抗拉(压)强度不同的材料可分别建立强度条件。

$$\sigma_{tmax} \leqslant [\sigma_t]$$
$$\sigma_{cmax} \leqslant [\sigma_c] \tag{8-13}$$

式中 $[\sigma_t]$、$[\sigma_c]$ ——分别为材料的许用拉应力和许用压应力。

【例 8-1】 如图 8-7 (a) 所示为一悬臂起重架,杆 AC 是一根 16 号工字钢,长度 $l=2m$,$\theta=30°$。荷载 $F=20kN$ 作用在 AC 的中点 D,若 $[\sigma]=100MPa$,试校核 AC 梁的强度。

【解】 AC 梁的受力简图如图 8-7 (b) 所示。设 BC 杆的拉力为 F_C,由平衡方程 $\Sigma M_A=0$,得

$$F_C \times 2\sin 30° - 20 \times 1 = 0, F_C = 20$$

第8章 组合变形

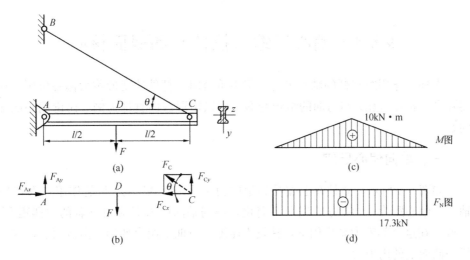

图 8-7 例 8-1 图

把 F_C 分解为沿 AC 梁轴线的分量 F_{Cx} 和垂直于 AC 梁轴线的分量 F_{Cy}，可见 AC 梁是压缩与弯曲的组合变形。

$$F_{Cx} = F_C \cos 30° = 17.3 \text{kN}$$
$$F_{Cy} = F_C \sin 30° = 10 \text{kN}$$

作 AC 梁的弯矩图和轴力图如图 8-7（c）、（d）所示。从图中看出，在 D 截面上弯矩为最大值，而轴力与其他截面相同，故为危险截面。查型钢表，对于 16 号工字钢，其 $W = 141 \text{cm}^3$，$A = 26.131 \text{cm}^2$。同时考虑轴力及弯矩的影响，进行强度校核。在危险截面 D 的上边缘各点上发生最大压应力，且为

$$|\sigma_{c\max}| = \left| \frac{F_N}{A} + \frac{M_{\max}}{W_z} \right| = \left| -\frac{17.3 \times 10^3}{26.131 \times 10^{-4}} - \frac{10 \times 10^3}{141 \times 10^{-6}} \right| = 77.54 \text{MPa} < [\sigma]$$

故 AC 梁满足强度条件。

【例 8-2】 图 8-8（a）所示桥墩，承受如下荷载：上部结构传递给桥墩的压力 $F_0 = 1920 \text{kN}$，桥墩墩帽及墩身的自重 $F_1 = 330 \text{kN}$，基础自重 $F_2 = 1450 \text{kN}$，车辆经梁部传下的水平制动力 $F_T = 300 \text{kN}$。试绘出基础底部 AB 面上的正应力分布图。已知基础底面为 $b \times h = 8\text{m} \times 3.6\text{m}$ 的矩形。

【解】 (1) 基础底部 AB 界面上的内力
$$F_N = F_0 + F_1 + F_2 = 3700 \text{kN}(压)$$
$$M_{\max} = F_T \times 5.8 = 1740 \text{kN} \cdot \text{m}$$

(2) AB 截面上的最大应力

$$\begin{matrix}\sigma_{\max}\\ \sigma_{\min}\end{matrix} = -\frac{F_N}{A} \pm \frac{M_z y}{I_z} = \begin{cases} -0.027 \text{MPa} \\ -0.229 \text{MPa} \end{cases}$$

AB 面上的正应力分布如图 8-8（b）所示。

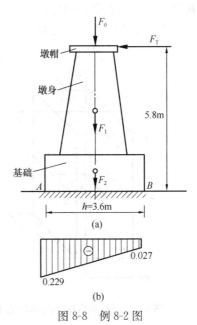

图 8-8 例 8-2 图

§8-4 偏心压缩（拉伸）和截面核心

当外力作用线与杆的轴线平行，但不重合时，杆件的变形称为偏心拉压，这实际是一种拉（压）与弯曲的组合变形。现以矩形截面直杆为例，讨论偏心压缩问题。

一、单向偏心压缩

如图 8-9 所示，立柱在上端受到集中力 F 作用，集中力 F 的作用点 K 在 z 轴上，偏心距为 e。将力 F 向形心简化，得到轴向压力 F 和对 y 轴的力偶矩 $M_e = Fe$。在这个等效力系作用下，柱发生压缩与弯曲的组合变形。由截面法，柱内任一截面上的内力为

轴力 $\qquad\qquad F_N = -F$

弯矩 $\qquad\qquad M_y = Fe$

横截面上任一点 $P(y, z)$ 上由轴力和弯矩引起的正应力分别为

$$\sigma' = \frac{F_N}{A} = -\frac{F}{A}, \quad \sigma'' = \frac{M_y z}{I_y} = \pm \frac{Fe \cdot z}{I_y}$$

式中，σ'' 的正负号由弯曲变形直接判断。

根据叠加原理，$P(y, z)$ 点的总应力 σ 为

$$\sigma = \sigma' + \sigma'' = -\frac{F}{A} \pm \frac{Fe \cdot z}{I_y} \tag{8-14}$$

二、双向偏心压缩

如图 8-10 所示，立柱所受的集中力 F 不在形心主轴 y 或 z 上，对两个轴都有偏心，设偏心距分别为 e_y、e_z。将力 F 向形心简化，得到轴向压力 F 和对 y、z 轴的力偶矩 M_{ey}、M_{ez}，在这样的等效力系作用下，在任一截面处的内力为

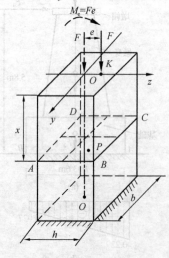

图 8-9 矩形截面柱单向偏心受压

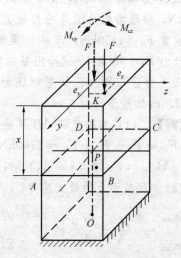

图 8-10 矩形截面柱双向偏心受压

$$F_N = -F$$
$$M_y = M_{ey} = Fe_z$$
$$M_z = M_{ez} = Fe_y$$

根据叠加原理，可得任一点 $P(y, z)$ 处的正应力为

$$\sigma = \sigma' + \sigma'' + \sigma''' = -\frac{F}{A} - \frac{M_y z}{I_y} - \frac{M_z y}{I_z} = -\frac{F}{A} - \frac{Fe_z \cdot z}{I_y} - \frac{Fe_y \cdot y}{I_z} \quad (8\text{-}15)$$

式中，σ'' 与 σ''' 的正负号可直观判断。

【例 8-3】 试绘出图 8-11（a）所示构件底截面上正应力分布图。已知：$F = 100\text{kN}$，$a = 0.2\text{m}$，$b = 0.4\text{m}$，$z_F = 0.05\text{m}$，$y_F = 0.2\text{m}$。

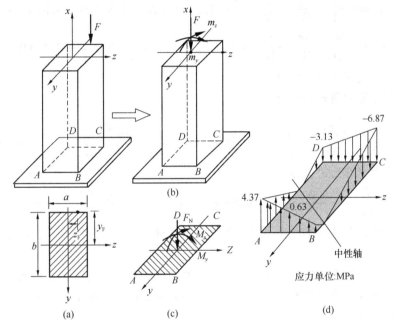

图 8-11 例 8-3 图

【解】 （1）外力简化（图 8-11b）

将偏心力 F 向形心简化，得轴向力和力偶矩分别为

$$F_x = F = 100\text{kN}$$
$$m_y = F \times z_F = 100 \times 0.05 = 5\text{kN} \cdot \text{m}$$
$$m_z = F \times y_F = 100 \times 0.2 = 20\text{kN} \cdot \text{m}$$

（2）内力计算（图 8-11c）

底截面上的内力有轴力和弯矩

$$F_N = F_x = 100\text{kN}$$
$$M_y = m_y = 5\text{kN} \cdot \text{m}$$
$$M_z = m_z = 20\text{kN} \cdot \text{m}$$

（3）应力计算

矩形截面的有关几何量计算

$$A = ab = 0.2 \times 0.4 = 0.08\text{m}^2$$

$$W_y = \frac{1}{6}a^2b = \frac{1}{6} \times 0.2^2 \times 0.4 = 0.00267 \text{m}^3$$

$$W_z = \frac{1}{6}ab^2 = \frac{1}{6} \times 0.2 \times 0.4^2 = 0.00533 \text{m}^3$$

底截面上四个角点的应力计算

$$\sigma_A = -\frac{F_N}{A} + \frac{M_z}{W_z} + \frac{M_y}{W_y} = (-1.25 + 3.75 + 1.87) = 4.37 \text{MPa}$$

$$\sigma_B = -\frac{F_N}{A} + \frac{M_z}{W_z} - \frac{M_y}{W_y} = (-1.25 + 3.75 - 1.87) = 0.63 \text{MPa}$$

$$\sigma_C = -\frac{F_N}{A} - \frac{M_z}{W_z} - \frac{M_y}{W_y} = (-1.25 - 3.75 - 1.87) = -6.87 \text{MPa}$$

$$\sigma_D = -\frac{F_N}{A} - \frac{M_z}{W_z} + \frac{M_y}{W_y} = (-1.25 - 3.75 + 1.87) = -3.13 \text{MPa}$$

(4) 确定中性轴的位置

矩形截面的惯性半径为

$$i_y^2 = \frac{I_y}{A} = \frac{\frac{1}{12}ba^3}{ab} = \frac{a^2}{12} = 0.0033 \text{m}^2, \quad i_z^2 = \frac{I_z}{A} = \frac{\frac{1}{12}ab^3}{ab} = \frac{b^2}{12} = 0.0133 \text{m}^2$$

中性轴在两坐标上的截距为

$$a_z = -\frac{i_y^2}{z_F} = -\frac{0.0033}{0.05} = -0.066 \text{m}, \quad a_y = -\frac{i_z^2}{y_F} = -\frac{0.0133}{0.2}\text{m} = -0.0665 \text{m}$$

由上述计算结果可绘出中性轴的位置及底截面上的正应力分布图,如图 8-11 (d) 所示。

注意由于轴力与弯矩均产生正应力,在它们的共同作用下,横截面上的正应力为二者产生应力的代数和,故求解拉(压)与弯曲组合变形问题的关键是确定轴力与弯矩的方向。

三、截面核心的概念

使偏心压缩(拉伸)杆横截面上只产生同号应力即只产生压(拉)应力时,偏心压力(拉力)作用的区域,称为**截面核心**。截面核心是截面形心附近的一个区域。当偏心压力(拉力)作用在截面核心范围内(含截面核心周界线)时,截面的中性轴必在截面之外或与截面边界相切。

由于中性轴上各点的正应力等于零,为了确定中性轴位置,令式(8-15)为零,即 $\sigma=0$,设中性轴上任一点坐标为 (z_0, y_0),则有

$$\frac{F}{A} + \frac{Fe_z \cdot z_0}{I_y} + \frac{Fe_y \cdot y_0}{I_z} = 0$$

利用 $I_y = Ai_y^2$,$I_z = Ai_z^2$,其中,i_y、i_z 为截面对 y、z 轴的惯性半径,代入上式,得中性轴方程为

$$1 + \frac{e_z z_0}{i_y^2} + \frac{e_y y_0}{i_z^2} = 0 \tag{8-16}$$

显然,式(8-16)表示的是一直线方程。

设 a_y、a_z 分别是中性轴在 y、z 轴上的截距，则由上式得

$$a_y = -\frac{i_z^2}{e_y} \quad a_z = -\frac{i_y^2}{e_z} \qquad (8\text{-}17)$$

由式（8-16）和式（8-17）可以看出中性轴有下述特点：

（1）中性轴是一条不过形心的直线；

（2）由于 a_y 与 e_y 符号相反，a_z 与 e_z 符号相反，说明中性轴与荷载作用点在形心两侧，有可能在截面以外；

（3）荷载越接近截面形心，中性轴离形心越远。

在工程上，常用的材料如砖、石、混凝土、铸铁等其抗压性能好而抗拉能力差，因而由这些材料制成的偏心受压构件，应该力求使全截面上只出现压应力而不出现拉应力，即力 F 应尽量作用于截面核心之内。当中性轴不穿过横截面时，可以确保横截面上只有压应力。由式（8-17）可知，荷载作用点离截面形心越近，e_y、e_z 值越小，则 a_y、a_z 值越大，即中性轴距形心越远。因此，当荷载作用点位于截面形心附近某一个区域时，就可保证中性轴不穿过横截面，这个区域称为**截面核心**。当荷载作用在截面核心的边界上时，中性轴应该正好与截面的周边相切。根据这一特点，可以利用公式（8-17）确定截面核心边界的位置。

现以图 8-12 所示边长为 h 和 b 的矩形截面为例，说明确定截面核心的方法。

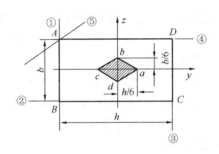

图 8-12 矩形截面的截面核心

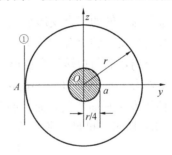

图 8-13 圆形截面的截面核心

若中性轴与 AB 边重合，则其截距 $a_y = -\frac{h}{2}$，$a_z = \infty$；又知矩形截面 $i_y^2 = b^2/12$，$i_z^2 = h^2/12$。代入式（8-16），得力 F 的作用点 a 的坐标是 $e_{y1} = h/6$，$e_{z1} = 0$。用同样的方法可以确定点 b、c、d 的坐标。考虑过点 A 的中性轴①、⑤、④等，由于点 A 是这些中性轴的共同点，如将其坐标 y_A 和 z_A 代入中性轴方程式（8-16），可以得到

$$e_z = -\frac{i_y^2}{z_A} - \frac{i_y^2 y_A}{i_z^2 z_A} e_y$$

由于截面形状不变，故上式中的惯性半径 i_y、i_z 也都是常数，e_y、e_z 间的关系是线性关系。过点 A 的 3 条中性轴①、⑤、④分别对应的力作用点必定在一条直线上，由此得到绕一定点（如 A 点）转动的诸中性轴，所对应的力作用点移动的轨迹为一直线。根据这个结论，将已得的 a、b、c、d 点依次连成 4 条直线，就得到截面核心的边界，矩形截面的截面核心是位于截面中央的菱形，其对角线

长度分别为 $h/3$ 和 $b/3$。

【例 8-4】 试确定图 8-13 所示圆形截面的截面核心边界,已知直径为 d(半径为 r)。

【解】 对于圆形截面,其截面核心的边界也必是圆形的。设截面核心边界是直径为 d_0 的圆,现确定 d_0 的数值。为此,将一条与截面周边相切的直线①看做是中性轴,它在形心主惯性轴上的截距分别为

$$a_y = -\frac{d}{2}, a_z = \infty$$

圆截面惯性半径的平方为

$$i_y^2 = i_z^2 = \frac{d^2}{16}$$

于是由式(8-17)可得与中性轴①对应的截面核心边界上点 a 的坐标为

$$e_{ya} = -\frac{i_z^2}{a_y} = \frac{d}{8} = \frac{r}{4}, e_{za} = -\frac{i_y^2}{a_z} = 0$$

从而可知,截面核心边界圆的直径 $d_0 = d/4 = r/2$(见图 8-13)。

§8-5 圆轴扭转与弯曲组合变形的强度条件

弯曲与扭转的组合变形是机械工程中最常见的情况。机器中的大多数转轴都是以弯曲与扭转的组合方式工作的。现以图 8-14(a)所示曲拐中的 AB 段圆杆为例,介绍弯曲与扭转组合变形时的强度计算方法。

将外力 F 向截面 B 形心简化,得 AB 段计算简图如图 8-14(b)所示。横向力 F 使轴发生平面弯曲,而力偶 M_e 使轴发生扭转。其弯矩图和扭矩图如图 8-14(c)、(d)所示。可见,危险截面在固定端 A,其上的内力为

$$M = Fl, T = M_e = Fa$$

根据前面章节的讨论及截面 A 的弯曲正应力和扭转切应力的分布图,如图 8-14(e)所示,可以看出,点 C_1 和 C_2 为危险点,点 C_1 的单元体如图 8-14(f)所示,由应力计算公式得点 C_1 的正应力与切应力为

$$\left.\begin{array}{l}\sigma = \dfrac{M}{W} \\[2mm] \tau = \dfrac{T}{W_p}\end{array}\right\} \tag{8-18}$$

式中,$W = \pi d^3/32$,$W_p = \pi d^3/16$ 分别是圆轴的抗弯和抗扭截面系数。危险点 C_1 或 C_2 处于二向应力状态,其主应力为

$$\left.\begin{array}{l}\sigma_1 \\ \sigma_3\end{array}\right\} = \dfrac{\sigma}{2} \pm \sqrt{\left(\dfrac{\sigma}{2}\right)^2 + \tau^2} \\ \sigma_2 = 0 \right\} \tag{8-19}$$

对于塑性材料,采用第三或第四强度理论。按第三强度理论的强度条件

$$\sigma_1 - \sigma_3 \leqslant [\sigma]$$

将式(8-19)代入上式,得

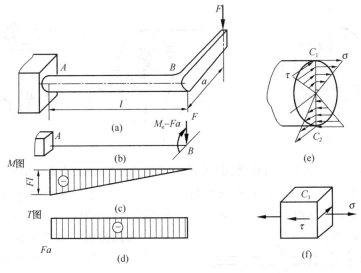

图 8-14 扭转与弯曲组合变形

$$\sqrt{\sigma^2 + 4\tau^2} \leqslant [\sigma] \tag{8-20}$$

将式 (8-18) 中 σ 和 τ 代入上式 (8-20), 并注意到实心圆截面的 $W_p = 2W$, 于是可得出圆杆的弯扭组合变形下的强度条件为

$$\frac{1}{W}\sqrt{M^2 + T^2} \leqslant [\sigma] \tag{8-21}$$

若按第四强度理论的强度条件

$$\sqrt{\frac{1}{2}\left[(\sigma_1 - \sigma_2)^2 + (\sigma_1 - \sigma_3)^2 + (\sigma_2 - \sigma_3)^2\right]} \leqslant [\sigma]$$

将式 (8-19) 代入上式, 经简化后得

$$\sqrt{\sigma^2 + 3\tau^2} \leqslant [\sigma] \tag{8-22}$$

再将式 (8-18) 代入上式 (8-22), 即得到按第四强度理论的强度条件为

$$\frac{1}{W}\sqrt{M^2 + 0.75T^2} \leqslant [\sigma] \tag{8-23}$$

式中 W——圆截面杆的抗弯截面系数。

如图 8-15 所示, 对于圆形截面的轴, 当某横截面在两个相互垂直的平面内都有弯矩时, 即铅垂平面内的弯矩为 M_z, 水平面内的弯矩为 M_y。应按右手法则将 M_z、M_y 用矢量表示, 然后, 用矢量合成的方法, 求出合成弯矩 M 的大小与方向, 合成弯矩 M 的作用平面仍然是纵向对称面 (见图 8-15a)。如果得知危险截面上的合成弯矩 $M = \sqrt{M_{y\max}^2 + M_{z\max}^2}$ 和扭矩 T 的实际方向, 以及它们分别产生的正应力和切应力分布情况, 即可确定危险点及其应力状态如图 8-15 (c) 所示。

由于承受弯扭组合的圆轴一般由塑性材料制成, 故应采用第三或第四强度理论。由如图 8-15 所示应力状态及相应强度条件可得

$$\sigma_{r3} = \sqrt{\sigma^2 + 4\tau^2} = \frac{1}{W}\sqrt{M^2 + T^2} = \frac{1}{W}\sqrt{M_{y\max}^2 + M_{z\max}^2 + T^2} \leqslant [\sigma] \tag{8-24}$$

$$\sigma_{r4} = \sqrt{\sigma^2 + 3\tau^2} = \frac{1}{W}\sqrt{M^2 + 0.75T^2} = \frac{1}{W}\sqrt{M_{y\max}^2 + M_{z\max}^2 + 0.75T^2} \leqslant [\sigma] \tag{8-25}$$

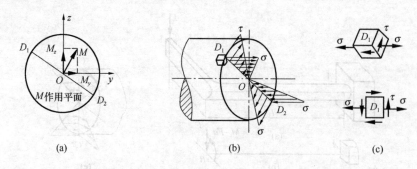

图 8-15　合弯矩与扭矩作用下横截面上的应力分布及危险点的应力状态

【例 8-5】　图 8-16（a）所示钢轴有两个皮带轮 A 和 B，两轮的直径 $D=1\text{m}$，轮的自重均为 $Q=5\text{kN}$，轴的许用应力 $[\sigma]=80\text{MPa}$。试确定轴的直径 d。

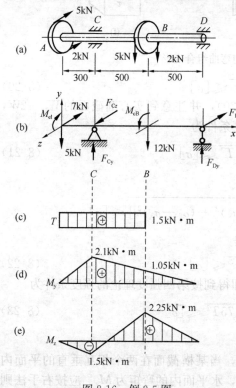

图 8-16　例 8-5 图

解题分析：本题轮轴为弯扭组合变形。首先要将所有外力向轴线上简化，并绘制内力图，以便寻找危险截面。找到危险截面和危险点后，即可按强度条件设计轴直径。

【解】　(1) 计算轴上的荷载。

取如图 8-16（b）所示坐标系，则外力偶矩

$$M_{eA}=M_{eB}=(5-2)\frac{D}{2}$$

$$=(5-2)\times\frac{1}{2}=1.5\text{kN}\cdot\text{m}$$

x-y 平面支反力

$$F_{Cy}=12.5\text{kN} \quad F_{Dy}=4.5\text{kN}$$

x-z 平面支反力

$$F_{Cz}=9.1\text{kN} \quad F_{Dz}=2.1\text{kN}$$

(2) 画内力图，确定危险截面。

轴 AB 段的扭矩为 $T=1.5\text{kN}\cdot\text{m}$（图 8-16c），弯矩 M_y 和 M_z 如图 8-16（d）、（e）所示。从内力图看出，危险截面是 C 或 B 截面。分别计算 C、B 两截面的总弯矩

$$\overline{M}_C=\sqrt{(2.1\times 10^3)^2+(1.5\times 10^3)^2}=2.58\times 10^3\text{N}\cdot\text{m}=2.58\text{kN}\cdot\text{m}$$

$$\overline{M}_B=\sqrt{(1.05\times 10^3)^2+(2.25\times 10^3)^2}=2.49\times 10^3\text{N}\cdot\text{m}=2.49\text{kN}\cdot\text{m}$$

比较两者大小，可知危险截面为 C 截面。

(3) 确定轴的直径。

按第三强度理论设计轴的直径。直接采用圆轴弯扭组合情况下的强度条件，得

$$\sigma_{r3}=\frac{\sqrt{M^2+T^2}}{W}\leqslant[\sigma]$$

第8章 组合变形

$$d \geqslant \sqrt[3]{\frac{32\sqrt{M^2+T^2}}{\pi[\sigma]}} = \sqrt[3]{\frac{32\sqrt{(2.58\times 10^3)^2+(1.5\times 10^3)^2}}{\pi(80\times 10^6)}}$$
$$= 72.4\times 10^{-3}\mathrm{m} = 72.4\mathrm{mm}$$

如果按第四强度理论设计轴的直径，则

$$\sigma_{r4} = \frac{\sqrt{M^2+0.75T^2}}{W} \leqslant [\sigma]$$

$$d \geqslant \sqrt[3]{\frac{32\sqrt{M^2+0.75T^2}}{\pi[\sigma]}} = \sqrt[3]{\frac{32\sqrt{(2.58\times 10^3)^2+0.75\times(1.5\times 10^3)^2}}{\pi(80\times 10^6)}}$$
$$= 71.6\times 10^{-3}\mathrm{m} = 71.6\mathrm{mm}$$

比较可得按第三强度理论设计的轴径比按第四强度理论设计的轴径略大，可取 $d=73\mathrm{mm}$。

【例 8-6】 图 8-17（a）所示传动轴左端伞形齿轮上所受的轴向 $F_1=$

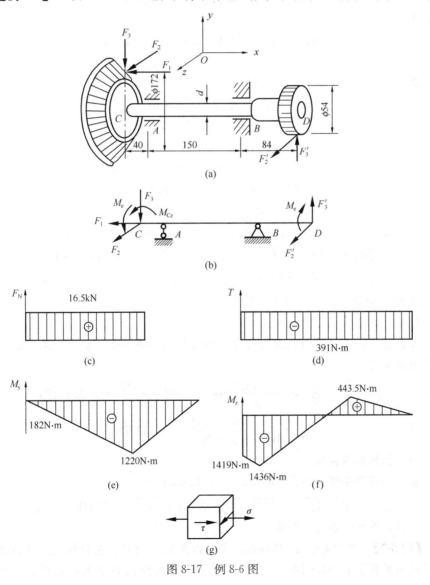

图 8-17 例 8-6 图

16.5kN，周向力 $F_2=4.55$kN，径向力 $F_3=0.414$kN；右端齿轮所受的周向力 $F_2'=14.49$kN，径向力 $F_3'=5.28$kN，轴直径 $d=40$mm，许用应力 $[\sigma]=300$MPa，试按第四强度理论对轴进行强度校核。

解题分析：本题传动轴发生的是轴向拉伸、扭转和弯曲的组合变形。轴向力 F_1 由安装在 B 截面处的止推轴承平衡，因此 B 截面处可简化为固定铰支，而将 A 处简化为可移动铰支。首先将所有外力向轴线上简化，绘制受力图，然后绘制内力图以便寻找危险截面。找到危险截面和危险点后，即可按强度条件校核轴的强度。

【解】（1）计算外力。

将所有外力简化到轴线，所得受力图如图 8-17（b）所示，其中在轴的 C 截面和 D 截面上扭矩均为

$$M_e = F_2 \times (0.172/2) = 391 \text{N} \cdot \text{m}$$

C 截面处弯矩为

$$M_{Cz} = F_1 \times (0.172/2) = 1419 \text{N} \cdot \text{m}$$

（2）计算内力。

轴的内力图如图 8-17（c）、（d）、（e）、（f）所示，其中

$$T = M_e = 391 \text{N} \cdot \text{m}$$
$$F_N = F_1 = 16.5 \times 10^3 \text{N}$$
$$M_{Az} = M_{Cz} + F_3 \times 0.04 = 1436 \text{N} \cdot \text{m}$$
$$M_{Bz} = F_3' \times 0.084 = 443.5 \text{N} \cdot \text{m}$$
$$M_{Ay} = F_2 \times 0.04 = 182 \text{N} \cdot \text{m}$$
$$M_{By} = F_2' \times 0.084 = 1220 \text{N} \cdot \text{m}$$

从内力图看出，A、B 为可能的危险截面。比较它们的合成弯矩

$$M_A = \sqrt{M_{Ay}^2 + M_{Az}^2} = \sqrt{(182)^2 + (1436)^2} = 1447 \text{N} \cdot \text{m}$$
$$M_B = \sqrt{M_{By}^2 + M_{Bz}^2} = \sqrt{(1220)^2 + (443.5)^2} = 1296 \text{N} \cdot \text{m}$$

$M_A > M_B$，可见，A 截面为危险截面。

（3）计算危险点应力。

A 截面危险点位于横截面的边缘，应力状态如图 8-17（g）所示，正应力和切应力分别为

$$\sigma = \frac{F_N}{A} + \frac{M_A}{W} = \frac{4 \times 16.5 \times 10^3}{\pi \times 40^2} + \frac{32 \times 1447}{\pi \times 40^3} = 243.4 \text{MPa}$$

$$\tau = \frac{T}{W_p} = \frac{16 \times 391}{\pi \times 40^3} = 31.1 \text{MPa}$$

（4）校核轴的强度。

根据第四强度理论和式（8-23）或式（8-25）得

$$\sigma_{r4} = \sqrt{\sigma^2 + 3\tau^2} = \sqrt{(243.4)^2 + 3 \times (31.3)^2} = 249 \text{MPa} < [\sigma]$$

所以，传动轴满足强度条件。

【例 8-7】 圆轴直径 $d=20$mm，受力如图 8-18 所示。在轴的上边缘 A 点处，测得纵向线应变 $\varepsilon_a = 4 \times 10^{-4}$；在水平直径平面的外侧 B 点处，测得 $\varepsilon_{-45°} = 4 \times$

10^{-4}。材料的弹性模量 $E=200\text{GPa}$，泊松比 $\mu=0.25$，$[\sigma]=160\text{MPa}$。试求：(1) 作用在轴上的荷载 F、力偶 M_e 的大小；(2) 按第三强度理论进行强度校核。

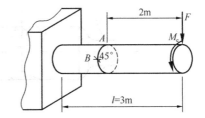

【解】(1) 确定 A、B 两点的应力大小

由应力状态分析知，A 点处为二向应力状态，见图 8-18 (a)。利用胡克定律可得 A 点应力
$$\sigma_A = E\varepsilon_a = 200 \times 10^9 \times 4 \times 10^{-4} = 80\text{MPa}$$

而 B 点处于纯剪切应力状态，见图 8-18 (b)。由此有
$$\sigma_{-45°} = \tau_B, \sigma_{45°} = -\tau_B$$

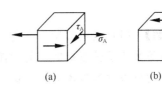

图 8-18 例 8-7 图

利用广义胡克定律
$$\varepsilon_{-45°} = \frac{1}{E}(\sigma_{-45°} - \mu\sigma_{45°})\tau_B = \frac{1+\mu}{E}\tau_B$$

$$\tau_B = \frac{E}{1+\mu}\varepsilon_{-45°} = \frac{200\times10^9}{1+0.25} \times 3 \times 10^{-4} = 48\text{MPa}$$

(2) 计算荷载 F、外力偶矩 M_e

A 点的正应力 $\qquad \sigma_A = \dfrac{M}{W} = \dfrac{64F}{\pi d^3}$

所以 $\quad F = \dfrac{\pi d^3}{64}\sigma_A = \dfrac{\pi \times 20^3 \times 10^{-9}}{64} \times 80 \times 10^6 = 31.4\text{N}$

B 点的切应力 $\qquad \tau_B = \dfrac{T}{W_p} = \dfrac{16T}{\pi d^3}$

所以 $M_e = T = \dfrac{\pi d^3}{16}\tau_B = \dfrac{\pi}{16} \times 20^3 \times 10^{-9} \times 48 \times 10^6 = 75.4\text{N·m}$

(3) 强度校核

圆轴为弯扭组合变形，危险截面在固定端，有
$$M_{\max} = 3F = 94.2\text{N·m}, T = 75.4\text{N·m}$$

由第三强度理论
$$\sigma_{r3} = \frac{\sqrt{M^2+T^2}}{W} = \frac{32\sqrt{M^2+T^2}}{\pi d^3} = \frac{32\sqrt{94.2^2+75.4^2}}{\pi \times 20^3 \times 10^{-9}} = 153.7\text{MPa} < [\sigma]$$

故轴安全。

§8-6 薄壁压力容器的组合变形

在前面章节讨论了薄壁压力容器的受力特点和应力状态以及根据第三和第四强度理论给出了其强度条件。本节通过例题，讨论薄壁压力容器发生组合变形时的强度计算问题。

【例 8-8】 图 8-19 (a) 所示的薄壁圆筒，内径 $D=75\text{mm}$，壁厚 $\delta=2.5\text{mm}$，$p=7\text{MPa}$，圆筒受外力偶矩 $M_e=200\text{N·m}$ 作用。薄壁圆筒材料的许用应力 $[\sigma]=160\text{MPa}$，试用第三强度理论校核圆筒的强度。

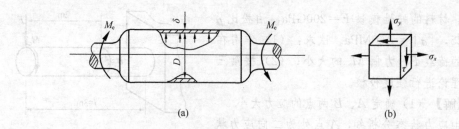

图 8-19 例 8-8 图

【解】 (1) 确定筒壁上点的应力状态并计算应力分量大小。

当筒体不承受扭矩时，筒壁任一点为二向拉伸应力状态；叠加扭矩后，筒壁任一点的应力状态如图 8-19 (b) 所示，其中 σ_x 为轴向应力，σ_y 为周向应力，τ 为扭矩引起的扭转切应力，它们的大小分别为

$$\sigma_x = \frac{pD}{4\delta} = \frac{7 \times 75}{4 \times 2.5} = 52.5 \text{MPa}$$

$$\sigma_y = \frac{pD}{2\delta} = \frac{7 \times 75}{2 \times 2.5} = 105 \text{MPa}$$

$$\tau = \frac{T}{2\pi (D/2)^2 \delta} = \frac{200 \times 10^3}{2\pi (75/2)^2 (2.5)} = 9.05 \text{MPa}$$

(2) 计算主应力。

由式 (9-8) 先计算极值应力

$$\left.\begin{array}{c}\sigma_{\max}\\ \sigma_{\min}\end{array}\right\} = \frac{\sigma_x + \sigma_y}{2} \pm \sqrt{\left(\frac{\sigma_x - \sigma_y}{2}\right)^2 + \tau^2} = \left.\begin{array}{c}106.5 \text{MPa}\\ 51.0 \text{MPa}\end{array}\right\}$$

所以三个主应力分别为

$$\sigma_1 = 106.5 \text{MPa}, \sigma_2 = 51.0 \text{MPa}, \sigma_3 = 0$$

(3) 强度校核。

采用第三强度理论，有

$$\sigma_{r3} = \sigma_1 - \sigma_3 = 106.5 - 0 = 106.5 \text{MPa} < [\sigma] = 160 \text{MPa}$$

所以，该薄壁圆筒满足强度条件。

小结及学习指导

本章研究组合变形问题时没有引入新的知识点，而是应用前面所学的各种基本变形的应力和变形计算公式及叠加原理，来计算组合变形杆件的应力与变形。

解决组合变形问题的关键是正确地将复杂荷载处理为与基本变形对应的简单荷载，分别求解并叠加各基本变形问题的结果，得到复杂荷载作用下构件的危险点的位置及其应力状态，最后选择适当的强度理论进行强度计算，这是读者必须掌握的重点内容。

工程中常见的组合变形有：斜弯曲，拉（压）与弯曲组合，偏心压缩（拉伸），扭转与弯曲组合。

斜弯曲、拉（压）与弯曲组合及偏心压缩（拉伸）组合变形问题，杆件的横截面上只有正应力，没有切应力，危险点处于单向应力状态，因此不需要使用强

第8章 组合变形

度理论就可解决其强度问题。

扭转与弯曲组合变形问题，杆件横截面的危险点处，既有正应力，又有切应力，处于复杂应力状态，因此应注意选择适当的强度理论，来解决其强度问题。工程中发生扭转与弯曲组合变形的杆件多由塑性材料制成，因此常使用第三、第四强度理论。

对于由组合变形问题产生的一些现象与问题，如斜弯曲中位移方向与荷载方向不一致问题、中性轴位置问题、截面核心的概念及应用等，学习中要予以重视并正确理解。

思 考 题

8-1 如图 8-20 所示为 A 端固定的圆截面折杆，在 C 点作用集中力 P，P 力位于 xz 平面内。AB 段的变形是（　　）。

A. 弯扭组合变形　B. 拉弯组合变形

C. 拉弯组合变形　D. 斜弯曲

8-2 在悬臂梁的自由端作用竖直向下的集中力 P，若采用如图 8-21 所示五种截面形式，其 P 力均通过这些截面的形心 C。这几种截面梁的变形形式属于何种变形？

8-3 关于梁的斜弯曲，判定下列与横截面上中性轴性质有关的结论正确或错误。

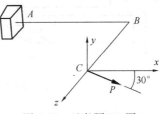

图 8-20　思考题 8-1 图

（1）中性轴上的正应力必为零；　（2）中性轴必与挠曲平面垂直；

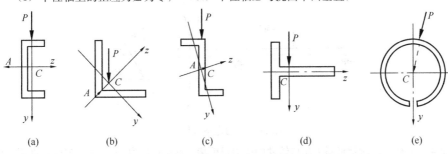

图 8-21　思考题 8-2 图

（3）中性轴必与荷载作用面垂直；（4）中性轴必通过横截面的形心。

8-4 低碳钢制圆截面折杆，各杆的直径均为 d，受力如图 8-22（a）、（b）所示，材料的许用应力为 $[\sigma]$。它们的强度条件如何？

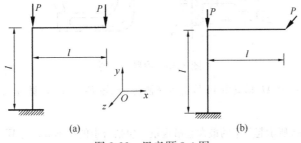

图 8-22　思考题 8-4 图

8-5 判定下列结论是否正确?
(1) 在平面弯曲的梁中,横截面上的中性轴必通过截面形心;
(2) 在斜弯曲的梁中,横截面上的中性轴必通过截面形心;
(3) 在偏心压缩的杆中,横截面上的中性轴必通过截面形心;
(4) 在拉弯组合变形的杆中,横截面上可能没有中性轴。

习　题

8-1 如图 8-23 所示矩形截面悬臂梁,若 $F=300$N, $h/b=1.5$, $[\sigma]=10$MPa,试确定截面尺寸。

8-2 矩形截面悬臂梁承受荷载如图 8-24 所示,已知材料的许用应力 $[\sigma]=10$MPa,在水平面内 $F_1=800$N,在铅垂面内 $F_2=1650$N。试求矩形截面的尺寸 b、h(设 $h/b=2$)。

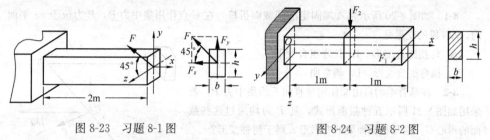

图 8-23　习题 8-1 图　　　　图 8-24　习题 8-2 图

8-3 如图 8-25 所示矩形截面简支梁,已知 $F=15$kN, $E=10$GPa,试求:(1) 梁的最大正应力;(2) 梁中点的总挠度。

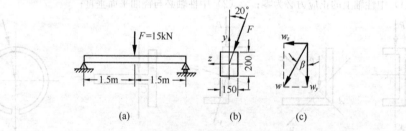

图 8-25　习题 8-3 图

8-4 如图 8-26 所示材料为灰口铸铁的压力机框架。许用拉应力 $[\sigma_t]=30$MPa,许用压应力 $[\sigma_c]=80$MPa。试校核框架立柱的强度。

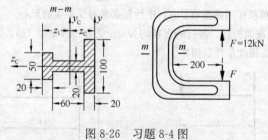

图 8-26　习题 8-4 图

8-5 图 8-27 所示 AB 横梁由 14 号工字钢制成,已知 $F=12$kN,材料 $[\sigma]=160$MPa。试校核横梁的强度。

8-6 如图 8-28 所示起重架的最大起吊重量(包括行走的小车等)为 $W=35$kN,横梁 AC 由两根 No.18 槽钢组成,材料为 Q235 钢,许可应力 $[\sigma]=120$MPa。试校核横梁的强度。

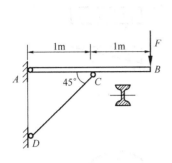
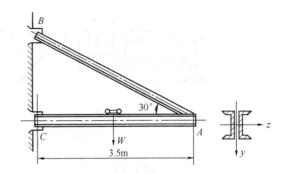

图 8-27　习题 8-5 图　　　　　　图 8-28　习题 8-6 图

8-7　图 8-29 所示板件，$F=12$kN，$[\sigma]=100$MPa，试求切口的允许深度 x。

8-8　图 8-30 所示矩形截面钢杆，用应变片测得杆件上、下表面的轴向正应变分别为 $\varepsilon_a=1\times10^{-3}$，$\varepsilon_b=0.4\times10^{-3}$，材料的弹性模量 $E=210$GPa，泊松比 $\mu=0.3$。①试作横截面上的正应力分布图；②求拉力 F 及偏心距 δ 的数值。

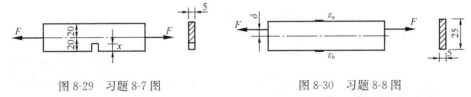

图 8-29　习题 8-7 图　　　　　　图 8-30　习题 8-8 图

8-9　图 8-31 所示矩形截面柱受荷载 F 和 F_s 作用，试求固定端面上角点 A、B、C、D 的正应力。

8-10　图 8-32 所示钢质拐轴，承受铅垂荷载 F 作用，试用第三强度理论确定轴 AB 的直径。已知荷载 $F=1$kN，许用应力 $[\sigma]=160$MPa。

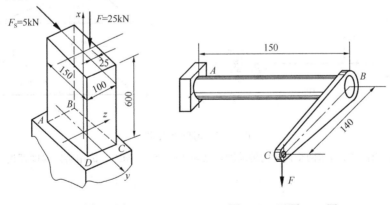

图 8-31　习题 8-9 图　　　　　　图 8-32　习题 8-10 图

8-11　如图 8-33 所示，电动机的功率为 9kW，转速为 715r/min，皮带轮直径 $D=250$mm，主轴外伸部分长度 $l=120$mm，主轴直径 $d=40$mm。若许用应力 $[\sigma]=60$MPa，试用第四强度理论校核轴的强度。

8-12　图 8-34 所示轴上安装有两个轮子，两轮上分别作用有 $F=3$kN 及 Q，该轴处于平衡状态。若 $[\sigma]=60$MPa。试分别按第三及第四强度理论选择轴的直径。

8-13　如图 8-35 所示图示传动轴，传递的功率为 10kW，转速为 100r/min。A 轮上的皮带是水平的，B 轮上的皮带是铅垂的。若两轮的直径均为 500mm，且 $F_1>F_2$，$F_2=2$kN，$[\sigma]$

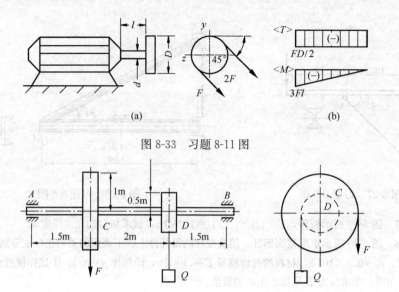

图 8-33 习题 8-11 图

图 8-34 习题 8-12 图

$=80\text{MPa}$。试用第三强度理论设计轴的直径 d。

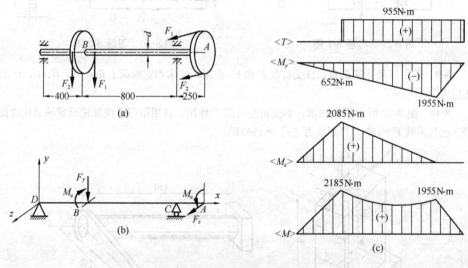

图 8-35 习题 8-13 图

8-14 图 8-36 所示两个齿轮的传动轴，已知 $[\sigma]=120\text{MPa}$，试用第四强度理论选择轴的直径 d。

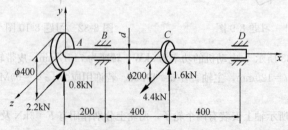

图 8-36 习题 8-14 图

8-15 图 8-37 所示圆截面杆，已知 $F_1=500\text{N}$，$F_2=15\text{kN}$，$M_\text{e}=1.2\text{kN}\cdot\text{m}$，$d=50\text{mm}$，

$l=900\text{mm}$,$[\sigma]=120\text{MPa}$,试按第三强度理论校核强度。

8-16 图 8-38 所示齿轮轴 B 端装有锥形齿轮,其上作用有轴向力 $F_{Bx}=0.4\text{kN}$,径向力 $F_{By}=0.2\text{kN}$,切向力 $F_{Bz}=1.2\text{kN}$。A 端装有齿轮,其上作用有径向力 $F_{Ay}=0.5\text{kN}$,切向力 $F_{Az}=2\text{kN}$。轴的直径 $d=30\text{mm}$,$d_1=40\text{mm}$,许用应力 $[\sigma]=80\text{MPa}$。试按第三强度理论校核轴的强度。

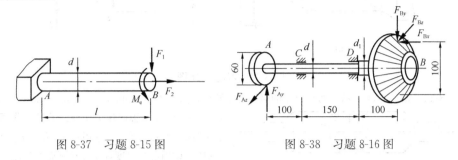

图 8-37 习题 8-15 图   图 8-38 习题 8-16 图

8-17 如图 8-39 所示手摇绞车,轴的直径 $d=30\text{mm}$,材料为 Q235 钢,$[\sigma]=80\text{MPa}$。试按第三强度理论,求绞车的最大起吊重量 P。

8-18 如图 8-40 所示,铁道路标的圆信号板安装在外径 $D=60\text{mm}$ 的空心圆柱上,若信号圆板上所受的最大风荷载 $p=2\text{kN/m}^2$,材料的许用应力 $[\sigma]=60\text{MPa}$,试按第三强度理论选择空心柱的壁厚。

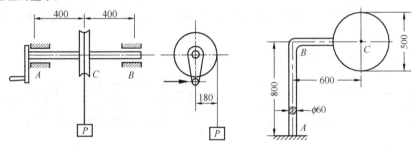

图 8-39 习题 8-17 图   图 8-40 习题 8-18 图

8-19 如图 8-41 所示钢质圆杆,同时受到轴向拉力 F,扭转力偶 M_e 和弯曲力偶 M 的作用,试用第四强度理论写出其强度条件表达式。该杆的横截面积 A、弯曲截面系数 W 为已知。

8-20 如图 8-42 所示水平放置的钢制圆杆 ABC,杆的横截面面积 $A=80\times10^{-4}\text{m}^2$,抗弯截面模量 $W=100\times10^{-6}\text{m}^3$,抗扭截面模量 $W_p=200\times10^{-6}\text{m}^3$,$AB$ 长 $l_1=3\text{m}$,BC 长 $l_2=5\text{m}$,许用应力 $[\sigma]=160\text{MPa}$。试用第三强度理论校核此杆强度。

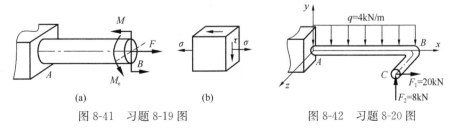

图 8-41 习题 8-19 图   图 8-42 习题 8-20 图

8-21 如图 8-43 所示,直径为 d 的圆截面平面曲杆 ABC($AB\perp BC$,位于 x-z 平面),与 CD 杆(圆截面,直径为 d_0)铰接于 C 点。集中力 F 作用于直拐 B 点,试按第三强度理论校核直拐的强度。设平面直拐 ABC 和 CD 杆为同一材料,材料参数和几何尺寸分别为 $\sigma_s=$

240MPa, $\sigma_p=200\text{MPa}$, $E=200\text{GPa}$, $G=80\text{GPa}$, $d=50\text{mm}$, $d_0=10\text{mm}$, $l=1\text{m}$, $F=200\text{N}$, 强度安全系数 $n=2$。不考虑 CD 杆的稳定问题。

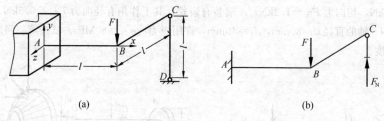

图 8-43 习题 8-21 图

8-22 如图 8-44 所示，两端封闭的铸铁薄壁圆筒，内径 $D=200\text{mm}$，厚度 $\delta=4\text{mm}$，承受内压 $p=3\text{MPa}$ 及轴向压力 $F=200\text{kN}$ 的作用，材料泊松比 $\mu=0.3$，许用拉应力 $[\sigma_t]=40\text{MPa}$。试用第二强度理论校核圆筒的强度。

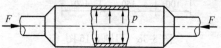

图 8-44 习题 8-22 图

8-23 图 8-45 所示贮油罐长度 $l=9.6\text{m}$，内径 $d=2.6\text{m}$，厚度 $\delta=8\text{mm}$。油罐两端简支，承受内压 p 和均布荷载 q 作用。已知 $p=0.6\text{MPa}$。试求许可分布荷载集度 $[q]$。

8-24 如图 8-46 所示，两端封闭的铸铁薄壁圆筒，内径 $d=100\text{mm}$，厚度 $\delta=10\text{mm}$，承受内压 $q=5\text{MPa}$，轴向压力 $F=100\text{kN}$ 及外力偶矩 $M_e=3\text{kN}\cdot\text{m}$ 作用，材料泊松比 $\mu=0.25$，许用拉应力 $[\sigma_t]=40\text{MPa}$，许用压应力 $[\sigma_c]=120\text{MPa}$。试用第二强度理论校核圆筒的强度。

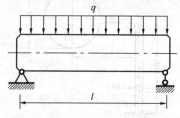
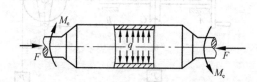

图 8-45 习题 8-23 图　　图 8-46 习题 8-24 图

第9章 压杆稳定

本章知识点

【知识点】 压杆稳定、失稳、临界压力、临界应力及柔度的基本概念；三类压杆的判别，欧拉公式及适用范围，经验公式；压杆的稳定计算：稳定条件，安全系数法；提高压杆稳定性的措施。

【重点】 压杆稳定的概念，临界压力的一般表达式欧拉公式，临界应力，柔度表示的欧拉公式的适用范围，稳定条件，提高压杆稳定性的措施。

【难点】 临界应力总图，三类压杆的临界应力 σ_{cr} 随柔度 λ 变化的情况，压杆稳定问题计算。

§9-1 压杆稳定的概念

前面对受压杆件的研究，是从强度的观点出发的。即认为只要压杆满足压缩的强度条件，就可以保证压杆的正常工作。对于粗短的压杆确实是这样，但对于细长压杆就不适用了。例如，一根尺寸为 30mm×5mm 矩形截面短木杆，对其施加轴向压力，如图 9-1 所示，设材料的压缩强度极限 $\sigma_c = 40$MPa，由实验可知，当杆很短时，将杆压坏所需的压力为：

$$F = \sigma_c A = 40 \times 10^6 \times 0.03 \times 0.005 = 6000\text{N}$$

但如果杆长为 1000mm，则不到 30N 的压力，杆就会发生显著的弯曲变形而丧失工作能力。说明细长的受压杆件是否能正常工作，并不取决于压杆的强度，而是由能否保持直线的平衡状态所决定的。构件失去其原有平衡状态的现象在材料力学中称为**失去稳定**，简称**失稳**。由此可见，两根横截面面积和材料相同的受压杆件，只是长度不同，杆件抵抗外力的特性将发生根本性改变。对于粗短压杆，压杆的承载能力只决定于压杆的强度问题，而对于细长压杆则取决于压杆的稳定性。

现以图 9-2 所示两端铰支的细长压杆为例，介绍有关稳定性的一些概念。

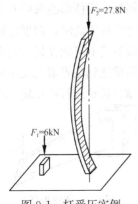

图 9-1 杆受压实例

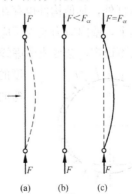

图 9-2 两端铰支压杆的稳定平衡和不稳定平衡

设压力与杆件轴线重合，压力逐渐增加，但压力小于某一值时，杆件始终保持直线的平衡状态，此时若受到干扰而使轴线发生轻微弯曲，去除干扰后，轴线仍能回到原有的平衡状态，这表明压杆原有的直线平衡状态是稳定的；但当压力增加到某一值时，这时如果再受到干扰使其发生微小弯曲，干扰去除后，它将不能回到原来的直线状态，而在曲线状态下保持平衡。如压力再增加，杆件将发生显著的弯曲变形而破坏。这表明压杆原有的直线平衡状态是不稳定的。

由此可见，细长压杆的直线平衡状态是否稳定与压力的大小有关。当压力逐步增加到某一极限值时，压杆将从稳定的平衡转变为不稳定的平衡，上述压力的极限值称为**临界压力**，简称**临界力**，记为 F_{cr}。由于压杆的失稳现象是在纵向力的作用下，使杆发生突然弯曲，所以这种弯曲也常称为纵向弯曲。这种丧失稳定的现象，也称为屈曲。

在工程实际中，有许多受压的构件需要考虑其稳定性。如千斤顶的丝杆（图9-3），内燃机燃气机构的挺杆（图9-4），在它推动摇臂打开气阀时就受到压力作用。如果这些构件设计不合理，在较大的压力作用下，就可能失去稳定而破坏。由于丧失稳定是突然发生的，往往会给工程结构或机械带来极大的危害。因此在设计这类构件时，必须进行稳定性计算。

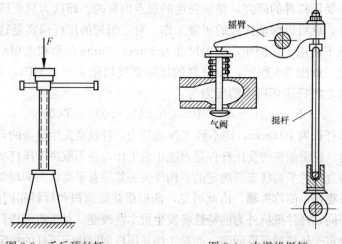

图 9-3　千斤顶丝杆　　　　　　图 9-4　内燃机挺杆

除了压杆外，其他构件也存在着稳定失效的问题。例如，圆柱形的薄壁在均匀外压力作用下，壁内应力变为压应力（图9-5），当外压达到临界值时，薄壁的圆形平衡就变为不稳定，会变成由虚线表示的长圆形。又如板条或工字钢在最大抗弯刚度的平面内弯曲时，会因荷载达到临界值而发生侧向弯曲与扭转（图9-6）。本章只讨论压杆的稳定问题。

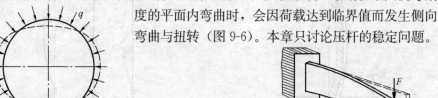

图 9-5　圆柱形薄壁结构　　　　　　图 9-6　薄壁板条

§9-2 两端铰支细长压杆的临界压力

实践表明，细长压杆的临界压力不仅与杆的材料、横截面的形状和尺寸等因素有关，而且也和杆的长度和两端的支撑情况有关。

现以两端为球形铰支座，长度为 l 的等截面细长中心受压直杆（图 9-7a）为例，推导其临界压力的计算公式。正如前节所指出的，当与轴线重合的压力 F 达到临界值时，细长压杆将由直线平衡形态转变为曲线平衡形态。由于临界压力是使压杆开始丧失稳定的压力，因此，使细长压杆保持微小弯曲状态下平衡的最小压力即为压杆的临界压力。为了确定压杆的临界压力，应从研究细长压杆处于微弯状态下的挠曲线入手。

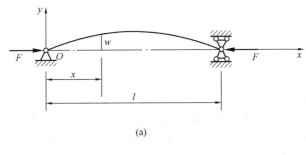

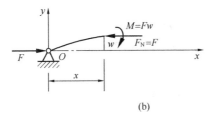

图 9-7 两端铰支细长压杆

选取图示坐标，设距原点为 x 的任一截面的挠度为 w，沿截面截开后，取其左段（图 9-7b），由平衡条件可知，弯矩 $M(x)$ 与外力 F 和轴力 F_N 组成力偶相互平衡。弯矩 $M(x)$ 的绝对值为 Fw。若只取压力 F 的绝对值，则 w 为正时，$M(x)$ 为负；w 为负时，$M(x)$ 为正。即 $M(x)$ 与 w 的正负号总是相反，所以

$$M(x) = -Fw \tag{a}$$

对于微小的弯曲变形，挠曲线的近似微分方程为式（6-5），即

$$\frac{\mathrm{d}^2 w}{\mathrm{d}x^2} = \frac{M(x)}{EI} \tag{b}$$

将式（a）弯矩 $M(x)$ 代入式（b），得

$$\frac{\mathrm{d}^2 w}{\mathrm{d}x^2} = -\frac{Fw}{EI} \tag{c}$$

由于压杆两端均为球铰，它可以在任意纵向平面内发生弯曲变形。然而压杆的微小弯曲变形一定发生在它的抗弯能力最小的纵向平面内。所以上式中的 I 应是压杆横截面的最小惯性矩。令

$$k^2 = \frac{F}{EI} \qquad (d)$$

则式（c）可写为

$$\frac{\mathrm{d}^2 w}{\mathrm{d} x^2} + k^2 w = 0 \qquad (e)$$

上式为二阶常系数齐次线性微分方程，方程的通解为

$$w = A\sin kx + B\cos kx \qquad (f)$$

式中，A、B 为两个待定的积分常数，由于临界压力 F_{cr} 是未知值，所以 k 也是待定值。由挠曲线的边界条件确定。

在两端铰支的情况下，边界条件为

$$x = 0, w(0) = 0;\ x = l, w(l) = 0 \qquad (g)$$

由此求得

$$B = 0,\ A\sin kl = 0 \qquad (h)$$

上式第二式表明，$A = 0$ 或者 $\sin kl = 0$。但因为 B 已经等于零，如 A 再等于零，则由（f）可知 $w \equiv 0$，这表明压杆轴线上各点挠度皆为零，即压杆没有弯曲，仍保持直线的平衡形态，这与已知压杆在曲线状态下保持平衡的前提相矛盾，因此 $A \neq 0$，只可能

$$\sin kl = 0,$$

则 $$kl = n\pi\ (n = 0, 1, 2, \cdots)$$

即

$$k = \frac{n\pi}{l} \qquad (i)$$

将式（i）代入式（d），可求得

$$F = \frac{n^2 \pi^2 EI}{l^2}$$

由上式可知，无论 n 取何值，都有相应的 F 值，这表明使杆件保持为曲线平衡的压力，理论上是多值的。在这些压力中，使杆件保持微小弯曲平衡的最小压力，才是临界压力 F_{cr}。若取 $n = 0$，则 $F = 0$，表示杆件上并无压力，这与讨论的情况不符。所以，只有取 $n = 1$，才使压力为最小值。于是得临界压力 F_{cr} 为

$$F_{cr} = \frac{\pi^2 EI}{l^2} \qquad (9\text{-}1)$$

式（9-1）就是两端铰支细长压杆临界压力的计算公式，也称为**两端铰支压杆的欧拉公式**。两端铰支是工程上常见的情况，例如，在本章§9-1节中提到的挺杆和桁架结构中的受压杆等，一般都可简化为两端铰支。

从公式（9-1）中可以看出，临界力与压杆的抗弯刚度 EI 成正比，与杆长 l 成反比，压杆的抗弯刚度越小，杆长越细长，其临界力越小，就越容易失去稳定。

应该注意，导出欧拉公式时，用变形以后的位置计算弯矩，如式（a）所示。

这里不再使用原始尺寸原理,是稳定问题在处理方法上与以往的不同之处。

【例 9-1】 试求图 9-1 所示木板压杆的临界力。已知压杆的弹性模量 $E=9\mathrm{GPa}$,杆长为 $l=1\mathrm{m}$,矩形截面的尺寸 $h=30\mathrm{mm}$,$b=5\mathrm{mm}$。

【解】 先计算截面的最小惯性矩

$$I_{\min} = \frac{hb^3}{12}$$

压杆的两端可简化为两端铰支,则由式(9-1)可得临界力为

$$F_{\mathrm{cr}} = \frac{\pi^2 EI}{l^2} = \frac{\pi^2 \times 9 \times 10^9 \times \left(\frac{0.03 \times 0.005^3}{12}\right)}{l^2}$$

$$= 27.8\mathrm{N}$$

由此可知,若杆件所受压力达到 27.8N,该杆就会失去稳定。

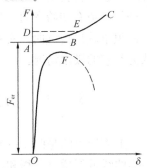

图 9-8 压力 F 与中点挠度 δ 的关系曲线

根据以上讨论,当取 $n=1$ 时,由(i)可知,$k=\frac{\pi}{l}$,于是压杆的挠曲线式(f)化为

$$w = \delta \sin \frac{\pi x}{l}$$

可见,压杆在临界力作用下处于曲线平衡后,挠曲线为半波正弦曲线,最大挠度 δ 在杆件的中点$\left(即 x=\frac{l}{2}\right)$处,其值很小且不定。现分析压力 F 与中点挠度 δ 之间的关系,若以横坐标表示中点的挠度 δ,纵坐标表示压力 F(图 9-8),当压力 F 小于临界力 F_{cr} 时,压杆的直线平衡状态是稳定的,此时 $\delta=0$。当压力等于临界力时,即 $F=F_{\mathrm{cr}}$,压杆由直线的平衡过渡到曲线的平衡状态后,中点挠度不定,F 与中点挠度 δ 的关系为一条水平线 AB,当压力 F 略大于临界力时,由式(9-1)和式(d)

$$F = \frac{\pi^2 EI}{l^2},\ kl > \pi$$

则 $\sin kl \neq 0$,则 $A=0$,因此杆件右边为直线,实际上这是不可能的。之所以出现上述一些问题是由于我们所使用的挠曲线方程是近似的,实际上,如果使用精确的挠曲线微分方程,则压力 F 与中点挠度 δ 的关系如图 9-8 中曲线 AC 所示(可参阅高等材料力学),在压力小于临界力时与前面所述一致;当压力等于临界力时,中点的挠度为一确定的数值;在压力大于临界力时,压杆的直线平衡有 D 点表示,但它是不稳定的,将过渡到有 E 点表示的曲线平衡。由于曲线的平衡是稳定的,轴线将不会再恢复为直线,而且对应于压力的每一个值,中点的挠度都有确定的数值。精确的计算还表明:当 $P=1.125P_{\mathrm{cr}}$ 时,$\delta=0.297l$,即当压杆的实际压力与临界力相比只增加 15%,挠度已经是杆长的 30%。这样大的变形,除了比例极限很高的金属丝外,实际压杆早已发生塑性变形而折断。但在工程实际中,大部分杆件的变形为小变形,而在小变形的情况下,代表精确解的曲线

AC 和欧拉公式导出的水平线 AB 差别很小,所以在小变形的情况下,由欧拉公式确定的临界力是有实际意义的。上面的讨论中,认为压杆轴线是直线,压力与轴线重合,材料是均匀的,这些都是理想情况,这类压杆称为理想压杆。实际受压杆件不免有初始弯曲,压力偏心,材料的不均匀等情况。这些因素的影响下,压杆很早就出现弯曲。实验结果如图 9-8 中曲线 OF 所示,而欧拉折线 OA 可以认为是它的极限情况。

§9-3 其他支座条件下压杆的临界压力

上面导出的是两端铰支压杆的临界力公式,当压杆的支座条件改变时,压杆的挠曲线近似微分方程和杆件的边界条件也随之改变,因而得出的临界力的大小也不相同。对于其他的约束情况,其临界力可以仿照前面的方法导出。也可以用更简单的方法,即把两端铰支的挠曲线作为基本情况,其他约束情况下的挠曲线与其进行比较,进而求出相应的临界力。如长度为 l 一端固定一端自由的细长压杆,在微弯的状态下保持平衡(图 9-9),现把变形反向对称延长一倍,所得曲线与两端铰支的挠曲线形状相同,可见长度为一端固定一端自由的压杆临界力相当于长度 $2l$ 两端铰支压杆的临界力。同样,对于两端固定细长压杆的挠曲线的形状如图 9-10 所示,曲线上曲率为零(拐点)C、D 两点到两端的距离各为 $\frac{l}{4}$,因而对于长度为 l,两端固定的压杆与长度为 $\frac{l}{2}$ 的两端铰支的压杆相当;同样,对于一端铰支一端固定的压杆,因挠曲线的拐点在 $0.7l$ 处,故与两端铰支长度为 $0.7l$ 的压杆的临界力一样。于是可得欧拉公式的一般形式为

$$F_{cr} = \frac{\pi^2 EI}{(\mu l)^2} \tag{9-2}$$

式中的 μ 为不同约束下压杆的**长度系数**,μl 则相当于两端铰支压杆的半个正弦波的长度,称为**相当长度**。现把四种约束条件下的长度系数 μ 列于表 9-1。

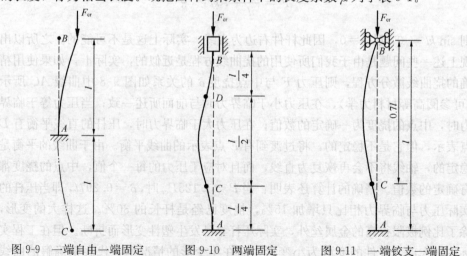

图 9-9 一端自由一端固定　　图 9-10 两端固定　　图 9-11 一端铰支一端固定

不同杆端约束情况下细长压杆的长度系数 μ 与临界压力 F_{cr} 表 9-1

约束条件	两端铰支	一端自由一端固定	两端固定	一端铰支一端固定
挠曲时失稳轴形状线				
F_{cr}	$\dfrac{\pi^2 EI}{l^2}$	$\dfrac{\pi^2 EI}{(2l)^2}$	$\dfrac{\pi^2 EI}{(0.5l)^2}$	$\dfrac{\pi^2 EI}{(0.7l)^2}$
μ	1.0	2.0	0.5	0.7

需要说明的是，上面所列的杆端的支座情况是典型的理想约束。在工程实际中杆端的约束情况是相当复杂的，有时很难将其归为哪一种理想约束，应根据实际情况作具体分析，确定与哪种理想约束相近，从而定出接近于实际的长度系数。下面举例说明杆端约束的简化。

1. 柱形约束　如图 9-12 所示的连杆，考虑连杆在大刚度平面内失稳时，杆的两端可简化为铰链（图 9-12a），而在小刚度平面内失稳时（图 9-12b），则应根据实际固定情况而定，若接头刚度好，使其不能转动时，可简化为固定端；如有一定程度的转动，故则应简化为两端铰支。

2. 焊接或铆接

对于杆端与支承处焊接或铆接的压杆，例如图 9-13 所示桁架上的 AC 杆的两端，因为杆受力后连接处仍有可能发生轻微的转动，故可简化为铰支座。

3. 螺母和丝杆连接

这种连接的简化将随着支承（螺母）长度 l_0 与支承套直径（螺母螺纹的平均直径）d_0 的比值 l_0/d_0 而定。当 $l_0/d_0 < 1.5$，可简化为铰支座；当 $l_0/d_0 > 3$ 时，则简化为固定端，在 $1.5 < l_0/d_0 < 3$ 时，可简化为非完全铰，若两端均是非完全铰，取 $\mu = 0.75$。

4. 固定端

对于与坚实的基础固结成一体的柱脚，可

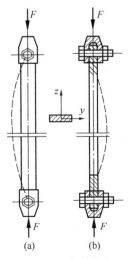

图 9-12　柱形约束

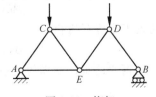

图 9-13　桁架

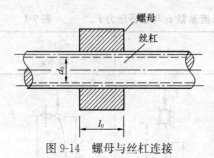

图 9-14 螺母与丝杠连接

简化为固定端,如浇筑于混凝土基础中的钢柱柱脚。

总之,理想的固定端和铰支座约束并不常见,实际杆端的连接情况,往往是介于固定端和铰支座之间。对于各种实际的杆端约束情况,压杆的长度系数值,可以从有关的设计手册或规范中查到。

【**例 9-2**】 试由压杆的挠曲线微分方程,导出两端固定压杆的欧拉公式。

【**解**】 两端固定的细长压杆(图 9-15)在压力 F 的作用下丧失稳定,而在微弯的状态下保持平衡,因结构和受力对称,故上下两端的约束力偶应相等,均为 M_e,且无水平约束力。可求出任一截面 x 的弯矩,从而得出挠曲线的近似微分方程为

$$\frac{d^2w}{dx^2} = \frac{M(x)}{EI} = -\frac{Fw}{EI} + \frac{M_e}{EI} \quad (a)$$

若令

$$k^2 = \frac{F}{EI} \quad (b)$$

则式 (a) 可写成

$$\frac{d^2w}{dx^2} + k^2w = \frac{M_e}{EI}$$

上述微分方程的通解为

$$w = A\sin kx + B\cos kx + \frac{M_e}{F} \quad (c)$$

对上式求导,得

$$\frac{dw}{dx} = Ak\cos kx - Bk\sin kx \quad (d)$$

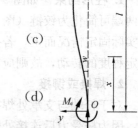

图 9-15 例 9-2 图

两端固定杆件的边界条件是

$$x = 0 \text{ 时}, w = 0, \frac{dw}{dx} = 0$$

$$x = l \text{ 时}, w = 0, \frac{dw}{dx} = 0$$

将以上边界条件代入式 (c) 和式 (d),得

$$B + \frac{M_e}{F} = 0$$

$$Ak = 0$$

$$A\sin kl + B\cos kl + \frac{M_e}{F} = 0 \quad (e)$$

$$Ak\cos kl - Bk\sin kl = 0$$

由以上的四个方程得出

$$\cos kl - 1 = 0, \sin kl = 0$$

满足以上两式的根,非零的最小根是 $kl = 2\pi$,即

$$k = \frac{2\pi}{l} \quad (f)$$

$$F_{cr} = k^2 EI = \frac{4\pi^2 EI}{l^2}$$

此即式 (9-3)。

由式 (a) 可求压杆失稳后任一截面上的弯矩是

$$M = EI\frac{d^2w}{dx^2} = -EIk^2(A\sin kx + B\cos kx)$$

由式 (e) 的第一和第二式解得 A 和 B，代入上式，并注意到式 (f)，得

$$M = M_e \cos\frac{2\pi x}{l}$$

当 $x = \dfrac{l}{4}$ 或 $x = \dfrac{3l}{4}$ 时，$M = 0$，即挠曲线出现拐点。这也就证明了在图 9-10 中，C、D 两点的弯矩等于零。

§9-4 欧拉公式的适用范围、临界应力

欧拉公式是以挠曲线近似微分方程为依据推导出来的，而微分方程在材料符合胡克定律，且应力与应变成正比的条件下才成立。因此，当压杆内的应力小于材料的比例极限时，欧拉公式才能适用。为确定压杆的适用范围，首先介绍压杆的临界应力和柔度的概念。

一、临界应力和柔度

在临界压力作用下压杆横截面上的应力，可以用临界压力 F_{cr} 除以压杆横截面的面积 A 求得，并用 σ_{cr} 表示，称为**临界应力** (critical stress)，即

$$\sigma_{cr} = \frac{F_{cr}}{A} = \frac{\pi^2 EI}{(\mu l)^2 A} \tag{a}$$

将横截面的惯性矩 I 写成

$$I = i^2 A$$

式中 i 为横截面的惯性半径（见附录 A），则

$$i^2 = \frac{I}{A}, \text{ 或 } i = \sqrt{\frac{I}{A}} \tag{9-3}$$

这样式 (a) 可以写为

$$\sigma_{cr} = \frac{\pi^2 EI}{(\mu l)^2 A} = \frac{\pi^2 E}{\left(\dfrac{\mu l}{i}\right)^2} \tag{b}$$

引入记号

$$\lambda = \frac{\mu l}{i} \tag{9-4}$$

λ 称为压杆的**柔度**或**长细比** (slenderness ratio)，它综合反映了压杆的长度、约束条件、截面的形状和尺寸等因素对临界应力 σ_{cr} 的影响。由于引入了柔度 λ，计算压杆临界应力 σ_{cr} 的式 (b) 可写为

$$\sigma_{cr} = \frac{\pi^2 E}{\lambda^2} \tag{9-5}$$

上式表明，当压杆的材料确定后，压杆的临界应力只与其柔度 λ 有关，且与 λ 的平方成反比。式（9-5）称为**临界应力的欧拉公式**。

可见，压杆的柔度 λ 值越大，杆越细长，相应的临界应力 σ_{cr} 越小，则压杆越容易失稳；反之，柔度 λ 值越小，杆越粗短，相应的临界应力 σ_{cr} 越大，则压杆越不容易失稳。所以，柔度 λ 是压杆稳定计算中的一个重要参数。

二、欧拉公式的适用范围

在前面建立欧拉公式过程中，使用了挠曲线近似微分方程。因此，挠曲线近似微分方程的适用条件就是欧拉公式的适用条件。也就是说，欧拉公式只适用于小变形且压杆内应力不超过材料的比例极限 σ_p 时的情况。亦即

$$\sigma_{cr} = \frac{\pi^2 E}{\lambda^2} \leqslant \sigma_p \tag{9-6}$$

即

$$\lambda \geqslant \pi\sqrt{\frac{E}{\sigma_p}}$$

可见，只有压杆的柔度 λ 大于或等于极限值 $\pi\sqrt{\dfrac{E}{\sigma_p}}$ 时，欧拉公式才是正确的。

用 λ_p 代表这一极限值，即

$$\lambda_p = \sqrt{\frac{\pi^2 E}{\sigma_p}} \tag{9-7}$$

则欧拉公式的适用条件可简写为

$$\lambda \geqslant \lambda_p$$

满足上述条件的压杆称为**大柔度杆**或**细长压杆**。

根据式（9-7）可计算各种材料压杆的 λ_p 值。以 Q235 钢为例，其弹性模量 $E = 200\text{GPa}$，比例极限 $\sigma_p = 200\text{MPa}$，则由式（9-7）可求得 Q235 钢的 λ_p 值为

$$\lambda_p = \pi\sqrt{\frac{E}{\sigma_p}} = \pi\sqrt{\frac{200 \times 10^9}{200 \times 10^6}} \approx 100$$

因此，对于由 Q235 钢制成的压杆，只有当其柔度 $\lambda \geqslant 100$ 时，才能应用欧拉公式（9-2）和式（9-5）计算其临界力或临界应力。

三、临界应力总图

当压杆的柔度 $\lambda < \lambda_p$ 时，杆的临界应力大于材料的比例极限，临界力或临界应力不再适用欧拉公式计算。通常采用建立在实验基础上的经验公式来确定临界应力，两种常用的经验公式有**直线公式**和**抛物线公式**。

1. 直线公式及其临界应力总图

对于柔度 $\lambda < \lambda_p$ 的压杆，通过试验发现，其临界应力 σ_{cr} 与柔度 λ 之间的关系可近似用直线公式表示

$$\sigma_{cr} = a - b\lambda \tag{9-8}$$

式中，a 和 b 是与材料力学性能有关的常数，其单位均为 MPa。

第 9 章 压 杆 稳 定

事实上,当压杆柔度小于某一值 λ_0 时,不论施加多大的轴向压力,压杆都不会因发生弯曲变形而失稳。例如,压缩实验中的低碳钢短圆柱试件,就是这种情况。这时只要考虑压杆的强度问题即可。

一般讲 $\lambda<\lambda_0$ 的压杆称为**小柔度杆**(short columu)或短压杆;将 $\lambda_0\leqslant\lambda<\lambda_p$ 的压杆称为**中柔度杆**(intermediate columu)或中长杆。

对于由塑性材料制成的小柔度杆,当其临界应力达到材料的屈服强度 σ_s 时即认为失效,所以有

$$\sigma_{cr} = \sigma_s$$

将式(9-8)代入,可确定 λ_0 值的大小

$$\lambda_0 = \frac{a-\sigma_s}{b} \tag{9-9}$$

如果将式(9-9)中的 σ_s 换为脆性材料的抗压强度 σ_b,即得到由脆性材料制成压杆的 λ_0 值。

由上式分析表明,直线公式的适用范围为 $\lambda_0\leqslant\lambda<\lambda_p$ 的中柔度杆。

表 9-2 中列出了不同材料的 a、b 值及 λ_p、λ_0 值。

直线公式的 a、b 和柔度值 λ_p、λ_0 表 9-2

材料(σ_s、σ_b 单位为 MPa)	a(MPa)	b(MPa)	λ_p	λ_0
Q235 钢($\sigma_s=235$,$\sigma_b\geqslant 372$)	304	1.12	100	60
优质碳钢($\sigma_s=306$,$\sigma_b\geqslant 470$)	461	2.568	100	60
硅钢($\sigma_s=353$,$\sigma_b\geqslant 510$)	578	3.744	100	60
铬钼钢	980	5.296	55	
铸铁	332	1.454	80	
硬铝	372	2.15	50	
松木	28.7	0.19	59	

仍以 Q235 钢为例,其 $\sigma_s=235$MPa,$a=304$MPa,$b=1.12$MPa,将以上数据代入式(9-9),可得

$$\lambda_0 = \frac{a-\sigma_s}{b} = \frac{304-235}{1.12} \approx 61$$

由此可知,对于 Q235 钢的压杆,当 $61<\lambda<100$ 时,使用直线公式计算临界应力。

综上所述,根据柔度值的大小可将压杆分为三类:

(1)$\lambda<\lambda_0$,小柔度杆;这类压杆一般不发生失稳,而可能发生屈服(塑性材料)或破裂(脆性材料)。其临界应力为

$$\sigma_{cr} = \sigma_u = \{\sigma_s(塑性材料);\sigma_b(脆性材料)\}$$

故对于小柔度杆,应按强度问题计算。

(2)$\lambda_0\leqslant\lambda<\lambda_p$,中柔度杆;应用直线公式计算临界应力。

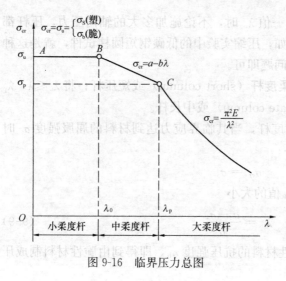

图 9-16 临界压力总图

(3) $\lambda \geqslant \lambda_p$，大柔度杆；应用欧拉公式计算临界应力。

以柔度 λ 为横坐标，临界应力 σ_{cr} 为纵坐标，将临界应力与柔度的关系曲线绘于图中，即得到全面反映大、中、小柔度压杆的临界应力 σ_{cr} 随柔度 λ 变化情况的**临界应力总图**，如图 9-16 所示。从图中可以看出，对于小柔度杆（粗短杆），临界应力与柔度无关，对于大柔度和中柔度杆，临界应力随柔度的增加而减小。

2. 抛物线公式

对于由结构钢与低合金结构钢等材料制成的非细长压杆，可采用抛物线形经验公式计算临界应力，该公式的一般表达式为

$$\sigma_{cr} = a_1 - b_1 \lambda^2 \tag{9-10}$$

式中，a_1、b_1 是与材料性能有关的常数。

应该指出：有时会遇到压杆在局部截面被削弱的情况，如杆上开有小孔或沟槽，由于压杆的稳定性与整体变形有关，局部的截面削弱对压杆的稳定性影响不大，所以在稳定计算中可以不予考虑，但是应该对削弱了的截面进行强度计算。

【例 9-3】 空气压缩机的活塞杆由 45 号优质碳素钢制成，$\sigma_p = 280$MPa，$\sigma_s = 350$MPa，$E = 210$GPa，长度 $l = 750$mm，直径 $d = 45$mm，试确定其临界压力。

【解】 由式 (9-7) 求出

$$\lambda_p = \sqrt{\frac{\pi^2 E}{\sigma_p}} = \sqrt{\frac{\pi^2 \times 210 \times 10^9}{280 \times 10^6}} = 86$$

活塞杆可简化为两端铰支，$\mu = 1$，截面为圆形，惯性半径 $i = \sqrt{\frac{I}{A}} = \frac{d}{4}$，可得压杆的柔度为

$$\lambda = \frac{\mu l}{i} = \frac{1 \times 750}{\frac{d}{4}} = \frac{1 \times 750}{\frac{45}{4}} = 66$$

$\because \lambda < \lambda_p$

所以不能用欧拉公式计算临界压力。由表 9-2 查出优质碳钢的 a 和 b 分别是：$a = 461$MPa，$b = 2.568$MPa，由公式 (9-9) 得

$$\lambda_0 = \frac{a - \sigma_s}{b} = \frac{461 - 350}{2.568} = 43.2$$

可见压杆的柔度 λ 介于 λ_p 和 λ_0 之间，即 $\lambda_0 < \lambda < \lambda_p$，是中柔度杆。由直线公式可求得临界应力为

$$\sigma_{cr} = a - b\lambda = 461 - 2.568 \times 66 = 291.5 \text{MPa}$$

临界压力为

$$F_{cr} = \sigma_{cr}A = 291.5 \times 10^6 \times \frac{\pi}{4} \times (45 \times 10^{-3})^2 = 462.6 \text{kN}$$

§9-5 压杆的稳定计算

压杆的稳定计算包括压杆的稳定性校核、截面尺寸的选择和最大荷载的确定。对于工程实际中的压杆，要使其不丧失稳定，就必须使压杆所承受的工作压力小于压杆的临界压力。为了安全起见，需具有一定的安全储备，使压杆具有足够的稳定性。因此，压杆的稳定条件为

$$F \leqslant \frac{F_{cr}}{n_{st}}$$

即

$$n = \frac{F_{cr}}{F} \geqslant n_{st} \tag{9-11}$$

式中 F——压杆的工作压力；

F_{cr}——压杆的临界压力，大柔度杆用欧拉公式计算；中柔度杆用经验公式计算出临界应力后，再乘以压杆的横截面积 A 求得，即 $F_{cr} = \sigma_{cr}A$；

n——压杆的工作安全系数；

n_{st}——规定的稳定安全系数。

由于压杆的初弯曲、压力偏心、材料的不均匀性和支座缺陷等因素对压杆的稳定性有较大影响，因此规定的稳定安全系数一般都比强度安全系数大一些。关于规定的稳定安全系数 n_{st}，一般可在设计手册或规范中查到。

【例 9-4】 简易起重机如图 9-17 所示，其压杆 BD 为 20 号槽钢，材料为 Q235 钢。起重机的最大起吊重量是 $W = 40 \text{kN}$。规定的稳定安全系数为 $n_{st} = 5$，试校核 BD 杆的稳定性。

【解】 首先计算 BD 杆的工作压力。取杆 AC 为研究对象，画出受力图，列平衡方程。由 $\sum M_A(\boldsymbol{F}) = 0$，即

$$F_{BD} l_{AB} \sin 30° - W l_{AC} = 0$$

$$F_{BD} = \frac{2W}{1.5 \sin 30°} = \frac{2 \times 40 \times 10^3}{1.5 \times 0.5} = 107 \text{kN}$$

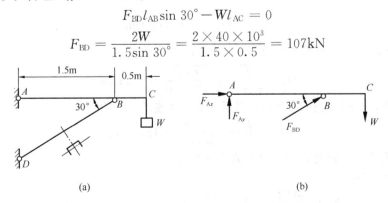

图 9-17 例 9-4 图

由于压杆的柔度越大，临界应力越小，压杆越容易丧失稳定，BD 杆两端为铰支座，各纵向平面的约束情况一样，长度系数 $\mu = 1$，所以，惯性半径应取最

小值。查附录 B 型钢表可得 $i_{\min} = 2.09 \text{cm}$，截面面积 $A = 32.837 \text{cm}^2$。

前面已经求出材料 Q235 钢的 λ_p、λ_0 值为
$$\lambda_p = 100, \lambda_0 = 61$$

压杆 BD 的柔度为
$$\lambda_{\max} = \frac{\mu l}{i_{\min}} = \frac{1 \times (1.5/\cos 30°)}{0.0209} = 82.9$$

由于 $\lambda_0 < \lambda_{\max} < \lambda_p$，所以，压杆为中柔度杆。由表 9-2 查得：$a = 304 \text{MPa}$，$b = 1.12 \text{MPa}$，利用计算临界应力的经验公式（9-8），可得压杆的临界力为
$$F_{cr} = \sigma_{cr} A = (a - b\lambda)A = (304 - 1.12 \times 82.9) \times 10^6 \times 32.84 \times 10^{-4} = 639 \text{kN}$$

由式（9-11）可得，BD 杆的工作安全系数为
$$n = \frac{F_{cr}}{F_{BD}} = \frac{639}{107} = 6.48 > n_{st} = 5$$

所以，BD 杆是稳定的。

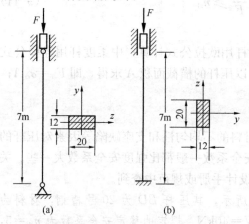

图 9-18 例 9-5 图

【例 9-5】 一截面为 $12 \times 20 \text{cm}^2$ 的矩形木杆，长 $l = 7 \text{m}$，其支承情况为：在最大刚度平面内弯曲时可视为两端铰支（图 9-18a）；在最小刚度平面内弯曲时可视为两端固定（图 9-18b），木材的弹性模量 $E = 10 \text{GPa}$，$\lambda_p = 110$，$\lambda_0 = 40$，经验公式中的常数 $a = 29.3 \text{MPa}$，$b = 0.194 \text{MPa}$，试求木杆的临界压力和临界应力。

【解】 由于最大和最小刚度平面的支承情况不同，所以需分别计算。

（1）计算最大刚度平面内的临界压力和临界应力。考虑压杆在最大刚度平面内失稳时，由图 9-18 (a) 即截面绕 y 轴转动，截面对 y 轴的惯性矩应为
$$I_y = \frac{12 \times 20^3}{12} = 8000 \text{cm}^4$$

由式（9-3），相应的惯性半径为
$$i_y = \sqrt{\frac{I_y}{A}} = \sqrt{\frac{8000}{12 \times 20}} = 5.77 \text{cm}$$

两端铰支，$\mu = 1$，由式（9-4），可得压杆的柔度为
$$\lambda = \frac{\mu l}{i} = \frac{1 \times 700}{5.77} = 121 > \lambda_p$$

因柔度大于 λ_p，故可以用欧拉公式求临界压力。

由式（9-2）
$$F_{cr} = \frac{\pi^2 E I_y}{(\mu l)^2} = \frac{\pi^2 \times 10 \times 10^9 \times 8 \times 10^5}{(1 \times 7)^2} = 161 \text{kN}$$

由式（9-5）计算临界应力
$$\sigma_{cr} = \frac{\pi^2 E}{\lambda^2} = \frac{\pi^2 \times 10 \times 10^9}{121^2} = 6.73 \text{MPa}$$

(2) 计算最小刚度平面内的临界压力和临界应力。由图 9-18（b）截面对中性轴的惯性矩为

$$I_z = \frac{20 \times 12^3}{12} = 2880 \text{cm}^4$$

由式（9-3），可求得相应的惯性半径

$$i_z = \sqrt{\frac{I_z}{A}} = \sqrt{\frac{2880}{12 \times 20}} = 3.46 \text{cm}$$

两端固定时，长度系数为 $\mu = 0.5$，由式（9-4）可计算其柔度为

$$\lambda = \frac{\mu l}{i_z} = \frac{0.5 \times 700}{3.46} = 101$$

由于该平面内弯曲时杆的柔度在 λ_p 与 λ_s 之间，故应该使用经验公式计算临界应力

$$\sigma_{cr} = a - b\lambda = 29.3 - 0.194 \times 101 = 9.7 \text{MPa}$$

可得其临界压力为

$$F_{cr} = \sigma_{cr} A = 9.7 \times 10^6 \times (0.12 \times 0.2) = 232.8 \text{kN}$$

比较以上计算结果可知，第一种情况的临界应力小，所以压杆在最大刚度平面内失稳。此例说明，当最大刚度和最小刚度平面内的支承情况不同时，压杆不一定在最小刚度的平面内失稳。实际上，压杆的失稳平面决定于柔度值，哪个平面的柔度大，就在那个平面内失去稳定，选定柔度值大的计算即可。

【例 9-6】 某型平面磨床的工作台液压驱动装置如图 9-19 所示。油缸活塞杆的直径 $D = 65\text{mm}$，油压 $p = 1.2\text{MPa}$。活塞杆的长度 $l = 1250\text{mm}$，材料为 35 号钢材，$\sigma_p = 220\text{MPa}$，$E = 210\text{GPa}$，$n_{st} = 6$。试确定活塞杆的直径。

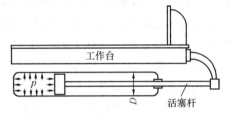

图 9-19 例 9-6 图

【解】 活塞杆承受的轴向压力应为

$$F = \frac{\pi}{4} D^2 p = \frac{\pi}{4} \times (65 \times 10^{-3})^2 \times 1.2 \times 10^6 = 3980 \text{N}$$

如在稳定条件式（9-11）取等号，则得出活塞杆的临界压力为

$$F_{cr} = n_{st} F = 6 \times 3980 = 23\,900 \text{N}$$

由临界压力确定活塞杆直径，直径未知，无法求出活塞杆的柔度，自然无法判定用欧拉公式还是用经验公式来计算。为此，可以采用试算的办法，即先用欧拉公式计算，待确定直径后，再检验是否满足欧拉公式的适用条件，若不合适再用经验公式计算，直到满足要求为止。

把活塞杆的两端简化为铰支座，由欧拉公式求得临界压力为

$$F_{cr} = \frac{\pi^2 EI}{(\mu l)^2} = \frac{\pi^2 \times 210 \times 10^9 \times \frac{\pi}{64} d^4}{(1 \times 1.25)^2}$$

解得 $\quad d = 0.0246 \text{m} = 24.6 \text{mm}$，取 $d = 25 \text{mm}$

用所确定的直径 d 计算活塞杆的柔度

$$\lambda = \frac{\mu l}{i} = \frac{1 \times 250}{\frac{25}{4}} = 200$$

对于35号钢材来说，由式（9-7）求得

$$\lambda_p = \sqrt{\frac{\pi^2 E}{\sigma_p}} = \sqrt{\frac{\pi^2 \times 210 \times 10^9}{220 \times 10^6}} = 97$$

由于$\lambda > \lambda_p$，所以前面进行的计算是正确的。

§9-6 提高压杆稳定性的措施

如前所述，某一压杆临界力和临界应力的大小反映了压杆稳定性的高低。因此，要提高压杆的稳定性，关键在于提高压杆的临界力或临界应力。由压杆的临界应力总图可见，压杆的临界应力与材料的机械性能和压杆的柔度值有关，而柔度又综合了压杆的长度、支承情况、横截面尺寸和形状等影响因素。因此，可以根据这些因素，采取适当的措施来提高压杆的稳定性。

1. 选择合理的截面形状

由欧拉公式可知，截面的惯性矩I越大，临界力F_{cr}越大。从直线公式可以看出，压杆柔度越小，临界应力越高。由$\lambda = \frac{\mu l}{i}$可知，提高惯性半径$i$可以减少压杆的柔度值$\lambda$，为了可以在不增加截面面积的情况下，增加惯性矩$I$和惯性半径$i$，应尽量使截面的材料远离截面形心。例如，空心圆管的临界力要比截面面积相同的实心圆杆的临界力大得多。同理，由四根角钢组成的起重臂（图9-20），采用其四根角钢分散在截面的四角（图9-20b），而不是采用集中的放置在截面形心的附近（图9-20c）。同样，由型钢组成的桥梁桁架中的压杆或建筑物中的柱，也都是把型钢分开放置，如图9-21所示。因此，对于柱来说，管状元件比具有相同面积的实心元件更为经济。然而，壁的厚度有一个下限，低于它，壁本身变得不稳定，那时不是柱作为整体屈曲，而是壁以波纹或起皱的形式使其产生局部屈曲。对由型钢组成的组合压杆，也要用足够强的缀条或缀板把分开放置的型钢联成一个整体（图9-20和图9-21）。否则，各条型钢将变为单独的受压杆件，反而又降低了压杆的稳定性。

压杆截面形状的选择，除了应考虑上述原则以外，还应兼顾压杆在各纵向平面内具有相等或接近相等的稳定性，即应尽量使压杆在各纵向平面内具有相同的柔度λ。为此，如果杆端的支承为自由端、球型铰或固定端，即各纵向平面内的相当长度μl相同时，则应使截面对任一形心轴的惯性半径相等或相近，例如圆形或环形截面。相反，如果杆端的支承为柱形铰，即杆在各纵向平面的相当长度μl并不相同。例如发动机的连杆（图9-22），在摆动平面xy内，两端可简化为铰

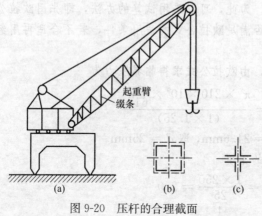

图9-20 压杆的合理截面

支座（图 9-22a），$\mu_1=1$；而在垂直于摆动平面的 xz 平面内，两端可简化为固定端（图9-22b），$\mu_2=0.5$。这就要求连杆截面对两个形心主惯性轴 z 和 y 有不同的惯性半径（即 i_z 和 i_y），使得在两个主惯性平面内的柔度 $\lambda_1=\dfrac{\mu_1 l_1}{i_z}$ 和 $\lambda_2=\dfrac{\mu_2 l_2}{i_y}$ 接近相等。从而使连杆在两个主惯性平面内仍有接近相等的稳定性。

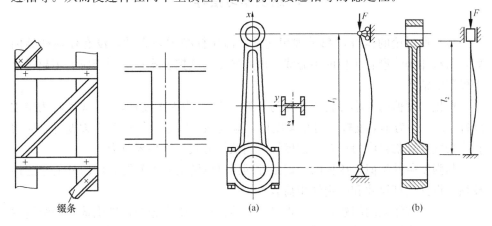

图 9-21 组合压杆　　　　图 9-22 合理简化两端约束

2. 改变压杆的约束条件

从表 9-1 可看出，若杆端约束的刚性愈强，压杆的长度系数 μ 就愈小，相应压杆的柔度就愈低，临界力就愈大。其中以固定端约束的刚性最好，铰支次之，自由端最差。因此，尽可能加强杆端约束的刚性，就能使压杆的稳定性得到相应的提高。例如对于同样尺寸两端铰支细长压杆的临界力只是两端固定细长压杆临界力的四分之一。

3. 减少压杆的长度或增加支承

压杆的柔度值越小，相应的临界力或临界应力就越高，而减少压杆的支承长度是降低压杆柔度的方法之一，可以有效地提高压杆的稳定性。因此，在条件允许的情况下，应尽可能减少压杆的长度；或者在压杆的中间增加支座。如无缝钢管车间的穿孔机（图 9-23），可在顶杆中段增加一个抱辊装置，使在增加顶杆压力的情况下，仍可保证顶杆的稳定性。

4. 合理的选择材料

合理的选择材料对提高压杆的稳定性也有一定的作用。对于大柔度杆，由欧拉公式可知，材料的弹性模量愈大，压杆的临界力就愈高。因此，可以选用较大弹性模量的材料以提高压杆的稳定性。但是由于各种钢材的弹性模量大致相等，且临界应力与材料的强度指标无关，故选用高强度钢并不能起到提高细长压杆稳定性的作用。对于中柔度杆，无论是理论分析或经验公式，都说明临界应力与材

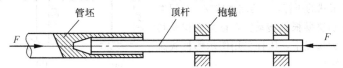

图 9-23 合理增加支承

料的强度有关，所以采用优质钢材可以起到提高其稳定性的作用。例如在表 9-2 中，优质钢材的 a 值较大，由直线公式 $\sigma_{cr}=a-b\lambda$ 可知，压杆的临界应力也就较高，故其稳定性较好。

小结及学习指导

本章所讨论的压杆，都是理想化的，即压杆必须是直的，没有任何初始曲率，荷载作用线沿着压杆的中心线，由此导出的欧拉公式只适用于应力不超过比例极限的情形。

根据柔度值的大小可将压杆分为三类：$\lambda \geqslant \lambda_p$ 为大柔度杆，$\lambda_0 \leqslant \lambda < \lambda_p$ 为中柔度杆，$\lambda < \lambda_0$ 为小柔度杆。对小柔度杆，应按强度问题计算；对中柔度杆，应用直线公式计算临界应力；对大柔度杆，用欧拉公式计算临界应力。

与强度条件类似，压杆的稳定条件同样可以解决三类问题，即压杆的稳定性校核、设计压杆尺寸和确定许用荷载。

学习中应注意的问题，一是正确地对结构进行受力分析，准确地判断结构中哪些杆件承受压缩荷载，对受压杆件按稳定性计算。二是要根据压杆端部约束条件以及截面的几何形状，正确判断可能在哪一个平面内发生失稳，从而确定欧拉公式中的截面惯性矩或压杆的柔度。三是确定压杆的柔度，判断属于哪一类压杆，选用合适的临界应力公式计算临界应力和临界压力。四是应用稳定性条件进行稳定性校核、设计压杆截面尺寸或确定许用荷载。

思 考 题

9-1 欧拉公式是如何建立的？应用该公式的条件是什么？

9-2 如何区别压杆的稳定平衡和不稳定平衡？

9-3 压杆因失稳而产生弯曲变形，与梁在横向力作用下产生的弯曲变形，在性质上有何区别？

9-4 何谓长度系数？何谓惯性半径及压杆的柔度？它们的量纲各是什么？又如何确定？

9-5 对于两端铰支，由 A_3 钢制的圆截面杆，问杆长 l 应是直径 d 的多少倍时，才能应用欧拉公式？

9-6 若在计算中、小柔度压杆的临界压力时使用了欧拉公式；或在计算大柔度压杆的临界压力时，使用了经验公式，则后果将会怎样？试用临界应力总图加以说明。

9-7 图 9-24 所示为三根材料相同、直径相等的杆件。试问：哪一根杆的稳定性最差？哪一根杆的稳定性最好？

9-8 如何判别压杆在哪个平面内失稳？如图 9-25 所示截面形状的压杆，设两端为球铰。试问失稳时其截面分别绕哪根轴转动？在截面面积及其他条件均相同的情况下，压杆采用图示哪种截面形状稳定性最好？

9-9 细长压杆的材料宜用高强度钢还是普通

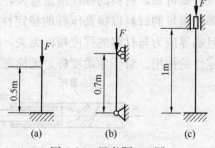

图 9-24　思考题 9-7 图

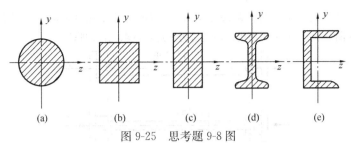

图 9-25 思考题 9-8 图

钢？为什么？

习 题

9-1 由压杆的挠曲线微分方程之，导出一端固定另一端自由的压杆的欧拉公式。

9-2 某型柴油机的挺杆长度 $l = 25.7\text{cm}$，圆形横截面的直径 $d = 8\text{mm}$，钢材的 $E = 210\text{GPa}$，$\sigma_p = 240\text{MPa}$。挺杆所受最大力 $F = 1.76\text{kN}$。规定的稳定安全系数 $n_{st} = 2\sim5$，试校核挺杆的稳定性。

9-3 三根圆截面压杆，直径均为 $d=160\text{mm}$，材料为 A_3 钢，$E=200\text{GPa}$，$\sigma_s=240\text{MPa}$。两端均为铰支，长度分别为 l_1、l_2 和 l_3，且 $l_1 = 2l_2 = 4l_3 = 5\text{m}$。试求各杆的临界力 F_{cr}。

9-4 图 9-26 所示的某型飞机起落架中承受轴向压力的斜撑杆。杆为空心圆管，外径 $D=52\text{mm}$，内径 $d=44\text{mm}$，杆长 $l=950\text{mm}$。材料的 $\sigma_p = 1200\text{MPa}$，$\sigma_b = 1600\text{MPa}$，$E = 210\text{GPa}$。试求撑杆临界压力 F_{cr}。

图 9-26 习题 9-4 图

9-5 图 9-27 所示两端固定的空心圆柱形压杆，材料为 Q235 钢，$E=200\text{GPa}$，$\lambda_p=100$，外径与内径之比 $D/d=1.2$。试确定能用欧拉公式时，压杆长度与外径的最小比值，并计算这时压杆的临界力。

9-6 矩形截面 $40\text{mm}\times50\text{mm}$ 的两端铰支钢杆，如果材料 $\sigma_p = 230\text{MPa}$，$E = 210\text{GPa}$。试求能使用欧拉公式的最短长度。若矩形截面 $40\text{mm}\times50\text{mm}$ 的两端铰支钢杆，承受轴向压缩。杆长 $l = 2\text{m}$，$E = 210\text{GPa}$，试求欧拉公式适用的轴向压力。

9-7 如图 9-28 所示，托架中杆 AB 的直径 $d=4\text{cm}$，杆长 $l=80\text{cm}$，两端可视为铰支，材料为 A_3 钢。

(1) 试按杆 AB 的稳定条件求托架的临界力 F_{cr}；

(2) 若已知实际荷载 $F_Q = 70\text{kN}$，稳定安全系数 $n_{st} = 2$，问托架是否安全？

9-8 由三根钢管构成的支架如图 9-29 所示。钢管的外径为 30mm，内径为 22mm，长度 $l=2.5\text{m}$，$E=210\text{GPa}$。在支架的顶点三杆铰接。若取稳定安全系数 $n_{st}=3$，试求许可荷载 F。

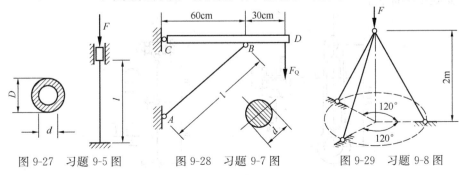

图 9-27 习题 9-5 图　　图 9-28 习题 9-7 图　　图 9-29 习题 9-8 图

9-9 图 9-30 所示压杆的材料为 A_3 钢，$E=210\text{GPa}$，在主视图 9-30（a）平面内，两端为铰支，在俯视图 9-30（b）的平面内，两端认为固定，试求此杆的临界压力。

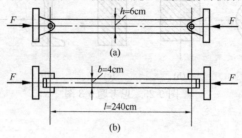

图 9-30 习题 9-9 图

9-10 设正文图 9-3 所示的千斤顶的最大承载压力为 $F=150\text{kN}$，螺杆内径 $d=52\text{mm}$，杆长 $l=500\text{mm}$，材料的弹性模量 $E=210\text{GPa}$，规定的稳定安全系数 $n_{\text{st}}=3$，试校核其稳定性。

9-11 如图 9-31 所示，五根钢杆用铰链连接成正方形结构，杆的材料为 Q235 钢，其弹性模量 $E=206\text{GPa}$，许用应力 $[\sigma]=140\text{MPa}$，各杆直径 $d=40\text{mm}$，杆长 $l=1\text{m}$。规定的稳定安全系数 $n_{\text{st}}=2$，试求最大许可荷载 F。若图中两 F 力方向向内时，最大许可荷载 F 为多大？

9-12 在图 9-32 所示铰接杆系 ABC 中，AB 和 BC 皆为细长压杆，且截面相同，材料一样。若杆系因在 ABC 平面内失稳而破坏，并规定 $0<\theta<\dfrac{\pi}{2}$，试确定 F 为最大值时角度 θ 与 β 的关系。并求 $\beta=60°$时的 θ 为多大。

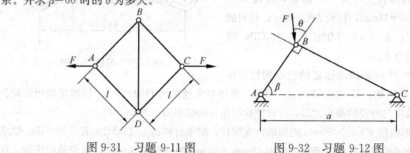

图 9-31 习题 9-11 图   图 9-32 习题 9-12 图

9-13 蒸汽机车的连杆如图 9-33 所示，截面为工字形，材料为 A_3 钢。连杆所受最大轴向压力为 465kN。连杆在摆动平面（xy 平面）内发生弯曲时，两端可认为是铰支；而在与摆动平面垂直的 zx 平面内发生弯曲时，两端可认为是固定支座。试确定其工作安全系数。

9-14 如图 9-34 所示结构中 BC 为圆截面杆，其直径 $d=80\text{mm}$，AC 为边长 $a=70\text{mm}$ 的正方形截面杆。已知该结构的约束情况为 A 端固定，B、C 为球铰。两杆材料均为 Q235 钢，弹性模量 $E=210\text{GPa}$，可各自独立发生弯曲互不影响。若结构的稳定安全因数 $n_{\text{st}}=2.5$，试求所能承受的许可压力。

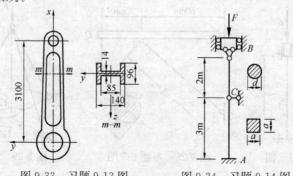

图 9-33 习题 9-13 图   图 9-34 习题 9-14 图

9-15 如图 9-35 所示压杆，材料为 Q235 钢，$E=210$GPa，$\sigma_p=200$MPa，$\sigma_s=235$MPa，$a=304$MPa，$b=1.12$MPa。横截面有四种形式，但其面积均为 $A=5000$mm^2。试求四种截面形状情况下压杆的临界荷载并进行比较。

9-16 图 9-36 所示桁架，在节点 C 承受荷载 $F=100$kN 作用。二杆均为圆截面杆，材料为 Q235 钢，许用压应力 $[\sigma]=180$MPa。试确定二杆的直径。

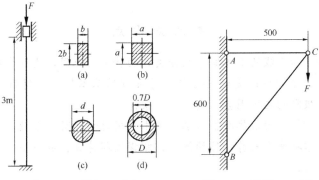

图 9-35　习题 9-15 图　　　　图 9-36　习题 9-16 图

9-17 如图 9-37 所示为一简单托架，撑杆 AB 与梁 BC 材料相同，AB 杆直径 $d=80$mm，两端铰支。梁 BC 为 20b 工字钢（$A=31.5$cm^2，$I=2500$cm^4，$W=250$cm^3），梁上受集度为 $q=40$kN/m 的均布荷载作用，材料的 $E=200$GPa，$\sigma_p=200$MPa，$\sigma_s=235$MPa，强度安全系数 $n=1.7$，稳定安全系数 $n_{st}=3$。试校核结构是否安全。

9-18 如图 9-38 所示结构中杆 AC 与 CD 均为 Q235 钢制成，C、D 两处均为球铰。已知 $d=20$mm，$b=100$mm，$h=180$mm；$E=210$GPa，$\sigma_p=200$MPa，$\sigma_s=235$MPa，$\sigma_b=400$MPa。强度安全因数 $n=2$，稳定安全因数 $n_{st}=3$。试确定该结构的许可荷载。

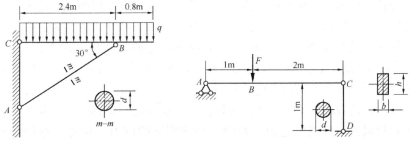

图 9-37　习题 9-17 图　　　　图 9-38　习题 9-18 图

9-19 如图 9-39 所示结构中钢梁 AB 及立柱 CD 分别由 16 号工字钢和连成一体的两根 63mm×63mm×5mm 角钢制成，均布荷载集度 $q=48$kN/m。梁及柱的材料均为 Q235 钢，$[\sigma]=170$MPa，$E=210$GPa，稳定安全系数 $n_{st}=2.5$。试校核梁和立柱是否安全。

9-20 如图 9-40 所示结构中，AB 横梁可视为刚体，CD 杆与 EF 杆均为圆截面钢杆，材料均为 Q235 钢，$[\sigma]=160$MPa，$E=210$GPa，$\sigma_p=200$MPa。CD 杆直径 $d_1=50$mm，EF 杆直径 $d_2=60$mm。稳定安全系数 $n_{st}=2$。试求许可荷载 $[F]$。

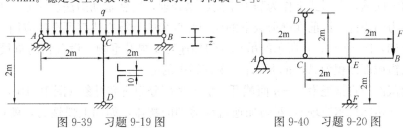

图 9-39　习题 9-19 图　　　　图 9-40　习题 9-20 图

第 10 章 动荷载和交变应力

本章知识点

【知识点】动荷载的基本概念及分类；动静法及应用，构件受冲击时的应力与变形计算；冲击韧性；交变应力与疲劳失效的基本概念；材料持久极限的测定；影响持久极限的主要因素；疲劳强度条件。

【重点】掌握自由落体冲击与水平冲击作用时的动荷载系数及其强度、刚度的计算；熟练掌握冲击处静位移的计算；掌握循环特征、应力幅、平均应力的概念及其计算方法。

【难点】各种条件下的动荷系数的计算方法。

§10-1 构件作匀加速直线运动和匀速转动时的应力计算

前述各章讨论了构件在静荷载作用下的强度、刚度和稳定性问题。所谓**静荷载**（static load）是指由零缓慢地增加到某一值后保持不变（或变动很小）的荷载。在静荷载作用下，构件内各点没有加速度，或加速度很小，可略去不计。此时构件内的应力称为静应力。若作用在构件上的荷载随时间有显著的变化，或在荷载作用下，构件上各点产生显著的加速度，这种荷载称为**动荷载**（dynamic load）。例如，加速度起吊重物时的钢索；高速旋转的飞轮；锻压工件时的汽锤锤杆等，都受到不同形式的动荷载作用。

构件中动荷载产生的应力，称为**动应力**（dynamic stress）。实验表明，只要动应力在材料的比例极限之内，在动荷载作用下的应力与应变仍然符合胡克定律，而且弹性模量也与静荷载下的数值相同。下面通过实例，讨论构件作匀加速直线运动和匀速转动时的动应力计算问题。

一、构件作匀加速直线运动时的应力计算

理论力学的达朗贝尔原理指出，对作加速运动的质点系，如假想地在每一个质点上加上惯性力，则质点系上的原力系与惯性力系组成平衡力系。这样，就可把动力学问题，在形式上作为静力学问题来处理，这就是动静法。于是，对增加了惯性力的构件，以前在静荷载下的应力和变形的计算方法都可直接应用。

例如，图 10-1（a）所示的吊车以匀加速度 a 提升重物。设重物的重量为 G，钢绳的横截面面积为 A，重量不计，求钢绳中的应力。

用截面法将钢绳沿 $n-n$ 面截开，取下半部分为研究对象（图 10-1b）。按照动静法（达朗贝尔原理），对匀加速直线运动的物体，如加上惯性力，就可以作

第10章 动荷载和交变应力

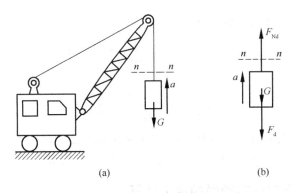

图 10-1 重物作匀加速直线运动

静力学平衡问题处理。设重物的惯性力为 F_d，其大小为重物的质量 m 与加速度 a 的乘积，即

$$F_d = ma = \frac{G}{g} \cdot a$$

方向与加速度 a 相反，F_{Nd} 为钢绳在动荷载作用下的轴力。则重力 G、轴力 F_{Nd} 和惯性力 F_d 在形式上构成平衡力系。由平衡方程

$$\Sigma F = 0, \quad F_{Nd} - G - \frac{G}{g} \cdot a = 0$$

得

$$F_{Nd} = G + \frac{G}{g} \cdot a = G\left(1 + \frac{a}{g}\right)$$

则钢绳横截面上的动应力为

$$\sigma_d = \frac{F_{Nd}}{A} = \frac{G}{A}\left(1 + \frac{a}{g}\right) \tag{a}$$

加速度 a 等于零时，由上式求得静荷载下的应力为

$$\sigma_{st} = \frac{G}{A}$$

可见，动应力可表示为

$$\sigma_d = \sigma_{st}\left(1 + \frac{a}{g}\right) \tag{b}$$

括号中的因子可称为动荷系数（dynamic load coefficient），并记为

$$K_d = \left(1 + \frac{a}{g}\right) \tag{c}$$

它表示动应力与静应力的比值。于是式（b）可写成

$$\sigma_d = K_d \sigma_{st} \tag{10-1}$$

即动应力等于静应力乘以动荷系数。强度条件可以表示为

$$\sigma_d = K_d \sigma_{st} \leqslant [\sigma] \tag{10-2}$$

【例 10-1】 矿井提升机构如图 10-2 所示，提升矿物的重量（包括吊笼重量）$G=40$kN。启动时，吊笼上升，加速度 $a=1.5$m/s²，吊索横截面积 $A=8$cm²，自重不计。试求启动过程中绳索横截面上的动应力。

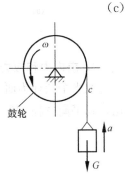

图 10-2 例 10-1 图

【解】 吊索横截面上的静应力为

$$\sigma_{st} = \frac{G}{A} = \frac{40 \times 10^3}{8 \times 10^{-4}} = 50 \text{MPa}$$

动荷系数为

$$K_d = 1 + \frac{a}{g} = 1.153$$

将 σ_{st} 和 K_d 的值代入式 (10-1)，得吊索横截面上的动应力

$$\sigma_d = K_d \sigma_{st} = 1.153 \times 50 = 57.7 \text{MPa}$$

二、构件作匀速转动时的应力计算

在工程中有很多作旋转运动的构件，例如，飞轮、皮带轮和齿轮等，若不计其轮辐的影响，可近似地把轮缘看作定轴转动的圆环，进行应力计算。下面再以匀速转动的圆环说明动静法的应用。

设圆环绕通过圆心且垂直于圆环平面的轴以匀角速 ω 转动（图 10-3a）。已知圆环的横截面面积为 A，平均直径为 D，密度为 ρ，求圆环横截面上的应力。

1. 求加速度

圆环以匀角速度 ω 转动时，圆环上各点只有法向加速度 a_n。若圆环的平均直径 D 远大于环壁厚度 t，则可近似地认为环上各点的 a_n 相同，且都等于 $D\omega^2/2$。

2. 求惯性力

因圆环单位圆弧长度上的质量为 ρA，所以，圆环单位圆弧长度上的惯性力，即沿圆环轴线均布的惯性力集度 q_d 为

$$q_d = \rho A a_n = \frac{\rho A D}{2} \omega^2$$

其方向与 a_n 相反，如图 10-3 (b) 所示。

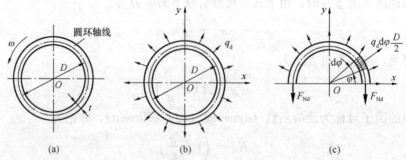

图 10-3 匀速转动圆环横截面的应力分析

3. 求内力和应力

取半个圆环为研究对象（图 10-3c），F_{Nd} 为圆环横截面上的内力。根据动静法，列平衡方程 $\Sigma F_y = 0$ 得

$$\int_0^\pi q_d \sin\varphi \cdot \frac{D}{2} d\varphi - 2F_{Nd} = 0$$

$$F_{Nd} = \frac{q_d D}{2} = \frac{\rho A D^2}{4} \omega^2$$

由此，求出圆环横截面上的应力为

$$\sigma_d = \frac{F_{Nd}}{A} = \frac{\rho D^2 \omega^2}{4} = \rho v^2 \tag{10-3}$$

式中，$v = D\omega/2$ 是圆环轴线上点的线速度。圆环强度条件为

$$\sigma_d = \rho v^2 \leqslant [\sigma] \tag{10-4}$$

以上两式表明，圆环横截面上的动应力仅与圆环材料的密度 ρ 及线速度 v 有关，而与横截面面积无关。因此，为降低圆环的应力，应限制圆环的直径或转速，或选用密度较小的材料。

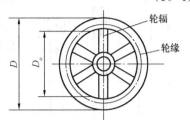

图 10-4　例 10-2 图

【例 10-2】 钢质飞轮匀速转动（图 10-4），轮缘的材料密度 $\rho = 7.96 \times 10^3 \text{kg/m}^3$，外径 $D = 2\text{m}$，内径 $D_o = 1.5\text{m}$。要求轮缘内的应力不得超过许用应力 $[\sigma] = 80\text{MPa}$，轮辐影响不计。试计算飞轮的极限转速 n。

【解】 由式（10-4）得

$$v = \sqrt{\frac{[\sigma]}{\rho}} = \sqrt{\frac{80 \times 10^6}{7.96 \times 10^3}} = 100.3 \text{m/s}$$

根据线速度 v 与转速 n 的关系式

$$v = \frac{\pi(D + D_o)n}{2 \times 60}$$

得极限转速

$$n = \frac{120v}{\pi(D + D_o)} = \frac{120 \times 100.3}{\pi(2 + 1.5)} = 1095 \text{r/min}$$

§10-2　冲　击　荷　载

当运动物体以一定的速度作用到静止构件上时，构件将受到很大的作用力，这种现象称为冲击，被冲构件因冲击而引起的应力称为**冲击应力**（impact stress）。工程中冲击实例很多。例如汽锤锻造、落锤打桩、金属冲压加工、传动轴突然制动等，都是常见的冲击现象。此外，如被轧件进入轧钢机的轧辊时，轧辊受到冲击；矿井提升机在下降过程中如突然停止时，钢丝绳受到冲击等。

在冲击过程中，由于被冲构件的阻碍，使冲击物的速度在极短时间内发生急剧的改变，从而产生相当大的与运动方向相反的加速度。同时，由于冲击物的惯性，它将施加给被冲击物很大的接触力，从而使构件内产生很大的应力与变形。由于冲击过程极为短促，且加速度及相应的冲击力又是迅速变化的，它们的数值都难以精确求得。因此，对于冲击问题，不宜采用动静法而须另觅途径。工程上多采用一种简化了的能量方法，先计算构件被冲击物的变形，再通过变形计算应力。

一、自由落体冲击

现以自由落体的冲击问题为例,说明计算冲击应力的思路以及能量法的原理。如图 10-5(a)、(b)、(c)所示,设有一重力为 F 的冲击物,自高度 h 处自由下落到直杆的顶面上,并以一定的速度 v 开始冲击直杆。若冲击物与直杆接触后仍附着于杆上,由于杆的阻碍将使冲击物的速度逐渐降低至零,与此同时直杆在被冲击处的位移将达到最大值 Δ_d,与之相应的冲击荷载值为 F_d,冲击应力值为 σ_d。

如果能够设法求出冲击时的最大位移值 Δ_d,并假设冲击时杆仍在弹性范围内工作,根据荷载、应力、变形间的正比关系,可进而求得冲击荷载 F_d 及冲击应力 σ_d。这就是求解冲击问题的基本思路。由此可见,关键在于 Δ_d 的确定。可以用能量法求解上述问题。在求解过程中,作以下假定:

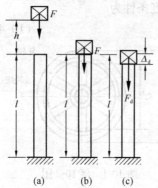

图 10-5 杆受自由落体冲击

1. 冲击物的变形很小,可视为刚体;
2. 冲击物与构件接触后无回弹;
3. 构件(被冲击物)的质量与冲击物相比很小,可忽略去不计;
4. 材料服从胡克定律;
5. 不计冲击过程中的能量损失。

根据能量守恒定律可知,在冲击过程中,冲击物所减少的动能 T 和势能 V 应等于被冲击物所增加的变形能 U_d,即

$$T + V = U_d \tag{10-5}$$

冲击物开始冲击时所具有的初动能等于自由下落过程中重力所做的功 Fh。由于冲击后重物的速度降低为零,即其末动能为零。因此,在冲击过程中冲击物所减少的动能为

$$T = Fh \tag{a}$$

在冲击物对直杆的冲击问题中,当直杆由原来位置被冲击而达到最大变形位置时(图 10-5c),冲击物所减少的势能为

$$V = F\Delta_d \tag{b}$$

在冲击过程中,被冲杆件增加的变形能 U_d,可通过力 F_d 所做的功来表示。由于力 F_d 与位移 Δ_d 都是由零增至最大值,当材料服从胡克定律时,可得

$$U_d = \frac{1}{2} F_d \Delta_d \tag{c}$$

如果将力 F 以静荷载的方式作用在杆件上时,并以杆 Δ_{st} 和 σ_{st} 表示与静荷载相应的变形与应力。在线弹性范围内荷载、位移和应力成正比关系,即

$$\frac{F_d}{F} = \frac{\Delta_d}{\Delta_{st}} = \frac{\sigma_d}{\sigma_{st}} \tag{d}$$

由上式得
$$F_\mathrm{d} = \frac{\Delta_\mathrm{d}}{\Delta_\mathrm{st}} F, \quad \sigma_\mathrm{d} = \frac{\Delta_\mathrm{d}}{\Delta_\mathrm{st}} \sigma_\mathrm{st} \qquad (e)$$

将 F_d 代入式 (c)，可得杆件变形能的另一表达式为
$$U_\mathrm{d} = \frac{1}{2} \frac{\Delta_\mathrm{d}^2}{\Delta_\mathrm{st}} F \qquad (f)$$

把式 (a)、式 (b) 与式 (f) 代入式 (10-5)，整理后得
$$\Delta_\mathrm{d}^2 - 2\Delta_\mathrm{st}\Delta_\mathrm{d} - 2h\Delta_\mathrm{st} = 0$$

由此解出
$$\Delta_\mathrm{d} = \Delta_\mathrm{st} \pm \sqrt{\Delta_\mathrm{st}^2 + 2h\Delta_\mathrm{st}} = \Delta_\mathrm{st}\left(1 \pm \sqrt{1 + \frac{2h}{\Delta_\mathrm{st}}}\right)$$

Δ_d 应大于 Δ_st，故上式中的根号前应取正号，故有
$$\Delta_\mathrm{d} = \Delta_\mathrm{st}\left(1 + \sqrt{1 + \frac{2h}{\Delta_\mathrm{st}}}\right) \qquad (g)$$

引入记号
$$K_\mathrm{d} = 1 + \sqrt{1 + \frac{2h}{\Delta_\mathrm{st}}} \qquad (10\text{-}6)$$

K_d 称为自由落体的冲击动荷系数。这样就可把式 (e) 和式 (g) 写成
$$\Delta_\mathrm{d} = K_\mathrm{d}\Delta_\mathrm{st}, \quad F_\mathrm{d} = K_\mathrm{d}F, \quad \sigma_\mathrm{d} = K_\mathrm{d}\sigma_\mathrm{st} \qquad (10\text{-}7)$$

可见，只要求出冲击动荷系数 K_d，然后以 K_d 乘以静荷载、静位移和静应力，就可求得冲击时的荷载、位移和应力。当然这里的 F_d、Δ_d 和 σ_d 是指受冲构件到达最大变形，冲击物速度等于零时的瞬时荷载、位移和应力。

突然加于构件上的荷载相当于物体自由下落时 $h=0$ 的情况。由式 (10-6) 可知，此时 $K_\mathrm{d}=2$。所以在突加荷载下，应力和位移皆为静载的两倍。

应当注意，上面所得的有关公式是近似的计算公式。实际上，冲击物并非绝对刚体，而被冲击构件也不完全是没有质量的线弹性体。此外，冲击过程中还有其他的能量损失，即冲击物所减少的动能和势能并不会全部转化为被冲击构件的变形能。但经过简化而得出的近似公式，不但使计算简化，而且由于不计其他能量损失等因素，也使所得结果偏于安全，因此在工程中被广泛采用。

必须指出：(1) 根据上述有关公式计算出来的最大冲击应力，只有在不超过材料的比例极限时才能应用，因为在公式的推导过程中引用了胡克定律。

(2) 上面所得的公式都是针对自由落体冲击推导出来的，在非自由落体的其他冲击情况下，在能量方程式 (10-5) 中的 T、V 及 U_d 的表达式也将和前面的式 (a)、式 (b) 及式 (c) 不同，从而求得的冲击动荷系数 K_d 的表达式也将和式 (10-6) 不同。

二、水平冲击

当沿水平方向冲击弹性体时 (图 10-6)，冲击物势能不变，$V=0$；若与被冲击物接触时冲击物的速度为 v，则冲击物的动能由 $\frac{1}{2}\frac{P}{g}v^2$ 变为零，动能的减少为

$T = \frac{1}{2}\frac{P}{g}v^2$。被冲击物变形能为 $U_d = \frac{1}{2}\frac{\Delta_d^2}{\Delta_{st}}P$。将 V、T 和 U_d 代入式（10-5），得

$$\frac{1}{2}\frac{P}{g}v^2 = \frac{1}{2}\frac{\Delta_d^2}{\Delta_{st}}P$$

$$\Delta_d = \sqrt{\frac{v^2}{g\Delta_{st}}}\Delta_{st} \tag{10-8}$$

由式（e）可得

$$F_d = \sqrt{\frac{v^2}{g\Delta_{st}}}P, \quad \sigma_d = \sqrt{\frac{v^2}{g\Delta_{st}}}\sigma_{st} \tag{10-9}$$

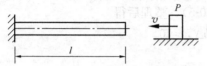

图 10-6 杆受水平冲击

以上各式中，Δ_{st} 和 σ_{st} 是 P 力沿冲击方向以静载方式加于被冲击物时，产生的位移和应力。同时，各式中带根号的系数也就是动荷系数。

从上面的分析可以看出，增加受冲构件与冲击物接触的静位移 Δ_{st} 就可降低动荷系数，从而降低了动位移和动应力。这是因为受冲构件的 Δ_{st} 大则表示刚度小较为柔软，能更多地吸收冲击物的能量。汽车大梁和轮轴之间安装叠板弹簧，火车车厢与轮轴之间安装螺旋弹簧，某些机器和零件上安装橡皮垫圈或坐垫，都可以提高 Δ_{st}，降低冲击应力，起到缓冲作用。但这时应注意，在增加静位移 Δ_{st} 的同时，应尽可能避免增加静应力，否则，虽降低了动荷系数 K_d，却增加了静应力，最后不一定能达到降低动应力的目的。有时也可改变受冲构件的尺寸或形状，以增加静位移。例如把承受冲击的气缸盖螺钉由短螺钉（图 10-7a）改为长螺钉（图 10-7b），增加了螺钉的长度自然就增加了静位移，也就提高了抗冲击能力。

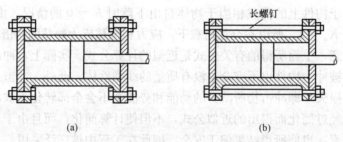

图 10-7 气缸盖螺钉由短改长

【例 10-3】 图 10-8（a）、（b）分别表示两个钢梁受重物 F 的冲击，一梁支于刚性支座上，另一梁支于弹簧常数 $C=1000$N/cm 的弹簧支座上。已知 $l=3$m，$h=0.05$m，$F=1$kN，$I_z=3400$cm^4，$W_z=309$cm^3，$E=200$GPa，试比较二者的冲击应力。

【解】 首先求出两种情况下的冲击动荷系数值，由

$$K_d = 1 + \sqrt{1 + \frac{2h}{\Delta_{st}}}$$

可知，两种情况的差别仅在于静变形 Δ_{st} 不同。对刚性支撑的梁，其静变形 Δ_{st} 和静应力 σ_{st} 分别为

第 10 章 动荷载和交变应力

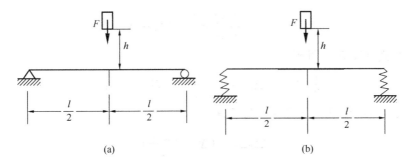

图 10-8 例 10-3 图

$$\Delta_{st} = \frac{Fl^3}{48EI_z} = \frac{1000 \times 3^3}{48 \times 200 \times 10^9 \times 3400 \times 10^{-8}} = 8.28 \times 10^{-5} \text{m}$$

$$\sigma_{st} = \frac{Fl}{4W_z} = \frac{1000 \times 3}{4 \times 309 \times 10^{-6}} = 2.43 \text{MPa}$$

$$K_d = 1 + \sqrt{1 + \frac{2h}{\Delta_{st}}} = 1 + \sqrt{1 + \frac{2 \times 0.05}{8.28 \times 10^{-5}}} = 34.8$$

可得

$$\sigma_d = K_d \sigma_{st} = 34.8 \times 2.43 = 84.5 \text{MPa}$$

对于弹簧支撑的梁，其

$$\Delta_{st} = \frac{Fl^3}{48EI_z} + \frac{F}{2C} = 8.28 \times 10^{-5} + \frac{1000}{2 \times 1000 \times 10^2} = 508 \times 10^{-5} \text{m}$$

$$K_d = 1 + \sqrt{1 + \frac{2h}{\Delta_{st}}} = 1 + \sqrt{1 + \frac{2 \times 0.05}{508 \times 10^{-5}}} = 5.55$$

可得

$$\sigma_d = K_d \sigma_{st} = 5.55 \times 2.43 = 13.5 \text{MPa}$$

比较上述两种情况的结果可知，采用弹簧支座，可减少系统的刚度，降低动荷系数，从而减少冲击应力。

【**例 10-4**】 图 10-9 所示钢绳下悬挂一重量为 G 的物体，以等速 v 下降，当卷筒突然被刹住时，求钢绳内的应力。已知钢绳的截面积为 A，弹性模量为 E，被刹住时绳长为 l，不计钢绳自重。

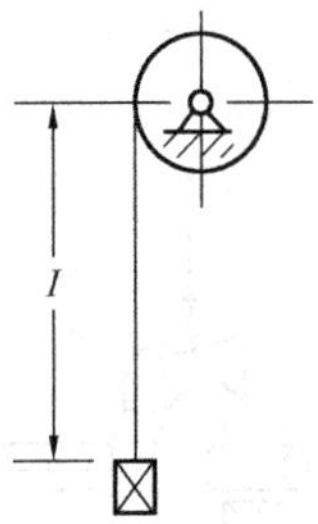

【**解**】 当卷筒被刹住时，重物速度由 v 变到零，这时绳将受到冲击，但这种冲击情况与前述自由落体的冲击情况不同，因此不能直接利用动荷系数的公式（10-6），而必须从基本方程式（10-5）出发求解。卷筒被刹住前钢绳已有静伸长 Δ_{st}，设相应的变形能为 U_1，冲击后钢绳的总伸长为 Δ_d，设相应的变形能为 U_2。则钢绳所增加的变形能 U_d 就等于这两个变形能之差。

图 10-9 例 10-4 图

$$U_d = U_2 - U_1 = \frac{1}{2}C\Delta_d^2 - \frac{1}{2}C\Delta_{st}^2$$

式中　C——钢绳的弹性常数，$C = \dfrac{G}{\Delta_{st}}$

重物在冲击过程中所减少的总能量为

$$T+V = \frac{1}{2}\frac{G}{g}v^2 + G(\Delta_d - \Delta_{st})$$

根据式 (10-5)，得到

$$\frac{1}{2}C(\Delta_d^2 - \Delta_{st}^2) = \frac{1}{2}\frac{G}{g}v^2 + G(\Delta_d - \Delta_{st})$$

将 $C = G/\Delta_{st}$ 代入上式并化简后得

$$\Delta_d^2 - 2\Delta_{st}\Delta_d + (\Delta_{st}^2 + \frac{\Delta_{st}v^2}{g}) = 0$$

由上式解出

$$\Delta_d = \Delta_{st}\left(1 + \sqrt{\frac{v^2}{g\Delta_{st}}}\right)$$

故求得动荷系数为

$$K_d = \frac{\Delta_d}{\Delta_{st}} = 1 + \sqrt{\frac{v^2}{g\Delta_{st}}}$$

现设 $G = 50\text{kN}$，$A = 25\text{cm}^2$，$E = 170\text{GPa}$，$l = 100\text{m}$，$v = 2\text{m/s}$，则钢绳静应力及静伸长分别为

$$\sigma_{st} = \frac{G}{A} = \frac{50 \times 10^3}{25 \times 10^{-4}} = 20\text{MPa}$$

$$\Delta_{st} = \frac{Gl}{EA} = \frac{50 \times 10^3 \times 100}{170 \times 10^9 \times 25 \times 10^{-4}} = 1.18 \times 10^{-2}\text{m}$$

动荷系数为

$$K_d = 1 + \sqrt{\frac{v^2}{g\Delta_{st}}} = 1 + \sqrt{\frac{2^2}{9.8 \times 1.18 \times 10^{-2}}} = 6.87$$

故冲击应力为

$$\sigma_d = K_d\sigma_{st} = 6.87 \times 20 = 137.4\text{MPa}$$

由计算结果可知，σ_d 为 σ_{st} 的 6 倍多，因此，在工程实际中，对动应力应给予足够的重视。如前所述，在钢绳与重物之间加一缓冲弹簧，则将使动应力大为降低。

【例 10-5】 图 10-10 所示 AB 轴的 B 端有一质量很大的飞轮，与飞轮相比轴的质量可以忽略不计。轴的 A 端装有刹车离合器。飞轮的转动惯量为 $J_x = 500\text{kg} \cdot \text{m}^2$（N·m·s²），转速为 $n = 100\text{r/min}$。轴的直径 $d = 100\text{mm}$。若 AB 轴在 A 端突然刹车（即 A 端突然停止转动），试求轴内最大应力。设切变模量 $G = 80\text{GPa}$，轴长 $l = 1\text{m}$。

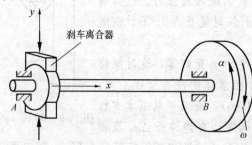

图 10-10 例 10-5 图

【解】 飞轮与轴转动的角速度为

$$\omega = \frac{\pi n}{30} = \frac{\pi \times 100}{30} = \frac{10\pi}{3}\text{rad/s}$$

第10章 动荷载和交变应力

因飞轮具有动能，A 端突然刹车将使 AB 轴受到冲击，引起扭转变形。以 T_d 代表冲击中引起的动扭矩，则 AB 轴的扭转变形能为

$$U_d = \frac{T_d^2 l}{2GI_p}$$

在冲击过程中，飞轮角速度最后降为零，其动能的减少为

$$\Delta T = \frac{1}{2}J_x \omega^2$$

由式（10-5）得

$$\frac{1}{2}J_x \omega^2 = \frac{T_d^2 l}{2GI_p}$$

$$T_d = \omega \sqrt{\frac{J_x GI_p}{l}}$$

轴内最大冲击切应力为

$$\tau_{d,max} = \frac{T_d}{W_p} = \frac{\omega}{W_p}\sqrt{\frac{J_x GI_p}{l}}$$

对于实心圆轴的 $I_p = \dfrac{\pi d^4}{32}$，$W_p = \dfrac{\pi d^3}{16}$。则

$$\frac{I_p}{W_p^2} = \frac{\pi d^4}{32} \times \left(\frac{16}{\pi d^3}\right)^2 = \frac{2}{\frac{\pi d^2}{4}} = \frac{2}{A}$$

于是

$$\tau_{d,max} = \omega \sqrt{\frac{2GJ_x}{Al}}$$

可见扭转冲击时，轴内的最大动应力 $\tau_{d,max}$ 与轴的体积 Al 有关，体积越大，动应力越小。将已知数据代入上式，得

$$\tau_{d,max} = \frac{10 \times \pi \times 16}{3 \times \pi \times (100 \times 10^{-3})^3}\sqrt{\frac{500 \times 80 \times 10^9 \times \pi \times (100 \times 10^{-3})^4}{32 \times 1}} = 1057\text{MPa}$$

由此而知，轴受扭转冲击时动应力比匀减速转动时的动应力值增大是惊人的。但这里提到的全无缓冲的急刹车是极端情况，实际很难实现。以上计算只是定性地指出冲击的危害。

§10-3 冲 击 韧 性

工程上衡量材料抗冲击能力的标准，是冲断试样所需要能量的多少。试验时，将带有切槽的弯曲试样置放于试验机的支架上，并使切槽位于受拉的一侧（图10-11）。当重摆从一定高度自由落下将试样冲断时，试样所吸收的能量等于重摆所做的功 W。W 除以试样在切槽处的最小横截面积 A 得

$$\alpha_k = \frac{W}{A} \tag{10-10}$$

α_k 称为冲击韧性，其单位为焦耳/毫米^2（J/mm^2）。α_k 越大表示材料抗冲击的能力越强。一般说，塑性材料的抗冲击能力远高于脆性材料。例如低碳钢的抗冲击能力就远高于铸铁。冲击韧性也是材料的性能指标之一。某些工程问题中，对冲击

韧性的要求一般有具体的规定。

α_k 的数值与试样的尺寸、形状、支承条件等因素有关，所以它是衡量材料抗冲击能力的一个相对指标。为便于比较，测定 α_k 时应采用标准试样。我国通用的标准试样是两端简支的弯曲试样（图 10-12a），试样中央开有半圆形切槽，称为 U 形切槽试样。为避免材料不均匀和切槽不准确的影响，试验时每组不应少于四根试样。试样上开切槽是为了使切槽区域高度应力集中，这样，切槽附近区域内便集中吸收了较多的能量。切槽底部越尖锐就更能体现上述要求。所以有时采用 V 形切槽试样，如图 10-12（b）所示。

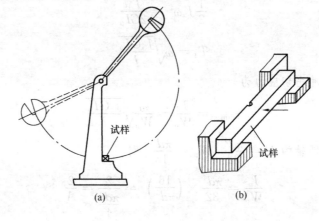

图 10-11 冲击试验机及试样

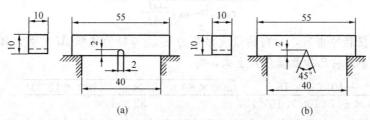

图 10-12 两端简支的弯曲试样

试验结果表明，α_k 的数值随温度降低而减少。在图 10-13 中，若纵轴代表试样冲断时吸收的能量，低碳钢的 α_k 随温度的变化情况如图中实线所示。图线表明，随着温度的降低，在某一狭窄的温度区间内，α_k 的数值骤然下降，材料变脆，这就是冷脆现象。使 α_k 骤然下降的温度称为**转变温度**。试样冲断后，断面的部分面积呈晶粒状是脆性断口，另一部分面积呈纤维状是塑性断口。V 形切槽试样应力集中程度较高，因而断口分区比较明显。用一组 V 形切槽试样在不同温度下进行试验，晶粒状断口面积占整个断面面积的百分比，随温度降低而升高，如图 10-13 中的虚线所示。一般把晶粒状断口面积占整个断面面积 50% 时的温度规定为转变温度，并称为 FATT。

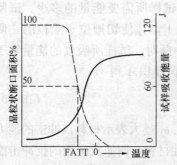

图 10-13 冷脆现象及转变温度

也不是所有金属都有冷脆现象。例如铝、铜

和某些高强度合金钢，在很大的温度变化范围内，α_k 的数值变化很小，没有明显的冷脆现象。

§10-4　交变应力与疲劳失效

作用在构件上的荷载如果随时间周期性的变化，称为**交变荷载**（alternating load）。构件中的应力也随时间周期性的变化，这种应力称为**交变应力**（alternating stress）。例如，轴在大小和方向不变的荷载 F 作用下（图 10-14a），轴表面上任一点在横截面上的弯曲正应力，均随时间作周期性的变化。譬如，$n-n$ 截面上的 K 点（图 10-14b），转到水平位置 1 和 3 时，正应力为零；转到最低位置 2 时，受最大拉应力 $\sigma_{\max}$；转到最高位置 4 时，受最大压应力 $\sigma_{\min}$。K 点的正应力，在轴旋转一个周期的过程中，将按 $0 \to \sigma_{\max} \to 0 \to \sigma_{\min}$ 的规律变化。轴不断地旋转，K 点的应力也就不断地重复上述的变化过程（图 10-14c），所以 K 点的弯曲正应力为交变应力。

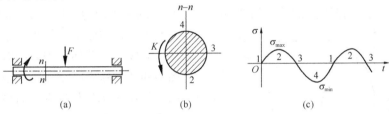

图 10-14　交变荷载和交变应力

金属材料在交变应力作用下的破坏，习惯上称为**疲劳破坏**或**疲劳失效**（fatigue failure）。它与静应力下的破坏截然不同。其特点是：

1. 破坏时的最大应力低于材料的强度极限 σ_b，甚至低于屈服极限 σ_s。
2. 需经过一定次数的应力循环才发生疲劳破坏。
3. 即使是塑性较好的材料，经过多次应力循环后，也像脆性材料那样发生突然断裂，断裂前没有明显的塑性变形。
4. 在断口上，有明显的两个区域：光滑区和粗糙区（图 10-15）。在光滑区内有时可以看出以微裂纹为起始点（称为裂纹源）逐渐扩展的弧形曲线。

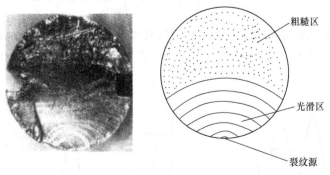

图 10-15　疲劳破坏断口

金属材料发生疲劳失效的原因，目前一般的解释是：当交变应力超过一定的限度并经历了足够多次的反复作用后，便在构件的应力最大处或材料薄弱处产生细微裂纹，形成裂纹源。随着应力循环次数的增加，裂纹逐渐扩展。在扩展过程中，由于应力的交替变化，裂纹的两表面时而压紧，时而分离，类似研磨作用，形成断口表面的光滑区。随着裂纹的不断扩展，构件横截面的有效面积逐渐减小，应力随之增大。当有效的面积削弱到不足以承受外力时，便突然发生脆性断裂，形成断口的粗糙区。所以，疲劳失效的过程，是裂纹产生和不断扩展的过程。

由于疲劳失效是在没有明显的塑性变形的情况下突然发生的，因而极易造成重大事故。据统计，飞机、车辆及机械零件的损坏，80%以上属于疲劳失效。因此，对于承受交变应力作用的构件，必须进行疲劳强度的计算。

§10-5 交变应力的循环特性、平均应力和应力幅

设应力 σ 与时间 t 的关系如图 10-16 所示。由 a 到 b 应力经历了变化的全过程又回到原来的数值，称为一个应力循环。完成一个循环所需要的时间（如图中的 T）称为一个周期。以 σ_{max} 和 σ_{min} 分别表示应力循环中的最大和最小应力，比值

$$r = \frac{\sigma_{min}}{\sigma_{max}} \tag{10-11}$$

称为交变应力的**循环特性**（cyclic characteristic of alternating stress）。

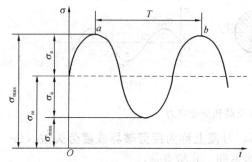

图 10-16 交变应力

σ_{max} 和 σ_{min} 的代数和的二分之一称为**平均应力**（mean stress），即

$$\sigma_m = \frac{1}{2}(\sigma_{max} + \sigma_{min}) \tag{10-12}$$

σ_{max} 和 σ_{min} 的代数差的二分之一称为**应力幅**（stress amplitude），即

$$\sigma_a = \frac{1}{2}(\sigma_{max} - \sigma_{min}) \tag{10-13}$$

如交变应力的 σ_{max} 和 σ_{min} 大小相等符号相反，这种情况称为**对称循环**（symmetry cycle）（图 10-17）。由式（10-11）、式（10-12）和式（10-13）得

$$r = -1, \sigma_m = 0, \sigma_a = \sigma_{max} \tag{a}$$

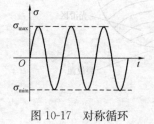

图 10-17 对称循环

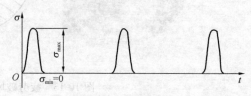

图 10-18 脉动循环

各种应力循环中，除对称循环外，其余情况通称为**不对称循环**（asymmetry cycle）。由式（10-12）和式（10-13）得

$$\sigma_{\max} = \sigma_m + \sigma_a, \sigma_{\min} = \sigma_m - \sigma_a \tag{10-14}$$

可见任一不对称循环都可以看作是在平均应力 σ_m 上叠加一个幅度为 σ_a 的对称循环。

若交变应力变动于某一应力与零之间（图 10-18），即 $\sigma_{\min} = 0$，这时

$$r = 0, \sigma_a = \sigma_m = \frac{1}{2}\sigma_{\max} \tag{b}$$

这种情况称为**脉动循环**（pulsation cycle）。

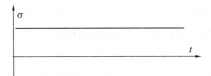

图 10-19 静应力

静应力也可以看作是交变应力的特例，这时应力保持不变（图 10-19），故

$$r = 1, \sigma_a = 0, \sigma_m = \sigma_{\max} = \sigma_{\min} \tag{c}$$

§10-6 材料的持久极限

由于疲劳失效时，构件的最大应力往往低于静载下材料的屈服极限或强度极限。因此屈服极限或强度极限等静载强度指标，不能作为疲劳强度的指标，必须通过试验测定材料在交变应力下的极限应力，作为疲劳强度指标。

材料的疲劳强度指标，在疲劳试验机上进行测定。由于大多数机械零件，都承受对称循环的弯曲应力，同时对称循环的弯曲疲劳试验，在技术上最为简单。所以，通常使用对称循环弯曲疲劳试验机，测定材料在对称循环弯曲交变应力下的极限应力。测定时将金属材料加工成直径 $d = 7\text{mm} - 10\text{mm}$ 的表面光滑的试样，每组试样约为 10 根左右。试样装于疲劳试验机（图 10-20）上恰好承受纯弯曲。在最小直径截面上，最大弯曲正应力为

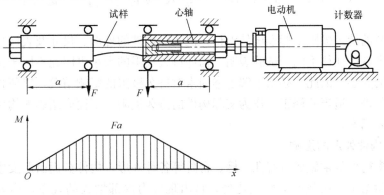

图 10-20 对称循环弯曲疲劳试验

$$\sigma_{\max} = \frac{M}{W} = \frac{Fa}{W}$$

保持荷载 F 的大小和方向不变，以电动机带动试样旋转。每旋转一周，横截面上的点便经历一次对称应力循环。

试验时,将一组标准试样逐根夹在试验机中,递减加载。第一根试样的最大应力 $\sigma_{max,1}$ 约等于其材料强度极限 σ_b 的 70%,以后各根试件的最大应力都比前一根的最大应力递减。加载后开动机器,使试件旋转,直至断裂,记下各根试件从开始旋转到断裂所经历的转数,即应力循环次数 N,便得一组试验数据,即各根试件的最大应力 σ_{max} 与其对应的应力循环次数 N,如 $\sigma_{max,1}$,N_1;$\sigma_{max,2}$,N_2;$\sigma_{max,3}$,N_3 等。若以 σ_{max} 为纵坐标,N 为横坐标,便可描绘出最大应力 σ_{max} 与应力循环次数 N 的关系曲线,称为应力-寿命曲线或 S-N 曲线(图10-21)。

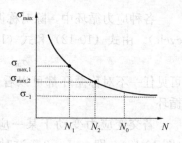

图 10-21 应力-寿命曲线

由 S-N 曲线可以看出,试件在给定的交变应力作用下,经过一定的循环次数后,方发生疲劳破坏。交变应力的最大应力值越大,破坏前能经历的应力循环次数就越少;反之,如降低最大应力值,则能经受的应力循环次数就增多。当最大应力降低到某一临界值时,疲劳曲线开始趋于水平,说明试件可经历无数次应力循环而不会发生疲劳破坏。最大应力的这一临界值,是材料能经受无数次应力循环而不破坏的最大应力,称为材料的持久极限(或疲劳极限),是材料在交变应力下的极限应力。对称循环下的持久极限记为 σ_{-1},下标"—1"表示对称循环的循环特性 r 为—1。

试验表明,钢试件在对称循环交变应力作用下,循环次数 $N_0 = 10^7$ 次(一千万次)时,S-N 曲线就趋于水平。因此,对于钢材,一般规定 $N_0 = 10^7$ 所对应的最大应力值作为持久极限。对于有色金属及其合金,S-N 曲线不出现水平部分。所以,只能根据实际需要,选取与某一循环次数 N_0(常取 $N_0 = 10^8$ 次)所对应的最大应力作为持久极限。

§10-7 影响构件持久极限的主要因素

材料的持久极限由标准试件测得,但实际构件的外形、尺寸及表面加工质量等与标准试件往往不同。试验表明,构件持久极限的大小也因此不同于其材料持久极限的大小。因此,必须了解上述因素对持久极限的影响情况,以便将材料的持久极限进行适当的修正,作为实际构件的持久极限。下面介绍影响构件持久极限的主要因素。

1. 构件外形的影响

很多构件常常做成带有孔、槽、台阶等各种外形,构件截面由此发生突然变化。试验指出,在截面突然变化处,将出现应力局部增大的现象,称为应力集中。在静荷载作用下的塑性材料,由于产生塑性变形,可使应力集中得到缓和,故一般不考虑应力集中对其强度的影响。但是,在交变应力作用下,由于应力集中将促使疲劳裂纹的形成与扩展,使持久极限降低。所以,无论是塑性材料还是脆性材料,都必须考虑应力集中对疲劳强度的影响。对称循环下弯曲和拉压的应力集中对持久极限的影响程度,用有效应力集中系数 K_σ 表示。

$$K_\sigma = \frac{(\sigma_{-1})_d}{(\sigma_{-1})_k} \tag{10-15}$$

式中 $(\sigma_{-1})_d$ 表示光滑试样的持久极限，$(\sigma_{-1})_k$ 表示有应力集中因素且尺寸与光滑试样相同的试样的持久极限。有效应力集中系数 K_σ 是一个大于1的系数，具体数值见表 10-1 所示。

由表可以看出，r/d 越小，则有效应力集中系数 K_σ 越大。所以零件应采用足够大的过渡圆角 r，以减弱应力集中的影响。该表还表明，材料强度极限 σ_b 越高，有效应力集中系数 K_σ 越大。因此，对优质钢材更应减弱应力集中的影响，否则由于应力集中引起的持久极限的降低，将使优质钢材的高强度特性不能发挥。

对称循环下扭转的有效应力集中系数为

$$K_\tau = \frac{(\tau_{-1})_d}{(\tau_{-1})_k} \tag{10-16}$$

有效应力集中系数 K_σ　　　　　　　　　　　　　表 10-1

$\dfrac{D-d}{r}$	$\dfrac{r}{d}$	K_σ							
		σ_b (MPa)							
		392	490	588	686	784	882	980	1176
2	0.01	1.34	1.36	1.38	1.40	1.41	1.43	1.45	1.49
	0.02	1.41	1.44	1.47	1.49	1.52	1.54	1.57	1.62
	0.03	1.59	1.63	1.67	1.71	1.76	1.80	1.84	1.93
	0.05	1.54	1.59	1.64	1.69	1.73	1.78	1.83	1.92
	0.10	1.38	1.44	1.50	1.55	1.61	1.66	1.72	1.83
4	0.01	1.51	1.54	1.57	1.59	1.62	1.64	1.67	1.72
	0.02	1.76	1.81	1.86	1.91	1.96	2.01	2.06	2.16
	0.03	1.76	1.82	1.88	1.94	1.99	2.05	2.11	2.28
	0.05	1.70	1.76	1.82	1.88	1.95	2.01	2.07	2.19
6	0.01	1.86	1.90	1.94	1.99	2.03	2.08	2.12	2.21
	0.02	1.90	1.96	2.02	2.08	2.13	2.19	2.25	2.37
	0.03	1.89	1.96	2.03	2.10	2.16	2.23	2.30	2.44
10	0.01	2.07	2.12	2.17	2.23	2.28	2.34	2.39	2.50
	0.02	2.09	2.16	2.23	2.30	2.38	2.45	2.52	2.66

2. 构件尺寸的影响

持久极限一般用直径 $d=7\sim10$mm 的小试件测定。试验表明，弯曲或扭转的对称循环的持久极限将随截面尺寸的增大而降低，截面尺寸的大小对持久极限的影响程度，用尺寸系数 ε_σ 表示

$$\varepsilon_\sigma = \frac{(\sigma_{-1})_d}{\sigma_{-1}} \tag{10-17}$$

式中 $(\sigma_{-1})_d$ 表示光滑大试样的持久极限，σ_{-1} 表示标准光滑小试样的持久极限。对于截面尺寸大于标准试件的构件，尺寸系数 $\varepsilon_\sigma < 1$，具体数值可查表10-2。对于轴向拉压对称循环的持久极限，受尺寸影响不大，可取 $\varepsilon_\sigma = 1$。

尺寸系数 ε_σ 表 10-2

直径 d (mm)		>20~30	>30~40	>40~50	>50~60	>60~70	>70~80	>80~100	>100~120	>120~150	>150~500
ε_σ	碳钢	0.91	0.88	0.84	0.81	0.78	0.75	0.73	0.70	0.68	0.60
	合金钢	0.83	0.77	0.73	0.70	0.68	0.66	0.64	0.62	0.60	0.54
ε_τ	各种钢	0.89	0.81	0.78	0.76	0.74	0.73	0.72	0.70	0.68	0.60

扭转的尺寸系数为

$$\varepsilon_\tau = \frac{(\tau_{-1})_d}{\tau_{-1}} \tag{10-18}$$

3. 构件表面质量的影响

构件的持久极限随其表面加工质量地降低而变小，因加工质量低，其表面缺陷（刀痕、擦伤等）就多，使应力集中加剧，所以持久极限降低。相反，若对构件表面进行淬火、氮化、喷丸等强化处理，则将有效地提高构件的持久极限。因构件的最大应力往往发生在构件表面，故提高表面强度，使裂纹难以形成或扩张，则持久极限就会提高。表面质量对持久极限的影响程度，用表面质量系数 β 表示

$$\beta = \frac{(\sigma_{-1})_\beta}{(\sigma_{-1})_d} \tag{10-19}$$

式中 $(\sigma_{-1})_d$ 表示表面磨光的试样的持久极限，$(\sigma_{-1})_\beta$ 表示表面是其他情况的试样的持久极限。当构件表面质量低于标准试件时 $\beta < 1$；若构件表面经过强化处理，则 $\beta > 1$。表面质量系数的具体数值，可查表10-3。

综合考虑上述三个主要因素，构件在弯曲或拉压对称循环下的持久极限可表示为

$$\sigma_{-1}^0 = \frac{\varepsilon_\sigma \beta}{K_\sigma} \sigma_{-1} \tag{10-20}$$

式中，σ_{-1} 是标准试件的持久极限。对于扭转对称循环交变应力，上式可写出

$$\tau_{-1}^0 = \frac{\varepsilon_\tau \beta}{K_\tau} \tau_{-1} \tag{10-21}$$

式中各参数的具体数值可查阅相关资料。

表面质量系数 β 表 10-3

加工方法	轴表面粗糙度 $R_a(\mu m)$	σ_b (MPa)		
		400	800	1200
磨削	0.4~0.2	1	1	1
车削	3.2~0.8	0.95	0.90	0.80
粗车	25~6.3	0.85	0.80	0.65
未加工的表面	∞	0.75	0.65	0.45

§10-8 构件的疲劳强度计算

计算对称循环下构件的疲劳强度时,应以构件的持久极限 σ_{-1}^0 为极限应力。选定适当的安全系数 n 后,便得到对称循环交变应力下构件的弯曲或拉、压许用应力为

$$[\sigma_{-1}] = \frac{\sigma_{-1}^0}{n} \tag{a}$$

构件弯曲或拉、压的疲劳强度条件为

$$\sigma_{\max} \leqslant [\sigma_{-1}] \tag{10-22}$$

式中　$\sigma_{\max}$——构件危险点上交变应力的最大值。

在疲劳强度计算中,常常采用由安全系数表示的强度条件,由式(10-22)

$$\sigma_{\max} \leqslant [\sigma_{-1}] = \frac{\sigma_{-1}^0}{n}$$

可得

$$\frac{\sigma_{-1}^0}{\sigma_{\max}} \geqslant n \tag{b}$$

构件的持久极限 σ_{-1}^0 与构件的最大工作应力 $\sigma_{\max}$ 之比,是构件工作时的实际安全储备,称为构件的工作安全系数,用 n_σ 表示,即

$$n_\sigma = \frac{\sigma_{-1}^0}{\sigma_{\max}} \tag{10-23}$$

将式(10-23)代入式(b),得到对称循环下以安全系数表示的疲劳强度条件为

$$n_\sigma = \frac{\sigma_{-1}}{\frac{K_\sigma}{\varepsilon_\sigma \beta}\sigma_{\max}} \geqslant n \tag{10-24}$$

式中 n 为规定的安全系数,其数值可从有关的设计规范查得。如为扭转交变应力,应将上式改写为

$$n_\tau = \frac{\tau_{-1}}{\frac{K_\tau}{\varepsilon_\tau \beta}\tau_{\max}} \geqslant n \tag{10-25}$$

当构件承受不对称循环交变应力时,由式(10-12)和式(10-13)求出应力幅度 σ_a 和平均应力 σ_m,并根据构件的外形、尺寸和表面质量求得 K_σ、ε_σ 和 β,然后可按下式计算构件的工作安全系数

$$n_\sigma = \frac{\sigma_{-1}}{\frac{K_\sigma}{\varepsilon_\sigma \beta}\sigma_a + \psi_\sigma \sigma_m} \tag{10-26}$$

式中,系数 ψ_σ 与材料有关,对承受拉压或弯曲的碳钢,$\psi_\sigma = 0.1 \sim 0.2$,对合金钢则 $\psi_\sigma = 0.2 \sim 0.3$。对承受扭转的构件工作安全系数应为

$$n_\tau = \frac{\tau_{-1}}{\frac{K_\tau}{\varepsilon_\tau \beta}\tau_a + \psi_\tau \tau_m} \tag{10-27}$$

扭转时碳钢的 $\psi_\tau=0.05\sim 0.1$,对合金钢则 $\psi_\tau=0.1\sim 0.15$。

若构件承受弯扭组合交变应力,工作安全系数应按以下公式计算

$$n_{\sigma\tau}=\frac{n_\sigma n_\tau}{\sqrt{n_\sigma^2+n_\tau^2}} \tag{10-28}$$

式中,n_σ 为弯扭组合中正应力的工作安全系数,若正应力为对称循环,n_σ 按式(10-24)计算;若正应力为不对称循环,n_σ 按式(10-26)计算。n_τ 为弯扭组合中扭转切应力的工作安全系数,若切应力为对称循环,n_τ 按式(10-25)计算;若切应力为不对称循环,n_τ 按式(10-27)计算。

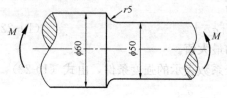

图 10-22 例 10-6 图

【例 10-6】 合金钢制成的阶梯轴,如图 10-22 所示。该阶梯轴承受对称循环弯矩 $M=1.5\text{kN}\cdot\text{m}$,材料的 $\sigma_b=980\text{MPa}$,$\sigma_{-1}=550\text{MPa}$,表面为磨削加工,若规定的安全系数 $n=1.7$,试校核此轴的疲劳强度。

【解】 (1) 计算工作时的最大应力 $\sigma_{\max}$

$$\sigma_{\max}=\frac{M_{\max}}{W_z}=\frac{1.5\times 10^3}{\frac{\pi}{32}\times 50^3\times 10^{-9}}=122.3\text{MPa}$$

(2) 确定各影响系数

由轴的尺寸得

$$\frac{D-d}{r}=\frac{60-50}{5}=2,\frac{r}{d}=\frac{5}{50}=0.01$$

根据 $\sigma_b=980\text{MPa}$,查表 10-1 得

$$K_\sigma=1.45$$

由 $d=50\text{mm}$,查表 10-2 得

$$\varepsilon_\sigma=0.73$$

由表面为磨削加工,查表 10-3 得

$$\beta=1$$

(3) 校核轴的疲劳强度

由式(10-24)得此轴的工作安全系数为

$$n_\sigma=\frac{\sigma_{-1}}{\frac{K_\sigma}{\varepsilon_\sigma\beta}\sigma_{\max}}=\frac{550\times 10^6}{\frac{1.45}{0.73\times 1}\times 122.3\times 10^6}=2.26$$

因 $n=1.7$,所以 $n_\sigma>n$,故此轴的疲劳强度足够。

综上所述,为了提高构件的疲劳强度,应尽量减缓应力集中和提高表面质量。工程实践中常采取以下措施以提高构件的疲劳强度。

1. 减缓应力集中

设计构件外形时,应尽量避免带有尖角的孔和槽。在截面尺寸突然变化处(如阶梯轴的轴肩处),宜用圆角过渡,并应尽量增大圆角半径(图 10-23)。当结构需要直角时,可在直径较大的轴段上开减荷槽(图 10-24)或退刀槽(图 10-

25），则应力集中明显减弱。

当轴与轮毂采用静配合时，可在轮毂上开减荷槽（图 10-26），在配合部分轴上开减荷槽（图 10-27）或增大配合部分轴的直径，并用圆角过渡（图 10-28），这样便可缩小轮毂与轴的刚度差距，减缓配合边缘处的应力集中。

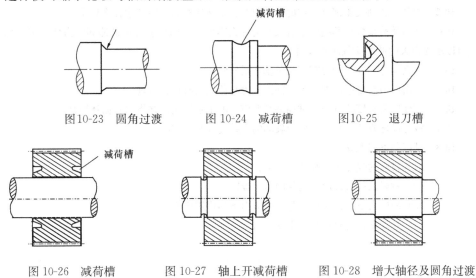

图 10-23　圆角过渡　　　图 10-24　减荷槽　　　图 10-25　退刀槽

图 10-26　减荷槽　　　图 10-27　轴上开减荷槽　　　图 10-28　增大轴径及圆角过渡

2. 提高表面加工质量

构件表层的应力一般较大（如构件弯曲或扭转时），加上构件表面的切削刀痕又将引起应力集中，故容易形成疲劳裂纹。提高表面加工质量，可以减弱切削刀痕引起的应力集中，从而提高构件的疲劳强度。特别是高强度构件，对应力集中较敏感，则更应具有较高的表面加工质量。此外，应尽量避免构件表面的机械损伤和化学腐蚀。

3. 增加表层强度

增加构件表面层的强度，是提高构件疲劳强度的重要措施。生产上通常采用表面热处理（如高频淬火）、化学处理（如表面渗碳或氮化）和表面机械强化（如滚压、喷丸）等方法，使构件表面层强度提高，以提高构件的疲劳强度。

小结及学习指导

了解动荷载的基本概念及其分类。掌握动静法的应用。会进行构件作匀加速运动、匀角速度转动时的强度计算。了解构件受冲击时的动应力与动变形的概念。工程中冲击形式的动荷载对构件强度、刚度的影响。掌握动荷系数的计算方法。会计算落体冲击与水平冲击作用时的动荷系数及其强度、刚度的计算。

了解交变应力与疲劳失效的基本概念和交变应力与疲劳失效的工程实例。掌握并简单叙述疲劳失效的特点与原因。掌握循环特征、应力幅、平均应力的概念及其计算方法。了解影响持久极限的主要因素。了解持久极限曲线是如何测定的。理解不同循环特征下的疲劳强度的计算方法。了解提高构件疲劳强度的措施。

思 考 题

10-1 动荷载的主要特征是什么？

10-2 为什么转动飞轮都有一定的转速限制？如转速过高，将产生什么后果？

10-3 冲击动荷系数与哪些因素有关？为什么刚度愈大的杆愈容易被冲坏？为什么缓冲弹簧可以承受很大的冲击荷载而不致损坏？

10-4 提高构件抗冲击能力有哪几条基本措施？

10-5 冲击应力与哪些因素有关？冲击应力与静应力有什么差别？

10-6 交变应力有哪些分类？试列举交变应力的工程实例，并指出其循环特性。

10-7 疲劳破坏有什么特征？疲劳破坏的大致过程是怎样的？

10-8 试区分下列概念：

(1) 材料的强度极限与持久极限；

(2) 材料的持久极限与构件的持久极限；

(3) 静应力下的许用应力与交变应力下的许用应力；

(4) 脉动循环与对称循环交变应力。

习 题

10-1 如图 10-29 所示，长为 l、横截面面积为 A 的杆以加速度 a 向上提升。若材料密度为 ρ，试求杆内的最大应力。

10-2 桥式起重机上悬挂一重量 $P=50\text{kN}$ 的重物，以匀速度 $v=1\text{m/s}$ 向前移（在图 10-30 中，移动的方向垂直于纸面）。当起重机突然停止时，重物像单摆一样向前摆动。若梁为 14 号工字钢，吊索横截面面积 $A=5\times10^{-4}\text{m}^2$，问此时吊索内及梁内的最大应力增加多少？设吊索的自重以及由重物摆动引起的斜弯曲影响都忽略不计。

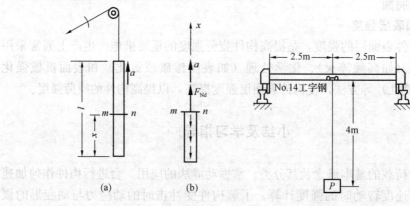

图 10-29 习题 10-1 图   图 10-30 习题 10-2 图

10-3 如图 10-31 所示，一起重机 A 重 20kN，装在两根 32b 号工字钢上，起吊一重 $G=60\text{kN}$ 的重物。若重物在第一秒内以等加速上升 2.5m，试求绳内的拉力和梁内最大的应力。

10-4 如图 10-32 所示，一重物 $G=20\text{kN}$ 的荷载悬挂在钢绳上，钢绳由 500 根直径 $d=0.5\text{mm}$ 的钢丝所组成，其长 $l=5\text{m}$，鼓轮以角加速度 $\alpha=10\text{rad/s}^2$ 反时针旋转，外径 $D=50\text{cm}$，弹性模量 $E=220\text{MPa}$，求钢绳的最大正应力及伸长。

第 10 章 动荷载和交变应力

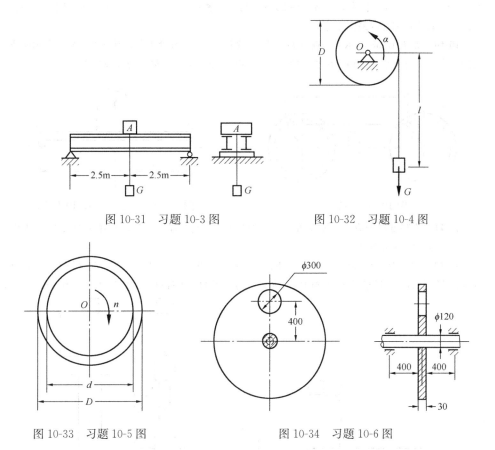

图 10-31 习题 10-3 图　　图 10-32 习题 10-4 图

图 10-33 习题 10-5 图　　图 10-34 习题 10-6 图

10-5 如图 10-33 所示，一飞轮作等角速转动，转速 $n=360\text{r/min}$，材料的密度为 $\rho=7.65\times10^3\text{kg/m}^3$，许用应力为 $[\sigma]=45\text{MPa}$，飞轮内外直径分别为 $d=3.8\text{m}$，$D=4.2\text{m}$，设飞轮的轮辐影响不计，试校核其强度。

10-6 如图 10-34 所示的轴上装一钢质圆盘，盘上有一圆孔。若轴与盘以匀角速度 $\omega=40\text{rad/s}$ 旋转，试求轴内由这一圆孔引起的最大正应力。已知圆盘材料的密度 $\rho=7.81\times10^3$ kg/m^3。

10-7 图 10-35 所示钢轴 AB 的直径为 80mm，轴上有一直径为 80mm 的钢质圆杆 CD，CD 垂直于 AB。若 AB 以匀角速度 $\omega=40\text{rad/s}$ 转动。材料的许用应力 $[\sigma]=70\text{MPa}$，密度 $\rho=7.8\times10^3\text{kg/m}^3$。试校核 AB 轴及 CD 杆的强度。

10-8 AD 轴以匀角速度 ω 转动。在轴的纵向对称面内，于轴线的两侧有两个重为 P 的偏心荷载，如图 10-36 所示。试求轴内最大弯矩。

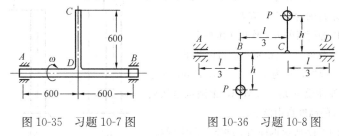

图 10-35 习题 10-7 图　　图 10-36 习题 10-8 图

10-9 图 10-37 所示机车车轮以 $n=300\text{r/min}$ 的转速旋转。平行杆 AB 的横截面为矩形，h

$=5.6\text{cm}$，$b=2.8\text{cm}$，长度 $l=2\text{m}$，$r=25\text{cm}$，材料的密度为 $\rho=7.8\times10^3\,\text{kg/m}^3$。试确定平行杆最危险的位置和杆内最大正应力。

10-10 如图 10-38 所示，一荷载 $G=1\text{kN}$ 自高度 $h=10\text{cm}$ 处下落，冲在 22a 号工字钢简支梁的中点上。设梁长 $l=2\text{m}$，弹性模量 $E=200\text{GPa}$，试求梁中点处的挠度及最大正应力。

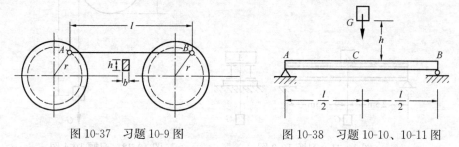

图 10-37　习题 10-9 图　　　　图 10-38　习题 10-10、10-11 图

10-11 为降低冲击应力，设在图 10-38 中梁的 B 支座处加一弹簧，其弹簧常数 $k=50\text{kN/cm}$，此时梁的最大正应力又是多少？

10-12 重量为 $F=1\text{kN}$ 的重物自由下落在如图 10-39 所示的悬臂梁上，设梁长 $l=2\text{m}$，弹性模量 $E=10\text{GPa}$，试求冲击时梁内的最大正应力及梁的最大挠度（图中尺寸单位为 mm）。

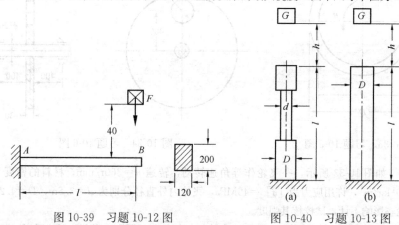

图 10-39　习题 10-12 图　　　　图 10-40　习题 10-13 图

10-13 材料相同、长度相等的变截面杆和等截面杆如图 10-40 所示，若两杆的最大横截面面积相等，试求两杆的动应力。设变截面杆直径为 d 的部分长 $\dfrac{2}{5}l$，为了便于比较，假设 h 较大，可以近似地把动荷系数取为 $K_d=1+\sqrt{1+\dfrac{2h}{\Delta_{st}}}\approx\sqrt{\dfrac{2h}{\Delta_{st}}}$。

10-14 如图 10-41 所示，直径 $d=30\text{cm}$，长 $l=6\text{m}$ 的圆木桩，下端固定，上端受重量 $G=2\text{kN}$ 的重锤作用。木材的弹性模量 $E_1=10\text{GPa}$。试求下列三种情况下，木桩内的最大正应力。

(a) 重锤以静荷载的方式作用于木桩上；
(b) 重锤从离桩顶 0.5m 的高度自由落下；
(c) 在桩顶放置直径为 15cm、厚为 40mm 的橡皮垫，橡皮的弹性模量 $E_2=8\text{MPa}$，重锤也是从离橡皮垫顶 0.5m 的高度自由落下。

10-15 图 10-42 所示钢杆的下端有一固定圆盘，盘上放置弹簧。弹簧在 1kN 的静荷载作用下缩短

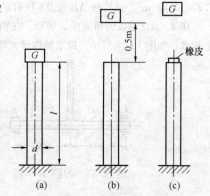

图 10-41　习题 10-14 图

0.0625cm。钢杆的直径 $d=4$cm，$l=4$m，许用应力 $[\sigma]=120$MPa，弹性模量 $E=200$GPa。若有重为 15kN 的重物自由落下，求其许可的高度 h。又若没有弹簧，则许可高度 h 将等于多大？

10-16 图 10-43 所示 16 号工字钢左端铰支，右端置于弹簧上。弹簧共有 10 圈，其平均直径 $D=10$cm。簧丝的直径 $d=20$mm。梁的许用应力 $[\sigma]=160$MPa，弹性模量 $E=200$GPa，弹簧的许用切应力 $[\tau]=200$MPa，切变模量 $G=80$GPa。今有重量 $P=2$kN 的重物，从梁的跨度中点上方自由落下，试求其许可高度 h。

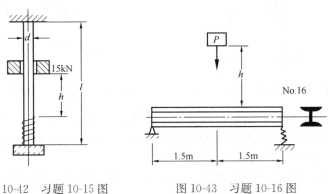

图 10-42　习题 10-15 图　　　图 10-43　习题 10-16 图

10-17 图 10-44 所示圆轴直径 $d=6$cm，$l=2$m，左端固定，右端有一直径 $D=40$cm 的鼓轮。轮上绕以钢绳，绳的端点 B 悬挂吊盘。绳长 $l_1=10$m，横截面面积 $A=1.2$cm^2，弹性模量 $E=200$GPa，轴的切变模量 $G=80$GPa。重量 $P=800$N 的物块自 $h=20$cm 处落于吊盘上，求轴内最大切应力和绳内最大正应力。

10-18 图 10-45 所示钢吊索的下端悬挂一重量为 $P=25$kN 的重物，并以速度 $v=100$cm/s 下降。当吊索长为 $l=20$m 时，滑轮突然被卡住。试求吊索受到的冲击荷载 F_d。设钢吊索的横截面面积 $A=4.14$cm^2，弹性模量 $E=170$GPa，滑轮和吊索的质量可略去不计。

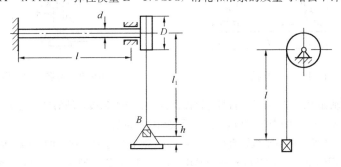

图 10-44　习题 10-17 图　　　图 10-45　习题 10-18 图

10-19 在上题的重物和钢索之间，若加入一个弹簧，则冲击荷载和动应力是增加还是减少？若弹簧常数为 4kN/m，试求冲击荷载。

10-20 如图 10-46 所示，重为 W 的物体以速度 v 水平冲击在构件 C 点，已知构件的截面惯性矩 I，抗弯截面系数 W_z 和弹性模量 E。试求构件的最大弯曲动应力和最大挠度。

10-21 AB 和 CD 二梁的材料相同，横截面相同。在图 10-47 所示冲击荷载作用下，试求二梁最大应力之比和各自吸收能量之比。

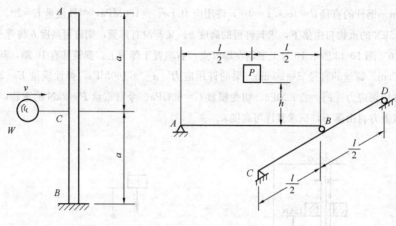

图 10-46 习题 10-20 图   图 10-47 习题 10-21 图

10-22 火车轮轴受力情况如图 10-48 所示。已知 $a=500$mm，$l=1435$mm，轮轴中段直径 $d=150$mm，若 $F=50$kN，试求轮轴中段截面边缘上一点的最大应力 σ_{max}、最小应力 σ_{min} 和循环特性 r，并作出 σ-t 曲线。

10-23 柴油发动机连杆大头螺钉在工作时受到拉伸交变应力，最大拉力 $F_{max}=58.3$kN，最小拉力 $F_{min}=55.8$kN，螺纹处内径 $d=11.5$mm。试求其平均应力 σ_m、应力幅度 σ_a、循环特征 r，并作出 σ-t 曲线。

10-24 某阀门弹簧如图 10-49 所示。当阀门关闭时，最小工作荷载 $F_{min}=200$N；当阀门顶开时，最大工作荷载 $F_{max}=500$N，设簧丝的直径 $d=5$mm，弹簧外径 $D=36$mm，试求平均切应力 σ_m、应力幅值 σ_a、循环特征 r，并作出 σ-t 曲线。

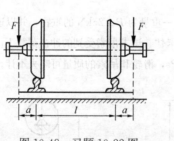
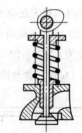

图 10-48 习题 10-22 图   图 10-49 习题 10-24 图

10-25 阶梯轴如图 10-50 所示。材料为铬镍合金，$\sigma_b=920$MPa，轴的尺寸是 $d=40$mm，$D=50$mm，$R=5$mm。求弯曲时的有效应力集中系数和尺寸系数。

10-26 图 10-51 所示的电动机轴直径 $d=30$mm，轴上开有端铣加工的键槽。轴的材料是合金钢，$\sigma_b=750$MPa，$\tau_b=400$MPa，$\tau_s=260$MPa，$\tau_{-1}=190$MPa。轴在 $n=750$r/min 的转速下传递的功率 $P=14.7$kW。该轴时而工作，时而停止，但没有反向旋转。轴表面经磨削加工，端铣加工键槽的有效应力集中系数 $K_\tau=1.8$。若规定安全因数 $n=2$，试校核轴的强度。

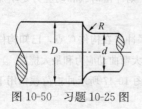
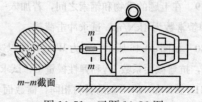

图 10-50 习题 10-25 图   图 10-51 习题 10-26 图

10-27 图 10-52 所示圆杆表面未经加工，且因径向圆孔而削弱。杆受由 $0 \sim F_{max}$ 的交变轴向力作用。已知材料为普通碳钢，$\sigma_b = 600$ MPa，$\sigma_{-1} = 200$ MPa。取 $\psi_\sigma = 0.1$，圆杆因径向圆孔而削弱，其有效应力集中系数为 $K_\sigma = 1.8$，规定安全因数 $n = 1.7$，试求最大荷载。

10-28 卷扬机的阶梯轴的某段需要安装一滚珠轴承，因滚珠轴承内座圈上圆角半径很小，如装配时不用定距环（图 10-53a），则轴上的圆角半径应为 1mm，如增加一定距环（图 10-53b），则轴上圆角半径可增加为 5mm。已知材料为 Q275 钢，$\sigma_b = 520$ MPa，$\sigma_{-1} = 220$ MPa，$\beta = 1$，规定安全因数 $n = 1.7$。试比较轴在两种情况下，对称循环的许可弯矩 $[M]$。

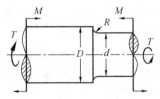

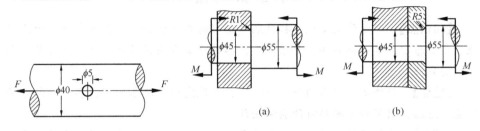

图 10-52 习题 10-27 图   图 10-53 习题 10-28 图

10-29 如图 10-54 所示，直径 $D = 50$ mm、$d = 40$ mm 的阶梯轴，受交变弯矩和扭矩的联合作用。圆角半径 $R = 2$ mm。正应力从 50MPa 变到 -50MPa，切应力从 40MPa 变到 20MPa，轴的材料为碳钢，$\sigma_b = 550$ MPa，$\sigma_{-1} = 220$ MPa，$\tau_{-1} = 120$ MPa。若取 $\psi_\tau = 0.1$，$\beta = 1$，试求此轴的工作安全因数。

图 10-54 习题 10-29 图

第11章 能 量 法

本章知识点

【知识点】 弹性体应变能、杆件基本变形的应变能计算、互等定理、卡氏定理、虚功原理、单位荷载法、莫尔定理、各种计算方法的适用条件。计算莫尔积分的图乘法。

【重点】 杆件基本变形的应变能计算、卡氏定理、莫尔定理、各种计算方法的适用范围、刚架和平面曲杆的能量法计算。

【难点】 互等定理、虚功原理的应用、组合变形的能量法应用、刚架和平面曲杆的能量法应用、桁架节点的相对位移计算。

§11-1 概 述

弹性体在外力作用下要发生弹性变形。当外力缓慢地从零增加到最终值时，弹性体的变形也由零增至最后值，在这一过程中外力将完成一定量的功，同时，构件因变形而具有做功的能力，即具有能量。例如被拧紧的发条在放松过程中能带动齿轮转动。弹性体因变形而储存在其内部的能量，就称为**应变能 V_ε**。如果忽略其他的能量损失，在弹性范围内，弹性体内的应变能在数值上应等于外力的功 W，即

$$V_\varepsilon = W \tag{11-1}$$

在§7-7小节中介绍了上述概念。固体力学中，把与功和能有关的一些定理统称为**能量原理**。对于构件变形的计算和静不定结构的求解，利用能量原理往往更普遍、更有效。

弹性固体的应变能是可逆的，即当外力逐渐解除、变形逐渐消失时，弹性固体又可释放出全部应变能而做功。超出弹性范围，塑性变形将耗散一部分能量，应变能则不能全部转化为功。

§11-2 杆件应变能的计算

一、轴向拉、压杆的应变能

首先研究杆件在轴向拉伸或压缩时的应变能。图示 11-1（a）杆件承受轴向拉力作用，拉力从零开始缓慢地增加。拉力 F 与伸长 Δl 的关系如图 11-1（b）所示。在逐渐加力的过程中，当拉力为 F_1 时，杆件的伸长为 Δl_1。如荷载再有一增量 dF_1，杆件相应的变形增量为 $d\Delta l_1$，于是已作用于杆件上的荷载 F_1 因位移

第 11 章 能 量 法

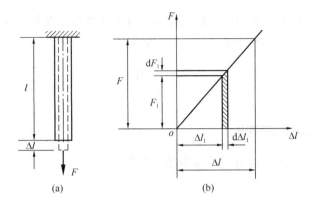

图 11-1 拉杆的变形及拉力与变形关系曲线

$d\Delta l_1$ 而所作的功为 $F_1 d\Delta l_1$，在图中以阴影面积表示。加载的过程中拉力所作的总功 W 应是微元面积的总和，它等于 $F-\Delta l$ 曲线下面的面积，即

$$W = \int_0^{\Delta l} F_1 d\Delta l_1 \tag{a}$$

在应力小于比例极限的范围内，$F-\Delta l$ 的关系是一斜直线，斜直线下面的面积为一个三角形的面积，于是有

$$W = \frac{1}{2} F \Delta l \tag{b}$$

根据式（11-1），杆件的应变能为

$$V_\varepsilon = W = \frac{1}{2} F \Delta l$$

由胡克定律 $\Delta l = \dfrac{Fl}{EA}$，上式又可写为

$$V_\varepsilon = W = \frac{1}{2} F \Delta l = \frac{F^2 l}{2EA} = \frac{F_N^2 l}{2EA} \tag{11-2}$$

式（11-2）中的 F_N 为杆件横截面的轴力，轴力 F_N 等于拉力 F。

若遇到非等截面杆件或受到沿着轴线变化的轴力时，可利用式（11-2）先计算出长为 dx 的微段的应变能

$$dV_\varepsilon = \frac{F_N^2(x) dx}{2EA(x)}$$

然后在杆件总长度上积分可得整个杆件的应变能

$$V_\varepsilon = \int_l \frac{F_N^2(x) dx}{2EA(x)} \tag{11-3}$$

对于由 n 根直杆组成的桁架结构，整个结构的应变能为

$$V_\varepsilon = \sum_{i=1}^n \frac{F_{Ni}^2 l_i}{2E_i A_i} \tag{11-4}$$

式中，F_{Ni}、l_i、E_i 和 A_i 分别为结构中第 i 根杆件的轴力、杆长、弹性模量和横截面面积。

拉压时单位体积的应变能 v_ε（strain energy），即应变能密度为

$$v_\varepsilon = \frac{1}{2} \sigma \varepsilon \tag{11-5}$$

式 (11-4) 可适用于任意弹性变形的计算，对于线弹性体变形，应变能密度公式可借助于胡克定律（本构关系）$\sigma = E\varepsilon$，表示为

$$v_\varepsilon = \frac{1}{2}\sigma\varepsilon = \frac{\sigma^2}{2E} = \frac{E\varepsilon^2}{2} \tag{11-6}$$

二、纯剪切的应变能

在线弹性范围内，纯剪切的应变能密度为

$$v_\varepsilon = \frac{1}{2}\tau\gamma \tag{11-7}$$

由剪切胡克定律，$\tau = G\gamma$，上式又可以表示为

$$v_\varepsilon = \frac{1}{2}\tau\gamma = \frac{\tau^2}{2G} = \frac{G\gamma^2}{2} \tag{11-8}$$

三、圆轴扭转的应变能

作用于圆轴上的扭转力偶矩（图 11-2a）从零开始缓慢增加到最终值 M_e，扭转角也有零增加至 φ。在线弹性的范围内，轴两端的相对扭转角 φ 与扭转力偶矩 M_e 之间的关系是一条斜直线（图 11-2b），且

$$\varphi = \frac{M_e l}{GI_p} \tag{c}$$

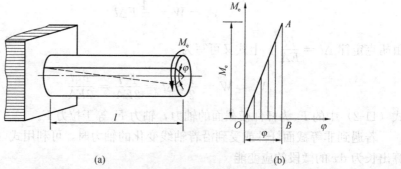

图 11-2　圆轴的扭转变形及扭矩与扭转角关系曲线

其扭转力偶矩 M_e 所做的功为

$$W = \frac{1}{2}M_e\varphi = \frac{M_e^2 l}{2GI_p} \tag{d}$$

根据式 (11-1)，扭转应变能为

$$V_\varepsilon = W = \frac{M_e^2 l}{2GI_p} \tag{11-9}$$

当扭矩 T 沿轴线变化时，可先截取微段轴 dx 来研究。略去微段两端扭矩的微小增量，可利用上式求出微段轴 dx 的应变能，然后经积分得出整个杆件的应变能

$$V_\varepsilon = \int_l \frac{T^2(x)dx}{2GI_p} \tag{11-10}$$

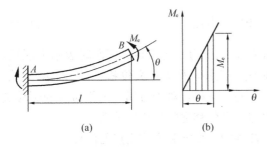

图 11-3 纯弯曲梁及弯矩与截面转角关系曲线

四、弯曲梁的应变能

如图 11-3（a）所示的纯弯曲梁。由于 $\dfrac{1}{\rho} = \dfrac{M}{EI}$，轴线为一曲率半径为 ρ 的圆弧，$l = \rho\theta$，可以求出 B 端截面的转角为

$$\theta = \frac{M_e l}{EI} \qquad (e)$$

在线弹性的范围内，弯曲力偶矩 M_e 与转角 θ 之间呈线性关系（图 11-3b），当弯曲力偶矩 M_e 从零逐渐增加到最终值时，转角 θ 也由零逐渐增加到最终值。弯曲力偶矩所做的功也可用 M_e-θ 图中斜直线所围成的三角形的面积表示，即

$$W = \frac{1}{2} M_e \theta \qquad (f)$$

由式（11-1）和式（e），可得纯弯曲的应变能为

$$V_\varepsilon = W = \frac{1}{2} M_e \theta = \frac{M_e^2 l}{2EI} \qquad (11\text{-}11)$$

横力弯曲时（图 11-4a），梁的横截面上同时存在着弯矩和剪力，且弯矩和剪力都随截面位置而变化，皆是截面位置坐标 x 的函数，对应有两部分应变能，即剪切应变能和弯曲应变能。但是对于一般细长梁而言，剪切应变能远小于弯曲应变能，可以忽略不计，所以对横力弯曲的细长梁只需要计算弯曲应变能。从梁中取出长为 $\mathrm{d}x$ 的微段（图 11-4b），其左、右两截面上的弯矩分别为 $M(x)$ 和 $M(x) + \mathrm{d}M(x)$，计算应变能时，略去弯矩增量 $\mathrm{d}M(x)$，便可将微段梁 $\mathrm{d}x$ 视为纯弯曲情况，应用式（11-11）可以计算出微段的应变能，即

$$\mathrm{d}V_\varepsilon = \frac{M^2(x)\,\mathrm{d}x}{2EI}$$

积分上式可求得全梁的应变能

$$V_\varepsilon = \int_l \frac{M^2(x)\,\mathrm{d}x}{2EI} \qquad (11\text{-}12)$$

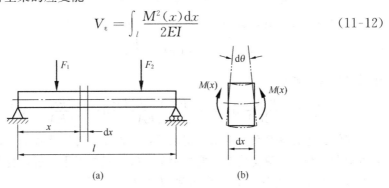

图 11-4 横力弯曲简支梁

如弯矩 $M(x)$ 在梁的各段内分别由不同的函数表示或截面尺寸有变化，上列积分应分段进行，然后求其总和。

综合以上外力或外力偶所做的功等于弹性体的应变能，可统一写成如下形式

$$V_\varepsilon = W = \frac{1}{2}F\delta \tag{11-13}$$

式（11-13）中，F 在轴向拉压时表示拉力或压力，在扭转和弯曲时表示力偶矩，所以称 F 为**广义力**。δ 是与力 F 相对应的位移，称为**广义位移**。对于集中荷载，相对应的位移是荷载作用点沿荷载方向的线位移，对于力偶，则相对应的位移是角位移。在线弹性的范围内，广义力与广义位移之间是线性关系。

下面通过几个例子说明如何计算杆件的应变能和力作用点的位移。

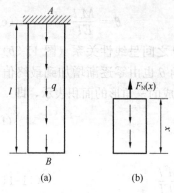

图 11-5 例 11-1 图

【例 11-1】 已知图 11-5 所示，杆的拉压刚度为 EA，试比较下列情况下杆的应变能：(1) 仅考虑杆的自重；(2) 不考虑自重，而在杆的下端作用一拉力 F；(3) 考虑杆的自重，同时在杆的下端作用一力 F。

【解】 (1) 首先计算仅考虑自重的情况。考虑自重作用时，轴力沿杆轴线性变化。单位长度上的重量为 $q = F/l$（图 11-5a），于是杆的 x 截面上的轴力为（图 11-5b）

$$F_N(x) = q \cdot x = \frac{F}{l}x$$

杆的应变能为

$$V_\varepsilon^{(1)} = \int_0^l \frac{F_N^2(x)}{2EA}dx = \frac{1}{2EA}\int_0^l \frac{F^2}{l^2}x^2 dx = \frac{F^2 l}{6EA}$$

(2) 计算不考虑杆自重，而在 B 端施加力 F 情况下的应变能。此时杆的轴力沿轴线为一常量，即 $F_N(x) = F$。所以杆的应变能为

$$V_\varepsilon^{(2)} = \frac{F^2 l}{2EA}$$

是仅考虑杆自重时应变能的 3 倍。

(3) 计算考虑杆的自重，同时在杆的下端作用一拉力 F 的应变能。这种情况下，杆的 x 截面上的轴力为前两种情况轴力的叠加，即

$$F_N(x) = \frac{F}{l}x + F$$

于是杆的应变能为

$$V_\varepsilon = \int_0^l \frac{F_N^2(x)}{2EA}dx = \int_0^l \frac{F^2(x/l+1)^2}{2EA}dx = \frac{7F^2 l}{6EA} \neq V_\varepsilon^{(1)} + V_\varepsilon^{(2)}$$

讨论：①计算表明，第三种情况下，杆的轴力可以通过第一、第二情况下的轴力叠加得到，而应变能是不能叠加的。②一般情况下，引起构件同一种变形形式的多个荷载，构件的相应内力可以通过这几个荷载各自的内力叠加得到，而构件的应变能则不能由上述各个荷载单独引起的应变能叠加得到。

【例 11-2】 车床主轴如图 11-6 所示，

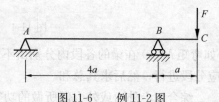

图 11-6 例 11-2 图

在转化成当量轴以后,其抗弯刚度 EI 可以作为常数,试求在荷载 F 作用下,截面 C 的垂直位移。

【解】 首先计算梁的应变能,因 AB 和 BC 两段的弯矩方程 $M(x)$ 形式不同,应分段写出,

$$AB: M(x) = -0.25Fx_1, BC: M(x) = -Fx_2$$

并分别取 A 点和 C 点作为坐标原点,应分段积分,然后相加求得整个梁的应变能为

$$V_\varepsilon = \int_0^{4a} \frac{(-0.25Fx)^2 dx}{2EI} + \int_0^a \frac{(-Fx)^2 dx}{2EI} = \frac{5F^2 a^4}{6EI}$$

若力 F 作用点沿力方向的位移为 δ_C,在变形过程中力 F 所做的功应为

$$W = \frac{1}{2} F \delta_C$$

由 $V_\varepsilon = W$,得

$$\frac{1}{2} F \delta_C = \frac{5F^2 a^3}{6EI}$$

所以

$$\delta_C = \frac{5Fa^3}{3EI}$$

【例 11-3】 试由应变能密度计算公式(11-5)和式(11-7)导出横力弯曲的弯曲应变能和剪切应变能的表达式。

【解】 在图 11-7 中,梁横截面 m-m 上的弯矩和剪力分别为 $M(x)$ 和 $F_S(x)$,

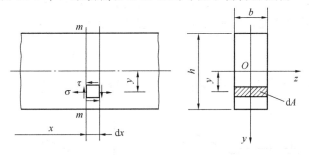

图 11-7 例 11-3 图

截面上距中性轴为 y 处的应力是

$$\sigma = \frac{M(x)y}{I}, \tau = \frac{F_S(x) S_z^*}{Ib}$$

若以 $v_{\varepsilon 1}$ 和 $v_{\varepsilon 2}$ 分别表示弯曲和剪切应变能密度,由式(11-5)和式(11-7)

$$v_{\varepsilon 1} = \frac{\sigma^2}{2E} = \frac{M^2(x)y^2}{2EI^2}, v_{\varepsilon 2} = \frac{\tau^2}{2G} = \frac{F_S^2(x)(S_z^*)^2}{2GI^2 b^2}$$

在距中性轴为 y 处取一单元体,其体积为 $dV = dA \cdot dx$,单元体的弯曲和剪切应变能分别为

$$v_{\varepsilon 1} dV = \frac{M^2(x)y^2}{2EI^2} dA dx, v_{\varepsilon 2} dV = \frac{F_S^2(x)(S_z^*)^2}{2GI^2 b^2} dA dx$$

通过积分求出整个梁的弯曲应变能 $V_{\varepsilon 1}$ 和剪切应变能 $V_{\varepsilon 2}$ 为

$$V_{\varepsilon 1} = \int_l \left[\frac{M^2(x)}{2EI^2}\int_A y^2 dA\right]dx, V_{\varepsilon 2} = \int_l \left[\frac{F_S^2(x)}{2GI^2}\int_A \frac{(S_z^*)^2}{b^2}dA\right]dx \quad (a)$$

以 $\int_A y^2 dA = I$ 代入上式，并引用记号

$$k = \frac{A}{I^2}\int_A \frac{(S_z^*)^2}{b^2}dx \quad (11\text{-}14)$$

式（a）可化为

$$V_{\varepsilon 1} = \int_l \frac{M^2(x)}{2EI}dx, V_{\varepsilon 2} = \int_l \frac{kF_S^2(x)}{2GA}dx$$

$V_{\varepsilon 1}$ 也就是公式（11-12），$V_{\varepsilon 1}$ 和 $V_{\varepsilon 2}$ 之和就是横力弯曲的应变能 V_ε，即

$$V_\varepsilon = \int_l \frac{M^2(x)}{2EI}dx + \int_l \frac{kF_S^2(x)}{2GA}dx \quad (b)$$

式（11-14）中的 k 是一个量纲为一的因数，它只与截面的形状有关。在梁的截面为矩形时

$$k = \frac{A}{I^2}\int_A \frac{(S_z^*)^2}{b^2}dA = \frac{144}{bh^5}\int_{-\frac{h}{2}}^{\frac{h}{2}} \frac{1}{4}\left(\frac{h^2}{4} - y^2\right)b dy = \frac{6}{5} \quad (c)$$

对其他形状的截面也可求得相应的因数 k。例如当截面为圆形时，$k = \frac{10}{9}$。当截面为薄壁圆管时，$k = 2$。

以上讨论都是线弹性的情况。对于非线弹性固体，应变能在数值上仍然等于外力所做的功，但力与位移的关系以及应力与应变的关系都不是线性的（图11-8）。仿照线弹性的情况，应变能和应变能密度分别为

$$V_\varepsilon = W = \int_0^{\delta_1} F d\delta, v_\varepsilon = \int_0^{\varepsilon_1} \sigma d\varepsilon \quad (11\text{-}15)$$

由于 $F\text{-}\delta$ 和 $\sigma\text{-}\varepsilon$ 的关系都不是斜直线，所以外力的功 $W \neq \frac{1}{2}F\delta$。

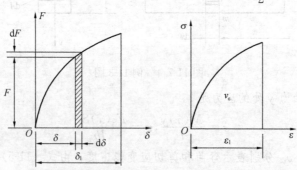

图 11-8 非线弹性关系曲线

§11-3 应变能的普遍表达式

前面讨论了杆件在几种基本变形下的应变能的计算，现在推广到一般情况。设作用于物体上的外力为 $F_1, F_2, F_3, \cdots, F_n$（荷载用广义力 F 表示，其中 F_2

为一力偶），若物体的约束条件是除了因变形而引起的位移外，不可能有刚体位移（图 11-9）。用 $\delta_1, \delta_2, \delta_3, \cdots, \delta_n$ 分别表示外力作用点沿外力方向的位移（广义位移）。在组合变形中曾经指出，在线弹性的范围内且在小变形的条件下，弹性体在变形过程中储存的应变能只决定于外力和位移的最终值，与加力的顺序无关。这样在计算应变能时，就可以假设 $F_1, F_2, F_3, \cdots, F_n$ 按相同的比例，从零开始逐渐增加到最终值，如变形很小，材料是线弹性的，则弹性位移与外力

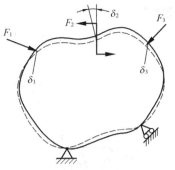

图 11-9 受力系作用的约束线弹性体

之间的关系也是线性的，即位移 $\delta_1, \delta_2, \delta_3, \cdots, \delta_n$ 也将以相同的比例增加。为了表明外力按相同的比例增加，引进一个在 0 到 1 之间变化的参数 β。加力的过程中，在中间的任一状态，各外力的值可表示为 $\beta F_1, \beta F_2, \beta F_3, \cdots, \beta F_n$。则相应的位移则为 $\beta \delta_1, \beta \delta_2, \beta \delta_3, \cdots, \beta \delta_n$。外力从零开始缓慢增加到最终值，$\beta$ 也从 0 变到 1。先计算力在微小位移上所做的功，如给 β 一个增量 $\mathrm{d}\beta$，则位移 $\delta_1, \delta_2, \delta_3, \cdots, \delta_n$ 的相应增量分别为

$$\delta_1 \mathrm{d}\beta, \delta_2 \mathrm{d}\beta, \delta_3 \mathrm{d}\beta, \cdots, \delta_n \mathrm{d}\beta$$

外力 $\beta F_1, \beta F_2, \beta F_3, \cdots, \beta F_n$。在以上位移增量上做的功为

$$\begin{aligned}\mathrm{d}W &= \beta F_1 \cdot \delta_1 \mathrm{d}\beta + \beta F_2 \cdot \delta_2 \mathrm{d}\beta + \beta F_3 \cdot \delta_3 \mathrm{d}\beta + \cdots + \beta F_n \cdot \delta_n \mathrm{d}\beta \\ &= (F_1 \delta_1 + F_2 \delta_2 + F_3 \delta_3 + \cdots + F_n \delta_n) \beta \mathrm{d}\beta\end{aligned} \quad (a)$$

积分上式，得外力 $F_1, F_2, F_3, \cdots, F_n$ 在对应位移 $\delta_1, \delta_2, \delta_3, \cdots, \delta_n$ 上所做的总功为

$$\begin{aligned}W &= (F_1 \delta_1 + F_2 \delta_2 + F_3 \delta_3 + \cdots + F_n \delta_n) \int_0^1 \beta \mathrm{d}\beta \\ &= \frac{1}{2} F_1 \delta_1 + \frac{1}{2} F_2 \delta_2 + \frac{1}{2} F_3 \delta_3 + \cdots + \frac{1}{2} F_n \delta_n\end{aligned}$$

物体的应变能应为

$$V_\varepsilon = W = \frac{1}{2} F_1 \delta_1 + \frac{1}{2} F_2 \delta_2 + \frac{1}{2} F_3 \delta_3 + \cdots + \frac{1}{2} F_n \delta_n \quad (11\text{-}16)$$

上式表明，线弹性体的应变能等于每个外力与相应位移乘积的二分之一的总和。这一结论又称为**克拉贝依隆原理**。

由于在线弹性的范围内，位移 $\delta_1, \delta_2, \delta_3, \cdots, \delta_n$ 与外力 $F_1, F_2, F_3, \cdots, F_n$ 之间是线性关系，若把式（11-16）中的位移用外力表示，应变能就成为外力的二次齐次函数。同理，若把外力用位移来表示，应变能就成为位移的二次齐次函数。

根据上述原理，可得到圆截面杆组合变形的应变能。设从杆件中取出长为 $\mathrm{d}x$ 的微段（图 11-10），忽略内力的微小增量，微段杆两端横截面上有轴力 $F_N(x)$、扭矩 $T(x)$、弯矩 $M(x)$ 和剪力 $F_S(x)$。对于所分析的微段来说，这些都看作是外力。轴力 $F_N(x)$、扭矩 $T(x)$、弯矩 $M(x)$ 分别引起微段杆的两个端截面的相对轴向位移为 $\mathrm{d}(\Delta l)$，相对扭转角为 $\mathrm{d}\varphi$，两横截面绕各自的中性轴的相对转角为 $\mathrm{d}\theta$，忽略剪力 $F_S(x)$ 所引起的变形。由公式（11-16），微段杆内的应

变能为

$$dV_\varepsilon = dW = \frac{1}{2}F_N(x)d(\Delta l) + \frac{1}{2}T(x)d\varphi + \frac{1}{2}M(x)d\theta$$
$$= \frac{F_N^2(x)}{2EA}dx + \frac{T^2(x)}{2GI_p}dx + \frac{M^2(x)}{2EI}dx$$
(11-17)

图 11-10 微段梁的组合变形

积分上式，可求得整个杆件的应变能为

$$V_\varepsilon = \int_l \frac{F_N^2(x)}{2EA}dx + \int_l \frac{T^2(x)}{2GI_p}dx + \int_l \frac{M^2(x)}{2EI}dx \tag{11-18}$$

这是指圆截面的情况。对于非圆截面，则上式等号右边的第二项中的 I_p 应改为 I_t。从形式上看是各个内力分量单独作用时的能量和，但这不是应变能的简单叠加，应变能不是内力（外力）的线性函数，所以在几个同一类力的作用下，由于变形不是相互独立的，所以应变能不能累加。当杆件上同时受几种外力作用时，在满足小变形前提下，各基本变形互不干扰，各力仅在自己引起的变形下作功，应变能则可以累加。

§11-4 互 等 定 理

在线弹性结构中，利用应变能的概念，可以导出功的互等定理和位移互等定理。互等定理在结构分析中具有重要的作用。

一、功的互等定理

设在线弹性结构上作用力 F_1 和 F_2（图 11-11a），引起两力作用点沿力作用方向的位移分别为 δ_1 和 δ_2，由式（11-16），F_1 和 F_2 完成的功为 $\frac{1}{2}F_1\delta_1 + \frac{1}{2}F_2\delta_2$，

然后，在结构上再作用力 F_3 和 F_4，引起 F_3 和 F_4 作用点沿力作用方向的位移为 δ_3

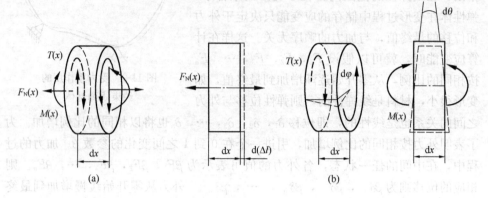

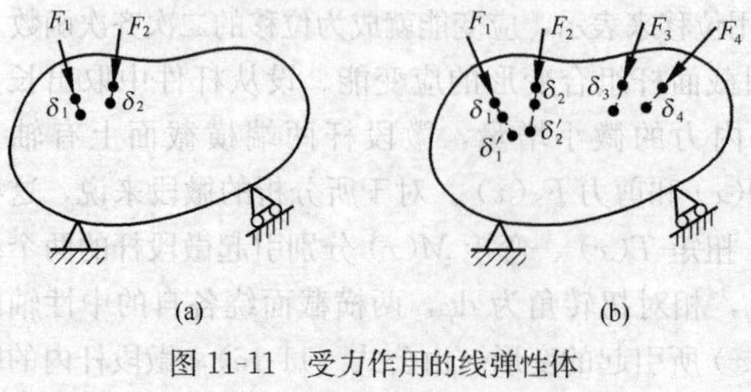

图 11-11 受力作用的线弹性体

和 δ_4（图 11-11b），并引起 F_1 和 F_2 作用点沿力作用方向位移 δ'_1 和 δ'_2，这样除了 F_3 和 F_4 完成数量为 $\frac{1}{2}F_3\delta_3 + \frac{1}{2}F_4\delta_4$ 的功外，原已作用于结构上的 F_1 和 F_2 又位移了 δ'_1 和 δ'_2，且在位移中 F_1 和 F_2 的大小不变，所以又完成了数量为 $F_1\delta'_1 + F_2\delta'_2$ 的功。因此，按先加 F_1、F_2 后加 F_3、F_4 的次序加力，结构应变能为

$$V_{\varepsilon 1} = \frac{1}{2}F_1\delta_1 + \frac{1}{2}F_2\delta_2 + \frac{1}{2}F_3\delta_3 + \frac{1}{2}F_4\delta_4 + F_1\delta'_1 + F_2\delta'_2$$

如改变加载次序，先加力 F_3、F_4 后加力 F_1、F_2。当作用 F_1 和 F_2 时，虽然结构上已经先作用了 F_3 和 F_4，但只要结构是线弹性的，则 F_1 和 F_2 引起的位移和所做的功，依然和未曾作用过 F_3、F_4 一样。与上面步骤相同，又可求得结构的应变能为

$$V_{\varepsilon 2} = \frac{1}{2}F_3\delta_3 + \frac{1}{2}F_4\delta_4 + \frac{1}{2}F_1\delta_1 + \frac{1}{2}F_2\delta_2 + F_3\delta'_3 + F_4\delta'_4$$

式中 δ'_3 和 δ'_4 是作用力 F_1 和 F_2 时，引起 F_3 和 F_4 作用点沿力方向的位移。

由于应变能只决定于力和位移的最终值，与加力的次序无关，故应变能 $V_{\varepsilon 1} = V_{\varepsilon 2}$，从而得出

$$F_1\delta'_1 + F_2\delta'_2 = F_3\delta'_3 + F_4\delta'_4 \tag{11-19}$$

上述结果显然可以推广到更多个力的情况。即第一组力在第二组力引起位移上所做的功，等于第二组力在第一组力引起的位移上所做的功。这就是**功的互等定理**。

二、位移互等定理

位移互等定理可以作为功的互等定理的特例。由上述结论即式（11-19）和图 11-13 可知，若第一组力只有 F_1，第二组力只有 F_3，则式（11-19）可化为

$$F_1\delta'_1 = F_3\delta'_3 \tag{11-20}$$

若 $F_1 = F_3$，则式（11-20）可化为

$$\delta'_1 = \delta'_3 \tag{11-21}$$

这表明，F_1 作用点沿 F_1 方向因作用 F_3 而引起的位移，等于 F_3 作用点沿 F_3 方向因作用 F_1 而引起的位移。这就是**位移互等定理**。

上述互等定理中的力和位移都应理解为是广义的。例如，将力换成力偶，力的量纲换成力偶的量纲，相应的位移换成角位移，推导过程依然相同，结论自然不变。注意这里的位移是由变形引起的位移，不包括刚性位移。

下面举例说明互等定理的应用。

【**例 11-4**】 如图 11-12 所示，悬臂梁长度为 l，抗弯刚度为 EI。试求：（1）在梁上中点 B 作用 F 力而引起的 A 点的挠度 y_{AB}；（2）在梁上 A 点作用 F 力而引起的 B 点的挠度 y_{BA}。

【**解**】（1）求 y_{AB}。利用 §6-2 小节表 6-1 中的公式，可求出自由端 A 点的垂直位移为

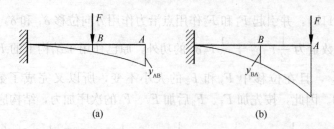

图 11-12 例 11-4 图

$$y_{AB} = \frac{5Fl^3}{48EI}$$

（2）求 y_{BA}。再利用 §6-2 小节表 6-1 中的公式，可以得到

$$y_{BA} = \frac{5Fl^3}{48EI}$$

可见 $y_{AB} = y_{BA}$。由此而知，作用在 B 点的荷载引起 A 点的位移等于数值相等的荷载作用在 A 点所引起的 B 点的位移。这就是位移互等定理的表述。

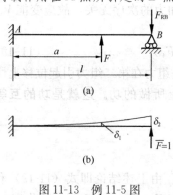

图 11-13 例 11-5 图

【例 11-5】 装有尾顶针的车削工件可简化成超静定梁如图 11-13（a）所示。试利用互等定理求解。

【解】 解除支座 B 的多余约束，把工件看作是悬臂梁。因为支座 B 沿垂直方向的位移为零，可把工件上的切削力 F 和尾顶针反力 F_{RB} 作为第一组力。然后设想在同一悬臂梁的右端作用 $\overline{F} = 1$ 的单位力（图 11-13b），并作为第二组力。首先求出在 $\overline{F} = 1$ 作用下，力 F 及 F_{RB} 作用点的相应位移。

$$\delta_1 = \frac{a^2}{6EI}(3l - a), \quad \delta_2 = \frac{l^3}{3EI}$$

第一组力在第二组力引起的位移上所做的功应为

$$F\delta_1 - F_{RB}\delta_2 = \frac{Fa^2}{6EI}(3l - a) - \frac{F_{RB}l^3}{3EI}$$

在第一组力作用下（图 11-13a），由于 B 处为活动铰支座，它沿 $\overline{F} = 1$ 方向的位移应等于零，故第二组力在第一组力引起的位移上所做的功为零。由功的互等定理可知，第一组力在第二组力引起的位移上所做的功应也为零，即

$$\frac{Fa^2}{6EI}(3l - a) - \frac{F_{RB}l^3}{3EI} = 0$$

由此解得

$$F_{RB} = \frac{Fa^2}{2l^3}(3l - a)$$

可见利用功的互等定理可以方便地解决静不定问题。

§11-5 卡 氏 定 理

卡氏定理是计算弹性体任一点位移的普遍且极为有效的一种方法，本节从函数的角度和结构的应变能的角度进行分析，导出卡氏定理并举例说明卡氏定理的应用。

设弹性结构在支座约束下无任何刚性位移，F_1，F_2，$\cdots$，F_i，$\cdots$，F_n为作用于结构上的外力，沿各力作用方向的位移分别为δ_1，δ_2，$\cdots$，δ_i，$\cdots$，δ_n（参看图 11-9）。假设所有的力都是同时施加的，而且缓慢增加到给定的值F_1，F_2，$\cdots$，F_i，$\cdots$，F_n，于是由这些力所做的功为

$$V_\varepsilon = W = \frac{1}{2}F_1\delta_1 + \frac{1}{2}F_2\delta_2 + \frac{1}{2}F_3\delta_3 + \cdots + \frac{1}{2}F_n\delta_n \tag{a}$$

此功以应变能的形式储存在弹性结构内。所以，应变能应为各外力的函数，即

$$V_\varepsilon = f(F_1, F_2, \cdots, F_i, \cdots, F_n) \tag{b}$$

如这些外力中任一个力F_i有一增量dF_i，将会引起应变能有一增量，则应变能的增量为

$$\Delta V_\varepsilon = \frac{\partial V_\varepsilon}{\partial F_i}dF_i$$

于是弹性结构的应变能应为

$$V_\varepsilon + \frac{\partial V_\varepsilon}{\partial F_i}dF_i \tag{c}$$

若改变力的加载次序，先加力dF_i，然后再施加作用力F_1，F_2，$\cdots$，F_i，$\cdots$，F_n。先作用dF_i时，其作用点沿dF_i方向的位移为$d\delta_i$，力dF_i所做的功为$\frac{1}{2}dF_i d\delta_i$。由于小变形和线弹性，当再施加力$F_1$，$F_2$，$\cdots$，$F_i$，$\cdots$，$F_n$时，它们引起的变形并不因$dF_i$的存在而改变，各个力所做的功如式（a）所示。在作用力F_1，F_2，$\cdots$，F_i，$\cdots$，F_n的过程中，在力F_i的方向（亦即dF_i的方向）发生了位移δ_i，于是dF_i在位移δ_i上完成的功为$dF_i\delta_i$。这样，按现在的加力次序，所有力所做的功应等于结构的应变能，应为

$$\frac{1}{2}dF_i d\delta_i + V_\varepsilon + dF_i\delta_i \tag{d}$$

因应变能与加力次序无关，式（c）与式（d）应该相等，故

$$V_\varepsilon + \frac{\partial V_\varepsilon}{\partial F_i}dF_i = \frac{1}{2}dF_i d\delta_i + V_\varepsilon + dF_i\delta_i$$

省略二阶微量$\frac{1}{2}dF_i d\delta_i$，由上式可得

$$\delta_i = \frac{\partial V_\varepsilon}{\partial F_i} \tag{11-22}$$

可见，若将结构的应变能表示为荷载F_1，F_2，$\cdots$，F_i，$\cdots$，F_n的函数，则应变能对任一荷载F_i的偏导数，等于F_i作用点沿F_i方向的位移δ_i。这就是卡氏第二定理，通常称为卡氏定理。定理中的力和位移同样都是广义的。卡氏定理只适用

于线弹性结构。

下面介绍卡氏定理的几种常用形式。

横力弯曲的应变能由公式（11-12）计算。应用卡氏定理，得

$$\delta_i = \frac{\partial V_\varepsilon}{\partial F_i} = \frac{\partial}{\partial F_i}\left(\int_l \frac{M^2(x)dx}{2EI}\right)$$

式中积分是对 x 的，而求导是对 F_i 的，通常更方便的是带着积分符号去作微分，即可将积分符号里的函数先对 F_i 求导，然后再对 x 积分，故有

$$\delta = \int_l \frac{M(x)}{EI} \cdot \frac{\partial M(x)}{\partial F_i} dx \tag{11-23}$$

横截面高度远小于轴线半径的平面曲杆，受弯时可仿照直梁计算。

对于桁架结构，因为桁架中的每根杆都是轴向拉伸或压缩变形，各杆的内力只有轴力，应变能都由公式（11-2）计算，若桁架共有 n 根杆件，则桁架的整体应变能应为

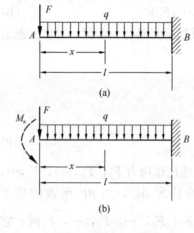

图 11-14 例 11-6 图

$$V_\varepsilon = \sum_{j=1}^{n} \frac{F_{Nj}^2 l_j}{2EA_j}$$

应用卡氏定理，得

$$\delta_i = \frac{\partial V_\varepsilon}{\partial F_i} = \sum_{j=1}^{n} \frac{F_{Nj} l_j}{EA_j} \frac{\partial F_{Nj}}{\partial F_i} \tag{11-24}$$

【例 11-6】 悬臂梁 AB 受力如图 11-14(a) 所示，设梁的抗弯刚度 EI 为常量，试求 A 点挠度 w_A 和 A 截面转角 θ_A。

【解】（1）先求 A 点挠度 w_A。其中梁上任一截面 x 的弯矩及对力 F 的导数为

$$M(x) = -Fx - \frac{1}{2}qx^2, \quad \frac{\partial M(x)}{\partial F} = -x$$

$$w_A = \int \frac{M(x)}{EI} \frac{\partial M(x)}{\partial F} dx$$

$$= \frac{1}{EI}\int_0^l \left(-Fx - \frac{1}{2}qx^2\right)(-x)dx = \frac{1}{EI}\left(\frac{Fl^3}{3} + \frac{ql^4}{8}\right)$$

（2）求 A 截面转角 θ_A。由于 A 截面没有力偶，故不能直接应用卡氏定理，为此，设想在 A 截面另加一个矩为 M_a 的附加力偶（图 11-14b），然后求出梁在 F、q 及 M_a 共同作用下的弯矩方程，并对附加力偶求偏导

$$M(x) = -Fx - \frac{1}{2}qx^2 - M_a, \quad \frac{\partial M(x)}{\partial M_a} = -1$$

A 截面转角 θ_A 的表达式为

$$\theta_A = \int \frac{M(x)}{EI} \frac{\partial M(x)}{\partial M_a} dx$$

求偏导数后，可以直接令附加力偶的矩 $M_a = 0$，然后再积分。

$$\theta_A = \int \frac{M(x)}{EI} \frac{\partial M(x)}{\partial M_a} dx = \frac{1}{EI}\int_0^l \left(-Fx - \frac{1}{2}qx^2\right)(-1)dx$$

$$= \frac{1}{EI}\left(\frac{Fl^2}{2} + \frac{ql^3}{6}\right)$$

挠度和转角均为正值，说明位移与对应的力方向一致，即 A 点位移向下，与集中力 F 方向相同，A 截面转角与附加力偶 M_a 转向相同，为逆时针转向。

注意：(1) 卡氏定理中求偏导数是对第 i 个力 F_i 计算的，与其他外力没有关系。(2) 用卡氏定理求结构某处的位移时，该处应有与所求位移相应的荷载。若该处并无与位移相应的荷载，则可采取附加力法，加一相应的荷载。如上例中求 A 截面转角 θ_A 时，需附加力偶 M_a，最后再令其为零。

【例 11-7】 图 11-15 (a) 所示刚架的 EI 为常量，在 B 截面上受力偶 M_e 作用。试求截面 C 的转角 θ_C 及 D 点的水平位移 δ_x。轴力和剪力对变形的影响可以略去不计。

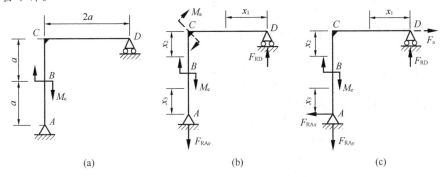

图 11-15 例 11-7 图

【解】 (1) 求截面 C 的转角 θ_C。由于截面 C 上无力偶，应在截面 C 上附加一个矩为 M_a 的力偶，刚架上加了 M_a 后，其受力已经改变。支座反力应该在原荷载和附加力偶共同作用下求出，即

$$F_{RAy} = \frac{M_e + M_a}{2a}, F_{RD} = \frac{M_e + M_a}{2a}$$

它们的方向如图 11-15 (b) 所示。

求出刚架各段的弯矩方程以及对 M_a 的偏导数分别为

CD 段：$M(x_1) = F_{RD} x_1 = \left(\frac{M_e + M_a}{2a}\right) x_1, \dfrac{\partial M(x_1)}{\partial M_a} = \dfrac{x_1}{2a}$

BC 段：$M(x_2) = F_{RD} \times 2a - M_a = M_e, \dfrac{\partial M(x_2)}{\partial M_a} = 0$

AB 段：$M(x_3) = 0, \dfrac{\partial M(x_3)}{\partial M_a} = 0$

于是由式 (11-23)，截面 C 的转角为

$$\begin{aligned}
\theta_C &= \int \frac{M(x)}{EI} \frac{\partial M(x)}{\partial M_a} \mathrm{d}x \\
&= \frac{1}{EI} \int_0^{2a} M(x_1) \frac{\partial M(x_1)}{\partial M_a} \mathrm{d}x_1 + \frac{1}{EI} \int_0^a M(x_2) \frac{\partial M(x_2)}{\partial M_a} \mathrm{d}x_2 \\
&\quad + \frac{1}{EI} \int_0^a M(x_3) \frac{\partial M(x_3)}{\partial M_a} \mathrm{d}x_3 \\
&= \frac{1}{EI} \int_0^{2a} \left(\frac{M_e}{2a}\right) x_1 \cdot \frac{x_1}{2a} \mathrm{d}x_1 = \frac{2M_e a}{3EI}
\end{aligned}$$

实际上，令附加力偶的矩在积分之前为零和积分之后为零结果都一样，为简化计算，仅在计算弯矩的偏导数时需附加力偶，一旦求出偏导后在积分之前就可令其矩为零，再进行积分。

(2) 求 D 点的水平位移 δ_x。计算 D 点的水平位移 δ_x 时，需在 D 点沿水平方向附加一力 F_a（图 11-15c）。求出在 M_e 及 F_a 共同作用下刚架的支座约束反力为

$$F_{RAx} = F_a, F_{RAy} = F_{RD} = \frac{M_e}{2a} + F_a$$

方向如图 11-15（c）所示。求出刚架各段的弯矩方程及其对 F_a 的偏导数分别为

CD 段：$M(x_1) = \left(\dfrac{M_e}{2a} + F_a\right)x_1, \dfrac{\partial M(x_1)}{\partial F_a} = x_1$

BC 段：$M(x_2) = M_e + F_a(2a - x_2), \dfrac{\partial M(x_2)}{\partial F_a} = 2a - x_2$

AB 段：$M(x_3) = F_a x_3, \dfrac{\partial M(x_3)}{\partial F_a} = x_3$

在积分前即令 $F_a = 0$，求得 D 点的水平位移 δ_x 为

$$\delta_x = \frac{1}{EI}\int_0^{2a}\frac{M_e}{2a}x_1^2 dx_1 + \frac{1}{EI}\int_0^a M_e(2a - x_2)dx_2$$

$$= \frac{17M_e a^2}{6EI}$$

【例 11-8】 轴线为半圆形的平面曲杆如图 11-16（a）所示，作用于 A 端的集中力 F 垂直轴线所在的平面。试计算 F 力作用点的垂直位移 δ_A。

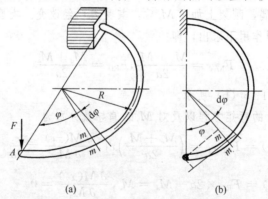

图 11-16 例 11-8 图

【解】 平面曲杆任一横截面 m-m 的位置可由圆心角 φ 确定。由曲杆的俯视图（图 11-16b）可见，截面 m-m 上的内力有弯矩 M 和扭矩 T，分别为

$$M = FR\sin\varphi, T = FR(1 - \cos\varphi)$$

应用卡氏定理即公式（11-22）与式（11-18）求解时，表达式中应包含两项，一项为弯矩方程对力 F 的偏导数，另一项为扭矩方程对力 F 的偏导数，即

$$\frac{\partial M}{\partial F} = R\sin\varphi, \frac{\partial T}{\partial F} = R(1 - \cos\varphi)$$

所以，可求得 F 力作用点的垂直位移 δ_A 为

$$\delta_A = \int \frac{M}{EI} \frac{\partial M}{\partial F} R \mathrm{d}\varphi + \int \frac{T}{GI_p} \frac{\partial T}{\partial F} R \mathrm{d}\varphi$$
$$= \frac{1}{EI} \int_0^\pi FR^3 \sin^2 \varphi \mathrm{d}\varphi + \frac{1}{GI_p} \int_0^\pi FR^3 (1-\cos\varphi)^2 \mathrm{d}\varphi$$
$$= \frac{FR^3 \pi}{2EI} + \frac{3FR^3 \pi}{2GI_p}$$

§11-6 虚 功 原 理

虚功原理是求解结构位移的一个重要方法，在结构分析中具有广泛的应用。

在理论力学中介绍过质点系的虚位移原理：具有理想约束的质点系处于平衡的充分和必要条件是，作用于质点系上的力在任何虚位移上所做的虚功之和为零。由于刚体任意两点间的距离不变，所以，具有理想约束的刚体，内力不做功。故刚体的虚位移原理可表述为：刚体在外力作

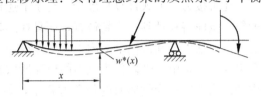

图 11-17 梁的真实位移和虚位移

用下处于平衡的充分和必要条件是，对于任何微小的虚位移，外力所做的虚功之和恒等于零。下面介绍变形体的虚功原理。

外力作用下处于平衡状态的杆件如图 11-17 所示。图中用实线表示的曲线是轴线的真实变形。由于其他原因，例如另外的外力或温度变化等，又引起杆件的变形，使轴线移动到虚线的位置。这种位移与原有的荷载无关，故称为虚位移。"虚"位移只表示是其他因素造成位移，以区别于杆件因原有外力引起的位移。虚位移是在平衡位置上再增加的位移，在虚位移中，杆件的原有外力和内力保持不变，且始终是平衡的。虚位移应满足边界条件和连续性条件，并符合小变形要求。虚位移 $w^*(x)$ 应是连续函数。又因虚位移符合小变形要求，它不改变原有外力的效应，建立平衡方程时仍可用杆件变形前的位置和尺寸。满足这些要求的任一位移都可作为虚位移。正因为它满足上述要求。所以也是杆件实际上可能发生的位移，杆件上的力由于虚位移而完成的功称为**虚功**。

设想把杆件分成无穷多微段，从中任取长为 $\mathrm{d}x$ 的微段（图 11-18），微段上

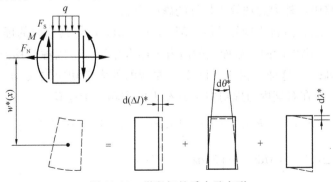

图 11-18 微段杆的受力及变形

除外力外，两端横截面上还有轴力、弯矩、剪力等内力。当杆件由平衡位置经虚位移 $w^*(x)$ 到达由虚线表示的位置时，微段上的外力和内力都做了虚功。把所有微段的内、外力虚功依次相加（积分），便可求出整个杆件的外力和内力的总虚功。因为虚位移是连续的，两个相邻微段的公共截面的位移和转角是相同的，但相邻微段公共截面上的内力却是大小相等、方向相反，故它们所做的虚功相互抵消。逐段相加后，只剩下外力在虚位移中所作的虚功。若以 F_1，F_2，F_3，$\cdots$，$q(x)$，$\cdots$，表示杆件上的外力（广义力），w_1^*，w_2^*，w_3^*，$\cdots$，$w^*(x)$，$\cdots$ 表示外力作用点沿外力方向的虚位移，因在虚位移中外力保持不变，故总虚功为

$$W = F_1 w_1^* + F_2 w_2^* + F_3 w_3^* + \cdots + \int q(x) w^*(x) \mathrm{d}x + \cdots \tag{a}$$

还可按另一方式计算总虚功。对于上述杆件，在发生虚变形的过程中，杆件的每个微段将移动到一个新位置，而且在形状上也发生变化，因此作用在微段上的力（包括外力和截面上的内力）要做虚功，这个与单个微段相关的虚功由两部分组成：一是由于微段作为刚体的位移所做的虚功，另一个是与微段变形相关的虚功。当微段作为刚体时的位移过程中，各力（外力和内力）所做的虚功为零。这说明在微段发生虚位移的过程中，作用在其上所有力所做的总虚功（即由刚体位移产生的虚功和由微段变形产生的虚功）等于仅在微段的虚变形过程中由同样的力所做的虚功。微段的虚变形可以分解成：两端截面的轴向相对位移 $\mathrm{d}(\Delta l)^*$、相对转角 $\mathrm{d}\theta^*$、相对错动 $\mathrm{d}\lambda^*$（图 11-18）。在上述微段的虚变形中，微段上的外荷载不做功，只有两端截面内力做功，其数值为

$$\mathrm{d}W = F_\mathrm{N} \mathrm{d}(\Delta l)^* + M \mathrm{d}\theta^* + F_\mathrm{S} \mathrm{d}\lambda^* \tag{b}$$

积分上式得总虚功为

$$W = \int F_\mathrm{N} \mathrm{d}(\Delta l)^* + \int M \mathrm{d}\theta^* + \int F_\mathrm{S} \mathrm{d}\lambda^* \tag{c}$$

按两种方式求得的总虚功表达式（a）与式（c）应该相等，即

$$F_1 w_1^* + F_2 w_2^* + F_3 w_3^* + \cdots + \int q(x) w^*(x) \mathrm{d}x + \cdots$$
$$= \int F_\mathrm{N} \mathrm{d}(\Delta l)^* + \int M \mathrm{d}\theta^* + \int F_\mathrm{S} \mathrm{d}\lambda^* \tag{11-25}$$

上式表明，在虚位移中，外力所做虚功等于内力在相应虚变形上所做虚功，这就是**虚功原理**。也可把上式右边看作是相应于虚位移的应变能。这样，虚功原理表明，在虚位移中，外力虚功等于杆件的虚应变能。

若杆件上还有扭转力偶矩 $M_{\mathrm{e}1}$，$M_{\mathrm{e}2}$，$\cdots$，$M_{\mathrm{e}n}$，与其相应的虚位移为 φ_1^*，φ_2^*，$\cdots$，φ_n^*，则微段两端截面上的内力中还有扭矩 T，因虚位移使两端截面有相对扭转角 $\mathrm{d}\varphi^*$。这样，在式（11-25）左端的外力虚功应加入 $M_{\mathrm{e}1}$，$M_{\mathrm{e}2}$，$\cdots$，$M_{\mathrm{e}n}$ 的虚功，而在右端内力虚功中应加入 T 的虚功。于是有

$$F_1 w_1^* + F_2 w_2^* + F_3 w_3^* + \cdots + \int q(x) w^*(x) \mathrm{d}x + \cdots + M_{\mathrm{e}1} \varphi_1^* + M_{\mathrm{e}2} \varphi_2^*$$
$$= \int F_\mathrm{N} \mathrm{d}(\Delta l)^* + \int M \mathrm{d}\theta^* + \int F_\mathrm{S} \mathrm{d}\lambda^* + \int T \mathrm{d}\varphi^*$$

(d)

虚功原理可叙述如下：如果给予在多个外力作用下处于平衡的可变形结构一微小的虚位移，那么外力所做的虚功就等于内力所做的虚功。

说明：在导出虚功原理时，并未使用应力—应变关系，故虚功原理与材料的性能无关，它可用于线弹性材料，也可用于非线弹性材料。虚功原理并不要求力与位移的关系一定是线性的，故可以用于力与位移成非线性关系的构件。

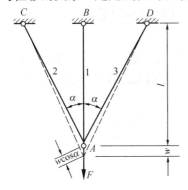

图 11-19 例 11-9 图

【例 11-9】 试求图 11-19 所示桁架各杆的内力。设三杆的横截面积相等，材料相同，且是线弹性的。

【解】 按照桁架的约束条件，只有节点 A 有 2 个自由度。由于结构和荷载对称，A 点只可能有铅垂位移 w。由此引起杆 1 和杆 2 的伸长量分别为

$$\Delta l_1 = w,\ \Delta l_2 = w\cos\alpha$$

杆 3 伸长量与杆 2 相等，内力也相同。由胡克定律求出三杆的内力分别为

$$F_{N1} = \frac{EA}{l}w,\ F_{N2} = F_{N3} = \frac{EA}{l_2}w\cos\alpha = \frac{EA}{l}w\cos^2\alpha \tag{e}$$

设节点 A 有一铅垂的虚位移 δw。对这一虚位移，外力虚功是 $F\delta w$。杆 1 因虚位移 δw 引起的伸长量是 $\Delta l_1^* = \delta w$，杆 2 和杆 3 的伸长量是 $\Delta l_2^* = \delta w\cos\alpha$，因为三杆都为拉伸变形，内力只有轴力，且轴力沿轴线不变。杆 1 的内力虚功为

$$\int_l F_{N1} d(\Delta l_1)^* = F_{N1}\int_l d(\Delta l_1)^* = F_{N1}(\Delta l_1)^* = \frac{EA}{l}w\delta w$$

同理可以求出杆 2 和杆 3 的内力虚功同为

$$F_{N2}(\Delta l_2)^* = \frac{EA}{l}w\cos^3\alpha \cdot \delta w$$

整个桁架的内力虚功为

$$F_{N1}(\Delta l_1)^* + 2F_{N2}(\Delta l_2)^* = \frac{EAw}{l}(1 + 2\cos^3\alpha)\delta w$$

由虚功原理，即内力虚功应等于外力虚功，即

$$\frac{EAw}{l}(1 + 2\cos^3\alpha)\delta w = F\delta w$$

消去 δw，可将上式写成

$$\frac{EAw}{l}(1 + 2\cos^3\alpha) - F = 0 \tag{f}$$

由此解出

$$w = \frac{Fl}{EA(1 + 2\cos^3\alpha)}$$

把 w 代入式 (e) 即可求出

$$F_{N1} = \frac{F}{1 + 2\cos^3\alpha},\ F_{N2} = F_{N3} = \frac{F\cos^2\alpha}{1 + 2\cos^3\alpha}$$

注意到在式 (f) 中，$\dfrac{EAw}{l}$ 和 $\dfrac{EAw}{l}\cos^3\alpha$ 分别是杆 1 和杆 2 的内力 F_{N1} 和 F_{N2}

在垂直方向的投影。式（f）实际上是节点 A 的平衡方程，相当于 $\Sigma F_y = 0$。所以以位移 w 为基本未知量，通过虚功原理得出的式（f）是静力平衡方程。同一问题在§2-7节中作为超静定结构求解时，以杆件内力为基本未知量，而补充方程则是变形协调条件。

§11-7 单位荷载法、莫尔定理

利用虚功原理可以导出计算结构一点位移的单位荷载法，又称为虚荷载法。设在外力作用下，平面刚架中的 A 点沿某一任意方向 aa 的位移为 Δ（图11-

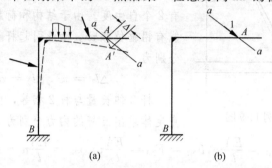

图11-20 平面刚架上 A 点沿任一方向的位移

20a）。为了计算 Δ，设想在同一刚架的 A 点上，沿 aa 方向作用一单位力（图11-20b），它与支座反力组成平衡力系，此时刚架横截面上的轴力、弯矩和剪力分别为 $\overline{F}_N(x)$、$\overline{M}(x)$ 和 $\overline{F}_S(x)$。把刚架在原有外力作用下的位移（图11-20a）作为虚位移，加于单位力作用下的刚架（图11-20b）上。表达虚功原理的式（11-25）化为

$$1 \cdot \Delta = \int \overline{F}_N(x) d(\Delta l) + \int \overline{M}(x) d\theta + \int \overline{F}_S(x) d\lambda \tag{a}$$

上式左端为单位力的虚功，右端各项中的 $d(\Delta l)$、$d\theta$、$d\lambda$ 是原有外力引起的变形，现在已作为虚变形。

如果结构的内力还有扭矩，则还应该再加一项，即为

$$1 \cdot \Delta = \int \overline{F}_N(x) d(\Delta l) + \int \overline{M}(x) d\theta + \int \overline{F}_S(x) d\lambda + \int \overline{T}(x) d\varphi \tag{b}$$

对于以抗弯为主的杆件，式（a）右边代表轴力和剪力影响的第一和第三项可以不计，于是有

$$\Delta = \int_l \overline{M}(x) d\theta \tag{11-26}$$

对只有轴力的拉伸或压缩杆件，式（a）右边只保留第一项，即为

$$\Delta = \int_l \overline{F}_N(x) d(\Delta l) \tag{c}$$

若沿杆件轴线轴力为常量，则

$$\Delta = \overline{F}_N \int_l d(\Delta l) = \overline{F}_N \Delta l \tag{d}$$

对有 n 根杆的杆系结构,如桁架,则上式应改写成

$$\Delta = \sum_{i=1}^{n} \overline{F}_{Ni} \Delta l_i \tag{11-27}$$

仿照上面的推导,若要求受扭杆件某一截面的扭转角 Δ,则以矩为 1 的单位扭转力偶作用于该截面上,它引起的扭矩记为 $\overline{T}(x)$,于是

$$\Delta = \int_l \overline{T}(x) \mathrm{d}\varphi \tag{11-28}$$

式中 $\mathrm{d}\varphi$——杆件微段两端的相对扭转角。

以上诸式左端的 Δ 是单位力(或力偶)做功 $1 \cdot \Delta$ 的缩写,如求出的 Δ 为正,表示单位力或单位力偶所作的功 $1 \cdot \Delta$ 为正,亦即表示 Δ 与单位力的方向或单位力偶的转向相同。

单位荷载法应用广泛,它既可以用于线弹性材料,也可用于非线弹性材料。

若材料是线弹性的,则杆件上轴力 $F_N(x)$、扭矩 $T(x)$、弯矩 $M(x)$(忽略剪力的影响)引起微段的拉伸、扭转和弯曲变形分别为 $\mathrm{d}(\Delta l)$、$\mathrm{d}\varphi$、$\mathrm{d}\theta$、即

$$\mathrm{d}(\Delta l) = \frac{F_N(x)\mathrm{d}x}{EA}, \quad \mathrm{d}\varphi = \frac{T(x)}{GI_p}\mathrm{d}x, \quad \mathrm{d}\theta = \frac{\mathrm{d}}{\mathrm{d}x}\left(\frac{\mathrm{d}w}{\mathrm{d}x}\right)\mathrm{d}x = \frac{\mathrm{d}^2 w}{\mathrm{d}x^2}\mathrm{d}x = \frac{M(x)}{EI}\mathrm{d}x$$

单位荷载法的一般表达式(b)可简化为

$$\Delta = \int \frac{F_N(x)\overline{F}_N(x)}{EA}\mathrm{d}x + \int \frac{M(x)\overline{M}(x)}{EI}\mathrm{d}x + \int \frac{T(x)\overline{T}(x)}{GI_p}\mathrm{d}x \tag{11-29}$$

于是,对于以弯曲为主的杆件,式(11-26)可化为

$$\Delta = \int_l \frac{M(x)\overline{M}(x)}{EI}\mathrm{d}x \tag{11-30}$$

对于轴力为常量,且有 n 根杆组成的杆系结构,如桁架,式(11-27)可化为

$$\Delta = \sum_{i=1}^{n} \frac{F_{Ni}\overline{F}_{Ni}l_i}{EA_i} \tag{11-31}$$

而对于受扭转作用的杆件,式(11-28)可化为

$$\Delta = \int \frac{T(x)\overline{T}(x)}{GI_p}\mathrm{d}x \tag{11-32}$$

以上各式统称为**莫尔定理**,式中的积分称为**莫尔积分**。显然,它只适用于线弹性结构。

注意:(1)式中位移指的是广义位移,即可以是线位移、角位移,也可以是相对线位移和相对角位移。(2)有时需要求结构上两点之间的相对位移,例如图 11-21(a)中的 $\Delta_A + \Delta_B$。这时,只要在 A、B 两点沿 A、B 的连线作用方向相反的一对单位力(图 11-21b),然后用单位荷载法(莫尔定理)计算,即可求得相对位移。这时因为按单位荷载法(莫尔定理)求出的 Δ,事实上是单位力在 Δ 上

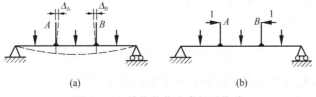

图 11-21 单位载荷法求相对位移

做的功。用于现在的情况，它应是 A 点单位力在位移 Δ_A 上做功与 B 点单位力在位移 Δ_B 上做功之和，即

$$\Delta = 1 \cdot \Delta_A + 1 \cdot \Delta_B$$

所以 Δ 即为 A、B 两点的相对位移。同理，如欲求两个截面的相对转角，就在这两个截面上作用转向相反的一对单位力偶。

【**例 11-10**】 图 11-22（a）所示刚架的自由端 A 作用集中荷载 F。刚架各段的抗弯刚度已在图中标出。若不计轴力和剪力对位移的影响，试计算 A 点的铅垂位移 δ_y 及截面 B 的转角 θ_B。

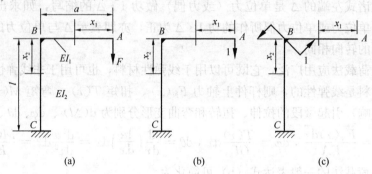

图 11-22 例 11-10 图

【**解**】 （1）计算 A 点的铅垂位移 δ_y。为此，在 A 点作用铅垂向下的单位力（图 11-22b）。然后，按图 11-22（a）、（b）分别计算刚架在原荷载和单位荷载作用下各段内的弯矩方程 $M(x)$ 和 $\overline{M}(x)$，有

AB 段：$M(x_1) = -Fx_1$，$\overline{M}(x_1) = -x_1$

BC 段：$M(x_2) = -Fa$，$\overline{M}(x_2) = -a$

由莫尔定理，得

$$\delta_y = \int_0^a \frac{M(x_1)\overline{M}(x_1)}{EI_1} dx_1 + \int_0^l \frac{M(x_2)\overline{M}(x_2)}{EI_2} dx_2$$

$$= \frac{1}{EI_1} \int_0^a (-Fx_1)(-x_1) dx_1 + \frac{1}{EI_2} \int_0^l (-Fa)(-a) dx_2$$

$$= \frac{Fa^3}{3EI_1} + \frac{Fa^2 l}{EI_2}$$

（2）计算截面 B 的转角 θ_B。这需要在刚架上截面 B 处作用一个矩为 1 的单位力偶，如图 11-22（c）所示，由图 11-22（a）、（c）分别算出刚架在原荷载和单位力偶作用下各段内的弯矩方程 $M(x)$ 和 $\overline{M}(x)$，有

AB 段：$M(x_1) = -Fx_1$，$\overline{M}(x_1) = 0$

BC 段：$M(x_2) = -Fa$，$\overline{M}(x_2) = 1$

根据莫尔定理，得

$$\theta_B = \frac{1}{EI_2} \int_0^l (-Fa)(1) dx_2 = -\frac{Fal}{EI_2}$$

式中负号表示 θ_B 转向与图中所加单位力偶的转向相反。

需要指出的是，如果考虑轴力的影响，根据莫尔定理，式中应增加与轴力有

关的积分项。

【例 11-11】 一简单桁架如图 11-23（a）所示，各杆的抗拉压刚度 EA 相等，在图示荷载作用下，试求 A、C 两节点间的相对位移 δ_{AC}。

【解】 为了便于说明，先把桁架中各杆件的编号号码标于图中。由节点 A 的平衡条件，可求得杆 1 和杆 2 的轴力分别为

$$F_{N1}=0,\ F_{N2}=-F$$

用类似方法，可求出其他各杆的轴力。各杆因荷载 F 引起的轴力 F_{Ni} 已列入表 11-1 中。

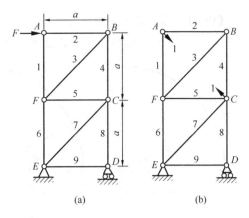

图 11-23 例 11-11 图

为了计算节点 A、C 间的相对位移 δ_{AC}，需要在 A 点和 C 点沿 A 与 C 的连线作用一对方向相反的单位力，如图 11-23（b）所示。桁架在单位荷载下各杆的轴力 $\overline{F}_{Ni}$ 也已列入表 11-1 中。

例 11-11 表　　　　　　　　　　　　表 11-1

杆件编号	F_{Ni}	$\overline{F}_{Ni}$	l_i	$F_{Ni}\overline{F}_{Ni}l_i$
1	0	$-1/\sqrt{2}$	a	0
2	$-F$	$-1/\sqrt{2}$	a	$Fa/\sqrt{2}$
3	$\sqrt{2}F$	1	$\sqrt{2}a$	$2Fa$
4	$-F$	$-1/\sqrt{2}$	a	$Fa/\sqrt{2}$
5	$-F$	$-1/\sqrt{2}$	a	$Fa/\sqrt{2}$
6	F	0	a	0
7	$\sqrt{2}F$	0	$\sqrt{2}a$	0
8	$2F$	0	a	0
9	0	0	a	0
			$\sum F_i \overline{F}_{Ni} l_i =$	$\left(2+\dfrac{3}{\sqrt{2}}\right)Fa$

将表 11-1 中所列数值代入公式（11-31），求得

$$\delta_{AC}=\sum_{i=1}^{9}\frac{F_{Ni}\overline{F}_{Ni}l_i}{EA_i}=\left(2+\frac{3}{\sqrt{2}}\right)\frac{Fa}{EA}=4.12\frac{Fa}{EA}$$

结果为正值，表示 A、C 两点的位移与单位力的方向一致，所以 A、C 两点的距离缩短了。

【例 11-12】 轴线为四分之一圆周的平面曲杆（图 11-24a），EI 为常数。曲杆 A 端固定，自由端 B 上作用垂直集中力 F。求 B 点的铅垂和水平位移。

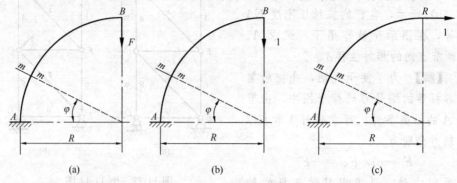

图 11-24 例 11-12 图

【解】 (1) 先计算 B 点的铅垂 δ_y。在曲杆上的 B 点作用铅垂向下的单位力（图 11-24b），曲杆在荷载 F（图 11-24a）和单位力（图 11-24b）作用下，任一截面 m-m 上的弯矩分别为

$$M = FR\cos\varphi, \quad \overline{M} = R\cos\varphi$$

根据莫尔定理，得

$$\delta_y = \int_s \frac{M\overline{M}}{EI} ds = \frac{1}{EI} \int_0^{\frac{\pi}{2}} FR\cos\varphi \cdot R\cos\varphi \cdot R d\varphi = \frac{FR^3\pi}{4EI}$$

(2) 计算 B 点的水平位移 δ_x。在曲杆上的 B 点作用水平方向的单位力，如图 11-24 (c) 所示，曲杆在荷载 F（图 11-24a）和单位力（图 11-24c）作用下，任一截面 m-m 上的弯矩分别为

$$M = FR\cos\varphi, \quad \overline{M} = R(1-\sin\varphi)$$

由莫尔定理，得

$$\delta_x = \int_s \frac{M\overline{M}}{EI} ds = \frac{1}{EI} \int_0^{\frac{\pi}{2}} FR\cos\varphi \cdot R(1-\sin\varphi) \cdot R d\varphi = \frac{FR^3}{2EI}$$

注意：(1) 莫尔定理的证明，并不一定要借助于虚功原理。因为，在线弹性范围内，弹性体的应变能与加载次序无关，而只与各力的最终值和最终位移有关。莫尔定理可借助于线弹性体在原有荷载和需要计算位移处所加单位荷载共同作用下的应变能的计算导出。莫尔定理还可由卡氏定理导出。(2) 莫尔定理只适用于线弹性结构，而单位荷载法并无此限制。

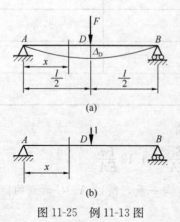

图 11-25 例 11-13 图

【例 11-13】 图 11-25 (a) 为一简支梁，集中力 F 作用于跨度中点。材料的应力—应变关系为 $\sigma = C\sqrt{\varepsilon}$，式中 C 为常数，ε 和 σ 均取绝对值。试求集中力 F 作用点 D 的铅垂位移。

【解】 由于材料为非线性，所以应使用单位荷载法式 (11-26)，杆件为弯曲变形，忽略剪力的影响，故公式中只有一项，即

第 11 章 能 量 法

$$\Delta = \int_l \overline{M}(x) d\theta$$

研究在原有荷载 F 作用下梁的弯曲变形，以求得 $d\theta$ 的表达式。由于横截面在弯曲变形时仍然保持平面，梁内离中性层为 y 处的应变公式仍然成立，即

$$\varepsilon = \frac{y}{\rho}$$

式中 $\frac{1}{\rho}$ 为挠曲线的曲率。由应力-应变关系得

$$\sigma = C\varepsilon^{\frac{1}{2}} = C\left(\frac{y}{\rho}\right)^{\frac{1}{2}}$$

横截面上的弯矩应为

$$M = \int_A y\sigma dA = C\left(\frac{1}{\rho}\right)^{\frac{1}{2}} \int_A y^{\frac{3}{2}} dA \tag{a}$$

引用记号

$$I^* = \int_A y^{\frac{3}{2}} dA$$

则由式（a）可以求出

$$\frac{1}{\rho} = \frac{M^2}{(CI^*)^2}$$

由于 $\frac{1}{\rho} = \frac{d\theta}{dx}$，且 $M = \frac{Fx}{2}$，故有

$$d\theta = \frac{1}{\rho} dx = \frac{M^2 dx}{(CI^*)^2} = \frac{F^2 x^2}{4(CI^*)^2} dx$$

设想在梁上 D 点作用一单位力（图 11-25b），这时弯矩 $\overline{M}(x)$ 为

$$\overline{M}(x) = \frac{x}{2}$$

将 $d\theta$ 及 $\overline{M}(x)$ 表达式代入式（11-26），积分可求出 D 点的铅垂位移 Δ_D 为

$$\Delta_D = \int_l \overline{M}(x) d\theta = 2\int_0^{\frac{l}{2}} \frac{F^2 x^3}{8(CI^*)^2} dx = \frac{F^2 l^4}{256(CI^*)^2}$$

【例 11-14】 简单桁架如图 11-26 所示。两杆的截面面积均为 A，材料的应力-应变关系为 $\sigma = C\sqrt{\varepsilon}$。试求节点 B 的铅垂位移 Δ_V。

【解】 由节点 B 的平衡条件求出 BD 杆的轴力和应力，再由应力和应变关系求出应变，结果为

$$\sigma_1 = \frac{F}{A\sin\alpha}$$

$$\varepsilon = \frac{\sigma_1^2}{C^2} = \frac{F^2}{C^2 A^2 \sin^2\alpha}$$

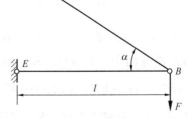

图 11-26 例 11-14 图

由于 BD 杆件轴力不变，截面尺寸不变，所以杆件沿轴线的变形是均匀的，杆件

的伸长量为

$$\Delta l_1 = \frac{l}{\cos\alpha}\varepsilon_1 = \frac{F^2 l}{C^2 A^2 \sin^2\alpha\cos\alpha}$$

用单位荷载法求解时，应在 B 点沿铅垂方向作用单位力（图中未画出），BD 杆因单位力引起的轴力为

$$\overline{F}_{N1} = \frac{1}{\sin\alpha}$$

对 BE 杆进行相同的计算，得出

$$\Delta l_2 = \frac{F^2 l \cos^2\alpha}{C^2 A^2 \sin^2\alpha}, \quad \overline{F}_{N2} = \frac{\cos\alpha}{\sin\alpha}$$

由式（11-27），可得 B 点的铅垂位移 Δ_v 为

$$\Delta_v = \sum_{i=1}^{2} \overline{F}_{Ni}\Delta l_i = \overline{F}_{N1}\Delta l_1 + \overline{F}_{N2}\Delta l_2 = \frac{F^2 l}{C^2 A^2} \cdot \frac{1+\cos^4\alpha}{\sin^3\cos\alpha}$$

§11-8 计算莫尔积分的图乘法

用莫尔定理求等截面直杆的变形时，杆的刚度 EI、GI_p、EA 等均为常量，因此可以提到积分号外边，其余的积分均为乘积形式，如

$$\Delta = \int_l \frac{M(x)\overline{M}(x)}{EI}dx = \frac{1}{EI}\int_l M(x)\overline{M}(x)dx$$

这就只需要计算积分

$$\int_l M(x)\overline{M}(x)dx \tag{a}$$

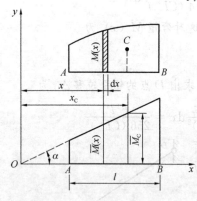

图 11-27 直杆的 $M(x)$ 和 $\overline{M(x)}$ 图

在 $M(x)$ 和 $\overline{M}(x)$ 两个函数中，只要有一个是线性的，以上积分就可简化。例如，在图 11-27 所示的直杆 AB 的 $M(x)$ 图和 $\overline{M}(x)$ 图中，$M(x)$ 图是曲线，而 $\overline{M}(x)$ 图是一斜直线，斜度角为 α，与 x 轴的交点为 O。如取 O 为原点，则 $\overline{M}(x)$ 图中任意点的纵坐标为

$$\overline{M}(x) = x\tan\alpha$$

这样，式（a）中的积分可写成

$$\int_l M(x)\overline{M}(x)dx = \tan\alpha\int_l xM(x)dx \tag{b}$$

积分号后面的 $M(x)dx$ 是 $M(x)$ 图中画阴影线的微分面积，而 $xM(x)dx$ 则是上述微分面积对 y 轴的静矩。于是，积分 $\int_l xM(x)dx$ 就是 $M(x)$ 图的面积对 y 轴的静矩。若以 ω 代表 $M(x)$ 图的面积，x_C 代表 $M(x)$ 图的形心到 y 轴的距离，则

$$\int_l xM(x)dx = \omega \cdot x_C$$

这样，式（b）可化为

$$\int_l M(x)\overline{M}(x)\mathrm{d}x = \omega \cdot x_C \tan\alpha = \omega \overline{M}_C \qquad (c)$$

式中 $\overline{M}_C$ 是 $\overline{M}(x)$ 图中与 $M(x)$ 图的形心 C 对应的纵坐标。根据式（c），在等截面直梁的情况下，式（11-30）可以写成

$$\Delta = \int_l \frac{M(x)\overline{M}(x)}{EI}\mathrm{d}x = \frac{\omega \overline{M}_C}{EI} \qquad (11\text{-}33)$$

以上对莫尔积分的简化运算称为**图乘法**。当然，上式积分符号里面的函数也可以是轴力或扭矩等。

注意：当 $M(x)$ 图为正弯矩时，ω 应代以正号，$M(x)$ 图为负弯矩时，ω 应代以负号。$\overline{M}_C$ 也应代以正负号。

应用图乘法时，需要经常计算某些图形的面积和确定形心的位置。在图 11-28 中，给出了几种常见图形的面积和形心位置的计算公式。其中抛物线顶点的切线平行于基线或与基线重合。

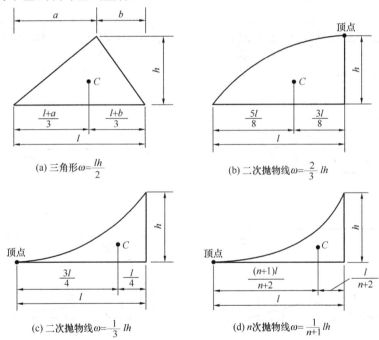

图 11-28 常见图形的面积和形心位置

在应用式（11-33）时，为了计算上方便，有时根据弯矩可以叠加的原理，将弯矩图分成几部分，对每一部分使用图乘法，然后再求其总和。有时 $M(x)$ 图为连续光滑曲线，而 $\overline{M}(x)$ 图为折线，则应以折线的转折点为界，把积分分成几段，逐段应用图乘法，然后求其总和。下面举例说明图乘法的应用。

【**例 11-15**】 均布荷载作用下的简支梁（图 11-29a）。其中 EI 为常量。试求跨度中点的挠度 w_C。

【**解**】 简支梁在均布荷载作用下的弯矩图为二次抛物线（图 11-29b），在跨度中点 C 作用一个单位力时，$\overline{M}(x)$ 图为一条折线（图 11-29d）。而 $M(x)$ 图虽然

是一条光滑连续曲线，但 $\overline{M}(x)$ 图却有一个转折点。所以应以转折点为界，分两段使用图乘法。利用图 11-28 中的公式，容易求得 AC 和 CB 两段内弯矩图的面积 ω_1 和 ω_2 为

$$\omega_1 = \omega_2 = \frac{2}{3} \times \frac{ql^2}{8} \times \frac{l}{2} = \frac{ql^3}{24}$$

ω_1 和 ω_2 的形心在 $\overline{M}(x)$ 图中对应的纵坐标为

$$\overline{M}_C = \frac{5}{8} \times \frac{l}{4} = \frac{5l}{32}$$

于是跨度中点的挠度是

$$w_C = \frac{\omega_1 \overline{M}_C}{EI} + \frac{\omega_2 \overline{M}_C}{EI} = \frac{2}{EI} \times \frac{ql^3}{24} \times \frac{5l}{32} = \frac{5ql^4}{384EI}$$

【例 11-16】 试求外伸梁（图 11-30a）A 截面的转角。

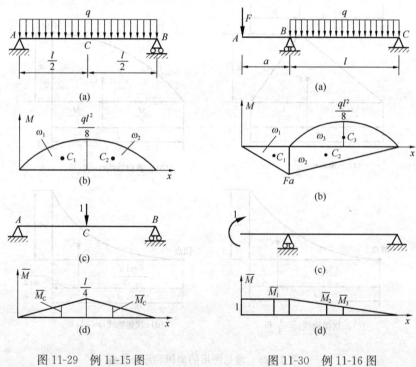

图 11-29　例 11-15 图　　　　图 11-30　例 11-16 图

【解】 外伸梁在荷载作用下的弯矩图可由梁上的两种荷载引起的弯矩图叠加而成（图 11-30b）。为求 A 截面的转角，在 A 截面上作用一个单位力偶（图 11-30c），单位力偶作用下的 $\overline{M}(x)$ 图如图 11-30（d）所示。将弯矩图分为三部分，对每一部分分别应用图乘法，然后求其总和。这样

$$\theta_A = \int_l \frac{M(x)\overline{M}(x)}{EI} dx = \frac{1}{EI}(\omega_1 \overline{M}_1 + \omega_2 \overline{M}_2 + \omega_3 \overline{M}_3)$$

$$= \frac{1}{EI}\left(-\frac{1}{2} \times Fa \times a \times 1 - \frac{1}{2} \times Fa \times l \times \frac{2}{3} + \frac{2}{3} \times \frac{ql^2}{8} \times l \times \frac{1}{2}\right)$$

$$=-\frac{Fa^2}{EI}\left(\frac{1}{2}+\frac{l}{3a}\right)+\frac{ql^3}{24EI}$$

θ_A 包含两项，分别代表荷载 F 和 q 的影响。第一项前面的负号，表示 A 端因 F 引起的转角与单位力偶的转向相反；第二项前面的正号，表示因荷载 q 引起的转角与单位力偶的转向相同。

小结及学习指导

能量法是材料力学中重要内容，是分析和计算杆、轴、梁变形的实用方法之一。

要熟练掌握外力功的概念、常力做功和变力做功的计算问题、广义力和广义位移的概念、克拉贝依隆原理；要明确外力做功的大小仅与外力的最终值有关而与加载顺序无关。

要熟练掌握应变能和应变能密度（也称变形比能）的概念、功能原理、功的互等定理和位移互等定理、基本变形的应变能和应变能密度的计算方法及应用范围。虚位移原理的内容。

要掌握卡氏定理应用的条件及注意事项（包括虚加荷载法），了解卡氏定理的证明过程。

掌握莫尔定理的内容及适用条件，了解其推导过程。

掌握刚架和曲杆变形的能量分析方法、组合变形的能量计算方法以及桁架结构节点的相对位移和绝对位移的能量分析和计算法，了解非线性本构关系的应变能密度计算。

重点掌握各种能量分析方法的适用条件及分析问题的思路。

思 考 题

11-1 弹性系统在各种受力情况下的应变能怎样计算？应变能有什么重要的性质？

11-2 你能说出哪些广义力和相应的广义位移？

11-3 克拉贝依隆原理和功的互等定理的内容各是什么？适用范围是什么？

11-4 用莫尔定理求出构件上某点的位移是（　　）。
　　A. 该点的总位移。
　　B. 该点的沿单位荷载方向相应的位移。
　　C. 该点在某方向上的位移分量。

11-5 应用莫尔定理时，如何建立单位力系统？怎样确定所求位移的实际方向？

11-6 $\dfrac{\partial V_\varepsilon}{\partial F}$ 代表什么物理意义？如图 11-31 所示，若在水平梁上 B、C 两点处分别作用荷载 F，$\dfrac{\partial V_\varepsilon}{\partial F}$ 代表什么物理意义？

11-7 试比较卡氏定理和莫尔定理的异同点。

11-8 图乘法的适用条件是什么？

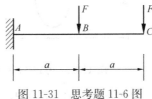

图 11-31　思考题 11-6 图

习 题

在以下习题中,如无特别说明,均假设材料是线弹性的。

11-1 两根圆截面直杆的材料相同,尺寸如图 11-32 所示,其中一根为等截面杆,另一根为变截面杆。试比较两杆的应变能。

11-2 如图 11-33 所示桁架的材料相同,截面面积相等。试求在力 F 作用下,桁架的应变能。

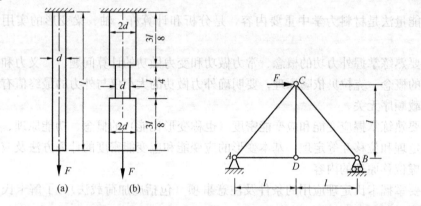

图 11-32　习题 11-1 图　　　　图 11-33　习题 11-2 图

11-3 计算图 11-34 所示各杆的应变能。

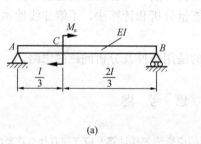 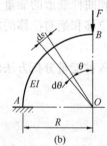

图 11-34　习题 11-3 图

11-4 传动轴受力如图 11-35 所示,轴的直径为 49mm,材料为 45 钢,$E=210$GPa,$G=80$GPa。试计算轴的应变能。

11-5 如图 11-36 所示,在外伸梁的自由端作用力偶矩为 M_e,试用位移互等定理,借助于弯曲变形表 6-1,求跨度中点 C 的挠度。

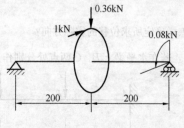 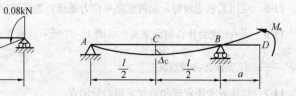

图 11-35　习题 11-4 图　　　　图 11-36　习题 11-5 图

11-6 试用功的互等定理,求图 11-37 所示各梁截面 B 的挠度和转角。抗弯刚度 EI 为常量。

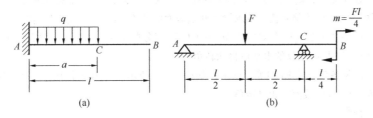

图 11-37 习题 11-6 图

11-7 试用卡氏定理完成 11-6 题。

11-8 如图 11-38 所示的变截面梁，试求在荷载作用下截面 A 的转角和截面 B 的竖向位移。

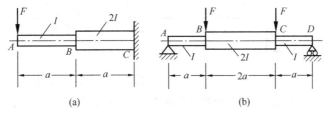

图 11-38 习题 11-8 图

11-9 如图 11-39 所示，刚架各杆的抗弯刚度 EI 相等，试求截面 A 的位移和截面 C 的转角。

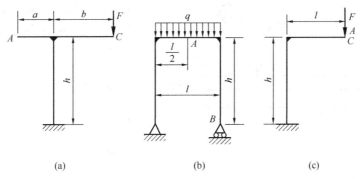

图 11-39 习题 11-9 图

11-10 如图 11-40 所示，桁架各杆的材料相同，横截面面积相等。试求节点 C 处的水平和垂直位移。

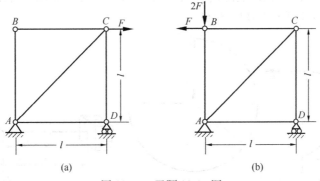

图 11-40 习题 11-10 图

11-11 在简支梁的整个跨度内,作用有均布荷载。材料的应力-应变关系为 $\sigma = C\sqrt{\varepsilon}$。式中 C 为常数,σ 与 ε 皆为绝对值。试求梁的两端截面的转角。(提示:用单位荷载法)

11-12 已知如图 11-41 所示刚架 AC 和 CD 两部分的 $I = 3 \times 10^3 \text{cm}^4$,$E = 200 \text{GPa}$,$F = 10 \text{kN}$,$l = 1\text{m}$。试求截面 D 的水平位移和转角。

11-13 刚架各部分的 EI 相等,试求在如图 11-42 所示一对力 F 作用下,A、B 两点之间的相对位移,A、B 两截面的相对转角。

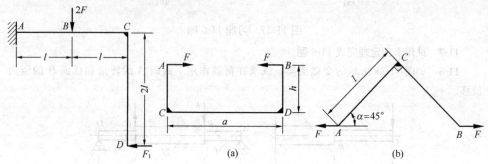

图 11-41 习题 11-12 图   图 11-42 习题 11-13 图

11-14 图 11-43 中绕过无摩擦滑轮的钢索的截面面积为 76.36cm^2,$E_{索} = 177\text{GPa}$,$F = 20\text{kN}$,若横梁的抗弯刚度为 $EI = 1440\text{kN·m}^2$,试求 C 点的垂直位移。

11-15 由于杆系和梁组成的混合结构如图 11-44 所示,设 F、a、E、A、I 均为已知。试求 C 点的垂直位移。

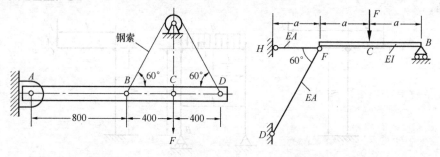

图 11-43 习题 11-14 图   图 11-44 习题 11-15 图

11-16 等截面曲杆如图 11-45 所示,试求截面 B 的垂直位移和水平位移以及截面 B 的转角。

11-17 如图 11-46 所示,等截面曲杆的轴线为四分之三的圆周。若 AB 杆可视为刚性杆,试求在力 F 作用下,截面 B 的水平位移和垂直位移。

11-18 在图 11-47 所示曲拐的端点 C 上作用一集中力 F。设曲拐两段材料相同且均为同一直径的圆截面杆,试求 C 点的垂直位移。

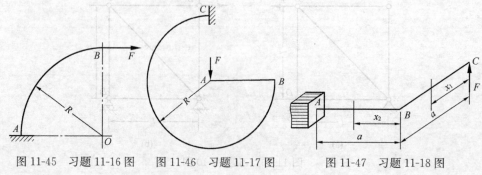

图 11-45 习题 11-16 图   图 11-46 习题 11-17 图   图 11-47 习题 11-18 图

11-19 如图 11-48 所示，折杆的横截面为圆形。在力偶矩 M_e 作用下，试求折杆自由端的线位移和角位移。

11-20 如图 11-49 所示，正方形刚架各部分的 EI 相等，GI_t 也相等。E 处有一切口。在一对垂直于刚架平面的水平力 F 作用下，试求切口两侧的相对水平位移 δ。

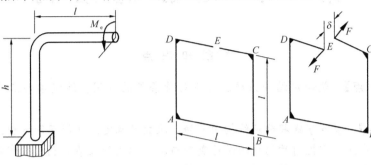

图 11-48　习题 11-19 图　　　　图 11-49　习题 11-20 图

11-21 轴线为水平平面内四分之一圆周的曲杆如图 11-50 所示，在自由端 B 作用垂直荷载 F。设 EI 和 GI_p 已知，试求截面 B 在垂直方向的位移。

11-22 如图 11-51 所示，平均半径为 R 的细圆环，截面为圆形，其直径为 d。F 力垂直于圆环中线所在的平面。试求两个 F 力作用点的相对位移。

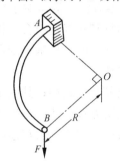 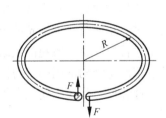

图 11-50　习题 11-21 图　　　　图 11-51　习题 11-22 图

第12章 超静定结构

本章知识点

【知识点】 超静定结构系统。力法对称条件的利用。连续梁与三弯矩方程（简介）。

【重点】 重点掌握超静定结构的超静定次数的确定。掌握正则方程式与正则方程组的建立。掌握对称结构的对称变形与反对称变形性质的利用。掌握如何将非对称荷载作用下的超静定问题化简计算。

【难点】 正确确定多次超静定结构的超静定次数及正确地解正则方程组。建立正确的简化方案。

前面几章曾研究了简单的杆件拉压、扭转和弯曲超静定问题（又称静不定问题），介绍了超静定概念与求解超静定问题的基本方法。但是对于较复杂的超静定结构，例如超静定桁架、超静定梁、超静定曲杆和超静定组合结构等，仅有前面所介绍的方法尚不易求解。本章在前面研究了杆件的各种基本变形和能量原理之后，进一步研究。求解超静定问题的原理与方法。

本章首先介绍一般超静定结构的有关概念及其基本属性；其次重点介绍工程上求解超静定结构常用的"力法"与力法中的正则方程；然后讨论如何应用结构的对称性和反对称性来简化求解超静定结构；最后介绍用于求解连续梁的三弯矩方程。

§12-1 超静定结构概述

在静定结构中，约束反力是维持结构平衡或几何不变所必需的。图 12-1 (a)、(b) 所示静定梁有三个约束反力，在 xy 平面内，使梁仅有变形引起的位移，而不可能有任何刚性位移或转动。这样的结构称为几何不变或运动学不变结构。上述三个约束反力代表的约束，都是保持结构几何不变所必需的。解除图 12-1 (a) 所示简支梁的右端铰支座，或解除图 12-1 (b) 所示悬臂梁固定端对转动的约束，使之变为固定铰支座，这两种情况都将变成图 12-1 (c) 所示的机构，它可绕左端铰支座 A 发生刚性转动，是几何可变的。而超静定结构的一些约束往往并不是维持几何不变所必需的。例如，解除图 12-2 所示梁的右端铰支座，结构变成悬臂梁，仍然为几

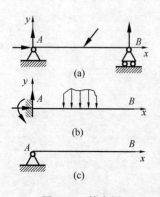

图 12-1 静定梁

第12章 超静定结构

何不变结构。因此，把此类约束称为多余约束，与多余约束对应的约束力称为多余约束力。注意，这里所说的"多余"是指对于维持结构几何不变性来说是多余的，但它可以提高结构强度、刚度和稳定性，所以对于实际结构而言，并不是多余的。

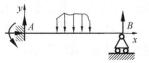

图 12-2 超静定梁

根据超静定结构约束的特点，超静定结构可以划分为三类：

(1) 仅在结构外部存在多余约束，即支座反力多于平衡方程数目，这种超静定结构称为外力超静定结构，如图 12-3（a）、(b) 所示。

(2) 仅在结构内部存在多余约束，即支座反力可以通过平衡方程求解，而杆件内力不能应用截面法求解，这种超静定结构称为内力超静定结构，如图 12-3 (c)、(d) 所示。

(3) 结构的内部和外部均存在多余约束，即结构支座反力不能通过平衡方程求解，同时杆件内力不能应用截面法求解，称为混合超静定结构，如图 12-3（e）所示。

这样，关于超静定的定义便扩充为：凡是用静力学平衡方程无法确定全部外部约束力和内力的结构，统称为超静定结构或超静定系统。

在图 12-3 中，杆系中各杆的轴线在同一平面内，且该平面是各杆的形心主惯性平面；同时，外力也都作用在这一平面内。这种杆系称为平面杆系。今后的讨论以平面杆系为主。

超静定结构的多余约束超过平衡方程的数目称为超静定次数。判断结构超静定次数是正确求解超静定问题的前提和基础，因此是必须要掌握的基本技能。

外力超静定结构次数的判断比较简单，可以采用与静定结构比较的方法确定。例如，对于图 12-3（a）所示连续梁，可以看成简支梁增加了两个中间可动铰支座，因此为二次超静定结构。如图 12-3（b）所示的刚架可以看成曲杆右端增加了一个可动铰支座，因此为一次超静定结构。

内力超静定结构主要是桁架和刚架（包括曲杆）。桁架内力超静定次数的判

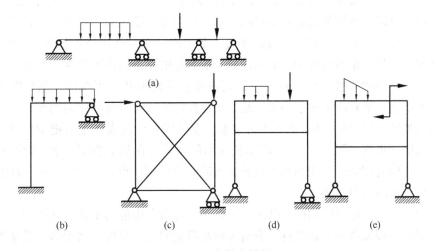

图 12-3 超静定结构

断，主要是与静定桁架比较是否有多余约束杆件。例如，图 12-3（c）所示桁架与静定桁架比较有一根多余约束杆件，因此为一次内力超静定结构。刚架内力超静定结构次数的判断，主要是判断刚架具有的封闭框数目。图 12-4（a）是一个静定刚架，切口两侧的 A、B 两截面可以有相对的位移和转动。如用铰链将 A、B 连接（图 12-4b），这就限制了 A、B 两截面沿垂直和水平两个方向的相对位移，构成结构的内部约束，相当于增加了两对（个）内部约束反力，如图 12-4（c）所示。如把刚架上面的两根杆改成连为一体的一根杆件（图 12-4d），这就约束了 A、B 两截面的相对转动和位移，等于增加了三对（个）内部约束力（图 12-4e）。比较图 12-4（a）和图 12-4（d）可以看出，增加一个封闭的平面框相当于增加三个内力约束力，也相当于三次内力超静定。

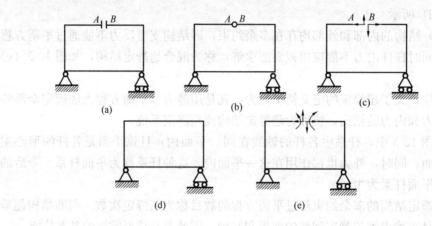

图 12-4　内力超静定次数判定

混合超静定次数等于外力超静定次数与内力超静定次数之和。例如，图 12-3（e）所示平面刚架属于混合超静定结构，该结构具有 1 个多余的外部约束，3 个多余的内部约束，即为四次超静定结构。

解除超静定结构的某些约束后得到的静定结构，称为原超静定结构的基本静定系（或简称**静定基**）。荷载和多余约束作用下的基本静定系称为相当系统。基本静定系可以有不同的选择，不是唯一的。如果基本静定系选择得好，计算过程可大为简化。特别是具有对称性的系统，基本静定系的选取就更加重要。但是，在选取基本静定系的过程中，必须注意：所解除的约束应该确实对于平衡是多余的，这样所得到的基本静定系才是静定的而且几何形状不可变的。例如图 12-5（a）所示连续梁有两个多余约束，是二次超静定梁。可以解除中间两个可动铰支座得到如图 12-5（b）所示的基本静定系。也可以在中间支座上方把梁切开，并装上铰链，得到如图 12-5（c）所示的基本静定系。在基本静定系上，除原有荷载外，还应有相应的多余约束力代替被解除多余约束，得到图 12-5（d）或图 12-5（e）所示的相当系统。

为了求出超静定结构的全部未知力，必须综合考虑静力平衡、几何和力与变形之间的物理关系三方面条件。分析求解超静定问题的具体方法很多，最基本的有两种：力法与位移法。本书仅介绍用力法求解超静定问题。

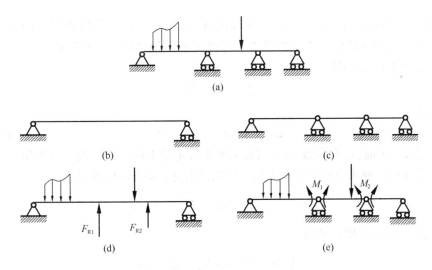

图 12-5 基本静定系和相当系统

§12-2 用力法解超静定结构

解超静定问题时，取多余未知约束力为基本未知量，而将位移或变形均表示为未知力的函数，从而解出多余约束力，进而亦可解得位移或变形，此法称为力法。下面通过几个简单例子说明力法的基本概念。

一、一次超静定正则方程

如图 12-6（a）所示梁，A 端固定，B 端铰支，有四个未知力，但只可列三个独立平衡方程，为一次超静定梁。如把支座 B 选为多余约束，则悬臂梁 AB 为基本静定系。解除此多余约束，以多余约束力 X_1 代替它，得到原超静定梁的相当系统，如图 12-6（b）所示。在荷载 F 和多余约束力 X_1 共同作用下，以 Δ_1 表示 B 端沿 X_1 方向的位移。Δ_1 由两部分组成：一部分是基本静定系在 F 单独作用下引起的位移 Δ_{1F}（图 12-6c）；另一部分是在 X_1 单独作用下引起的位移 Δ_{1X_1}（图 12-6d）；即

$$\Delta_1 = \Delta_{1X_1} + \Delta_{1F}$$

式中，位移记号 Δ_{1F} 和 Δ_{1X_1} 的第一个下标 "1"，表示位移发生于 X_1 的作用点且沿 X_1 的方向。第二个下标 "F" 或 "X_1"，则分别表示位移是 F 或 X_1 引起的。因 B 端原来就有一个可动铰支座，它在 X_1 方向不应有任何位移，则变形协调条件为：

$$\Delta_1 = \Delta_{1X_1} + \Delta_{1F} = 0 \qquad \text{(a)}$$

在计算 Δ_{1X_1} 时，可以在基本静定系上沿

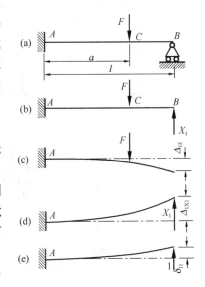

图 12-6 力法求解一次超静定结构

X_1 方向作用单位力（图 12-6e），B 端沿 X_1 方向由于这一单位力引起的位移为 δ_{11}。对于线弹性结构，位移与外力呈线性关系，X_1 是单位力的 X_1 倍，故 Δ_{1X_1} 也是 δ_{11} 的 X_1 倍，即

$$\Delta_{1X_1} = \delta_{11} X_1$$

代入式（a），得

$$\Delta_1 = \delta_{11} X_1 + \Delta_{1F} = 0 \tag{12-1}$$

式（12-1）中的 Δ_{1F} 和系数 δ_{11}，可在其基本静定系上用卡式定理、莫尔积分和图解法等任何一种求位移的方法求出。例如，用莫尔积分可以得到

$$\delta_{11} = -\frac{l^3}{3EI}, \ \Delta_{1F} = \frac{Fa^2}{6EI}(3l-a)$$

代入式（12-1），便可求出

$$X_1 = -\frac{\Delta_{1F}}{\delta_{11}} = \frac{Fa^2}{2l^3}(3l-a)$$

式（12-1）称为一次超静定系统的**正则方程**。力法与变形比较法相比，除使用的记号略有差别外，并无原则上的不同。但力法求解过程更为规范化，这对于求解高次超静定结构，就更显出其优越性。

二、高次超静定正则方程

下面分析高次超静定结构的情况，来说明多余约束不止一个时力法正则方程的应用。图 12-7（a）所示平面刚架 A 端固定，C 端为固定铰支座。此平面刚架未知反力有 5 个，而平衡方程仅有 3 个，所以为二次超静定结构。若将固定支座 C 视为多余约束，将其解除后，得基本静定系，以多余约束力 X_1、X_2 代替多余约束，加到基本静定系上，得到原超静定刚架的相当系统，如图 12-7（b）所示。

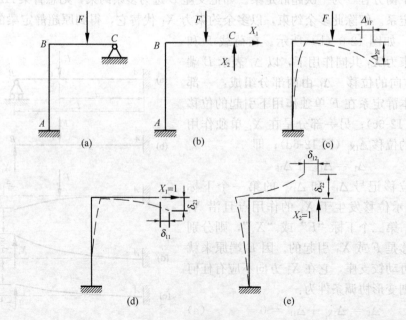

图 12-7 力法求解二次超静定结构

第 12 章 超静定结构

根据固定铰支座 C 点水平、垂直位移均等于零的条件，可建立其变形协调方程为

$$\left.\begin{array}{l}\Delta_1 = \Delta_{11} + \Delta_{12} + \Delta_{1F} = 0 \\ \Delta_2 = \Delta_{21} + \Delta_{22} + \Delta_{2F} = 0\end{array}\right\} \quad\text{(b)}$$

式中，Δ_1 表示 X_1、X_2 和 F 共同作用下，在 C 点沿 X_1 方向产生的位移；Δ_2 表示 X_1、X_2 和 F 共同作用下，在 C 点沿 X_2 方向产生的位移；Δ_{11}、Δ_{12} 和 Δ_{1F} 分别表示 X_1、X_2 和 F 单独作用下，在 C 点沿 X_1 方向产生的位移；Δ_{21}、Δ_{22} 和 Δ_{2F} 分别表示 X_1、X_2 和 F 单独作用下，在 C 点沿 X_2 方向产生的位移。

对于线弹性结构，位移与外力呈线性关系，故有以下关系：

$$\left.\begin{array}{l}\Delta_{11} = \delta_{11} X_1, \quad \Delta_{12} = \delta_{12} X_2 \\ \Delta_{21} = \delta_{21} X_1, \quad \Delta_{22} = \delta_{22} X_2\end{array}\right\} \quad\text{(c)}$$

式中，δ_{ij} 表示广义单位力 $X_j = 1$ 单独作用在基本静定系上时，在 X_i 处并沿 X_i 方向产生的广义位移；Δ_{1F}、Δ_{2F}、δ_{11}、δ_{12}、δ_{21}、δ_{22} 的含义分别表示在图 12-7 (c)、(d)、(e) 上。将式 (c) 代入式 (b)，得

$$\left.\begin{array}{l}\delta_{11} X_1 + \delta_{12} X_2 + \Delta_{1F} = 0 \\ \delta_{21} X_1 + \delta_{22} X_2 + \Delta_{2F} = 0\end{array}\right\} \quad (12\text{-}2)$$

此方程即为二次超静定结构的正则方程。写作矩阵形式

$$\begin{bmatrix}\delta_{11} & \delta_{12} \\ \delta_{21} & \delta_{22}\end{bmatrix}\begin{Bmatrix}X_1 \\ X_2\end{Bmatrix} + \begin{Bmatrix}\Delta_{1F} \\ \Delta_{2F}\end{Bmatrix} = 0 \quad (12\text{-}3)$$

根据位移互等定理，容易证明 $\delta_{12} = \delta_{21}$，因此对于二次超静定正则方程仅有 3 个独立的待定系数。

同理，按照上述原则，可以把力法正则方程推广到具有 n 个多余刚性约束的 n 次超静定结构，其力法正则方程可写成下列形式

$$\left.\begin{array}{l}\Delta_1 = \delta_{11} X_1 + \delta_{12} X_2 + \cdots + \delta_{1n} X_n + \Delta_{1F} = 0 \\ \Delta_2 = \delta_{21} X_1 + \delta_{22} X_2 + \cdots + \delta_{2n} X_n + \Delta_{2F} = 0 \\ \vdots \\ \Delta_n = \delta_{n1} X_1 + \delta_{n2} X_2 + \cdots + \delta_{nn} X_n + \Delta_{nF} = 0\end{array}\right\} \quad (12\text{-}4)$$

式 (12-4) 的矩阵形式为

$$\begin{bmatrix}\delta_{11} & \delta_{12} & \cdots & \delta_{1n} \\ \delta_{21} & \delta_{22} & \cdots & \delta_{2n} \\ \vdots & \vdots & \vdots & \vdots \\ \delta_{n1} & \delta_{n2} & \cdots & \delta_{nn}\end{bmatrix}\begin{Bmatrix}X_1 \\ X_2 \\ \vdots \\ X_n\end{Bmatrix} + \begin{Bmatrix}\Delta_{1F} \\ \Delta_{2F} \\ \vdots \\ \Delta_{nF}\end{Bmatrix} = 0 \quad (12\text{-}5)$$

根据位移互等定理，力法正则方程式 (12-5) 的待定系数具有以下关系：

$$\delta_{ij} = \delta_{ji} \quad (i, j = 1, 2, \cdots, n)$$

所以，式 (12-5) 中的系数矩阵是对称矩阵。

正则方程 (12-5) 中的系数 δ_{ij} 和常数项 Δ_{iF} 均可在基本静定系统上用所有计算变形的方法来计算。但对于线弹性杆件（或杆系），用莫尔定理比较方便。现以图 12-7 所示刚架为例说明它们的计算。平面刚架的杆件横截面上，一般有弯矩、剪力和轴力，但剪力和轴力对位移的影响都远小于弯矩，故在计算上述系数

和常数项时，可以只考虑弯矩的影响。故有

$$\delta_{ij} = \int_l \frac{\overline{M}_i \overline{M}_j}{EI} dx \tag{12-6}$$

$$\Delta_{iF} = \int_l \frac{\overline{M}_i \overline{M}}{EI} dx \tag{12-7}$$

式中（$i,j = 1,2,\cdots,n$），$\overline{M}_i$ 和 $\overline{M}_j$ 分别是 $X_i = 1$ 和 $X_j = 1$ 单独作用于基本静定系上引起的弯矩，M 是只有荷载 F 时的弯矩。在式（12-6）中如将 $\overline{M}_i$ 和 $\overline{M}_j$ 的次序互换，就是 δ_{ji} 的计算式，可见 $\delta_{ij} = \delta_{ji}$，（$i,j = 1,2,\cdots,n$），这和上面根据位移互等定理得到的结果一致。

由上例可见，运用力法正则方程求解超静定问题的基本步骤如下：

（1）判断是否为超静定结构，确定超静定次数；

（2）解除多余约束，得基本静定系，并以相应的多余未知力来代替多余约束的作用；

（3）根据多余约束处的位移条件，建立力法正则方程；

（4）计算各系数 δ_{ij} 和常数项 Δ_{iF}，代入正则方程，求出多余未知力；

（5）根据题目要求进一步求解相当系统。

三、力法正则方程在解超静定问题中的应用

下面通过例题来说明力法的应用。

【**例 12-1**】以工字钢 AB 为大梁的桥式起重机，加固成如图 12-8（a）所示的形式。除工字梁外，设其他各杆只承受轴向拉伸或压缩，其横截面面积皆为 A。工字梁与其他各杆同为 Q235 钢，若吊重 P 作用于跨度中点，试求工字梁的最大弯矩。

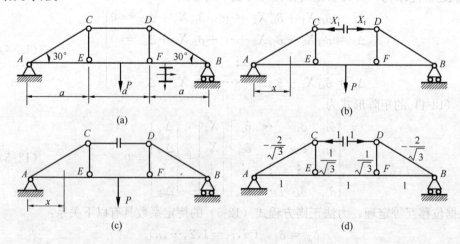

图 12-8 例 12-1 图

【**解**】（1）判断超静定次数

加固后的起重机，其支座反力仍可由平衡方程求出

$$F_A = F_B = \frac{P}{2}$$

第12章 超静定结构

但工字梁和其他各杆的内力不能通过截面法求解，故此结构为内力超静定结构。若去掉一根拉杆或压杆，结构就成为静定结构，因此为一次超静定结构。

（2）解除多余约束

将 CD 杆切开，并以其轴力 X_1 为多余约束力，得图 12-8（b）所示相当系统。

（3）建立力法正则方程

基本静定系在吊重 P 单独作用下（图 12-8c），切口两侧截面沿 X_1 方向的相对位移为 Δ_{1F}。在 $X_1 = 1$ 时（图 12-8d），切口两侧截面沿 X_1 方向的相对位移为 δ_{11}。由于 CD 杆是连续的，在吊重 P 及 X_1 联合作用下（图 12-8b），切口两侧截面沿 X_1 方向的相对位移应等于零，故正则方程为

$$\delta_{11} X_1 + \Delta_{1F} = 0$$

（4）计算 δ_{ij} 和 Δ_{iF}

在基本静定系上只作用吊重 P 时（图 12-8c），工字梁 AB 的弯矩为

$$M(x) = \frac{P}{2} x \quad \left(0 \leqslant x \leqslant \frac{3}{2} a \right)$$

此时工字梁和各拉（压）杆的轴力都等于零。

在基本静定系上切口处沿 X_1 作用一对单位力时（图 12-8d），工字梁 AB 的弯矩为

AE： $$\overline{M}(x) = -\frac{x}{\sqrt{3}} \quad (0 \leqslant x \leqslant a)$$

EF： $$\overline{M}(x) = -\frac{a}{\sqrt{3}} \quad (a \leqslant x \leqslant 2a)$$

工字梁和各拉（压）杆的轴力都已标于图 12-8（d）中。根据莫尔定理，得

$$\Delta_{1F} = \int_l \frac{M(x)\overline{M}(x)}{EI} dx + \sum_{i=1}^{3} \frac{F_{Ni} \overline{F}_{Ni}}{EA_1} + \sum_{j=1}^{5} \frac{F_{Nj} \overline{F}_{Nj}}{EA}$$

式中第二项表示工字梁轴力的影响，A_1 为工字梁的横截面面积。第三项表示除工字梁外，其余各杆轴力的影响。由于在吊重 P 单独作用时，工字梁和其余各杆的轴力都等于零，故第二项和第三项都等于零。于是有

$$\Delta_{1F} = \int_l \frac{M(x)\overline{M}(x)}{EI} dx = \frac{2}{EI} \left[\int_0^a \frac{P}{2} x \left(-\frac{x}{\sqrt{3}} \right) dx + \int_a^{\frac{3}{2}a} \frac{P}{2} x \left(-\frac{a}{\sqrt{3}} \right) dx \right]$$

$$= -\frac{23 P a^3}{24\sqrt{3} EI}$$

同理可得

$$\delta_{11} = \int_l \frac{\overline{M}(x) \overline{M}(x)}{EI} dx + \sum_{i=1}^{3} \frac{\overline{F}_{Ni} \overline{F}_{Ni}}{EA_1} + \sum_{j=1}^{5} \frac{\overline{F}_{Nj} \overline{F}_{Nj}}{EA}$$

$$= \frac{2}{EI} \left[\int_0^a \left(-\frac{x}{\sqrt{3}} \right)^2 dx + \int_a^{\frac{3}{2}a} \left(-\frac{a}{\sqrt{3}} \right)^2 dx \right] + \frac{1}{EA_1} (a + a + a)$$

$$+ \frac{1}{EA} \left[2 \times \left(-\frac{2}{\sqrt{3}} \right)^2 \times \frac{2a}{\sqrt{3}} + 2 \times \left(\frac{1}{\sqrt{3}} \right)^2 \times \frac{a}{\sqrt{3}} + (-1)^2 \times a \right]$$

$$= \frac{5a^3}{9EI} + \frac{3a}{EA_1} + \frac{a}{EA}(2\sqrt{3}+1)$$

上式中工字梁的横截面面积 A_1 远大于其他各杆的 A，可以忽略去第二项，得

$$\delta_{11} = \frac{5a^3}{9EI} + \frac{a}{EA}(2\sqrt{3}+1)$$

(5) 解方程，求多余未知反力

将 δ_{11} 和 Δ_{1F} 代入正则方程，得

$$X_1 = \frac{23Pa^2}{24\sqrt{3}\left[\frac{5}{9}a^2 + \frac{I}{A}(2\sqrt{3}+1)\right]}$$

设 $P=100$kN，$a=3$m，工字梁的横截面为 20b 工字钢，其他各杆的横截面面积为 $10\text{mm}\times 10\text{mm}$ 的正方形。将这些数值代入上式，得 $X_1=7.5$kN。由此可以求得工字梁的最大弯矩发生于跨度中点，大小为 212kN·m。若不加固，工字梁的最大弯矩也发生于跨度中点，大小为 225kN·m。

【**例 12-2**】 求图 12-9（a）所示超静定刚架。设两杆的抗弯刚度 EI 相等，略去轴力和剪力的影响。

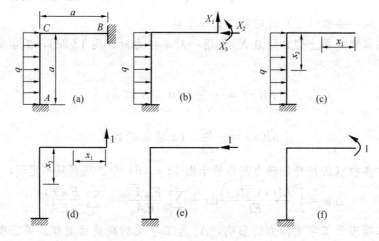

图 12-9 例 12-2 图

【**解**】 (1) 判断超静定次数

此结构两端固定，共有 6 个未知反力，所以为三次超静定问题。

(2) 解除多余约束

设固定端 B 为多余约束，将其解除，代之以相应的多余未知力 X_1、X_2、X_3，得图 12-9 (b) 所示相当系统。

(3) 建立力法正则方程

$$\left.\begin{array}{l}\delta_{11}X_1 + \delta_{12}X_2 + \delta_{13}X_3 + \Delta_{1F} = 0 \\ \delta_{21}X_1 + \delta_{22}X_2 + \delta_{23}X_3 + \Delta_{2F} = 0 \\ \delta_{31}X_1 + \delta_{32}X_2 + \delta_{33}X_3 + \Delta_{3F} = 0\end{array}\right\}$$

(4) 计算 δ_{ij} 和 Δ_{iF}

由图 12-9(c)、(d)、(e)、(f) 可得，在外荷载 F 以及 $X_1=1, X_2=1, X_3=1$ 单

独作用下，各段弯矩方程如下：

AC 段：$M_{1F} = -\dfrac{1}{2}qx_2^2$，$BC$ 段：$M_{2F} = 0$

AC 段：$M_{1X_1} = a$，BC 段：$M_{2X_1} = x_1$

AC 段：$M_{1X_2} = x_2$，BC 段：$M_{2X_2} = 0$

AC 段：$M_{1X_3} = 1$，BC 段：$M_{2X_3} = 1$

应用莫尔积分计算正则方程各系数得：

$$\delta_{11} = \int_0^a \frac{M_{1X_1}^2}{EI}dx_2 + \int_0^a \frac{M_{2X_1}^2}{EI}dx_1$$

$$= \frac{1}{EI}\int_0^a a \cdot a \cdot dx_2 + \frac{1}{EI}\int_0^a x_1 \cdot x_1 \cdot dx_1 = \frac{4a^3}{3EI}$$

$$\delta_{22} = \int_0^a \frac{M_{1X_2}^2}{EI}dx_2 + \int_0^a \frac{M_{2X_2}^2}{EI}dx_1$$

$$= \frac{1}{EI}\int_0^a x_2 \cdot x_2 \cdot dx_2 = \frac{a^3}{3EI}$$

$$\delta_{33} = \int_0^a \frac{M_{1X_3}^2}{EI}dx_2 + \int_0^a \frac{M_{2X_3}^2}{EI}dx_1$$

$$= \frac{1}{EI}\int_0^a 1 \cdot 1 \cdot dx_2 + \frac{1}{EI}\int_0^a 1 \cdot 1 \cdot dx_1 = \frac{2a}{EI}$$

$$\delta_{12} = \delta_{21} = \int_0^a \frac{M_{1X_1}M_{1X_2}}{EI}dx_2 + \int_0^a \frac{M_{2X_1}M_{2X_2}}{EI}dx_1$$

$$= \frac{1}{EI}\int_0^a a \cdot x_2 \cdot dx_2 = \frac{a^3}{2EI}$$

$$\delta_{23} = \delta_{32} = \int_0^a \frac{M_{1X_2}M_{1X_3}}{EI}dx_2 + \int_0^a \frac{M_{2X_2}M_{2X_3}}{EI}dx_1$$

$$= \frac{1}{EI}\int_0^a x_2 \cdot 1 \cdot dx_2 = \frac{a^2}{2EI}$$

$$\delta_{13} = \delta_{31} = \int_0^a \frac{M_{1X_1}M_{1X_3}}{EI}dx_2 + \int_0^a \frac{M_{2X_1}M_{2X_3}}{EI}dx_1$$

$$= \frac{1}{EI}\int_0^a a \cdot 1 \cdot dx_2 + \frac{1}{EI}\int_0^a x_1 \cdot 1 \cdot dx_1 = \frac{3a^2}{2EI}$$

$$\Delta_{1F} = \int_0^a \frac{M_{1X_1}M_{1F}}{EI}dx_2 + \int_0^a \frac{M_{2X_1}M_{2F}}{EI}dx_1$$

$$= \frac{1}{EI}\int_0^a a \cdot \left(-\frac{1}{2}qx_2^2\right) \cdot dx_2 = -\frac{qa^4}{6EI}$$

$$\Delta_{2F} = \int_0^a \frac{M_{1X_2}M_{1F}}{EI}dx_2 + \int_0^a \frac{M_{2X_2}M_{2F}}{EI}dx_1$$

$$= \frac{1}{EI}\int_0^a x_2 \cdot \left(-\frac{1}{2}qx_2^2\right) \cdot dx_2 = -\frac{qa^4}{8EI}$$

$$\Delta_{3F} = \int_0^a \frac{M_{1X_3}M_{1F}}{EI}dx_2 + \int_0^a \frac{M_{2X_3}M_{2F}}{EI}dx_1$$

$$= \frac{1}{EI}\int_0^a 1 \cdot \left(-\frac{1}{2}qx_2^2\right) \cdot dx_2 = -\frac{qa^3}{6EI}$$

(5) 解方程，求多余未知反力

将上面求出的系数项和常数项代入正则方程，整理简化后可得：

$$8aX_1 + 3aX_2 + 9X_3 = qa^2$$
$$12aX_1 + 8aX_2 + 12X_3 = 3qa^2$$
$$9aX_1 + 3aX_2 + 12X_3 = qa^2$$

求解以上联立方程组，得

$$X_1 = -\frac{qa}{16}, \; X_2 = \frac{7qa}{16}, \; X_3 = \frac{qa^2}{48}$$

式中，负号表示所求约束力与假设方向相反。在求得多余约束力之后，可在相当系统上进行超静定刚架的内力和变形分析，这里不再赘述。

§12-3 对称与反对称性质的利用

在工程实际中，有很多超静定结构是对称的。利用结构上荷载的对称或反对称性质，可使正则方程得到一些简化，从而简化超静定结构的求解过程。图 12-10（a）所示结构的几何形状、支承条件和各杆的刚度都对称于某一轴线，这样的结构称为对称结构。显然如果将对称结构绕对称轴折叠，则左右两侧是完全重合的。作用在对称结构上的荷载可能是各种各样的，如将对称结构绕对称轴折叠后，作用在对称位置上的荷载的大小、方向和作用点完全重合，这种荷载称为对称荷载（图 12-10b）。如折叠后，荷载的大小、作用点相同，但方向相反，这种荷载称为反对称荷载（图 12-10c）。有时候对称与反对称荷载的判断比较简单，而有时候则较难。例如，图 12-11（a）所示刚架，直接利用上述定义并不容易判断其是对称或反对称荷载。这时可以利用集中荷载的概念，用相距很近的两个集中力偶来代替原力偶（图 12-11b），就可以很容易判断其为反对称荷载。

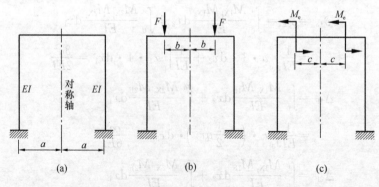

图 12-10 对称与反对称荷载

与外荷载类似，杆件的内力也可以分为对称和反对称的。例如，平面结构的杆件横截面上，一般有剪力、弯矩和轴力三个内力分量（图 12-12a）。对所考察的截面来说弯矩 M 和轴力 F_N 是对称的内力，剪力 F_S 是反对称的内力。如图 12-

第 12 章 超静定结构

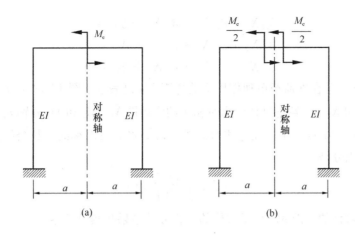

图 12-11 集中力偶的反对称性

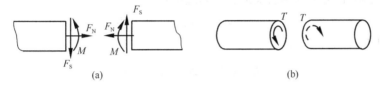

图 12-12 平面杆件横截面内力

12（b）所示，杆件扭转变形时，截面上的扭矩是反对称内力。

现以图 12-10（b）为例，说明荷载对称性质的作用。刚架有三个多余约束，如沿对称轴将刚架切开，就可解除三个多余约束得到基本静定系。三个多余约束力是对称截面上的轴力 X_1、剪力 X_2 和弯矩 X_3（图 12-13a）。变形协调条件是，上述切开截面的两侧水平相对位移、垂直相对位移和相对转角都等于零。这三个条件写成正则方程就是

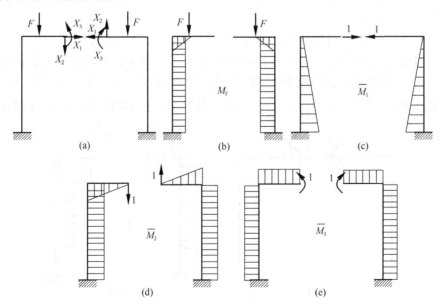

图 12-13 力法求解受对称荷载作用的对称平面刚架

$$\left.\begin{array}{l}\delta_{11}X_1+\delta_{12}X_2+\delta_{13}X_3+\Delta_{1F}=0\\ \delta_{21}X_1+\delta_{22}X_2+\delta_{23}X_3+\Delta_{2F}=0\\ \delta_{31}X_1+\delta_{32}X_2+\delta_{33}X_3+\Delta_{3F}=0\end{array}\right\} \quad (a)$$

基本静定系在外荷载单独作用下的弯矩 M_F 已表示于图 12-13（b）中，$X_1=1$、$X_2=1$ 和 $X_3=1$ 各自单独作用时相应的弯矩图 $\overline{M}_1$、$\overline{M}_2$ 和 $\overline{M}_3$ 分别表示于图 12-13（c）、（d）和（e）中。在这些弯矩图中，$\overline{M}_2$ 图是反对称的，其余都是对称的。Δ_{2F} 的莫尔积分是

$$\Delta_{2F}=\int\frac{M_F\,\overline{M}_2}{EI}\mathrm{d}x$$

式中 M_F 是对称的，而 $\overline{M}_2$ 是反对称的，积分的结果必然等于零，即

$$\Delta_{2F}=\int\frac{M_F\,\overline{M}_2}{EI}\mathrm{d}x=0$$

以上结果同样也可由图乘法来证明。同理可知

$$\delta_{12}=\delta_{21}=\delta_{23}=\delta_{32}=0$$

于是正则方程（a）化为

$$\left.\begin{array}{l}\delta_{11}X_1+\delta_{13}X_3+\Delta_{1F}=0\\ \delta_{31}X_1+\delta_{33}X_3+\Delta_{3F}=0\\ \delta_{22}X_2=0\end{array}\right\} \quad (b)$$

这样，正则方程就分成两组：第一组是前面两式，包含两个对称内力 X_1 和 X_3；第二组就是第三式，它只包含反对称的内力 X_2（剪力），由于 δ_{22} 不等于零，则必有 $X_2=0$。

可见，当对称结构上受对称荷载作用时，在对称截面上，反对称内力 X_2（即剪力）等于零。

图 12-10（c）是对称结构受反对称荷载作用的情况。如仍沿对称轴将刚架切开，并代以多余约束力，得相当系如图 12-14（a）所示。这时正则方程式仍为式（a），但外荷载单独作用下的 M_F 图是反对称的（图 12-14b），而 $\overline{M}_1$、$\overline{M}_2$ 和 $\overline{M}_3$ 仍然如图 12-13（c）、（d）、（e）所示。由于 M_F 是反对称的，而 $\overline{M}_1$ 和 $\overline{M}_3$ 是

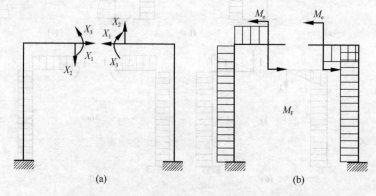

图 12-14　力法求解反对称荷载作用的对称平面刚架

对称的，这就使

$$\Delta_{1F} = \int \frac{M_F \overline{M}_1}{EI} dx = 0, \Delta_{3F} = \int \frac{M_F \overline{M}_3}{EI} dx = 0$$

同理有：$\delta_{12} = \delta_{21} = \delta_{23} = \delta_{32} = 0$

于是正则方程式（a）化为

$$\left. \begin{array}{r} \delta_{11}X_1 + \delta_{13}X_3 = 0 \\ \delta_{31}X_1 + \delta_{33}X_3 = 0 \\ \delta_{22}X_2 + \Delta_{2F} = 0 \end{array} \right\} \tag{c}$$

前两式为 X_1 和 X_3 的齐次方程组，显然有 $X_1 = X_3 = 0$。所以，在对称结构上作用反对称荷载时，在对称截面上，对称内力 X_1 和 X_3（即轴力和弯矩）都等于零。

与内力分布类似，在对称荷载作用下，对称结构的变形也将对称于结构的对称轴；在反对称荷载作用下，对称结构的变形将反对称于结构的对称轴。

对于大量的工程构件，虽然结构是对称的，但荷载既不是对称的也不是反对称的（图 12-15a），但可把它转化为对称和反对称两种荷载的叠加（图 12-15b）和（图 12-15c）。分别求出对称和反对称两种情况的解，叠加后即为原荷载作用下的解。

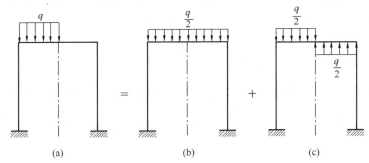

图 12-15 受一般荷载作用的对称平面刚架等效为对称和反对称荷载

【例 12-3】 在半径为 a 的等截面圆环直径 AB 的两端，沿直径作用一对方向相反的力 F（图 12-16a），试求水平直径 CD 的长度变化。设 EI = 常数。

【解】 (1) 判断超静定次数

平面圆环是封闭的，沿任一截面切开都有轴力、剪力和弯矩三对未知内力，为三次内力超静定结构。

(2) 解除多余约束

结构和荷载都对称于水平直径 CD 和垂直直径 AB，圆环的内力和位移分布也对称于这两个平面。根据超静定结构的对称性质，在 A、B、C、D 四点处，截面上剪力为零，同时切向位移和转角为零。沿水平直径 CD 将圆环切开（图 12-16b），截面 C、D 上只有轴力 F_N 和弯矩 M_0。利用平衡条件容易求出 $F_N = \frac{F}{2}$，故只有 M_0 为多余约束力，记为 X_1。由于 A 截面转角为零，所以可将圆环继

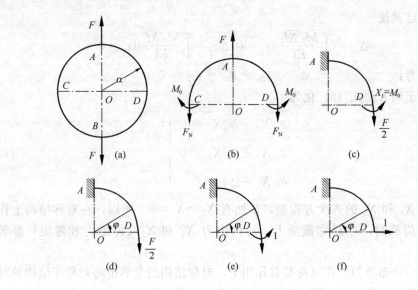

图 12-16 例 12-3 图

续沿直径 AB 方向切开，把 A 当作固定端。即一端固定，一端自由的四分之一圆悬臂梁作为原超静定结构的基本静定系（图 12-16c）。

（3）建立力法正则方程

由于去掉多余约束处为对称平面，而对称平面的转角为零，故截面 D 的转角为零，将其作为变形协调条件，建立力法正则方程

$$\delta_{11}X_1 + \Delta_{1F} = 0 \qquad (d)$$

（4）计算 δ_{ij} 和 Δ_{iF}，求解 X_1

式 (d) 中 Δ_{1F} 是在基本静定系上只作用荷载 $F_N = \dfrac{F}{2}$ 时 D 截面的转角（图 12-16d）；δ_{11} 是令 $X_1=1$，且单独作用在基本静定系上时（图 12-16e）产生 D 截面的转角。

由图 12-16 (d)、(e)，可求得基本静定系分别单独受荷载 $F_N = \dfrac{F}{2}$ 和 $X_1=1$ 作用时的弯矩为

$$M_F = \frac{Fa}{2}(1-\cos\varphi) \quad \left(0 \leqslant \varphi \leqslant \frac{\pi}{2}\right)$$

$$\overline{M}_1 = -1 \quad \left(0 \leqslant \varphi \leqslant \frac{\pi}{2}\right)$$

根据莫尔积分计算得

$$\Delta_{1F} = \frac{1}{EI}\int_l M_F \overline{M}_1 \mathrm{d}s = \frac{1}{EI}\int_0^{\frac{\pi}{2}} \frac{Fa}{2}(1-\cos\varphi)\times(-1)a\mathrm{d}\varphi = -\frac{Fa^2}{2EI}\left(\frac{\pi}{2}-1\right)$$

$$\delta_{11} = \frac{1}{EI}\int_l \overline{M}_1^2 \mathrm{d}s = \frac{1}{EI}\int_0^{\frac{\pi}{2}}(-1)\times(-1)a\mathrm{d}\varphi = \frac{\pi a}{2EI}$$

将 Δ_{1F} 和 δ_{11} 代入正则方程，可得

$$X_1 = Fa\left(\frac{1}{2}-\frac{1}{\pi}\right)$$

(5) 计算水平直径 CD 的长度变化

把求出的多余约束力 X_1 当作荷载与 $F_N = \dfrac{F}{2}$ 共同作用在基本静定系上为原超静定结构的相当系统，求解变形时完全可以在相当系统上进行。

计算 $F_N = \dfrac{F}{2}$ 和 $X_1 = Fa\left(\dfrac{1}{2} - \dfrac{1}{\pi}\right)$ 共同作用下（图 12-16c）任意截面上的弯矩为

$$M(\varphi) = \dfrac{Fa}{2}(1-\cos\varphi) - Fa\left(\dfrac{1}{2}-\dfrac{1}{\pi}\right) = Fa\left(\dfrac{1}{\pi}-\dfrac{1}{2}\cos\varphi\right) \quad \left(0 \leqslant \varphi \leqslant \dfrac{\pi}{2}\right)$$

即为四分之一圆环内的实际弯矩。

欲求水平直径 CD 的长度变化，只需在基本静定系上的 D 点沿 CD 方向加一单位力（图 12-16f），其任意 φ 角处截面的弯矩为

$$\overline{M}(\varphi) = a\sin\varphi \quad \left(0 \leqslant \varphi \leqslant \dfrac{\pi}{2}\right)$$

利用莫尔积分，并注意计算的变形关于垂直直径 AB 的对称性，故有

$$\Delta_{CD} = \int_l \dfrac{M\overline{M}}{EI}\mathrm{d}s = -\dfrac{2}{EI}\int_0^{\frac{\pi}{2}} Fa\left(\dfrac{1}{\pi}-\dfrac{1}{2}\cos\varphi\right)a\sin\varphi \cdot a\,\mathrm{d}\varphi$$

$$= -\dfrac{2}{EI}Fa^3\left(\dfrac{1}{\pi}-\dfrac{1}{4}\right) = -0.1366\dfrac{Fa^3}{EI}$$

负号表示水平直径 CD 变短，与图 12-16 (f) 所设方向相反。

【例 12-4】 作图 12-17 (a) 刚架之弯矩图，各杆 EI 相同。

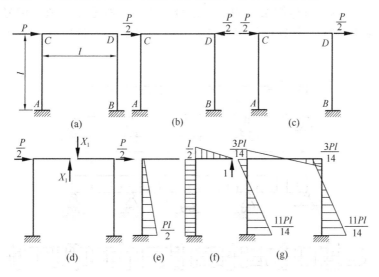

图 12-17 例 12-4 图

【解】 图 12-17 (a) 所示刚架为对称结构，但荷载不对称，原结构可看成 12-17 (b)、(c) 两种情况之叠加。图 12-17 (b) 中忽略轴向变形，由对称性知 C、D 两点无线位移，故其无弯矩。图 12-17 (c) 之弯矩图即为原结构之弯矩图。

图 12-17 (c) 结构对称、荷载反对称，故对称截面上只有剪力，为一次超静定结构，相当系统如图 12-17 (d)。正则方程为

$$\delta_{11}X_1 + \Delta_{1F} = 0 \qquad (e)$$

代表对称截面之相对竖直位移为零。

由图 12-17（e）、(f) 知

$$\Delta_{1F} = -\frac{2}{EI}\left(\frac{1}{2} \times l \times \frac{1}{2}Pl \times \frac{l}{2}\right) = -\frac{Pl^3}{4EI}$$

$$\delta_{11} = \frac{2}{EI}\left[\frac{1}{2} \times \frac{l}{2} \times \frac{l}{2} \times \left(\frac{2}{3} \times \frac{l}{2}\right) + l \times \frac{l}{2} \times \frac{l}{2}\right] = -\frac{7}{12}l^3$$

将 Δ_{1F} 和 δ_{11} 代入式（e）得

$$X_1 = -\frac{3}{7}P$$

X_1 已知后由图 12-17（d）作出原结构之弯矩图（12-17g）。

§12-4 连续梁及三弯矩方程

跨度较大的直梁常常引起较大的弯曲变形和应力，工程结构设计中采用的最有效的解决方法是给直梁增加支座，形成连续跨过一系列中间支座的多跨梁，以提高梁的承载能力，这种多跨梁称为连续梁。例如，某大型螺纹磨床为保证水平丝杆的精度，就用了五个支承（图 12-18a）。又如有些六缸柴油机的凸轮轴连续通过七个轴承（图 12-18b）。除了上面提到的实例外，在土木工程特别是桥梁结构中，连续梁的使用更为广泛。

为方便计算，对连续梁采用如下记号：从左到右把支座依次编号为 0、1、2、…（图 12-19a），把跨度依次编号为 l_1、l_2、l_3、…。设所有支座在同一水平

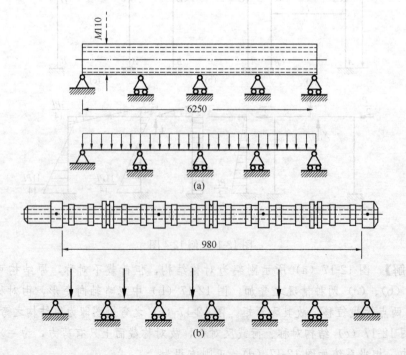

图 12-18 连续梁

线上,且并无不同沉陷。且设只有支座 0 为固定铰支座,其余皆为可动铰支座。与简支梁相比较,连续梁增加了多余的中间支座而成为超静定梁,其超静定次数就等于中间支座的数目。

对于超静定的连续梁,如果选取中间支座作为多余约束求解,其相当系统如图 12-19 (b) 所示,相应的变形协调条件是中间支座处的挠度为零。则力法正则方程的每一方程式中,都将包含所有多余约束力,对于高次超静定系统,计算将非常烦琐。计算这种梁时最好选用这样的基本静系:将连续梁在中间支座对应的截面切开,并装上铰链(12-19c)。连续梁的变形是连续光滑的,通过铰链连接,连续梁位移仍然连续,但转角不再连续。因此多余约束力为截面内力弯矩,分别设为 X_1、X_2、$\cdots$、X_n,变形协调关系为中间支座处两侧梁的相对转角为零。这种通过多余弯矩连接的系统,由于没有水平荷载,梁的轴力为零;剪力对于弯曲变形的影响不计,因此方便对于任意一个或者几个跨度的梁进行分析。其正则方程组中的第 i 个方程为

$$\Delta_i = \delta_{i1}X_1 + \delta_{i2}X_2 + \cdots + \delta_{i(i-1)}X_{i-1} + \delta_{ii}X_i + \delta_{i(i+1)}X_{i+1} + \cdots + \Delta_{iF} = 0 \quad (a)$$

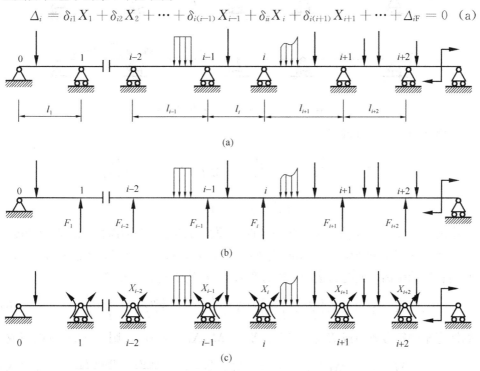

图 12-19　取连续梁各中间支座处的弯矩 X_i 作为多条未知量时所得的相当系统

为求方程中的各系数,画出与第 i 跨相邻的若干跨的放大图(图 12-20a)、与这些跨相对应的给定荷载弯矩图 M_F(图 12-20b)及单位力的弯矩图 $\overline{M}_{i-1}$、$\overline{M}_i$、$\overline{M}_{i+1}$(图 12-20c、d、e)。这里,对于每一跨上荷载引起的弯矩图以及由支座上的单位力矩引起的弯矩图,其画法同静定简支梁上的弯矩图一样。很显然,除了 $\delta_{i(i-1)}$、δ_{ii}、$\delta_{i(i+1)}$ 和 Δ_{iF} 以外,在式(a)中的所有其他系数均为零。因为第 i 个单位力矩只在 i 和 $i+1$ 两跨内引起弯矩;而同时在这两跨内引起弯矩的又只有第 $i-1$ 和第 $i+1$ 两个单位力矩以及此两跨内给定的荷载,所以其余的系数均等于零。

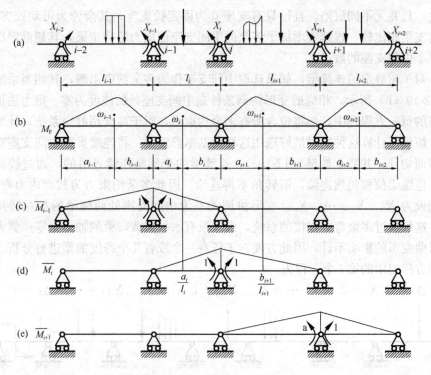

图 12-20 连续梁三弯矩方程建立

根据图乘法就可得到

$$\delta_{i(i-1)} = \frac{l_i}{6EI_i}, \delta_{ii} = \frac{l_i}{3EI_i} + \frac{l_{i+1}}{3EI_{i+1}}, \delta_{i(i+1)} = \frac{l_{i+1}}{6EI_{i+1}}$$

$$\delta_{iF} = \frac{1}{EI_i}\omega_i \frac{a_i}{l_i} + \frac{1}{EI_{i+1}}\omega_{i+1}\frac{b_{i+1}}{l_{i+1}}$$

其中的 ω_i 和 ω_{i+1} 分别为第 i 和第 $i+1$ 跨上原荷载的弯矩图的面积；a_i 表示跨度 l_i 内弯矩图面积 ω_i 的形心到左端的距离；b_{i+1} 表示跨度 l_{i+1} 内弯矩图面积 ω_{i+1} 的形心到右端的距离。此时力法的正则方程式（a）就变成下列形式。

$$X_{i-1}\frac{l_i}{I_i} + 2X_i\left(\frac{l_i}{I_i} + \frac{l_{i+1}}{I_{i+1}}\right) + X_{i+1}\frac{l_{i+1}}{I_{i+1}} = -\frac{6\omega_i a_i}{I_i l_i} - \frac{6\omega_{i+1}b_{i+1}}{I_{i+1}l_{i+1}} \quad \text{(b)}$$

如把弯矩的符号改写成 $X_{i-1} = M_{i-1}, X_i = M_i, X_{i+1} = M_{i+1}$，则式（b）可以写成

$$M_{i-1}\frac{l_i}{I_i} + 2M_i\left(\frac{l_i}{I_i} + \frac{l_{i+1}}{I_{i+1}}\right) + M_{i+1}\frac{l_{i+1}}{I_{i+1}} = -\frac{6\omega_i a_i}{I_i l_i} - \frac{6\omega_{i+1}b_{i+1}}{I_{i+1}l_{i+1}} \quad (12-8)$$

这个方程称为三弯矩方程。如果连续梁各跨的抗弯刚度 EI 相同，则三弯矩方程可以进一步简化为

$$M_{i-1}l_i + 2M_i(l_i + l_{i+1}) + M_{i+1}l_{i+1} = -\frac{6\omega_i a_i}{l_i} - \frac{6\omega_{i+1}b_{i+1}}{l_{i+1}} \quad (12-9)$$

对于连续梁的每一个中间支座都可以列出一个三弯矩方程，所以可列出的方程式的数目恰好等于中间支座的数目，也就是等于超静定的次数；而且每一方程式中只含有三个多余的弯矩。解这些三弯矩方程组，可以得到所有中间支座截面上的弯矩。显然三弯矩方程格式规范统一，更便于编写程序求解。对于两端不是

铰支座的连续梁，在应用三弯矩方程时要进行一些处理，下面通过例题来说明。

【例 12-5】 连续梁如图 12-21（a）所示，EI 为常数。试画梁的剪力图和弯矩图。

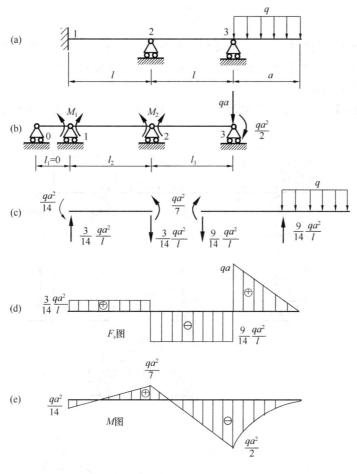

图 12-21 例 12-5 图

【解】 连续梁为二次超静定结构。此梁的特点是右边有一外伸臂而左边有一固定端，不满足连续梁的标准形式，可通过以下方法进行处理：对于外伸臂，将作用在其上的均布荷载 q 简化到截面 3 处，得到作用在截面 3 的集中力 qa 和力矩 $\frac{1}{2}qa^2$；对于固定端，可用一跨度无限短的简支梁代替。于是，原超静定梁的相当系统如图 12-21（b）所示，多余未知力为支座处弯矩 M_1 和 M_2。由三弯矩方程 (12-9)，分别取 $i=1, i=2$，得

$$M_0 l_1 + 2M_1(l_1 + l_2) + M_2 l_2 = 0$$
$$M_1 l_2 + 2M_2(l_2 + l_3) + M_3 l_3 = 0$$

由于相当系统的 $l_1=0, l_2=l_3=l$；各个跨度的简支梁没有外力作用，故荷载弯矩图面积 $\omega_1 = \omega_2 = \omega_3 = 0$；而弯矩 $M_0 = 0$，$M_3 = -\frac{1}{2}qa^2$，代入上式得

$$2M_1 + M_2 = 0$$

$$M_1 + 4M_2 - \frac{1}{2}qa^2 = 0$$

联立求解可得

$$M_1 = -\frac{1}{14}qa^2, \quad M_2 = \frac{1}{7}qa^2$$

然后把原连续梁拆成一简支梁和一外伸梁（图12-21c），求出支座反力后分别画出它们的剪力图和弯矩图，连接起来即为原连续梁的剪力图（图12-21d）和弯矩图（图12-21e）。

【**例12-6**】 等截面连续梁如图12-22（a）所示，试求该连续梁的剪力图和弯矩图。

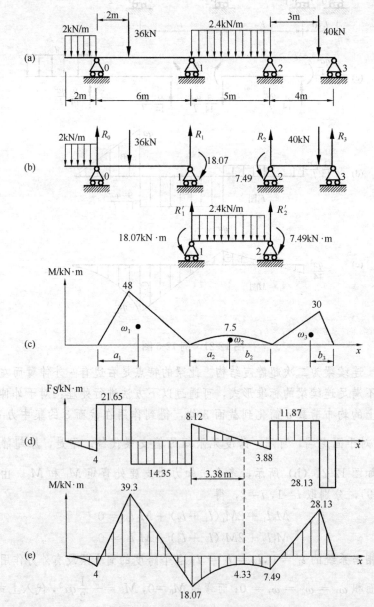

图12-22 例12-6图

第12章 超静定结构

【解】 支座编号如图12-22（a）所示，$l_1=6$m，$l_2=5$m，$l_3=4$m。此结构为二次超静定结构。以支座1、2上两截面的约束反力矩为多余约束，基本静定系的每个跨皆为简支梁，如图12-22（b），这些简支梁在原来外荷载作用下的弯矩图如图12-22（c）所示，由此求得

$$\omega_1 = \frac{1}{2} \times 48 \times 6 = 144 \text{kN} \cdot \text{m}^2$$

$$\omega_2 = \frac{2}{3} \times 7.5 \times 5 = 25 \text{kN} \cdot \text{m}^2$$

$$\omega_3 = \frac{1}{2} \times 30 \times 4 = 60 \text{kN} \cdot \text{m}^2$$

利用图12-22（c）还可以求得以上弯矩图面积的形心的位置

$$a_1 = \frac{6+2}{3} = \frac{8}{3}\text{m}, \quad a_2 = b_2 = \frac{5}{2}\text{m}, \quad b_3 = \frac{4+1}{3} = \frac{5}{3}\text{m}$$

梁在左端有外伸部分，支座0上的梁截面的弯矩为

$$M_0 = -\frac{1}{2} \times 2 \times 2^2 = -4 \text{kN} \cdot \text{m}$$

对跨度 l_1 和跨度 l_2 写出三弯矩方程。这时 $i=1, M_{i-1}=M_0=-4$kN·m, $M_i=M_1=-4$kN·m, $M_{i+1}=M_2, l_i=l_1=6$m, $l_{i+1}=l_2=5$m, $a_i=a_1=\frac{8}{3}$m, $b_{i+1}=b_2=\frac{5}{2}$m。代入三弯矩方程，得

$$-4 \times 6 + 2M_1(6+5) + M_2 \times 5 = -6 \times \frac{144 \times 8}{6 \times 3} - 6 \times \frac{25 \times 5}{5 \times 2}$$

再对跨度 l_2 和跨度 l_3 写出三弯矩方程。这时 $i=2, M_{i-1}=M_1, M_i=M_2, M_{i+1}=M_3=0, l_i=l_2=5$m, $l_{i+1}=l_3=4$m, $a_i=a_2=\frac{5}{2}$m, $b_{i+1}=b_3=\frac{5}{3}$m。代入三弯矩方程，得

$$M_1 \times 5 + 2M_2 \times (5+4) + 0 \times 4 = -6 \times \frac{25 \times 5}{5 \times 2} - 6 \times \frac{60 \times 5}{4 \times 3}$$

整理上面的两个三弯矩方程得

$$22M_1 + 5M_2 = -435$$
$$5M_1 + 18M_2 = -225$$

联立求解以上方程组得

$$M_1 = -18.07 \text{kN} \cdot \text{m}^2, M_2 = -7.49 \text{kN} \cdot \text{m}^2$$

求得 M_1 和 M_2 以后，连续梁三个跨度的受力情况如图12-22（b）所示，可以把它们看作是三个静定梁，而且荷载和端截面上的弯矩都是已知的。对每一跨度都可以求出支座反力并作出剪力图和弯矩图，把这些图连接起来就是连续梁的剪力图和弯矩图（12-22d、e）。

小结及学习指导

掌握超静定结构（静不定结构）系统的基本概念及桁架、刚架静不定次数的

判定。掌握力法的基本原理及计算公式的导出。正则方程式与正则方程组的建立。了解对称结构的对称变形与反对称变形基本概念。掌握对称结构的对称变形与反对称变形性质的利用。掌握对于某些荷载既非对称,也非反对称,但可将它们化成对称和反对称两种情况的叠加,以使问题简化。初步掌握连续梁超静定(静不定)次数的判定、三弯矩方程组的建立及其解法。

思 考 题

12-1 什么是超静定问题?超静定结构中存在"多余"约束,这种"多余"意味着什么?在求解超静定问题时,从多余约束能提供出什么条件?

12-2 在用力法求解超静定结构时,基本静定系的选择是否唯一?选择基本静定系要注意哪些问题?

12-3 学过的超静定结构的求解方法有几种?各方法有什么特点?

12-4 试说明力法正则方程以及其常数项和系数项的物理意义?用力法求解超静定结构的基本步骤是什么?

12-5 在对称荷载与反对称荷载作用下,对称结构的内力与变形各有何特点?如何利用对称与反对称条件简化分析计算?

12-6 怎样判定超静定的次数?图 12-23 所示各平面结构,若荷载作用在结构平面内,试判断它为几次超静定结构?确定基本静定系,列出相应的变形协调条件。

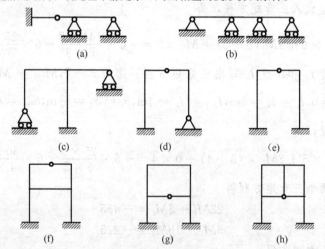

图 12-23 思考题 12-6 图

12-7 图 12-24 所示双跨超静定梁,试分别取出三种以上的基本静定系,并加上相应的多余约束力,列出变形协调条件。比较选取哪种基本静定系计算较为简便。

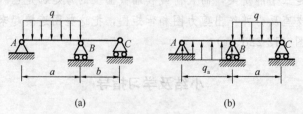

图 12-24 思考题 12-7 图

第 12 章 超静定结构

习 题

12-1 求图 12-25 所示超静定梁的支座反力，设固定端沿轴线的反力可以省略。

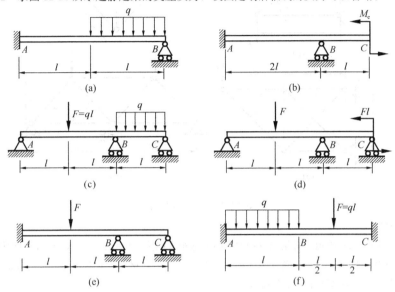

图 12-25 习题 12-1 图

12-2 试用力法正则方程求图 12-26 所示刚架的约束反力并作弯矩图，不计轴力和剪力对位移的影响。设 EI 为常数。

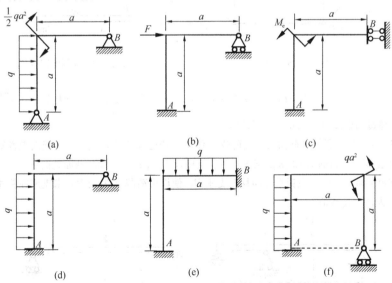

图 12-26 习题 12-2 图

12-3 图 12-27 所示各桁架杆件的材料相同，截面面积相等，试求各杆的轴力。建议用力法求解。

12-4 图 12-28 所示为 AB 梁和五根杆组成的结构，AB 梁的抗弯刚度 $EI = 10^4 \, \text{kN} \cdot \text{m}^2$，五根杆的抗拉、压刚度均为 $EA = 1.5 \times 10^5 \, \text{kN} \cdot \text{m}^2$，$q = 20 \, \text{kN/m}$，试求各杆的轴力，并作 AB

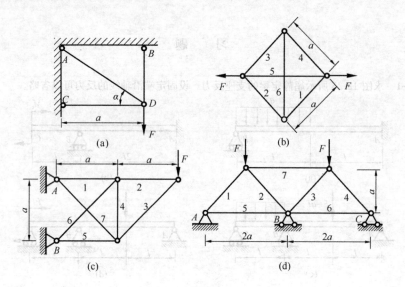

图 12-27 习题 12-3 图

梁的弯矩图。

12-5 图 12-29 所示悬臂梁 AD 和 BE 的抗弯刚度同为 $EI=24\times10^6\,\mathrm{N\cdot m^2}$，由钢杆 CD 相连接。CD 杆，长度 $l=5\mathrm{m}$，横截面面积 $A=3\times10^{-4}\,\mathrm{m^2}$，材料弹性模量 $E=200\mathrm{GPa}$。若 $F=50\mathrm{kN}$，试求悬臂梁 AD 在 D 点的挠度。

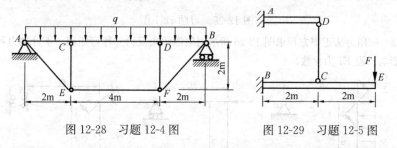

图 12-28 习题 12-4 图   图 12-29 习题 12-5 图

12-6 图 12-30 所示梁 ABC 的 EI 为常量，C 处有一弹簧支承，弹簧刚度 $k=\dfrac{3EI}{l^3}$，试求：（1）C 处弹簧约束反力；（2）A 截面转角 θ_A。

12-7 图 12-31 所示等截面梁，受荷载 F 作用。若已知梁的跨度 L，横截面惯性矩 I 和抗弯截面模量 W，材料的 E 和 $[\sigma]$。试求：（1）支座反力 F_B；（2）危险截面处的弯矩 M；（3）确定梁的许可荷载 F；（4）在铅垂方向移动支座 B，使许可荷载 F 为最大，求支座在铅垂方向位移 Δ 和最大许可荷载值。

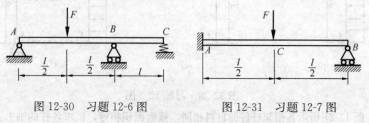

图 12-30 习题 12-6 图   图 12-31 习题 12-7 图

12-8 图 12-32 所示各小曲率杆 EI 均为常数，试求支座反力。

12-9 试求图 12-33 所示直角折杆在 q 作用下支座 C 的支反力。已知各段 EI、GI_P 为常数。

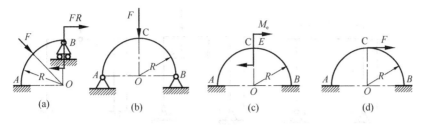

图 12-32　习题 12-8 图

12-10　图 12-34 所示刚架水平放置，截面为圆形，直径 $d=2$cm。A、E 为固定端，在 BD 的中点 C 作用竖向荷载 F。$a=0.2$m，$l=0.5$m，$F=650$N，$E=200$GPa，$G=80$GPa。试求 F 力作用点的垂直位移。

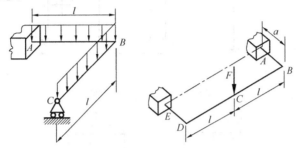

图 12-33　习题 12-9 图　　　图 12-34　习题 12-10 图

12-11　如图 12-35 所示，具有中间铰的两端固定梁，已知 q、EI 和 l，试作梁的剪力图和弯矩图。

12-12　图 12-36 所示梁抗弯刚度为 EI，试作弯矩图，并求 C 点的铅垂位移。

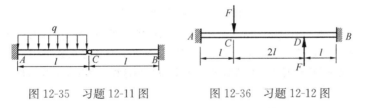

图 12-35　习题 12-11 图　　　图 12-36　习题 12-12 图

12-13　图 12-37 所示各结构 EI 均为常数。试求对称轴上 A 截面的内力。

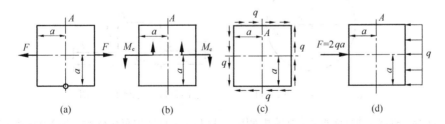

图 12-37　习题 12-13 图

12-14　利用对称性作图 12-38 所示等截面平面刚架的弯矩图。

12-15　试求图 12-39 所示刚架截面 A 与 B 沿 AB 连线方向的相对位移。设刚架各部分的抗弯刚度 EI 均相同，并略去轴向力和剪力引起的变形。

12-16　如图 12-40 所示圆弧形小曲圆环，承受荷载 F 的作用，试求截面 A 与截面 C 的弯矩，以及截面 A 与 B 的相对位移。设抗弯刚度 EI 均为常数。

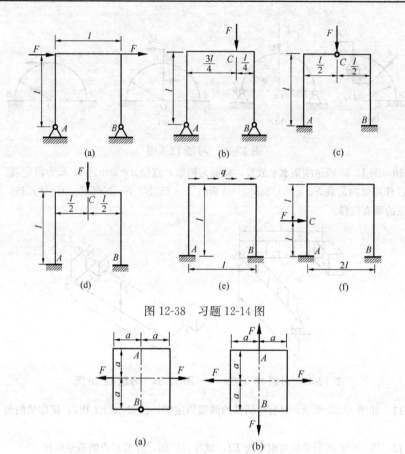

图 12-38 习题 12-14 图

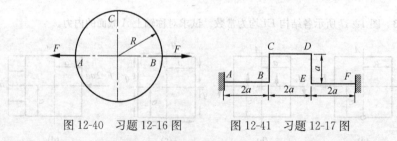

图 12-39 习题 12-15 图

12-17 工程中蒸汽管道常采用图 12-41 所示装置以降低管子工作时的温度应力。若管子外直径 $D=70\text{mm}$,内直径 $d=60\text{mm}$,$a=1\text{m}$,$E=200\text{GPa}$,线膨胀系数 $\alpha=11.5\times10^{-6}\ 1/\text{℃}$。工作时的温度比安装管道时的温度高 200℃。试计算采用这种装置比不采用(即用一条直的管子)时温度应力降低的百分数。

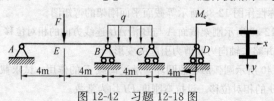

图 12-40 习题 12-16 图   图 12-41 习题 12-17 图

12-18 等截面连续梁的荷载及尺寸如图 12-42 所示,已知均布荷载 $q=15\text{kN/m}$,集中力 $F=60\text{kN}$,集中外力偶 $M_e=240\text{kN}\cdot\text{m}$,$[\sigma]=160\text{MPa}$。试选择使用的工字钢型号。

图 12-42 习题 12-18 图

第 13 章　简单弹塑性问题

本 章 知 识 点

【知识点】　材料的弹塑性应力应变关系，理想弹塑性假设，拉（压）杆系（简单桁架）的弹塑性分析，圆轴的弹塑性扭转，梁的弹塑性弯曲，残余应力的概念。

【重点】　拉（压）静不定杆系的极限状态与极限荷载，圆轴的极限扭矩，梁的极限荷载、极限弯矩的计算，静定梁和静不定梁的极限荷载。

【难点】　极限状态，极限荷载，塑性极限分析，塑性铰的理解。

前面各章限定构件在弹性变形范围内，并将构件发生塑性屈服认为是强度失效。这种强度设计方法，称为**弹性设计**。而实际上，大部分工程构件发生局部塑性变形后仍然能安全工作，因此弹性设计是一种以牺牲经济性为代价的偏安全的设计方法。考虑构件塑性变形的弹塑性设计则可以充分利用材料，提高设计的经济性。

塑性变形在实际工程结构中普遍存在，而且也有其利用价值。在机械工程中，压延成型正是利用金属的塑性变形加工所需的产品；由于材料发生塑性变形时可以吸收较多能量，因此，在抗震和防护工程中可以通过特别设计让一些构件发生塑性变形吸收能量，从而达到保护其他重要构件的目的。

无论是为了设计更经济的工程结构，还是要特意利用材料的塑性变形，都需要首先了解构件的弹塑性力学行为。本章讨论杆件发生弹塑性变形时的基本分析方法和相关基本概念。

§13-1　材料的弹塑性应力应变关系

为了研究构件的弹塑性力学行为，首先需要知道材料的弹塑性应力应变关系。在第 2 章，我们通过试验方法得到了常见塑性材料（如低碳钢等）的应力应变关系，基于这些试验曲线，人们提出了各种描述材料弹塑性力学行为的简化模型。

1. 理想弹塑性模型

如图 13-1（a）所示，应力应变曲线由斜直线和水平线两部分组成。当 $\sigma < \sigma_s$ 时，应力应变之间为线弹性关系，即 $\sigma = E\varepsilon$；当 $\sigma = \sigma_s$ 时，材料发生屈服。屈服后，不需增加任何荷载，即应力值保持 σ_s 不变，而应变自由增加。用数学公式表示为

$$\varepsilon = \frac{\sigma}{E} \quad (\sigma < \sigma_s) \tag{13-1a}$$

$$\varepsilon = \frac{\sigma_s}{E} + \lambda \quad (\sigma = \sigma_s) \tag{13-1b}$$

式中　E——弹性模量；

　　　λ——一正的标量。

这一模型广泛应用于结构钢。

该模型忽略了塑性材料应力应变曲线的强化阶段，但模拟了屈服平台区。当弹性变形与塑性变形相比较小时，也可以忽略弹性应变部分，应力-应变曲线为一条水平线，如图 13-1（b）所示。这种应力应变关系称为**理想刚塑性模型**。

2. 弹性-线性硬化模型

该模型用两段线性关系分别模拟应力应变关系的弹性阶段和强化阶段。如图 13-1（c）所示，第一段直线斜率为 E_0，亦即材料的弹性模量 E；第二段直线以理想化的直线模拟材料的硬化过程，其斜率为 E_1，它比 E_0 小得多。该模型的数学表示为

$$\varepsilon = \frac{\sigma}{E} \quad (\sigma \leqslant \sigma_s) \tag{13-2a}$$

$$\varepsilon = \frac{\sigma_s}{E_0} + \frac{1}{E_1}(\sigma - \sigma_s) \quad (\sigma > \sigma_s) \tag{13-2b}$$

该模型可以扩展到三段直线（图 13-1d 的三线性硬化模型）或更多段的情况。

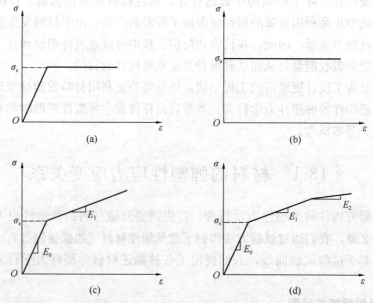

图 13-1　弹性-线性硬化模型

3. 弹性-幂次硬化模型

多数金属材料的硬化特性可以用幂函数描述

$$\sigma = E\varepsilon \quad (\sigma \leqslant \sigma_s) \tag{13-3a}$$

$$\sigma = k\varepsilon^n \quad (\sigma > \sigma_s) \tag{13-3b}$$

式（13-3b）中，k 和 n 是根据试验曲线拟合出的材料参数。根据图 13-2（a），当 $\sigma = \sigma_s$ 时，直线段和幂次曲线必须连续，应有 $\sigma_s = k\varepsilon^n = k(\sigma_s/E)^n$。因此，该模型的材料参数 k 和 n 并不是独立的。

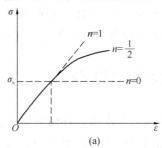 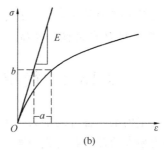

图 13-2 弹性-幂次硬化模型

4. Ramberg-Osgood 模型

如图 13-2（b）所示，该模型的应力应变是非线性关系

$$\varepsilon = \frac{\sigma}{E} + a\left(\frac{\sigma}{b}\right)^n \tag{13-4}$$

式中，a、b、n 为材料常数。该模型对屈服点没有明确定义，但初始曲线斜率值取弹性模量，而且随应力增大，曲线斜率单调减小。

本章主要采用图 13-1（a）所示的理想弹塑性材料模型，即假设材料的工作应力小于屈服强度 σ_s 时，应力应变关系为直线，服从胡克定律，发生弹性变形；当工作应力达到屈服强度 σ_s 时，应力应变关系为水平直线，发生无限制塑性变形。

【例 13-1】 如图 13-3 所示杆，上端固定，下端自由。杆长 $L = 2.2\mathrm{m}$，横截面面积 $A = 480\mathrm{mm}^2$，在杆下端 B 点和杆中点 C 施加 $P_1 = 108\mathrm{kN}$ 和 $P_2 = 27\mathrm{kN}$。已知杆由铝合金制成，非线性应力应变关系可用 Ramberg-Osgood 模型表示为

$$\varepsilon = \frac{\sigma}{70000} + \frac{1}{628.2}\left(\frac{\sigma}{260}\right)^{10}$$

式中，应力单位为 MPa。试计算下面三种情况下 B 点的位移 δ_B：① P_1 单独作用；② P_2 单独作用；③ P_1、P_2 同时作用。

【解】 （1）P_1 单独作用。杆中应力为

$$\sigma = \frac{P_1}{A} = \frac{108 \times 10^3}{480^2} = 225\mathrm{MPa}$$

代入应力应变关系得到应变 $\varepsilon = 0.003589$，杆的伸长量，亦即 B 点的位移为

$$\delta_B = \varepsilon L = 0.003589 \times 2.2 = 7.90\mathrm{mm}$$

（2）P_2 单独作用。

只有上半段有应力，应力大小为 $\sigma = P_2/A = 56.25\mathrm{MPa}$，应变 $\varepsilon = 0.0008036$，所以

$$\delta_B = \varepsilon L/2 = (0.0008036) \times (1.1\mathrm{m}) = 0.884\mathrm{mm}$$

图 13-3 例 13-1 图

(3) P_1、P_2 同时作用。

下半段杆中应力为 $P_1/A=225\text{MPa}$，上半段应力为 $(P_1+P_2)/A=281.25\text{MPa}$；对应的应变分别为 0.003589 和 0.007510，所以有

$$\delta_B = (0.003589) \times (1.1\text{m}) + (0.007510) \times (1.1\text{m}) = 12.2\text{mm}$$

比较三种情况的结果发现，P_1、P_2 同时作用情况下 B 点的位移不等于 P_1、P_2 单独作用引起 B 点位移的叠加。这是非线性问题与线弹性问题的重要区别。

§13-2 简单桁架的弹塑性分析

对于静定桁架，各杆的轴力均可由静力平衡方程求出。在继续增大荷载的情况下，应力最大的杆件将首先屈服，出现无限制塑性变形，桁架因而成为几何可变的"机构"，丧失承载能力。这时的荷载也就是结构的极限荷载。对于静不定桁架，问题比较复杂。下面以图 13-4（a）所示的一度静不定桁架为例，分析其弹性变形过程，并确定其极限荷载。

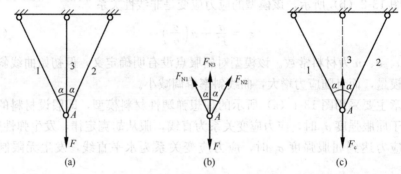

图 13-4 静不定桁架

设三根杆的材料相同，且服从理想弹塑性材料模型，屈服应力为 σ_s，弹性模量为 E，杆的横截面面积均为 A。当力 F 较小时，各杆均发生弹性变形。由图 13-4（b）所示的受力图和静不定问题的求解方法（参见第 2 章相关内容），可得到桁架各杆的轴力为

$$F_{N1} = F_{N2} = \frac{F\cos^2\alpha}{1+2\cos^3\alpha}, F_{N3} = \frac{F}{1+2\cos^3\alpha} \tag{13-5}$$

从式（13-5）可看出，$F_{N3} > F_{N1} = F_{N2}$。当继续增大荷载时，杆 3 将首先屈服，这时桁架的荷载 F 称为**弹性极限荷载**，用 F_e 表示。

屈服后，杆 3 的轴力为 $F_{N3} = \sigma_s A$，并保持不变。将其代入式（13-5）第二式，可得桁架的弹性极限荷载为

$$F_e = \sigma_s A(1+2\cos^3\alpha) \tag{13-6}$$

虽然杆 3 已进入塑性变形阶段，但杆 1、2 仍处在弹性变形阶段，因此桁架仍然具有承载能力。

继续增大荷载时，杆 3 的轴力保持不变，所增加的荷载将全部由杆 1、2 承担。当杆 1、2 也发生屈服时，整个桁架完全失去承载能力，这时对应的荷载 F 称为**塑性极限荷载或极限荷载**，用 F_p 表示。三根杆全部屈服后，它们的轴力均

为 $\sigma_s A$。由节点 A 的平衡条件可得塑性极限荷载为

$$F_p = \sigma_s A(1 + 2\cos\alpha) \tag{13-7}$$

比较式 (13-6) 和式 (13-7)，得

$$\frac{F_p}{F_e} = \frac{1 + 2\cos\alpha}{1 + 2\cos^3\alpha} \tag{13-8}$$

当夹角 $\alpha = 30°$ 时，$F_p/F_e = 1.19$；$\alpha = 45°$ 时，$F_p/F_e = 1.41$。可见，在各杆材料和横截面面积相同的情况下，桁架的塑性极限荷载 F_p 比弹性极限荷载 F_e 分别提高 19% 和 41%。因此，采用弹塑性设计，可以充分利用结构的承载能力。

总结以上分析过程并与弹性变形分析过程比较发现，在杆件的弹性变形阶段，应力应变关系采用胡克定律；在杆件的塑性变形阶段，应力应变关系则需采用理想弹塑性模型或其他模型。而无论杆件处于弹性或塑性变形阶段，静力平衡关系和变形协调关系始终成立。

【例 13-2】 图 13-5（a）中 AB 为刚性杆，杆 1 和杆 2 材料的应力应变曲线如图 13-5（b）所示，两杆横截面面积均为 $A = 100\text{mm}^2$，在 F 力作用下它们的伸长量分别为 $\Delta l_1 = 1.8\text{mm}$ 和 $\Delta l_2 = 0.9\text{mm}$，试问：(1) 此时结构所承受荷载 F 为多少？(2) 若将荷载全部卸除，杆 1 和杆 2 中有无应力？若有，各是多大？(3) 该结构的极限荷载是多少？

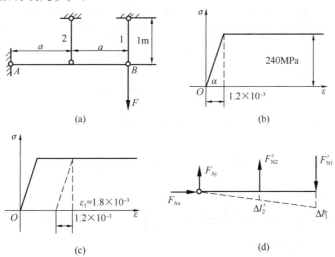

图 13-5 例 13-2 图

解题分析：杆 1、杆 2 材料的应力应变关系为理想弹塑性模型。已知杆的变形，可从应变判断杆件是否进入塑性变形。

【解】 (1) 确定杆 1、杆 2 是否进入塑性。由应力—应变关系可知当 $\varepsilon > 1.2 \times 10^{-3}$ 时，杆将进入塑性变形阶段。杆 1 的应变为

$$\varepsilon_1 = \frac{\Delta l_1}{l_1} = \frac{1.8 \times 10^{-3}}{1} = 1.8 \times 10^{-3} > 1.2 \times 10^{-3}$$

所以，杆 1 已进入塑性变形。杆 2 的应变为

$$\varepsilon_2 = \frac{\Delta l_2}{l_2} = \frac{0.9 \times 10^{-3}}{1} = 0.9 \times 10^{-3} < 1.2 \times 10^{-3}$$

杆2处于弹性变形阶段。

(2) 计算荷载 F 的大小。按给定的应力应变关系，杆1已进入塑性，所以其应力为

$$\sigma_1 = \sigma_s = 240\text{MPa}$$

$$F_{N1} = A \cdot \sigma_s = 100 \times 10^{-6} \times 240 \times 10^6 = 24 \times 10^3 \text{N}$$

杆2处于弹性阶段，所以其应力为

$$\sigma_2 = E \cdot \varepsilon_s$$

$$F_{N2} = \sigma_s \cdot A = E \cdot \varepsilon_s \cdot A = \frac{240 \times 10^6}{1.2 \times 10^{-3}} \times 0.9 \times 10^{-3} \times 100 \times 10^{-6} = 18\text{kN}$$

考虑杆 AB 的静力平衡关系，有

$$\Sigma M_A = 0, \quad -F \cdot 2a + F_{N1} \cdot 2a + F_{N2} \cdot a = 0$$

$$F = F_{N1} + \frac{1}{2}F_{N2} = 24 \times 10^3 + \frac{1}{2} \times 18 \times 10^3 = 33\text{kN}$$

(3) 计算杆1、杆2中应力。由于杆1已发生塑性变形，只有弹性变形部分可以恢复，残余的塑性应变为（图13-5c）

$$\varepsilon_P = 1.8 \times 10^{-3} - 1.2 \times 10^{-3} = 0.6 \times 10^{-3}$$

杆1的残留变形为

$$\Delta l_1^P = \varepsilon_P \cdot l_1 = 0.6 \times 10^{-3} \times 1\text{m} = 0.6 \times 10^{-3}\text{m}$$

外力 F 卸除后，杆2要恢复到其加载前的长度，而杆1由于残余变形阻止杆2恢复，所以杆2受拉，杆1受压，仍为一度静不定问题（图13-5d）。

杆 AB 的平衡方程为

$$\Sigma M_A = 0, \quad F'_{N2} \cdot a - F'_{N1} \cdot 2a = 0$$

变形协调方程为

$$\Delta l'_2 = \frac{1}{2}(\Delta l_1^P - \Delta l'_1)$$

物理关系为

$$\Delta l'_2 = \frac{F'_{N2} l_2}{EA} \quad \Delta l'_1 = \frac{F'_{N1} l_1}{EA}$$

联立求解，得

$$F'_{N1} = \frac{EA}{5l} \cdot \Delta l_1^P = \frac{(200 \times 10^9) \times (100 \times 10^{-6})}{5 \times 1} \times (0.6 \times 10^{-3})$$

$$= 2400\text{N}(\text{压力})$$

$$F'_{N2} = 2F'_{N1} = 4800\text{N}(\text{拉力})$$

$$\sigma'_1 = \frac{F'_{N1}}{A} = \frac{2400}{100 \times 10^{-6}} = 24 \times 10^6 \text{Pa} = 24\text{MPa}(\text{压应力})$$

$$\sigma'_2 = \frac{F'_{N2}}{A} = \frac{4800}{100 \times 10^{-6}} = 48 \times 10^6 \text{Pa} = 48\text{MPa}(\text{拉应力})$$

(4) 计算极限荷载。当杆1、杆2均进入塑性变形时，结构失去承载能力，这时的 F 值即为结构的极限荷载。此时

$$F_{N1} = F_{N2} = \sigma_s A = (240 \times 10^6) \times (100 \times 10^{-6}) = 24 \times 10^3 \text{N} = 24\text{kN}$$

由静力平衡关系 $\Sigma M_A = 0$ 得

$$F_p = F_{N1} + \frac{1}{2}F_{N2} = 24 \times 10^3 + \frac{1}{2} \times 24 \times 10^3 = 36 \times 10^3 \text{N} = 36\text{kN}$$

§13-3 圆轴的弹塑性扭转

当材料处于线弹性变形情况下，圆轴扭转时横截面上切应力公式为(图13-6a)

$$\tau_\rho = \frac{T}{I_p}\rho \tag{13-9}$$

随着扭矩 T 的逐渐增加，截面边缘的最大切应力首先达到剪切屈服强度 τ_s（图13-6b）。

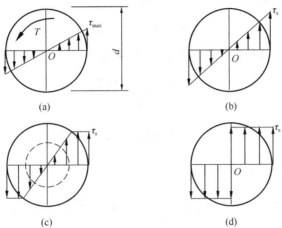

图13-6 圆轴弹塑性扭转横截面上的切应力分布

这时相应的扭矩为弹性极限扭矩 T_e。由式（13-9）知 $\tau_s = \dfrac{T_e}{I_p}\dfrac{d}{2}$，从而得

$$T_e = \frac{\pi d^3}{16}\tau_s \tag{13-10}$$

设材料符合理想弹塑性模型，切应力 τ 和切应变 γ 的关系如图13-7所示。

当继续增大扭矩时横截面靠近边缘部分应力达到 τ_s，相继屈服，形成**塑性区**，这时横截面上的切应力分布如图13-6（c）所示。若再继续增大扭矩，横截面上切应力均达到 τ_s，形成如图13-6（d）所示的塑性极限状态，圆轴丧失抵抗扭转变形的能力。这时的扭矩称为**塑性极限扭矩**，用 T_p 表示，其值为

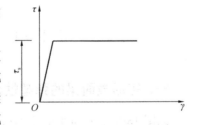

图13-7 切应力与切应变关系

$$T_p = \int_A \rho\tau_s dA = \tau_s\int_0^{d/2} 2\pi\rho^2 d\rho = \frac{\pi d^3}{12}\tau_s \tag{13-11}$$

比较式（13-10）和式（13-11），得

$$T_p/T_e = 4/3 \tag{13-12}$$

式（13-12）表明，按极限荷载法对圆轴扭转进行强度设计时，可将圆轴承载能力提高 33.3%。

【例 13-3】 图 13-8（a）所示空心圆轴，外径为 D，内径为 d，且 $d/D = \alpha$，材料剪切屈服强度为 τ_s。试求圆轴的弹性极限扭矩和塑性极限扭矩，并进行比较。

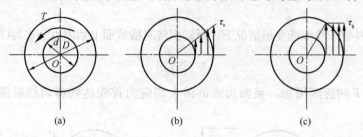

图 13-8 例 13-3 图

【解】（1）弹性极限扭矩（图 13-8b）由公式

$$\tau_s = \frac{T_e}{W_P} = \frac{16T_e}{\pi D^3(1-\alpha^4)}$$

得

$$T_e = \frac{1}{16}\pi D^3(1-\alpha^4) \cdot \tau_s$$

（2）塑性极限扭矩（图 13-8c）为

$$T_p = \int_A \rho \tau_s dA = \tau_s \int_{d/2}^{D/2} 2\pi\rho^2 d\rho = \frac{\pi D^3}{12}(1-\alpha^3)\tau_s$$

$$\frac{T_p}{T_e} = \frac{4(1-\alpha^3)}{3(1-\alpha^4)}$$

当 $\alpha = 0.8$ 时，$T_p/T_e = 1.10$；$\alpha = 0.6$ 时，$T_p/T_e = 1.20$。结果表明，当圆轴内外径之比 α 取 0.8 和 0.6 时，塑性极限扭矩比弹性极限扭矩分别大 10% 和 20%。

§13-4 梁的弹塑性弯曲

一、矩形截面梁的弹塑性分析、塑性铰

以图 13-9（a）所示的矩形截面简支梁为例。梁的中间截面弯矩最大，是危险截面，屈服首先发生在该截面上。最大弯矩 M_{max} 随着荷载 F 的增加而逐渐增大时，在该截面上将相继出现以下三种应力分布状态。

1. 弹性状态：当荷载 F 较小时，横截面上应力为线性分布，最大正应力为

$$\sigma_{max} = \frac{M_{max}}{W_z} \leqslant \sigma_s$$

当 $\sigma_{max} = \sigma_s$ 时，达到弹性极限状态（图 13-9b）。此时，危险截面上的上、下边缘各点的材料开始屈服，相应的弯矩 M_e 为**弹性极限弯矩**，其值为

$$M = W_z \sigma_s = \frac{bh^2}{6}\sigma_s \tag{13-13}$$

第 13 章 简单弹塑性问题

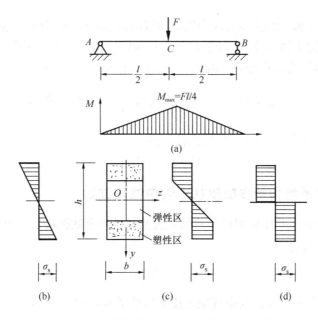

图 13-9 矩形截面梁弹塑性状态下的正应力分布

2. 弹塑性状态：在继续增大荷载 F 时，$M_{\max} > M_e$，危险截面上靠近上、下边缘各点的材料相继屈服，形成塑性区，在此区域内各点的正应力为 σ_s。在中性轴附近，仍为弹性区，$\sigma < \sigma_s$，这部分横截面上正应力仍为线性分布（图 13-9c）。

3. 塑性极限状态：荷载 F 继续增大时，塑性区扩及整个截面，各点正应力均达到 σ_s（图 13-9d），梁处于塑性极限状态。相应的弯矩为**塑性极限弯矩**，用 M_P 表示。此时尽管荷载不再增加，而危险截面各点的应变却可继续增大。整个梁将绕此截面的中性轴发生转动，就好像在那里出现了一个铰链一样，使梁成为几何可变机构，丧失了承载能力。我们把这种截面上材料全部屈服而产生的变形状态称为"**塑性铰**"（图 13-10）。

塑性铰与普通铰链不同，具有以下特点：① 塑性铰是单向铰，只有使梁沿屈服的方向转动时才无约束，若反向加载则恢复约束；② 塑性铰可承受 $M = M_P$ 的弯矩，对梁来说，这相当于阻力矩。而一般铰链是不能承受弯矩的。

显然，静定梁如果出现一个塑性铰，即成为机构，丧失承载能力。

塑性铰形成时的塑性极限弯矩为

$$M_P = \int_{A_+} \sigma_s y dA + \int_{A_-} \sigma_s y dA$$
$$= \sigma_s \left(\int_{A_+} y dA + \int_{A_-} y dA \right)$$

或

$$M_P = (S_+ + S_-) \quad (13\text{-}14)$$

式中，A_+、A_- 分别代表梁在塑性极限状态

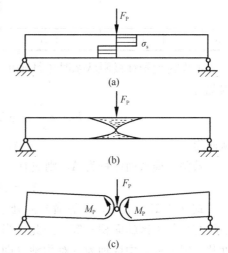

图 13-10 塑性铰

时横截面上中性轴两侧拉应力区和压应力区的面积；S_+、S_- 分别代表 A_+、A_- 对中轴的静矩（都按正值计算）。对于有两个对称轴（例如矩形、圆形、工字形等截面），其中性轴恒为对称轴，这时式（13-14）中 $S_+ = S_- = S_{max}$，于是，

$$M_P = \sigma_s 2 S_{max} = \sigma_s 2\left(b \cdot \frac{h}{2} \cdot \frac{h}{4}\right) \text{或} M_P = \frac{bh^2}{4}\sigma_s \qquad (13\text{-}15)$$

将式（13-13）与式（13-15）进行比较，得

$$M_P/M_e = 1.5 \qquad (13\text{-}16)$$

二、形状系数和塑性极限状态时中性轴位置

定义式（13-15）中屈服应力前的系数为**塑性抗弯截面模量**，用 W_s 表示。则式（13-15）可写为

$$M_p = W_s \sigma_s \qquad (13\text{-}17)$$

定义塑性极限弯矩与弹性极限弯矩之比为形状系数，用 K 表示

$$K = \frac{M_p}{M_e} = \frac{W_s \sigma_s}{W_z \sigma_s} = \frac{W_s}{W_z} \qquad (13\text{-}18)$$

式（13-18）表明，形状系数 K 只与截面形状有关。形状系数越大，说明这种截面形状梁的塑性承载能力比其弹性承载能力提高得越多。表 13-1 中列出几种常见截面的形状系数。

几种常见截面的形状系数　　　　　　　　　表 13-1

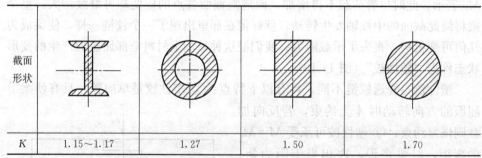

截面形状				
K	1.15～1.17	1.27	1.50	1.70

下面讨论塑性极限状态时中性轴的位置。由于梁的横截面上的轴力总为零，因此有

$$F_N = \int_{A_+} \sigma_s dA + \int_{A_-} \sigma_s dA = 0$$

从而得
$$A_+ = A_-$$

若整个横截面面积为 A，则应有

$$A_+ = A_- = A/2 \qquad (13\text{-}19)$$

式（13-19）表明，梁的横截面处于塑性极限状态时，该截面上拉应力区的面积与压应力区的面积相等。因此，当截面有两个对称轴时（如矩形等），与弹性状态时一样，中性轴为一对称轴（即形心轴）；若截面只有一个对称轴（如 T 字形、槽形截面等），且荷载作用在此对称平面时，由于必须满足式（13-9）的

关系，则中性轴必将偏离形心轴。如图 13-11 所示的 T 字形截面，其塑性中性轴偏离其弹性中性轴（形心轴）。

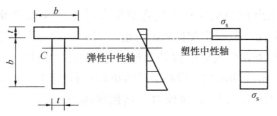

图 13-11　T 形截面的塑性中性轴与弹性中性轴偏离

三、梁的极限荷载

弹塑性设计时确定结构的极限荷载十分重要。求解结构极限荷载常用**极限定理法**。具体解法是：设定结构各种可能的极限状态，根据虚功原理，计算出每个极限状态相应的极限荷载，取其中最小的极限荷载为结构的极限荷载。下面举例说明梁的极限荷载计算方法。

前面讨论过的图 13-9（a）中的梁为静定梁，其最大弯矩为 $M_{\max}=Fl/4$。当 $M_{\max}$ 到达塑性极限弯矩 M_P 时，梁就在最大弯矩的截面上出现塑性铰，这时对应的荷载也就是梁的极限荷载 F_P。因此，令 $M_{\max}=F_P l/4=M_P$，即可确定极限荷载的大小 $F_P=4M_P/l$。对矩形截面梁，$M_P=(bh^2/4)\sigma_s$，于是极限荷载为

$$F_P = \frac{bh^2}{l}\sigma_s \tag{13-20}$$

静不定梁由于有多余约束，一般说，对 n 次（指转动约束）静不定梁，要出现 $(n+1)$ 个塑性铰，梁才会变成几何可变的机构，达到极限状态。现以图 13-12（a）所示梁为例，说明静不定梁极限荷载的计算方法。

在线弹性阶段，按一般静不定梁的分析方法，可作出该梁的弯矩图，如图 13-12（b）所示。梁的最大弯矩发生在左边固定端截面。当荷载 F 逐渐增加时，在固定端截面 A 处首先出现塑性铰。但在 A 处形成塑性铰后，原来的静不定梁相当于图 13-12（c）中的静定梁，并未丧失承载能力。荷载 F 仍然可以继续增加，直到截面 C 处再形成一个塑性铰（图 13-12d），梁才变成几何可变机构，达到其承载的极限状态。这时的荷载即是极限荷载。

为了求出极限荷载，一般无须研究从弹性到塑性的全过程以及塑性铰出现的先后次

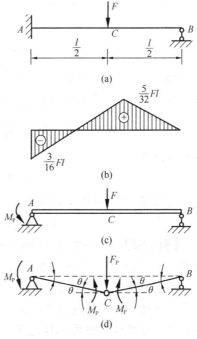

图 13-12　梁的极限荷载

序，可以根据极限定理求出极限荷载。

对本例题，由于静不定次数为1，需出现的塑性铰数为2时才能成为极限状态。而塑性铰可能出现的位置只能是弯矩最大的固定端截面及集中力作用的截面，即 A、C 两截面。判断出塑性铰的可能位置后，即可利用虚功原理求出极限荷载。在极限状态下，略去梁的弹性变形，把梁看做由塑性铰 A 和 C 相连接的刚性杆 AC 和 CB 组成的机构。设杆 AC 沿机构运行方向产生虚角位移 θ，杆 CB 也随之转动 θ 角（图 13-12d），则外力 F 所做虚功为

$$W_e = F \cdot \theta \frac{l}{2}$$

内力虚功为

$$W_i = M_p \cdot \theta + M_p \cdot \theta + M_p \cdot \theta$$

由虚功原理，$W_e = W_i$，可得

$$F \cdot \theta \frac{l}{2} = M_p \theta + M_p \theta + M_p \theta$$

所以 $\qquad F_p = 6M_p/l$

【**例 13-4**】 试求图 13-13（a）所示静不定梁的极限荷载 F_p。

解题分析：此问题为 3 度静不定问题，但在小变形条件下，忽略水平方向的支座反力后成为 2 度静不定。只有出现 $2+1=3$ 个塑性铰，上述结构才会变成塑性机构。梁可能出现塑料性铰的位置只有三个，即 A、B、C 处。

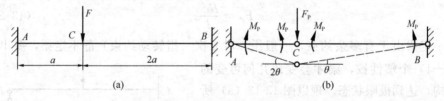

图 13-13 例 13-4 图

【**解**】 设杆 BC 沿机构运动方向产生一虚位移 θ，则杆 AC 虚位移为 2θ，C 点虚位移为 $2a\theta$。内力在虚位移上做功为

$$W_i = M_p \cdot 2\theta + M_p \cdot 2\theta + M_p \cdot \theta + M_p \cdot \theta = 6M_p \theta$$

外力虚功为

$$W_e = F_p \cdot 2a\theta$$

由虚功原理，$W_e = W_i$，则有

$$F_p \cdot 2a\theta = 6M_p \theta, F_p = 3M_p/a$$

【**例 13-5**】 矩形截面（50mm×75mm）简支梁，承受的荷载如图 13-14（a）所示，$q = 1$kN/m，材料的屈服应力 $\sigma_s = 250$MPa，试求梁的极限荷载。

解题分析：该结构为静定结构，只要有一个塑性铰，就称为达到其承载极限状态。问题是：塑性铰会出现在什么位置；有两种可能性：一是塑性铰出现在 C 点；二是塑性铰出现在 AB 之间。分别讨论两种情况，取较小者为梁的极限荷载。矩形截面形状系数为 1.5。

第 13 章 简单弹塑性问题

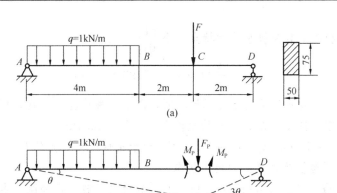

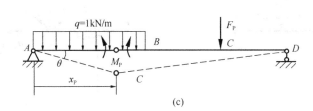

图 13-14 例 13-5 图

【解】 (1) 计算 M_p。由式 (13-15) 得

$$M_p = \frac{1}{4}bh^2\sigma_s = \frac{1}{4}(0.050) \times (0.075)^2 \times (250 \times 10^6) = 17578.125 \text{N} \cdot \text{m}$$

(2) 塑性铰出现在 C 点（图 13-14b）。

设杆 AC 虚转角为 θ，则外力 F_p 的虚功为 $F_p \cdot 6 \cdot \theta$；均布荷载的虚功为

$$\int_0^4 x\theta q \, dx = 8q\theta$$

内力虚功为

$$M_p \cdot \theta + M_p \cdot 3\theta = M_p \cdot 4\theta$$

由虚功原理得

$$F_p \cdot 6\theta + 8q\theta = 4M_p \cdot \theta, F_p = (4M_p - 8q)/6$$

将 M_p 和 q 的数值代入，得

$$F_p = 10.4 \text{kN}$$

(3) 塑性铰出现在 AB 之间（图 13-14c）。

设塑性铰离 A 点距离为 x_p，给如图所示的虚位移 θ，均布荷载虚功为

$$\int_0^{x_p} x \cdot \theta q \, dx + \int_{x_p}^4 \frac{x_p}{8-x_p}\theta \times (8-x)q \, dx = \frac{1}{2}x_p^2 q\theta + \frac{x_p \cdot \theta}{8-x_p}q(24 - 8x_p + 0.5x_p^2)$$

F_P 的虚功为 $F_p \times \frac{x_p}{8-x_p} \times \theta \times 2$，内力虚功为 $M_p \cdot \theta + \frac{x_p}{8-x_p}M_p \cdot \theta = \frac{8}{8-x_p}M_p \cdot \theta$。

由虚功原理得

$$F_p \frac{2\theta x_p}{8-x_p} + \frac{1}{2}x_p^2 \cdot q\theta + \frac{x_p \theta}{8-x_p}q(24 - 8x_p + 0.5x_p^2) = \frac{8}{8-x_p}M_p\theta$$

$$F_p = 4\frac{M_p}{x_p} + 2qx_p - 10q$$

根据真正的极限荷载为极小值的特点，令 $\dfrac{\mathrm{d}F_\mathrm{p}}{\mathrm{d}x_\mathrm{p}}=0$，得

$$x_\mathrm{p}^2=\dfrac{2}{q}M_\mathrm{p},\ x_\mathrm{p}=5.93\mathrm{m}>4\mathrm{m}$$

这说明塑性铰不可能发生在 AB 之间，即第二种情况不存在，所以该结构的极限荷载为塑性铰发生在 C 点时的极限荷载：$F_\mathrm{p}=10.4\mathrm{kN}$。

讨论：$x_\mathrm{p}=5.93\mathrm{m}$ 时，$F_\mathrm{p}=11.7\mathrm{kN}$，大于塑性铰在 C 点的 $F_\mathrm{p}=10.4\mathrm{kN}$。这说明 C 点出现塑性铰是真实的极限状态。

【例 13-6】 试求图 13-15（a）所示刚架的极限荷载。已知刚架各杆的横截面积相等，材料相同，截面的极限弯矩为 M_p。

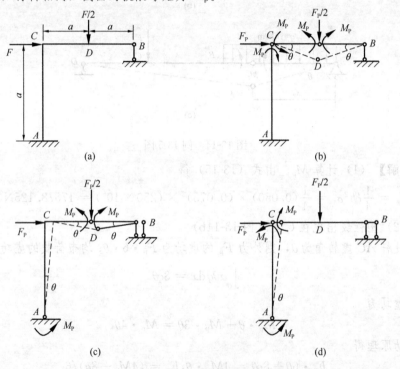

图 13-15 例 13-6 图

【解】 （1）极限状态分析：与梁的塑性极限分析相同，在计算刚架的极限荷载时，忽略剪力和轴力的影响。

注意到本例是一次静不定刚架，当其上出现两个塑性铰时，即近似于几何可变的机构而处于极限状态。同时，由刚架的受力情况可知，其峰值弯矩发生在截面 A、C 和 D 处。因此，该刚架相应有三种可能的极限状态，分别如图 13-15（b）、(c) 和图 13-15（d）所示，其中极限弯矩 M_p 的方向是由塑性铰为单向铰即极限弯矩的方向总是与该截面上机构转动的方向相反的特点所确定的。

（2）确定极限荷载：对于图 13-15（b）所示的极限状态，根据虚功原理，列出虚功方程为

$$\dfrac{F_\mathrm{p}}{2}\times\theta\times a-M_\mathrm{p}\times2\theta-M_\mathrm{p}\times\theta=0$$

第 13 章 简单弹塑性问题

由此求得

$$F_p = \frac{6M_p}{a}$$

对于图 13-15（c）所示的极限状态，根据虚功原理，列出虚功方程为

$$F_p \times \theta \times 2a + \frac{F_p}{2} \times \theta \times a - M_p \times 2\theta - M_p \times \theta = 0$$

由此求得

$$F_p = \frac{6M_p}{5a}$$

对于图 13-15（d）所示的极限状态，根据虚功原理，列出虚功方程为

$$F_p \times \theta \times 2a - M_p \times \theta - M_p \times 2\theta = 0$$

由此求得

$$F_p = \frac{M_p}{a}$$

比较它们的大小，可以看出图 13-15（d）的极限荷载值最小，因此，图 13-15（d）所示的极限状态为梁的真实极限状态，故梁的极限荷载为

$$F_p = \frac{M_p}{a}$$

§13-5 残余应力的概念

在荷载作用下，当构件局部的应力超过屈服强度时，这些部位将产生塑性变形。但构件的其余部分还是弹性的。如再将荷载卸除，已经发生塑性变形的部分不能恢复其原来形状，必将阻碍弹性部分的变形恢复，从而引起内部相互作用的应力，这种应力称为**残余应力**。残余应力不是荷载所致，而是弹性部分与塑性部分相互制约的结果。

现以矩形截面梁受纯弯曲为例（图 13-16），说明残余应力的概念。

设梁的材料为理想弹塑性材料，且设梁在 M 作用下处于弹塑性状态，即截面上已有部分面积为塑性区（图 13-16a）。如把卸载过程设想为在梁上作用一个

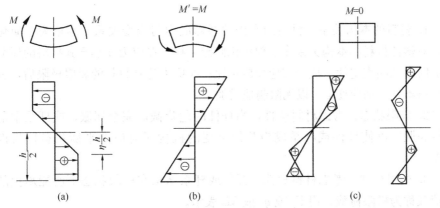

图 13-16　矩形截面梁纯弯曲的残余应力

逐渐增加的弯矩 M'，其方向与加载时弯矩的方向相反，当这一弯矩在数据上等于原来的弯矩，即 $M = M'$ 时，荷载即已完全卸除。但是在卸除过程中，应力应变关系是线弹性的，因而与上述卸除弯矩 M' 对应的应力 σ' 是按线性规律分布的（图 13-16b）。将加载和卸载两种应力叠加，得卸载后残留的应力如图 13-16（c）所示，这就是残余应力。即梁的残余应力等于按加载规律引起的应力和按卸载时线性规律引起的应力的代数和。以 σ_r 表示残余应力，有

$$\sigma_r = \sigma + \sigma' \tag{13-21}$$

图 13-16 所示梁下半部的残余应力 σ_r，表达式为

$$\sigma_r = \sigma_s - \frac{M}{I}y \quad \left(\eta\frac{h}{2} \leqslant y \leqslant \frac{h}{2}\right)$$

$$\sigma_r = \frac{\sigma_s y}{\eta(h/2)} - \frac{M}{I}y \quad \left(0 \leqslant y \leqslant \eta\frac{h}{2}\right)$$

式中，$0 \leqslant \eta \leqslant 1$。

对具有残余应力的梁，如再作用一个与第一次加载方向相同的弯矩时，新增加的应力沿梁截面高度也是线性分布。就最外层的纤维而言，直到新增加的应力与残余应力叠加的结果等于 σ_s 时，才再次出现塑性变形。可见，只要第二次加载与第一次加载方向相同，则因第一次加载出现的残余应力，提高了第二次加载的弹性范围。这就是工程上常用的"自增强技术"的原理。

上述关于弯曲变形残余应力的讨论，只要略作改变，就可用于圆轴扭转问题。

对于静定桁架，杆件若发生塑性变形后卸载，虽存在残余应变，但由于没有多余约束，所以不会出现残余应力。对于静不定桁架，若某些杆件发生塑性变形后卸载，也将引起残余应力。例如图 13-4（a）所示桁架，若在杆 3 已发生塑性变形，而杆 1、2 仍然是弹性的情况下卸载，则杆 3 的塑性变形将阻碍 1、2 恢复长度，这就必然引起残余应力。这与由于杆 3 有加工误差而引起装配应力是相似的。在例 13-2 中，卸载后杆 1、2 中的应力就是残余应力。

小结及学习指导

1. 材料的本构关系。材料的本构关系即应力与应变关系。本章为了简化计算，对塑性材料的本构关系作了理想化假定：材料在应力 σ 小于其材料的屈服极限 σ_s 时服从胡克定律，应力与应变成正比；在应力达到材料的屈服极限后，其应力保持不变，而应变 ε 可以无限制地增加。

2. 极限状态。考虑材料塑性，当杆件的危险截面完全屈服，或杆系中危险杆件屈服，以使杆件或杆系成为几何可变的机构所对应的平衡状态称为极限状态。

3. 极限荷载。考虑材料塑性，杆件或杆系结构在极限状态下所能承担的最大荷载称为极限荷载，用 F_p 或 q_p 或 M_{ep} 表示。

4. 塑性极限分析。考虑材料塑性，对杆件或杆系结构的极限状态、极限荷

载所做的分析计算称为塑性极限分析。

5. 塑性铰。梁的横截面上弯矩达到极限弯矩时，该截面完全屈服，从而失去转动约束，就好像一个承受极限弯矩的铰链一样，故称该截面为塑性铰。

6. 容许荷载法。以极限荷载作为强度控制因素，进行强度计算的方法称为容许荷载法。相应的强度条件为 $F_{\max} \leqslant [F]$，式中，$[F]$ 为用杆或杆系的极限荷载 F_p 除以安全因数 n 得到的容许荷载 $F_{\max}$ 为杆件或结构所承受的最大荷载。

7. 拉（压）静不定杆系（简单桁架）的极限状态与极限荷载。

(1) 屈服轴力与极限轴力的计算：$F_{Ns} = F_{Np} = A\sigma_s$

(2) 拉（压）静不定杆系的极限状态与极限荷载：在 n 次拉（压）静不定杆系中，有 $n+1$ 根杆屈服时，杆系即近似于几何可变的机构而处于极限状态。

对 n 次拉（压）静定杆系，其极限荷载可采用比较法进行计算，步骤如下：

1) 确定可能屈服的 $n+1$ 根杆，作各种可能的极限状态图；

2) 利用静力平衡条件，求出相应于各种可能极限状态的极限荷载，并确定其最小值为真实极限荷载。

8. 圆轴的极限扭矩。实心圆轴极限扭矩计算公式为：$\tau_p = \pi d^3 \tau_s / 12$

9. 梁的极限荷载。

(1) 极限弯矩的计算：

1) 中性轴的位置。在极限状态下，中性轴将截面分成面积相等的两部分。

2) 极限弯矩的计算公式为

$$M_p = \frac{A\sigma_s}{2}(y_1 + y_2)$$

式中，y_1 与 y_2 分别为中性轴以上部分面积与中性轴以下部分面积到中性轴的距离。

(2) 梁的极限状态与极限荷载。

对静定梁，当梁上出现一个塑性铰时，梁即近似于几何可变的机构而处于极限状态。在极限状态下，利用静力平衡条件可求得梁的极限荷载。对 n 次静不定梁，当梁上出现 $n+1$ 个塑性铰时，梁即近似于几何可变的机构而处于极限状态。其极限荷载可采用比较法进行计算，步骤如下：1) 确定 $n+1$ 个可能出现塑性铰的各个位置，作各种可能的极限状态图。2) 利用静力平衡条件，求出相应于各种可能极限状态的极限荷载，并确定其最小值为真实极限荷载。

注意掌握梁的屈服弯矩与极限弯矩的计算，常见截面形状极限弯矩的计算公式：

对于高度 h、宽为 b 的矩形截面 $M_p = \sigma_s bh^2/4$

对于直径为 d 的圆形截面 $M_p = \sigma_s d^3/6$

对于外径为 D、内径为 d 的空心圆截面 $M_p = \sigma_s D^3[1-(1-2\delta/D)^3]/6$

思 考 题

13-1 关于理想弹塑性假设，下列说法正确的是（　　）。

A. 当应力 $\sigma = \sigma_s$ 时,胡克定律仍然成立
B. 塑性屈服后,增大荷载,应力也相应增大
C. 塑性屈服后,应力不变,应变无限增大
D. 进入塑性状态后卸载,应力为零,应变也为零

13-2 已知图 13-17 所示桁架各杆核横截面面积均为 A,材料屈服强度均为 σ_s,其极限荷载 F_p 等于( )。

A. $5A\sigma_s$
B. $A\sigma_s(1+4\cos\alpha)$
C. $A\sigma_s(1+\cos\alpha+\cos2\alpha)$
D. $A\sigma_s(1+2\cos\alpha+2\cos2\alpha)$

13-3 如图 13-18 所示三种横截面形状的梁。问当截面上弯矩由弹性向塑性过渡时,其中性轴将向哪个方向移动?正确的是( )。

A. (a) 向下,(b) 向下,(c) 向上
B. (a) 向下,(b) 向下,(c) 向下
C. (a) 向下,(b) 向上,(c) 不动
D. (a) 向下,(b) 向下,(c) 不动

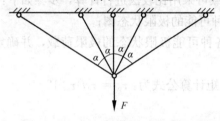

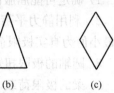

图 13-17 思考题 13-2 图　　　　图 13-18 思考题 13-3 图

13-4 n 度静不定梁,成为塑性机构的条件是出现( )个塑性铰。

A. $n-1$ 个　　B. n 个　　C. $n+1$ 个　　D. $2n$ 个

13-5 梁弯曲时,在某截面处形成塑性铰时,下面不正确的结论是( )。

A. 整个截面都进入屈服状态
B. 该截面上最大应力等于屈服应力
C. 该截面上最大压应力等于屈服应力
D. 该截面上弯矩为零

13-6 比较塑性铰与真实铰,我们发现( )。

A. 两者都不能传递弯矩
B. 塑性铰两侧梁截面转角必须连续,而真实铰则不一定
C. 梁截面可以绕真实铰自由转动,塑性铰也可以
D. 两者都可以传递剪力

13-7 图 13-19 中给出了几个塑性铰,极限弯矩 M_p 标注正确的是( )。

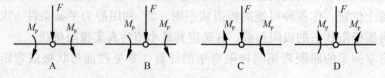

图 13-19 思考题 13-7 图

习 题

13-1 如图 13-20(a)所示桁架,材料的应力-应变关系可用方程 $\sigma^n = B\varepsilon$ 表示(图 13-20b),其中 n 和 B 为由实验测得的已知常数。试求节点 C 的铅垂位移。设各杆的横截面面积均为 A。

第 13 章 简单弹塑性问题

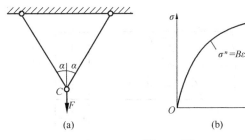

图 13-20 习题 13-1 图

13-2 如图 13-21 所示结构，AB 为刚性杆，杆 1、2 由同一理想弹性材料制成，横截面面积均为 A，屈服强度为 σ_s，试求结构弹性极限荷载 F_e 和塑性极限荷载 F_p。

13-3 如图 13-22 所示直杆，左端固定，右端与固定面之间有 $\Delta = 0.02$mm 的间隙。材料为理想弹性材料，$E = 200$GPa，$\sigma_s = 220$MPa，杆件 AB 部分横截面面积 $A_1 = 200$mm^2，BC 部分 $A_2 = 100$mm^2。试求杆件的弹性极限荷载 F_e 和塑性极限荷载 F_p。

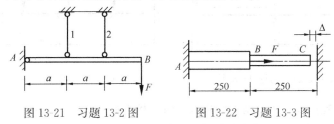

图 13-21 习题 13-2 图　　图 13-22 习题 13-3 图

13-4 如图 13-23 所示结构，AB 为刚性杆，杆 1、3 为钢制，$\sigma_{s1} = 240$MPa，杆 2 为铜制，$\sigma_{s2} = 180$MPa，两杆横截面面积之比 $A_1 : A_2 = 1.5$，$F = 100$kN，安全因数 $n = 1.5$，试按极限荷载法确定各杆的横截面面积。

13-5 如图 13-24 所示结构，$ABCD$ 为刚性杆，杆 1、2、3 材料相同，为理想弹塑性材料，弹性模量为 E，屈服强度 σ_s 均为已知量，杆长均为 l，横截面面积均为 A。试求结构的弹性极限荷载 F_e 和塑性极限荷载 F_p。

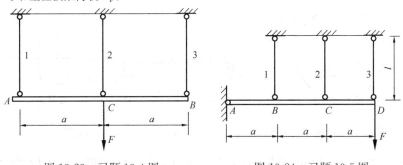

图 13-23 习题 13-4 图　　图 13-24 习题 13-5 图

13-6 试求图 13-25 所示结构开始出现塑性变形时的荷载 F_1 和极限荷载 F_p。设材料是理想弹塑性的，且各杆的材料相同，横截面面积均为 A。

13-7 如图 13-26 所示，设材料拉伸时应力-应变关系为 $\sigma = C\varepsilon^n$，式中 C 和 n 皆为常量，且 $0 \leq n \leq 1$。压缩的应力-应变关系与拉伸的相同。梁截面是高为 h、宽为 b 的矩形。试导出纯弯曲时弯曲正应力的计算公式。

13-8 试求如图 13-27 所示圆轴的极限荷载 M_{ep}。已知轴的

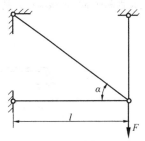

图 13-25 习题 13-6 图

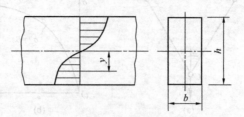

图 13-26 习题 13-7 图

直径 $d=30\text{mm}$,屈服极限 $\tau_s=100\text{MPa}$。

13-9 如图 13-28 所示理想弹塑性材料的实心圆轴,直径为 d,受 3 个相等的外力偶矩 M_0 作用,材料剪切屈服强度为 τ_s,试求 M_0 的极限值 M_{0p}。

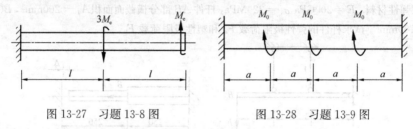

图 13-27 习题 13-8 图   图 13-28 习题 13-9 图

13-10 由理想弹塑性材料制成的圆轴,受扭时横截面上已形成塑性区,沿半径应力分布如图 13-29 所示。试证明相应的扭矩的表达式是

$$T = \frac{2}{3}\pi r^3 \tau_s \left(1 - \frac{1}{4} \cdot \frac{c^3}{r^3}\right)$$

13-11 如图 13-30 所示矩形截面简支梁,跨度为 $2l$,高度为 $2h$,宽度为 $2b$,材料为理想弹塑性材料,屈服强度为 σ_s。梁上作用均布荷载 q,试求:(1) 弹性极限荷载 q_e 和塑性极限荷载 q_p;(2) 当截面上弹性区坐标高度为 $h/2$ 时,截面上的弯矩值。

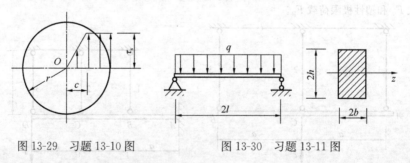

图 13-29 习题 13-10 图   图 13-30 习题 13-11 图

13-12 如图 13-31 所示矩形截面简支梁,已知材料的 $\sigma_s=250\text{MPa}$,试求使梁跨中截面 C 的顶部和底部的屈服深度达到 12mm 时荷载 F 值。

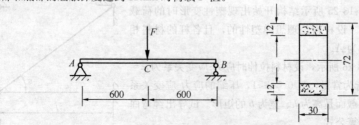

图 13-31 习题 13-12 图

13-13 试求如图 13-32 所示两等截面梁的极限荷载 M_{ep}。并对结果进行比较。已知各梁截面的极限弯矩均为 M_p。

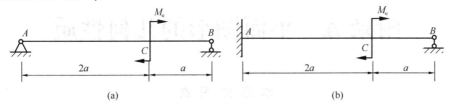

图 13-32　习题 13-13 图

13-14 试求如图 13-33 所示梁的极限荷载 F_p。已知梁截面为矩形，高为 h，宽为 b，材料的屈服极限应力为 σ_s。

13-15 双跨梁上的荷载如图 13-34 所示，试求极限荷载。

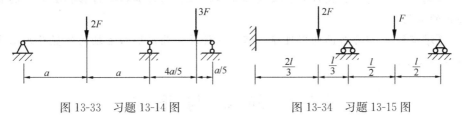

图 13-33　习题 13-14 图　　　　　图 13-34　习题 13-15 图

13-16 试求如图 13-35 所示各刚架的极限荷载 F_p。已知刚架各杆截面的极限弯矩均为 M_p。

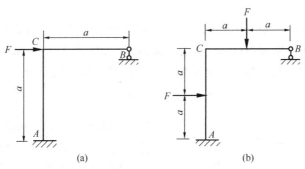

图 13-35　习题 13-16 图

13-17 平均半径为 R 的薄壁圆环受沿直径方向的两个 F 力作用，如图 13-36 所示，试求极限荷载 F_p。

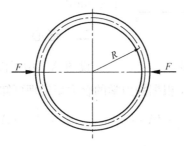

图 13-36　习题 13-17 图

附录 A 平面图形的几何性质

本章知识点

【知识点】 静矩的定义，截面形心坐标的确定，组合截面的静矩和形心计算；惯性矩、极惯性积和惯性半径的定义与计算，组合截面的惯性矩、惯性积计算；平行移轴公式，转轴公式；主惯性轴、主惯性矩。

【重点】 静矩、惯性矩、极惯性矩和惯性积的计算，平行移轴公式、转轴公式的应用。

【难点】 组合截面的惯性矩、惯性积计算，确定形心主轴的位置及形心主惯性矩大小。

§A-1 静矩与形心

一、静矩

在坐标系 $O\text{-}yz$ 下有一任意平面图形，如图 A-1 所示，其面积为 A。图形上某一微面积 dA 在坐标系 $O\text{-}yz$ 下的坐标为 (y, z)，那么 ydA 和 zdA 分别称为微面积 dA 对 z 和 y 轴的静矩。遍及整个平面图形面积 A 的积分

$$S_z = \int_A y dA, \qquad S_y = \int_A z dA \tag{A-1}$$

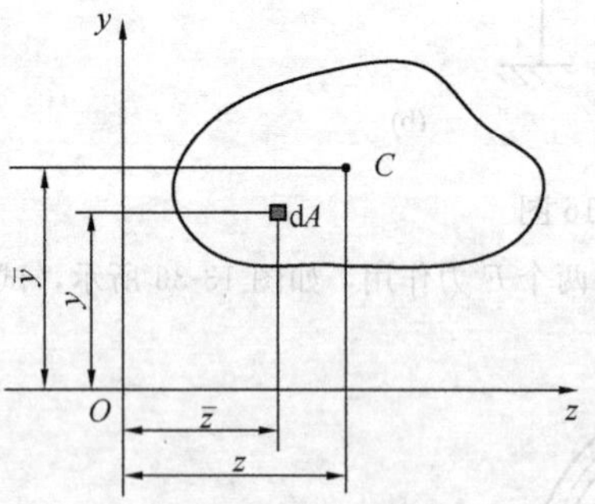

分别称为图形对于 z 和 y 轴的静矩。

静矩又称为一次矩，是对于某一坐标轴而言的，同一平面图形对于不同的坐标轴的静矩是不同的。静矩可能为正也可能为负，也可能为零，其量纲是长度的三次方，单位：mm^3。

图 A-1 平面图形

二、形心

设图 A-1 中平面图形的形心 C 在坐标系 $O\text{-}yz$ 下的坐标为 $(\bar{y}, \bar{z})$，根据静力学的合力矩定理可知

$$S_z = \int_A y dA = \bar{y} A, \qquad S_y = \int_A z dA = \bar{z} A \tag{A-2}$$

将式 (A-2) 进一步整理，得

$$\bar{y} = \frac{S_z}{A} = \frac{\int_A y dA}{A}, \qquad \bar{z} = \frac{S_y}{A} = \frac{\int_A z dA}{A} \tag{A-3}$$

上式表明，平面图形对 y 轴和 z 轴的静矩除以图形的面积 A，就可得到图形的形心坐标 $(\overline{y}, \overline{z})$。同时可知：当某一坐标轴通过图形形心时，则图形对该轴的静矩等于零；反之，当图形对某一坐标轴的静矩等于零时，那么该轴一定通过其形心。

三、组合图形的静矩与形心

如果一个平面图形可以分割成若干个简单图形（如圆形、矩形、三角形等），那么根据静矩的定义可写出

$$S_z = \sum_{i=1}^n \overline{y}_i A_i, \qquad S_y = \sum_{i=1}^n \overline{z}_i A_i \tag{A-4}$$

式中 n 为简单图形的个数，A_i 为第 i 个简单图形的面积，$\overline{y}_i$、$\overline{z}_i$ 为第 i 个简单图形形心的坐标值。

式（A-4）显示，图形对于某一轴的静矩，等于其各个组成部分对同一轴的静矩之和。同理可知，组合图形的形心坐标为

$$\overline{y} = \frac{\sum_{i=1}^n \overline{y}_i A_i}{\sum_{i=1}^n A_i}, \qquad \overline{z} = \frac{\sum_{i=1}^n \overline{z}_i A_i}{\sum_{i=1}^n A_i} \tag{A-5}$$

【**例 A-1**】 试求图 A-2 所示半圆截面对 z 和 y 轴的静矩 S_z 和 S_y，以及图形形心 C 的坐标 $\overline{y}$ 和 $\overline{z}$。

【**解**】取平行于 z 轴、宽为 $\mathrm{d}y$ 的狭长条作为微面积 $\mathrm{d}A$，则有

$$\mathrm{d}A = z\mathrm{d}y = 2R\cos\theta \cdot \mathrm{d}y$$

由于

$$y = R\sin\theta$$

所以

$$\mathrm{d}y = R\cos\theta \cdot \mathrm{d}\theta$$

将上式代入微面积 $\mathrm{d}A$ 的表达式，得

$$\mathrm{d}A = z\mathrm{d}y = 2R^2 \cos^2\theta \cdot \mathrm{d}\theta$$

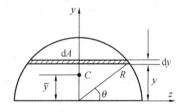

图 A-2 例 A-1 图

因此，

$$S_z = \overline{y}A = \int_A y\mathrm{d}A = \int_0^{\pi/2} 2R^2 \cos^2\theta \cdot \mathrm{d}\theta = \frac{2}{3}R^3$$

由于 y 轴为半圆图形的对称轴，那么半圆截面对 y 轴的静矩必为 $S_y = 0$。同样可知，形心 C 的坐标值 $\overline{z} = 0$。

根据式（A-3），得

$$\overline{y} = \frac{S_z}{A} = \frac{2R^3/3}{\pi R^2/2} = \frac{4R}{3\pi}$$

【**例 A-2**】 试计算图 A-3 所示平面图形的形心坐标。

【**解**】由于图形具有纵向对称轴，故取该

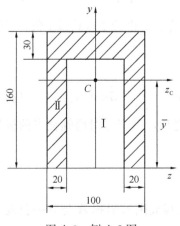

图 A-3 例 A-2 图

对称轴为 y 轴，底边为 z 轴。根据对称关系，可知，图形形心 C 必在 y 轴上，所以只需要计算形心在 y 轴上的位置。可将图形分成两个矩形，其中中空部分矩形为矩形 I，由整个大边围成的图形为矩形 II。则有

$$A_I = (100 - 20 - 20) \times (160 - 30) = 7.8 \times 10^3 \text{ mm}^2$$

$$\bar{y}_I = \frac{160 - 30}{2} = 65 \text{mm}$$

$$A_{II} = 100 \times 160 = 16 \times 10^3 \text{ mm}^2$$

$$\bar{y}_I = \frac{160}{2} = 80 \text{mm}$$

根据式（A-5），得

$$\bar{y} = \frac{\sum_{i=1}^{n} \bar{y}_i A_i}{\sum_{i=1}^{n} A_i} = \frac{-\bar{y}_I A_I + \bar{y}_{II} A_{II}}{-A_I + A_{II}} = \frac{-65 \times 7.8 \times 10^3 + 80 \times 16 \times 10^3}{-7.8 \times 10^3 + 16 \times 10^3}$$

$$= 94.3 \text{mm}$$

§A-2 惯性矩、惯性半径和惯性积

一、惯性矩

如图 A-4 所示的任意平面图形，其面积为 A。在图形内的任一点 (y, z) 处取微面积 dA，那么微面积在整个图形上遍历积分

$$I_y = \int_A z^2 dA, \quad I_z = \int_A y^2 dA \tag{A-6}$$

分别称为图形对 y 轴和 z 轴的惯性矩。

惯性矩又称为二次矩，其量纲是长度的四次方，因此惯性矩总是正的。

设微面积 dA 到坐标原点 O 的距离为 ρ，则

$$I_p = \int_A \rho^2 dA \tag{A-7}$$

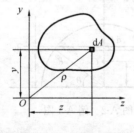

图 A-4 平面图形

称为图形对坐标原点 O 的极惯性矩。与惯性矩一样，极惯性矩也总是正值，量纲为长度的四次方。

由图 A-4 可知，$\rho^2 = y^2 + z^2$，于是有

$$I_p = \int_A \rho^2 dA = \int_A (y^2 + z^2) dA = \int_A y^2 dA + \int_A z^2 dA = I_z + I_y \tag{A-8}$$

上式表明，图形对于任意一对正交轴的惯性矩之和，等于它对两轴交点的极惯性矩。

二、惯性半径

为了应用方便，在力学计算中有时把惯性矩写成图形面积 A 与某一长度平方的乘积，即

$$I_y = i_y^2 \cdot A, \ I_z = i_z^2 \cdot A \qquad (A-9)$$

或

$$i_y = \sqrt{\frac{I_y}{A}}, \qquad i_z = \sqrt{\frac{I_z}{A}} \qquad (A-10)$$

【例 A-3】 试计算图示矩形对其对称轴 y 和 z 的惯性矩和惯性半径。

【解】 首先，计算图形对 z 轴的惯性矩和惯性半径。取平行于 z 轴狭长条作为微面积 dA，则有

$$dA = b\,dy$$

代入式（A-6），得

$$I_z = \int_A y^2 dA = \int_{-h/2}^{h/2} by^2 dy = \frac{bh^3}{12}$$

由式（A-10）可计算出

$$i_z = \sqrt{\frac{I_z}{A}} = \sqrt{\frac{bh^3/12}{bh}} = \frac{h}{2\sqrt{3}}$$

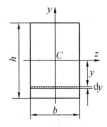

图 A-5 例 A-3 图

同理，可求出图形对 y 轴的惯性矩和惯性半径，即

$$I_y = \frac{hb^3}{12}, \qquad i_y = \frac{b}{2\sqrt{3}}$$

三、惯性积

图 A-4 中，微面积 dA 的坐标值 y 和 z 的乘积对于平面图形 A 的遍历积分

$$I_{yz} = \int_A yz\,dA \qquad (A-11)$$

称为图形对 y、z 轴的惯性积。

由于坐标值乘积 yz 可能为正或负，所以惯性积 I_{yz} 的数值可能为正或负，也可能等于零，其量纲为长度的四次方。

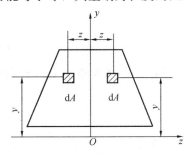

图 A-6 对称平面图形

如果坐标轴 y 和 z 中有一个是图形的对称轴，例如图 A-6 中的 y 轴。这时，若在 y 轴两侧的对称位置各取一微面积 dA，那么两个面积的 y 坐标相同，而 z 坐标的数值相等但符号相反。所以两个微面积的惯性积数值相等，正负号相反，它们在积分中相互抵消，最后其惯性积等于零。

因此，坐标系的两个坐标轴中，只要有一个轴为平面图形的对称轴，则图形对这一坐标系的惯性积必等于零。

§A-3 平行移轴定理

根据前面的分析可知，同一平面图形对于不同坐标轴的惯性矩和惯性积并不

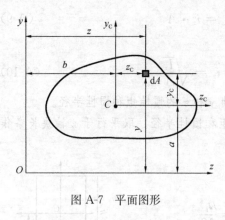

图 A-7 平面图形

相同。本节将研究平面图形对任一轴的惯性矩以及与该轴平行的形心轴的惯性矩之间的关系，建立平行移轴定理。

图 A-7 所示的平面图形中，C 为图形的形心，y_C、z_C 是通过图形形心的坐标轴。图形对形心轴 y_C、z_C 的惯性矩和惯性积分别记为

$$\left. \begin{array}{l} I_{y_C} = \int_A z_C^2 \mathrm{d}A \\ I_{z_C} = \int_A y_C^2 \mathrm{d}A \\ I_{y_C z_C} = \int_A yz \mathrm{d}A \end{array} \right\} \quad (\text{A-12})$$

若坐标系 $O\text{-}yz$ 与 $C\text{-}y_C z_C$ 的坐标轴分别对应平行，且平行轴间的距离分别为 b 和 a，如图 A-7 所示，图形对 y 轴和 z 轴的惯性矩和惯性积应为

$$I_y = \int_A z^2 \mathrm{d}A, \quad I_z = \int_A y^2 \mathrm{d}A, \quad I_{yz} = \int_A yz \mathrm{d}A \quad (\text{A-13})$$

由图 A-7 所示的坐标轴之间的关系可知

$$y = y_C + a, \quad z = z_C + b \quad (\text{A-14})$$

因此

$$I_y = \int_A z^2 \mathrm{d}A = \int_A (z_C + b)^2 \mathrm{d}A = \int_A z_C^2 \mathrm{d}A + 2b \int_A z_C \mathrm{d}A + b^2 \int_A \mathrm{d}A \quad (\text{A-15})$$

式中右边第一个积分为图形对 y_C 轴的惯性矩；第二个积分为图形对 y_C 轴静矩，其值等于零，因为 y_C 轴为形心轴；第三个积分为图形的面积。故该式可进一步简化为

$$I_y = I_{y_C} + b^2 A \quad (\text{A-16})$$

即图形对于任一轴 y 的惯性矩，等于对其平行形心轴 y_C 的惯性矩加上图形面积与两轴间距离平方的乘积。

同理，可分别求出

$$I_z = I_{z_C} + a^2 A \quad (\text{A-17})$$

$$I_{yz} = I_{y_C z_C} + abA \quad (\text{A-18})$$

式（A-16）、式（A-17）和式（A-18）称为平行移轴定理。应用平行移轴定理，可以使较复杂的组合图形惯性矩和惯性积的计算得以简单化。

【例 A-4】 试计算图 A-8 所示组合图形的形心轴惯性矩 I_{y_C} 和 I_{z_C}。

【解】 把图形看作由矩形 Ⅰ 和矩形 Ⅱ 所组成。由

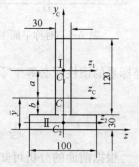

图 A-8 例 A-4 图

于图形有垂直对称轴，形心必落在此轴上，只需计算形心在该轴上的坐标 $\bar{y}$。取与图形 Ⅱ 底边重合的参考轴 z，于是可计算出

$$\bar{y} = \frac{y_1 A_1 + y_2 A_2}{A_1 + A_2}$$
$$= \frac{120 \times 30 \times (60 + 30) + 100 \times 30 \times 15}{120 \times 30 + 100 \times 30}$$
$$= 55.9 \text{mm}$$

然后，利用平行移轴定理，分别计算出矩形 Ⅰ 和 Ⅱ 对 y_C 和 z_C 轴的惯性矩，由题意得知：$a = 60 + 30 - 55.9 = 34.1 \text{mm}$，$b = 55.9 - 15 = 40.9 \text{mm}$，则

$$I_{y_C}^{\mathrm{I}} = \frac{120 \times 30^3}{12} = 2.7 \times 10^5 \text{mm}^4$$

$$I_{y_C}^{\mathrm{II}} = \frac{30 \times 100^3}{12} = 2.5 \times 10^6 \text{mm}^4$$

$$I_{z_C}^{\mathrm{I}} = I_{z_1} + a^2 A_1 = \frac{30 \times 120^3}{12} + 34.1^2 \times 120 \times 30 = 8.51 \times 10^6 \text{mm}^4$$

$$I_{z_C}^{\mathrm{II}} = I_{z_2} + b^2 A_2 = \frac{100 \times 30^3}{12} + 40.9^2 \times 100 \times 30 = 5.24 \times 10^6 \text{mm}^4$$

所以整个图形对 y_C 轴和 z_C 轴的惯性矩分别为

$$I_{y_C} = I_{y_C}^{\mathrm{I}} + I_{y_C}^{\mathrm{II}} = 2.7 \times 10^5 + 2.5 \times 10^6 = 2.77 \times 10^6 \text{mm}^4$$

$$I_{z_C} = I_{z_C}^{\mathrm{I}} + I_{z_C}^{\mathrm{II}} = 8.51 \times 10^6 + 5.24 \times 10^6 = 1.375 \times 10^7 \text{mm}^4$$

§A-4 转轴公式和主惯性轴

由上节内容可知，任意平面图形（A-9）对 y 轴和 z 轴的惯性矩和惯性积分别为

$$I_y = \int_A z^2 \mathrm{d}A, \quad I_z = \int_A y^2 \mathrm{d}A, \quad I_{yz} = \int_A yz \mathrm{d}A \tag{a}$$

若将坐标系 $O-yz$ 绕 x 轴正向（在 O 点处）顺时针旋转 α 角度，旋转后的坐标系为 $O-y_1 z_1$，即坐标轴 y 与 y_1（z 与 z_1）之间的夹角为 α。根据右手准则可知 x 轴垂直 $O-yz$ 平面且指向内侧。而图形对轴 y_1 和 z_1 的惯性矩和惯性积则分别为

$$I_{y_1} = \int_A z_1^2 \mathrm{d}A, \quad I_{z_1} = \int_A y_1^2 \mathrm{d}A, \quad I_{y_1 z_1} = \int_A y_1 z_1 \mathrm{d}A \tag{b}$$

现在研究图形对于新旧坐标轴的惯性矩和惯性积之间的关系。

设微面积 $\mathrm{d}A$ 在坐标系 $O\text{-}yz$ 下的坐标为 (y, z)，而在坐标系 $O\text{-}y_1 z_1$ 下的坐标为 (y_1, z_1)。那么微面积 $\mathrm{d}A$ 的坐标由 $O\text{-}yz$ 变换到 $O\text{-}y_1 z_1$ 的变换方程为

$$\begin{bmatrix} y_1 \\ z_1 \end{bmatrix} = \begin{bmatrix} \cos\alpha & -\sin\alpha \\ \sin\alpha & \cos\alpha \end{bmatrix} \begin{bmatrix} y \\ z \end{bmatrix} \tag{c}$$

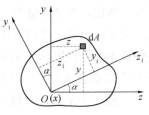

图 A-9 平面图形

将上式展开，得
$$y_1 = y\cos\alpha - z\sin\alpha \tag{d-1}$$
$$z_1 = y\sin\alpha + z\cos\alpha \tag{d-2}$$

把式（d-1）代入式（b）中的第一式，得
$$I_{y_1} = \int_A z_1^2 \mathrm{d}A = \int_A (y\sin\alpha + z\cos\alpha)^2 \mathrm{d}A$$
$$= \sin^2\alpha \int_A y^2 \mathrm{d}A + \cos^2\alpha \int_A z^2 \mathrm{d}A + 2\sin\alpha\cos\alpha \int_A yz\,\mathrm{d}A$$
$$= I_z \sin^2\alpha + I_y \cos^2\alpha + I_{yz} \sin 2\alpha \tag{e}$$

将式（e）进一步整理，有
$$I_{y_1} = \frac{I_y + I_z}{2} + \frac{I_y - I_z}{2}\cos 2\alpha + I_{yz}\sin 2\alpha \tag{A-19}$$

同理，由式（b）得第二式和第三式可导出
$$I_{z_1} = \frac{I_y + I_z}{2} - \frac{I_y - I_z}{2}\cos 2\alpha - I_{yz}\sin 2\alpha \tag{A-20}$$

$$I_{y_1 z_1} = \frac{I_z - I_y}{2}\sin 2\alpha + I_{yz}\cos 2\alpha \tag{A-21}$$

将式（A-19）与式（A-20）相加，得
$$I_{y_1} + I_{z_1} = I_y + I_z \tag{A-22}$$

这说明平面图形对原点重合的任意一对正交轴的惯性矩之和恒为常数。

根据式（A-19）~式（A-21）可知，轴惯性 I_{y_1}、I_{z_1} 和惯性积 $I_{y_1 z_1}$ 均为转角 α 的函数，也就是说它们的值随 α 的变化而变化。因此，可进一步讨论惯性矩的极值问题。

将式（A-19）对 α 进行一阶求导，得
$$\frac{\mathrm{d}I_{y_1}}{\mathrm{d}\alpha} = 2\left[\frac{I_z - I_y}{2}\sin 2\alpha + I_{yz}\cos 2\alpha\right] \tag{f}$$

由高等数学相关知识，在 I_{y_1} 的极值处，其一阶导数必等于零。令当 $\alpha = \alpha_0$ 时满足式（f）等于零，得
$$\tan 2\alpha_0 = -\frac{2I_{yz}}{I_z - I_y} \tag{A-23}$$

由式（A-23）可求出两个相差 90° 角度 α_0，从而确定了一对坐标轴 y_0 和 z_0，且图形对其中一根轴的惯性矩为极大值 $I_{\max}$，而对另一根轴的惯性矩为极小值 $I_{\min}$。比较式（A-21）和式（f）可知，满足式（f）等于零的角度 α_0 恰好使得惯性积也等于零。所以，当坐标轴绕 x 轴（O 点）旋转到某一位置 y_0 和 z_0 时，平面图形对这一对坐标轴的惯性积等于零，这一对坐标轴称为**主惯性轴**，简称主轴。图形对主惯性轴的惯性矩称为主惯性矩。根据上述分析可知，在 $O-xy$ 平面上，对通过 O 点的所有轴来说，对主轴的两个惯性矩，一个是极大值，另一个是极小值。

通过式（A-23）求得 $\sin 2\alpha_0$ 和 $\cos 2\alpha_0$ 的值，并代入式（A-19）和式（A-20）分别得到平面图形对 y_0 和 z_0 轴的主惯性矩

$$\left.\begin{aligned}I_{y_0} &= \frac{I_y+I_z}{2} - \frac{1}{2}\sqrt{(I_y-I_z)^2+4I_{yz}^2} \\ I_{z_0} &= \frac{I_y+I_z}{2} + \frac{1}{2}\sqrt{(I_y-I_z)^2+4I_{yz}^2}\end{aligned}\right\} \quad (A\text{-}24)$$

显然，当坐标轴之一为对称轴时，图形对这两个坐标轴的惯性矩都是主惯性矩。

通过图形形心 C 的主惯性轴称为形心主惯性轴，图形对该轴的惯性矩就称为形心主惯性矩。若这里所说的平面图形是构件的横截面，那么截面的形心主惯性轴与构件轴线所确定的平面，称为形心主惯性平面。构件横截面的形心主惯性轴、形心主惯性矩和构件的形心主惯性平面，在构件的弯曲理论中有重要意义。

截面对于对称轴的惯性积等于零，截面形心又必然在对称轴上，所以截面的对称轴就是形心主惯性轴，它与构件轴线所确定的纵向对称面就是形心主惯性平面。

【**例 A-5**】 试确定图 A-10 所示图形的形心主惯性轴的位置，并计算形心主惯性轴。

【**解**】 由图 A-10 可知，图形的对称中心 C 即为其形心。假想将图形分割成三个小的矩形 Ⅰ、Ⅱ 和 Ⅲ，过 C 点选取平行于矩形 Ⅰ 和 Ⅱ 的水平边的轴线为 z 轴，平行于图形 Ⅱ 的竖直边的轴线为 y 轴。矩形 Ⅰ 的形心坐标为 (74.5, -35)，矩形 Ⅲ 的形心坐标为 (-74.5, 35)，而图形 Ⅱ 的形心与 C 点重合。

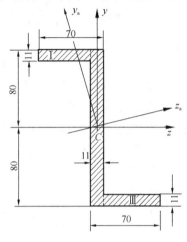

图 A-10 例 A-5 图

根据平行移轴定理分别求出各矩形对 y 轴和 z 轴的惯性矩和惯性积，即

矩形 Ⅰ

$$I_y^{\mathrm{I}} = \frac{11\times 59^3}{12} + (-35)^2 \times 11 \times 59 = 0.982\times 10^6 \text{ mm}^4$$

$$I_z^{\mathrm{I}} = \frac{59\times 11^3}{12} + 74.5^2 \times 11 \times 59 = 3.607\times 10^6 \text{ mm}^4$$

$$I_{yz}^{\mathrm{I}} = 0 + (-35)\times 74.5 \times 11 \times 59 = -1.692\times 10^6 \text{ mm}^4$$

矩形 Ⅱ

$$I_y^{\mathrm{II}} = \frac{160\times 11^3}{12} = 0.0177\times 10^6 \text{ mm}^4$$

$$I_z^{\mathrm{II}} = \frac{11\times 160^3}{12} = 3.755\times 10^6 \text{ mm}^4$$

$$I_{yz}^{\mathrm{II}} = 0$$

矩形 Ⅲ

$$I_y^{\mathrm{III}} = \frac{11\times 59^3}{12} + 35^2 \times 11 \times 59 = 0.982\times 10^6 \text{ mm}^4$$

$$I_z^{\mathrm{III}} = \frac{59\times 11^3}{12} + (-74.5)^2 \times 11 \times 59 = 3.607\times 10^6 \text{ mm}^4$$

$$I_{yz}^{\mathrm{III}} = 0 + 35\times(-74.5)\times 11 \times 59 = -1.692\times 10^6 \text{ mm}^4$$

那么整个图形对 y 轴和 z 轴的惯性矩和惯性积分别为

$$I_y = I_y^{I} + I_y^{II} + I_y^{III} = (0.982 + 0.0177 + 0.982) \times 10^6 \text{ mm}^4$$
$$= 1.982 \times 10^6 \text{ mm}^4$$
$$I_z = I_z^{I} + I_z^{II} + I_z^{III} = (3.607 + 3.755 + 3.607) \times 10^6 \text{ mm}^4$$
$$= 10.969 \times 10^6 \text{ mm}^4$$
$$I_{yz} = I_{yz}^{I} + I_{yz}^{II} + I_{yz}^{III} = (-1.692 + 0 - 1.692) \times 10^6 \text{ mm}^4$$
$$= 3.384 \times 10^6 \text{ mm}^4$$

将 I_y、I_z 和 I_{yz} 代入式 (A-23)，有

$$\tan 2\alpha_0 = -\frac{2I_{yz}}{I_z - I_y} = -\frac{2 \times (-3.384 \times 10^6)}{(10.969 - 1.982) \times 10^6} = 0.752$$

解得

$$\alpha_0 = 18.5° \text{ 或 } \alpha_0 = 108.5°$$

α_0 的两个值分别确定了形心主惯性轴 y_0 和 z_0 的位置。再利用式 (A-24)，可求出图形的形心主惯性矩，即

$$I_{y_0} = \frac{I_y + I_z}{2} - \frac{1}{2}\sqrt{(I_y - I_z)^2 + 4I_{yz}^2}$$
$$= \frac{(1.982 + 10.969) \times 10^6}{2} - \frac{1}{2}\sqrt{(10.969 - 1.982)^2 + 4(-3.384)^2} \times 10^6$$
$$= 0.85 \times 10^6 \text{ mm}^4$$

$$I_{z_0} = \frac{I_y + I_z}{2} + \frac{1}{2}\sqrt{(I_y - I_z)^2 + 4I_{yz}^2}$$
$$= \frac{(1.982 + 10.969) \times 10^6}{2} + \frac{1}{2}\sqrt{(10.969 - 1.982)^2 + 4(-3.384)^2} \times 10^6$$
$$= 12.1 \times 10^6 \text{ mm}^4$$

当确定出主惯性轴的位置后，如约定 I_z 代表较大的惯性矩（即 $I_z > I_y$），则由式 (A-23) 算出的两个角度 α_0 中，绝对值较小的 α_0 确定的主惯性轴对应的主惯性矩为极大值。如本例题中 $\alpha_0 = 18.5°$ 所确定的形心主惯性轴，对应了最大的形心主惯性矩，即 $I_{z_0} = 12.1 \times 10^6 \text{ mm}^4$。

小结及学习指导

研究截面的几何性质时完全不考虑研究对象的物理和力学因素，而看作纯几何问题。这些几何量不仅与截面尺寸大小有关，而且与截面的几何形状有关。

1. 根据静矩、形心的定义以及它们之间的关系可以看出：

(1) 静矩与坐标轴有关，同一平面图形对于不同的坐标轴有不同的静矩。对某些坐标轴静矩为正，对另外一些坐标轴静矩则可能为负，对于通过形心的坐标轴，图形对其静矩等于零。

(2) 如果某一坐标轴通过截面形心，这时，截面形心的一个坐标为零，则截面对于该轴的静矩等于零；反之，如果截面对于某一坐标轴的静矩等于零，则该轴通过截面形心。

(3) 如果已经计算出静矩，就可以确定形心的位置；反之，如果已知形心在

某一坐标系中的位置，则可计算图形对于这一坐标系中坐标轴的静矩。

（4）对于组合图形，则先将其分解为若干个简单图形，然后分别计算它们对于给定坐标轴的静矩，并求其代数和。

2. 根据惯性矩、极惯性矩，惯性积定义下的积分式可知：

（1）惯性矩、极惯性矩恒为正；而惯性积则由于坐标轴位置的不同，可能为正，可能为负，也可能为零。

（2）由 $p^2 = z^2 + y^2$，得到惯性矩和极惯性矩之间的关系 $I_p = I_y + I_z$。

3. 平行移轴公式给出图形对于平行轴的惯性矩和惯性积之间的关系：

应用平行移轴公式时，要注意 z_C、y_C 轴必须是通过图形形心的轴。计算惯性积时，要注意 a、b 的正负号。

4. 转轴公式给出图形对于坐标系绕坐标原点旋转时，惯性矩和惯性积的变化规律：

图形对任一对垂直轴的惯性矩之和与转轴的角度无关，即在轴转动时，其和保持不变。转轴公式不要求 z、y 轴通过形心，当然，对于绕形心转动的坐标系也是适用的。

5. 截面的形心主惯性轴与形心主惯性矩：

弄清主轴的概念，明确过图形的任意一点都有主轴。根据 $I_{zy}=0$ 这一条件，判断主轴的位置，由相关公式计算主惯性矩的大小。对于具有对称轴的截面，这一对称轴就是形心主惯性轴。对于只有一根对称轴的截面，对称轴以及与之垂直的轴都是主惯性轴。但只有通过形心的轴才是形心主惯性轴。对于任意形状的截面图形，无论是过图形内还是图形外的任意点，都存在主惯性轴。当然也可能存在形心主惯性轴。形心主惯性轴的位置以及形心主惯性矩的大小由相关公式计算。

思 考 题

A-1 什么是静矩？其单位是什么？怎样利用它确定平面图形的形心位置？

A-2 什么是轴惯性矩和惯性积？它们分别与哪些因素相关？

A-3 什么是平行移轴定理，它的应用条件是什么？

A-4 已知图 A-11 所示三角形截面对 z 轴的惯性矩为 $\dfrac{bh^3}{12}$，利用平行移轴定理求该截面对 z_1 轴的惯性矩为：$I_{z_1} = I_z + h^2 A = \dfrac{bh^3}{12} + h^2 \times \dfrac{bh}{2} = \dfrac{7}{12}bh^3$，此结果是否正确？为什么？

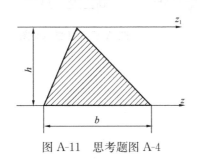

图 A-11　思考题图 A-4

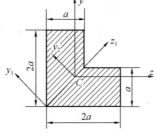

图 A-12　思考题图 A-5

A-5 图 A-12 所示截面中有三对轴,分别是轴 y、z,轴 y_1、z_1 和轴 y_2、z_1,C 为截面的形心。试问哪对轴为主惯性轴?哪对轴为形心主惯性轴?

习 题

A-1 试用积分法求图 A-13 所示图形的 I_z 值。

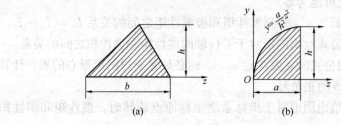

图 A-13 习题 A-1 图

A-2 图 A-14 所示矩形尺寸为 $b = 2h/3$,从左右两侧各切去一个半圆形 ($d = h/2$)。试求切后图形的惯性矩 I'_z 与原矩形的惯性矩 I_z 之比。

A-3 试求图 A-15 所示图形的形心主惯性矩 I_z 和惯性积 I_{yz}。C 点为图形形心。

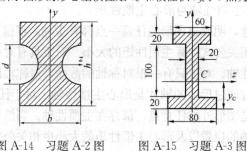

图 A-14 习题 A-2 图　　图 A-15 习题 A-3 图

A-4 试确定图 A-16 所示平面图形的形心主惯性轴的位置,并求形心主惯性矩。

A-5 试确定图 A-17 所示图形通过坐标原点 O 的主惯性轴的位置,并计算主惯性轴 I_{y_0} 和 I_{z_0} 的值。

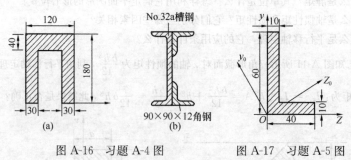

图 A-16 习题 A-4 图　　图 A-17 习题 A-5 图

附录 B 型钢表（GB/T 706—2008）

热轧等边角钢

表 B-1

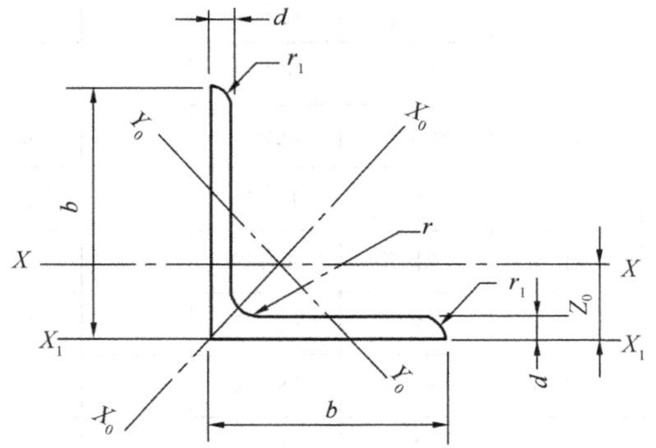

符号意义：
b——边宽度
d——边厚度
r——内圆弧半径
r_1——边端圆弧半径
I——惯性矩
i——惯性半径
W——截面模数
Z_0——重心距离

型号	截面尺寸 (mm)			截面面积 (cm²)	理论质量 (kg/m)	外表面积 (m²/m)	惯性矩 (cm⁴)				惯性半径 (cm)			截面模数 (cm³)			重心距离 (cm)
	b	d	r				I_x	I_{x1}	I_{x0}	I_{y0}	i_x	i_{x0}	i_{y0}	W_x	W_{x0}	W_{y0}	Z_0
2	20	3	3.5	1.132	0.889	0.078	0.40	0.81	0.63	0.17	0.59	0.75	0.39	0.29	0.45	0.20	0.60
		4		1.459	1.145	0.077	0.50	1.09	0.78	0.22	0.58	0.73	0.38	0.36	0.55	0.24	0.64
2.5	2.5	3		1.432	1.124	0.098	0.82	1.57	1.29	0.34	0.76	0.95	0.49	0.46	0.73	0.33	0.73
		4		1.859	1.459	0.097	1.03	2.11	1.62	0.43	0.74	0.93	0.48	0.59	0.92	0.40	0.76

续表

型号	截面尺寸 (mm)			截面面积 (cm²)	理论质量 (kg/m)	外表面积 (m²/m)	惯性矩				惯性半径 (cm)			截面模数 (cm³)			重心距离 (cm)
	b	d	r				I_x	I_{x1}	I_{x0}	I_{y0}	i_x	i_{x0}	i_{y0}	W_x	W_{x0}	W_{y0}	Z_0
3.0	30	3	4.5	1.794	1.373	0.117	1.46	2.71	2.31	0.61	0.91	1.15	0.59	0.68	1.09	0.51	0.85
		4		2.276	1.786	0.117	1.84	3.63	2.92	0.77	0.90	1.13	0.58	0.87	1.37	0.62	0.89
3.6	36	3	4.5	2.109	1.656	0.141	2.58	4.68	4.09	1.07	1.11	1.39	0.71	0.99	1.61	0.76	1.00
		4		2.756	2.163	0.141	3.29	6.25	5.22	1.37	1.09	1.38	0.70	1.28	2.05	0.93	1.04
		5		3.382	2.654	0.141	3.95	7.84	6.24	1.65	1.08	1.36	0.70	1.56	2.45	1.00	1.07
4	40	3	5	2.359	1.852	0.157	3.59	6.41	5.69	1.49	1.23	1.55	0.79	1.23	2.01	0.96	1.09
		4		3.086	2.422	0.157	4.60	8.56	7.29	1.91	1.22	1.54	0.79	1.60	2.58	1.19	1.13
		5		3.791	2.976	0.156	5.53	10.74	8.76	2.30	1.21	1.52	0.78	1.96	3.10	1.39	1.17
4.5	45	3	5	2.659	2.088	0.177	5.17	9.12	8.20	2.14	1.40	1.76	0.89	1.58	2.58	1.24	1.22
		4		3.486	2.736	0.177	6.65	12.18	10.56	2.75	1.38	1.74	0.89	2.05	3.32	1.54	1.26
		5		4.292	3.369	0.176	8.04	15.2	12.74	3.33	1.37	1.72	0.88	2.51	4.00	1.81	1.30
		6		5.076	3.985	0.176	9.33	18.36	14.76	3.89	1.36	1.70	0.8	2.95	4.64	2.06	1.33
5	50	3	5.5	2.971	2.332	0.197	7.18	12.5	11.37	2.98	1.55	1.96	1.00	1.96	3.22	1.57	1.34
		4		3.897	3.059	0.197	9.26	16.69	14.70	3.82	1.54	1.94	0.99	2.56	4.16	1.96	1.38
		5		4.803	3.770	0.196	11.21	20.90	17.79	4.64	1.53	1.92	0.98	3.13	5.03	2.31	1.42
		6		5.688	4.465	0.196	13.05	25.14	20.68	5.42	1.52	1.91	0.98	3.68	5.85	2.63	1.46

附录 B 型钢表 (GB/T 706—2008)

续表

型号	截面尺寸 (mm)				截面面积 (cm²)	理论质量 (kg/m)	外表面积 (m²/m)	惯性矩 (cm⁴)				惯性半径 (cm)			截面模数 (cm³)			重心距离 (cm)
	b	d		r				I_x	I_{x1}	I_{x0}	I_{y0}	i_x	i_{x0}	i_{y0}	W_x	W_{x0}	W_{y0}	Z_0
5.6	56	3		6	3.343	2.624	0.221	10.19	17.56	16.14	4.24	1.75	2.20	1.13	2.48	4.08	2.02	1.48
		4			4.390	3.446	0.220	13.18	23.43	20.92	5.46	1.73	2.18	1.11	3.24	5.28	2.52	1.53
		5			5.415	4.251	0.220	16.02	29.33	25.42	6.61	1.72	2.17	1.10	3.97	6.42	2.98	1.57
		6			6.420	5.040	0.220	18.69	35.26	29.66	7.73	1.71	2.15	1.10	4.68	7.49	3.40	1.61
		7			7.404	5.812	0.219	21.23	41.23	33.63	8.82	1.69	2.13	1.09	5.36	8.49	3.80	1.64
		8			8.367	6.568	0.219	23.63	47.24	37.37	9.89	1.68	2.11	1.09	6.03	9.44	4.16	1.68
6	60	5		6.5	5.829	4.576	0.236	19.89	36.05	31.57	8.21	1.85	2.33	1.19	4.59	7.44	3.48	1.67
		6			6.914	5.427	0.235	23.25	43.33	36.89	9.60	1.83	2.31	1.18	5.41	8.70	3.98	1.70
		7			7.977	6.262	0.235	26.44	50.65	41.92	10.96	1.82	2.29	1.17	6.21	9.88	4.45	1.74
		8			9.020	7.081	0.235	29.47	58.02	46.66	12.28	1.81	2.27	1.17	6.98	11.00	4.88	1.78
6.3	63	4		7	4.978	3.907	0.248	19.03	33.35	30.17	7.89	1.96	2.46	1.26	4.13	6.78	3.29	1.70
		5			6.143	4.822	0.248	23.17	41.73	36.77	9.57	1.94	2.45	1.25	5.08	8.25	3.90	1.74
		6			7.288	5.721	0.247	27.12	50.14	43.03	11.20	1.93	2.43	1.24	6.00	9.66	4.46	1.78
		7			8.412	6.603	0.247	30.87	58.60	48.96	12.79	1.92	2.41	1.23	6.88	10.99	4.98	1.82
		8			9.515	7.469	0.247	34.46	67.11	54.56	14.33	1.90	2.40	1.23	7.75	12.25	5.47	1.85
		10			11.657	9.151	0.246	41.09	84.31	64.85	17.33	1.88	2.36	1.22	9.39	14.56	6.36	1.93

续表

型号	截面尺寸 (mm)			截面面积 (cm²)	理论质量 (kg/m)	外表面积 (m²/m)	惯性矩 (cm⁴)				惯性半径 (cm)			截面模数 (cm³)			重心距离 (cm)
	b	d	r				I_x	I_{x1}	I_{x0}	I_{y0}	i_x	i_{x0}	i_{y0}	W_x	W_{x0}	W_{y0}	Z_0
7	70	4	8	5.570	4.372	0.275	26.39	45.74	41.80	10.99	2.18	2.74	1.40	5.14	8.44	4.17	1.86
		5		6.875	5.397	0.275	32.21	57.21	51.08	13.31	2.16	2.73	1.39	6.32	10.32	4.95	1.91
		6		8.160	6.406	0.275	37.77	68.73	59.93	15.61	2.15	2.71	1.38	7.48	12.11	5.67	1.95
		7		9.424	7.398	0.275	43.09	80.29	68.35	17.82	2.14	2.69	1.38	8.59	13.81	6.34	1.99
		8		10.667	8.373	0.274	48.17	91.92	76.37	19.98	2.12	2.68	1.37	9.68	15.43	6.98	2.03
7.5	75	5	9	7.412	5.818	0.295	39.97	70.56	63.30	16.63	2.33	2.92	1.50	7.32	11.94	5.77	2.04
		6		8.797	6.905	0.294	46.95	84.55	74.38	19.51	2.31	2.90	1.49	8.64	14.02	6.67	2.07
		7		10.160	7.976	0.294	53.57	98.71	84.96	22.18	2.30	2.89	1.48	9.93	16.02	7.44	2.11
		8		11.503	9.030	0.294	59.96	112.97	95.07	24.86	2.28	2.88	1.47	11.20	17.93	8.19	2.15
		9		12.825	10.068	0.294	66.10	127.30	104.71	27.48	2.27	2.86	1.46	12.43	19.75	8.89	2.18
		10		14.126	11.089	0.293	71.98	141.71	113.92	30.05	2.26	2.84	1.46	13.64	21.48	9.56	2.22
8	80	5	9	7.912	6.211	0.315	48.79	85.36	77.33	20.25	2.48	3.13	1.60	8.34	13.67	6.66	2.15
		6		9.397	7.376	0.314	57.35	102.50	90.98	23.72	2.47	3.11	1.59	9.87	16.08	7.65	2.19
		7		10.860	8.525	0.314	65.58	119.70	104.07	27.09	2.46	3.10	1.58	11.37	18.40	8.58	2.23
		8		12.303	9.685	0.314	73.49	136.97	116.60	30.39	2.44	3.08	1.57	12.83	20.61	9.46	2.27
		9		13.725	10.774	0.314	81.11	154.31	128.60	33.61	2.43	3.06	1.56	14.25	22.73	10.29	2.31
		10		15.126	11.874	0.313	88.43	171.74	140.09	36.77	2.42	3.04	1.56	15.64	24.76	11.08	2.35

附录 B 型钢表（GB/T 706—2008）

续表

型号	截面尺寸 (mm)				截面面积 (cm²)	理论质量 (kg/m)	外表面积 (m²/m)	惯性矩 (cm⁴)				惯性半径 (cm)			截面模数 (cm³)			重心距离 (cm)
	b	d		r				I_x	I_{x1}	I_{x0}	I_{y0}	i_x	i_{x0}	i_{y0}	W_x	W_{x0}	W_{y0}	Z_0
9	90	6		10	10.637	8.350	0.354	82.77	145.87	131.26	34.28	2.79	3.51	1.80	12.61	20.63	9.95	2.44
		7			12.301	9.656	0.354	94.83	170.30	150.47	39.18	2.78	3.50	1.78	14.54	23.64	11.19	2.48
		8			13.944	10.946	0.353	106.47	194.80	168.97	43.97	2.76	3.48	1.78	16.42	26.55	12.35	2.52
		9			15.566	12.219	0.353	117.72	219.39	186.77	48.66	2.75	3.46	1.77	18.27	29.35	13.46	2.56
		10			17.167	13.476	0.353	128.58	244.07	203.90	53.26	2.74	3.45	1.76	20.07	32.04	14.52	2.59
		12			20.306	15.940	0.352	149.22	293.76	236.21	62.22	2.71	3.41	1.75	23.57	37.12	16.49	2.67
10	100	6		12	11.932	9.366	0.393	114.95	200.07	181.98	47.92	3.10	3.90	2.00	15.68	25.74	12.69	2.67
		7			13.796	10.830	0.393	131.86	233.54	208.97	54.74	3.09	3.89	1.99	18.10	29.55	14.26	2.71
		8			15.638	12.276	0.393	148.24	267.09	235.07	61.41	3.08	3.88	1.98	20.47	33.24	15.75	2.76
		9			17.462	13.708	0.392	164.12	300.73	260.30	67.95	3.07	3.86	1.97	22.79	36.81	17.18	2.80
		10			19.261	15.120	0.392	179.51	334.48	284.68	74.35	3.05	3.84	1.96	25.06	40.26	18.54	2.84
		12			22.800	17.898	0.391	208.90	402.34	330.95	86.84	3.03	3.81	1.95	29.48	46.80	21.08	2.91
		14			26.256	20.611	0.391	236.53	470.75	374.06	99.00	3.00	3.77	1.94	33.73	52.90	23.44	2.99
		16			29.627	23.257	0.390	262.53	539.80	414.16	110.89	2.98	3.74	1.94	37.82	58.57	25.63	3.06
11	110	7		12	15.196	11.928	0.433	177.16	310.64	280.94	73.38	3.41	4.30	2.20	22.05	36.12	17.51	2.96
		8			17.238	13.535	0.433	199.46	355.20	316.49	82.42	3.40	4.28	2.19	24.95	40.69	19.39	3.01
		10			21.261	16.690	0.432	242.19	444.65	384.39	99.98	3.38	4.25	2.17	30.60	49.42	22.91	3.09
		12			25.200	19.782	0.431	282.55	534.60	448.17	116.93	3.35	4.22	2.15	36.05	57.62	26.15	3.16
		14			29.056	22.809	0.431	320.71	625.16	508.01	133.40	3.32	4.18	2.14	41.31	65.31	29.14	3.24

续表

型号	截面尺寸 (mm)			截面面积 (cm²)	理论质量 (kg/m)	外表面积 (m²/m)	惯性矩 (cm⁴)				惯性半径 (cm)			截面模数 (cm³)			重心距离 (cm)
	b	d	r				I_x	I_{x1}	I_{x0}	I_{y0}	i_x	i_{x0}	i_{y0}	W_x	W_{x0}	W_{y0}	Z_0
12.5	125	8		19.750	15.504	0.492	297.03	521.01	470.89	123.16	3.88	4.88	2.50	32.52	53.28	25.86	3.37
		10		24.373	19.133	0.491	361.67	651.93	573.89	149.46	3.85	4.85	2.48	39.97	64.93	30.62	3.45
		12		28.912	22.696	0.491	423.16	783.42	671.44	174.88	3.83	4.82	2.46	41.17	75.96	35.03	3.53
		14		33.367	26.193	0.490	481.65	915.61	763.73	199.57	3.80	4.78	2.45	54.16	86.41	39.13	3.61
		16		37.739	29.625	0.489	537.31	1048.62	850.98	223.65	3.77	4.75	2.43	60.93	96.28	42.96	3.68
14	140	10	14	27.373	21.488	0.551	514.65	915.11	817.27	212.04	4.34	5.46	2.78	50.58	82.56	39.20	3.82
		12		32.512	25.522	0.551	603.68	1099.28	958.79	248.57	4.31	5.43	2.76	59.80	96.85	45.02	3.90
		14		37.567	29.490	0.550	688.81	1284.22	1093.56	284.06	4.28	5.40	2.75	68.75	110.47	50.45	3.98
		16		42.539	33.393	0.549	770.24	147.07	1221.81	318.67	4.26	5.36	2.74	77.46	123.42	55.55	4.06
15	150	8		23.750	18.644	0.592	521.37	899.55	827.49	215.25	4.69	5.90	3.01	47.36	78.02	38.14	3.99
		10		29.373	23.058	0.591	637.50	1125.09	1012.79	262.21	4.66	5.87	2.99	58.35	95.49	45.51	4.08
		12		34.912	27.406	0.591	748.85	1351.26	1189.97	307.73	4.63	5.84	2.97	69.04	112.19	52.38	4.15
		14		40.367	31.688	0.590	855.64	1578.25	1359.30	351.98	4.60	5.80	2.95	79.45	128.16	58.83	4.23
		15		43.063	33.804	0.590	907.39	1692.10	1441.09	373.69	4.59	5.78	2.95	84.56	135.87	61.90	4.27
		16		45.739	35.905	0.589	958.08	1806.21	1521.02	395.14	4.58	5.77	2.94	89.59	143.40	64.89	4.31

附录 B 型钢表 (GB/T 706—2008)

续表

型号	截面尺寸 (mm)				截面面积 (cm²)	理论质量 (kg/m)	外表面积 (m²/m)	惯性矩 (cm⁴)				惯性半径 (cm)			截面模数 (cm³)			重心距离 (cm)
	b	d		r				I_x	I_{x1}	I_{x0}	I_{y0}	i_x	i_{x0}	i_{y0}	W_x	W_{x0}	W_{y0}	Z_0
16	160	10		16	31.502	24.729	0.630	779.53	1365.33	1237.30	321.76	4.98	6.27	3.20	66.70	109.36	52.76	4.31
		12			37.441	29.391	0.630	916.58	1639.57	1455.68	377.49	4.95	6.24	3.18	78.98	128.67	60.74	4.39
		14			43.296	33.987	0.629	1048.36	1914.68	1665.02	431.70	4.92	6.20	3.16	90.95	147.17	68.24	4.47
		16			49.067	38.518	0.629	1175.08	2190.82	1865.57	484.59	4.89	6.17	3.14	102.63	164.89	75.31	4.55
18	180	12		16	42.241	33.159	0.710	1321.35	2332.80	2100.10	542.61	5.59	7.05	3.58	100.82	165.00	78.41	4.89
		14			48.896	38.383	0.709	1514.48	2723.48	2407.42	621.53	5.56	7.02	3.56	116.25	189.14	88.38	4.97
		16			55.467	43.542	0.709	1700.99	3115.29	2703.37	698.60	5.54	6.98	3.55	131.13	212.40	97.83	5.05
		18			61.055	48.634	0.708	1875.12	3502.43	2988.24	762.01	5.50	6.94	3.51	145.64	234.78	105.14	5.13
20	200	14		18	54.642	42.894	0.788	2103.55	3734.10	3343.26	863.83	6.20	7.82	3.98	144.70	236.40	111.82	5.46
		16			62.013	48.680	0.788	2366.15	4270.39	3760.89	971.41	6.18	7.79	3.96	163.65	265.93	123.96	5.54
		18			69.301	54.401	0.787	2620.64	4808.13	4164.54	1076.74	6.15	7.75	3.94	182.22	294.48	135.52	5.62
		20			76.505	60.056	0.787	2867.30	5347.51	4554.55	1180.04	6.12	7.72	3.93	200.42	322.06	146.55	5.69
		24			90.661	71.168	0.785	3338.25	6457.16	5294.97	1381.53	6.07	7.64	3.90	236.17	374.41	166.65	5.87

续表

型号	截面尺寸 (mm)			截面面积 (cm^2)	理论质量 (kg/m)	外表面积 (m^2/m)	惯性矩 (cm^4)				惯性半径 (cm)			截面模数 (cm^3)			重心距离 (cm)
	b	d	r				I_x	I_{x1}	I_{x0}	I_{y0}	i_x	i_{x0}	i_{y0}	W_x	W_{x0}	W_{y0}	Z_0
20	200	16	18	68.664	53.901	0.866	3187.36	5681.62	5063.73	1310.99	6.81	8.59	4.37	199.55	325.51	153.81	6.03
		18		76.752	60.250	0.866	3534.30	6395.93	5615.32	1453.27	6.79	8.55	4.35	222.37	360.97	168.29	6.11
		20	21	84.756	66.533	0.865	3871.49	7112.04	6150.08	1592.90	6.76	8.52	4.34	244.77	395.34	182.16	6.18
		22		92.676	72.751	0.865	4199.23	7830.19	6668.37	1730.10	6.73	8.48	4.32	266.78	428.66	195.45	6.26
		24		100.512	78.902	0.864	4517.83	8550.57	7170.55	1865.11	6.70	8.45	4.31	288.39	460.94	208.21	6.33
		26		108.264	84.987	0.864	4827.58	9273.39	7656.98	1998.17	6.68	8.41	4.30	309.62	492.21	220.49	6.41
25	250	18		87.842	68.956	0.985	5268.22	9379.11	8369.04	2167.41	7.74	9.76	4.97	290.12	473.42	224.03	6.84
		20		97.045	76.180	0.984	5779.34	10426.97	9181.94	2376.74	7.72	9.73	4.95	319.66	519.41	242.85	6.92
		22		106.161													
		24	24	115.201	90.433	0.983	6763.93	12529.74	10742.67	2785.19	7.66	9.66	4.92	377.34	607.70	278.38	7.07
		26		124.154	97.461	0.982	7238.08	13585.18	11491.33	2984.84	7.63	9.62	4.90	405.50	650.05	295.19	7.15
		28		133.022	104.422	0.982	7700.60	14643.62	12219.39	3181.81	7.61	9.58	4.89	433.22	691.23	311.42	7.22
		30		141.807	111.318	0.981	8151.80	15705.30	12927.26	3376.34	7.58	9.55	4.88	460.51	731.28	327.12	7.30
		32		150.508	118.149	0.981	8592.01	16770.41	13615.32	3568.71	7.56	9.51	4.87	487.39	770.20	342.33	7.37
		35		163.402	128.271	0.980	9232.44	18374.95	14611.16	3853.72	7.52	9.46	4.86	526.97	826.53	364.30	7.48

注: 截面图中的 $r_1 = d/3$ 及表中 r 的数据用于孔型设计, 不作交货条件。

附录 B 型钢表（GB/T 706—2008）

热轧不等边角钢

表 B-2

符号意义：
B——长边宽度   b——短边宽度
d——边厚度   r——内圆弧半径
r_1——边端圆弧半径   I——惯性矩
i——惯性半径   W——截面模数
X_0——重心距离 Y_0——重心距离

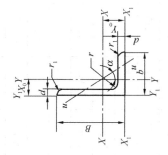

型号	截面尺寸 (mm)				截面面积 (cm^2)	理论质量 (kg/m)	外表面积 (m^2/m)	惯性矩 (cm^4)					惯性半径 (cm)			截面模数 (cm^3)			$\tan\alpha$	重心距离 (cm)	
	B	b	d	r				I_x	I_{x1}	I_y	I_{y1}	I_u	i_x	i_y	i_u	W_x	W_y	W_u		X_0	Y_0
2.5/1.6	25	16	3	3.5	1.162	0.912	0.080	0.70	1.56	0.22	0.43	0.14	0.78	0.44	0.34	0.43	0.19	0.16	0.392	0.42	0.86
			4		1.499	1.176	0.079	0.88	2.09	0.27	0.59	0.17	0.77	0.43	0.34	0.55	0.24	0.20	0.381	0.46	1.86
3.2/2	32	20	3		1.492	1.171	0.102	1.53	3.27	0.46	0.82	0.28	1.01	0.55	0.43	0.72	0.30	0.25	0.382	0.49	0.90
			4		1.939	1.522	0.101	1.93	4.37	0.57	1.12	0.35	1.00	0.54	0.42	0.93	0.39	0.32	0.374	0.53	1.08
4/2.5	40	25	3	4	1.890	1.484	0.127	3.08	5.39	0.93	1.59	0.56	1.28	0.70	0.54	1.15	0.49	0.40	0.385	0.59	1.12
			4		2.467	1.936	0.127	3.93	8.53	1.18	2.14	0.71	1.36	0.69	0.54	1.49	0.63	0.52	0.381	0.63	1.32
4.5/2.8	45	28	3	5	2.149	1.687	0.143	4.45	9.10	1.34	2.23	0.80	1.44	0.79	0.61	1.47	0.62	0.51	0.383	0.64	1.37
			4		2.806	2.203	0.143	5.69	12.13	1.70	3.00	1.02	1.42	0.78	0.60	1.91	0.80	0.66	0.380	0.68	1.47
5/3.2	50	32	3	5.5	2.431	1.908	0.161	6.24	12.49	2.02	3.31	1.20	1.60	0.91	0.70	1.84	0.82	0.68	0.404	0.73	1.51
			4		3.177	2.494	0.160	8.02	16.65	2.58	4.45	1.53	1.59	0.90	0.69	2.39	1.06	0.87	0.402	0.77	1.60

续表

型号	截面尺寸 (mm)				截面面积 (cm²)	理论质量 (kg/m)	外表面积 (m²/m)	惯性矩 (cm⁴)				惯性半径 (cm)			截面模数 (cm³)			$\tan\alpha$	重心距离 (cm)	
	B	b	d	r				I_x	I_{x1}	I_y	I_{y1}	I_u	i_x	i_y	i_u	W_x	W_y	W_u		X_0	Y_0
5.6/3.6	56	36	3	6	2.743	2.153	0.181	8.88	17.54	2.92	4.70	1.73	1.80	1.03	0.79	2.32	1.05	0.87	0.408	0.80	1.65
			4		3.590	2.818	0.180	11.45	23.39	3.76	6.33	2.23	1.79	1.02	0.79	3.03	1.37	1.13	0.408	0.85	1.78
			5		4.415	3.466	0.180	13.86	29.25	4.49	7.94	2.67	1.77	1.01	0.78	3.71	1.65	1.36	0.404	0.88	1.82
6.3/4	63	40	4	7	4.058	3.185	0.202	16.49	33.30	5.23	8.63	3.12	2.02	1.14	0.88	3.87	1.70	1.40	0.398	0.92	1.87
			5		4.993	3.920	0.202	20.02	41.63	6.31	10.86	3.76	2.00	1.12	0.87	4.74	2.07	1.71	0.396	0.95	2.04
			6		5.908	4.638	0.201	23.36	49.98	7.29	13.12	4.34	1.96	1.11	0.86	5.59	2.43	1.99	0.393	0.99	2.08
			7		6.802	5.339	0.201	26.53	58.07	8.24	15.47	4.97	1.98	1.10	0.86	6.40	2.78	2.29	0.389	1.03	2.12
7/4.5	70	45	4	7.5	4.547	3.570	0.226	23.17	45.92	7.55	12.26	4.40	2.26	1.29	0.98	4.86	2.17	1.77	0.410	1.02	2.15
			5		5.609	4.403	0.225	27.95	57.10	9.13	15.39	5.40	2.23	1.28	0.98	5.92	2.65	2.19	0.407	1.06	2.24
			6		6.647	5.218	0.225	32.54	68.35	10.62	18.58	6.35	2.21	1.26	0.98	6.95	3.12	2.59	0.404	1.09	2.28
			7		7.657	6.011	0.225	37.22	79.99	12.01	21.84	7.16	2.20	1.25	0.97	8.03	3.57	2.94	0.402	1.13	2.32
7.5/5	75	50	5	8	6.125	4.808	0.245	34.86	70.00	12.61	21.04	7.41	2.39	1.44	1.10	6.83	3.30	2.74	0.435	1.17	2.36
			6		7.260	5.699	0.245	41.12	84.30	14.70	25.37	8.54	2.38	1.42	1.08	8.12	3.88	3.19	0.435	1.21	2.40
			8		9.467	7.431	0.244	52.39	112.50	18.53	34.23	10.87	2.35	1.40	1.07	10.52	4.99	4.10	0.429	1.29	2.44
			10		11.590	9.098	0.244	62.71	140.80	21.96	43.43	13.10	2.33	1.38	1.06	12.79	6.04	4.99	0.423	1.36	2.52
8/5	80	50	5	8	6.375	5.005	0.255	41.96	85.21	12.82	21.06	7.66	2.56	1.42	1.10	7.78	3.32	2.74	0.388	1.14	2.60
			6		7.560	5.935	0.255	49.49	102.53	14.95	25.41	8.85	2.56	1.41	1.08	9.25	3.91	3.20	0.387	1.18	2.65
			8		8.724	6.848	0.255	56.16	119.33	46.96	29.82	10.18	2.54	1.39	1.08	10.58	4.48	3.70	0.384	1.21	2.69
			10		9.867	7.745	0.254	62.83	136.41	18.85	34.32	11.38	2.52	1.38	1.07	11.92	5.03	4.16	0.381	1.25	2.73

附录 B　型钢表 (GB/T 706—2008)

续表

型号	截面尺寸 (mm)				截面积 (cm²)	理论质量 (kg/m)	外表面积 (m²/m)	惯性矩 (cm⁴)				惯性半径 (cm)			截面模数 (cm³)			tanα	重心距离 (cm)	
	B	b	d	r				I_x	I_{x1}	I_y	I_{y1}	I_u	i_x	i_y	i_u	W_x	W_y	W_u		X_0	Y_0
9/5.6	90	56	5	9	7.212	5.661	0.287	60.45	121.32	18.32	29.53	10.98	2.90	1.59	1.23	9.92	4.21	3.49	0.385	1.25	2.91
			6		8.557	6.717	0.286	71.03	145.59	21.42	35.58	12.90	2.88	1.58	1.23	11.74	4.96	4.13	0.384	1.29	2.95
			7		9.880	7.756	0.286	81.01	169.60	24.36	41.71	14.67	2.86	1.57	1.22	13.49	5.70	4.72	0.382	1.33	3.00
			8		11.183	8.779	0.286	91.03	194.17	27.15	47.93	16.34	2.85	1.56	1.21	15.27	6.41	5.29	0.380	1.36	3.04
10/6.3	100	63	6	10	9.617	7.550	0.320	99.06	199.71	30.94	50.50	18.42	3.21	1.79	1.38	14.64	6.35	5.25	0.394	1.43	3.24
			7		11.111	8.722	0.320	113.45	233.00	35.26	59.14	21.00	3.20	1.78	1.38	16.88	7.29	6.02	0.394	1.47	3.28
			8		12.534	9.878	0.319	127.37	266.32	39.39	67.88	23.50	3.18	1.77	1.37	19.08	8.21	6.78	0.391	1.50	3.32
			10		15.467	12.142	0.319	153.81	333.06	47.12	85.73	28.33	3.15	1.74	1.35	23.32	9.98	8.24	0.387	1.58	3.40
10/8	100	80	6	10	10.637	8.350	0.354	107.04	199.83	61.24	102.68	31.65	3.17	2.40	1.72	15.19	10.16	8.37	0.627	1.97	2.95
			7		12.301	9.656	0.354	122.73	233.20	70.08	119.98	36.17	3.16	2.39	1.72	17.52	11.71	9.60	0.626	2.01	3.0
			8		13.944	10.946	0.353	137.92	266.61	78.58	137.37	40.58	3.14	2.37	1.71	19.81	13.21	10.80	0.625	2.05	3.04
			10		17.167	13.476	0.353	166.87	333.63	94.65	172.48	49.10	3.12	2.35	1.69	24.24	16.12	13.12	0.622	2.13	3.12
11/7	110	70	6	10	10.637	8.350	0.354	133.37	265.78	42.92	69.08	25.36	3.54	2.01	1.54	17.85	7.90	6.53	0.403	1.57	3.53
			7		12.301	9.656	0.354	153.00	310.07	49.01	80.82	28.95	3.53	2.00	1.53	20.60	9.09	7.50	0.402	1.61	3.57
			8		13.944	10.946	0.353	172.04	354.39	54.87	92.70	32.45	3.51	1.98	1.53	23.30	10.25	8.45	0.401	1.65	3.62
			10		17.167	13.476	0.353	208.39	443.13	65.88	116.83	39.20	3.48	1.96	1.51	28.54	12.48	10.29	0.397	1.72	3.70
12.5/8	125	80	7	11	14.096	11.066	0.403	227.98	454.99	74.42	120.32	43.81	4.02	2.30	1.76	26.86	12.01	9.92	0.408	1.80	4.01
			8		15.989	12.551	0.403	256.77	519.99	83.49	137.85	49.15	4.01	2.28	1.75	30.41	13.56	11.18	0.407	1.84	4.06
			10		19.712	15.474	0.402	312.04	650.09	100.57	173.40	59.45	3.98	2.26	1.74	37.33	16.56	13.64	0.404	1.92	4.14
			12		23.351	18.330	0.402	364.41	780.39	116.67	209.67	69.35	3.95	2.24	1.72	44.01	19.43	16.01	0.400	2.00	4.22

续表

型号	截面尺寸(mm) B	b	d	r	截面面积 (cm²)	理论质量 (kg/m)	外表面积 (m²/m)	惯性矩 (cm⁴) I_x	I_{x1}	I_y	I_{y1}	I_u	惯性半径 (cm) i_x	i_y	i_u	截面模数 (cm³) W_x	W_y	W_u	$\tan\alpha$	重心距离 (cm) X_0	Y_0
14/9	140	90	8		18.038	14.160	0.453	365.64	730.53	120.69	195.79	70.83	4.50	2.59	1.98	38.48	17.34	14.31	0.411	2.04	4.50
			10		22.261	17.475	0.452	445.50	913.20	140.03	245.92	85.82	4.47	2.56	1.96	47.31	21.22	17.48	0.409	2.12	4.58
			12		26.400	20.724	0.451	521.59	1096.09	169.79	296.89	100.21	4.44	2.54	1.95	55.87	24.95	20.54	0.406	2.19	4.66
			14	12	30.456	23.908	0.451	594.10	1279.26	192.10	348.82	114.13	4.42	2.51	1.94	64.18	28.54	23.52	0.403	2.27	4.74
15/9	150	90	8		18.839	14.788	0.473	442.05	898.35	122.80	195.96	74.14	4.84	2.55	1.98	43.86	17.47	14.48	0.364	1.97	4.92
			10		23.261	18.260	0.472	539.24	1122.85	148.62	246.26	89.86	4.81	2.53	1.97	53.97	21.38	17.69	0.362	2.05	5.01
			12		27.600	21.666	0.471	632.08	1347.50	172.85	297.46	104.95	4.79	2.50	1.95	63.79	25.14	20.80	0.359	2.12	5.09
			14		31.856	25.007	0.471	720.77	1572.38	195.62	349.74	119.53	4.76	2.48	1.94	73.33	28.77	23.84	0.356	2.20	5.17
			15		33.952	26.652	0.471	763.62	1684.93	206.50	376.33	126.67	4.74	2.47	1.93	77.99	30.53	25.33	0.354	2.24	5.21
			16		36.027	28.281	0.470	805.51	1797.55	217.07	403.24	133.72	4.73	2.45	1.93	82.60	32.27	26.82	0.352	2.27	5.25
16/10	160	100	10		25.315	19.872	0.512	668.69	1362.89	205.03	336.59	121.74	5.14	2.85	2.19	62.13	26.56	21.92	0.390	2.28	5.24
			12	13	30.054	23.592	0.511	784.91	1635.56	239.06	405.94	142.33	5.11	2.82	2.17	73.49	31.28	25.79	0.388	2.36	5.32
			14		34.709	27.247	0.510	896.30	1908.50	271.20	476.42	162.23	5.08	2.80	2.16	84.56	35.83	29.56	0.385	2.43	5.40
			16		39.281	30.835	0.510	1003.04	2181.79	301.60	548.22	182.57	5.05	2.77	2.16	95.33	40.24	33.44	0.382	2.51	5.48
18/11	180	110	10		28.373	22.273	0.571	956.25	1940.40	278.11	447.22	166.50	5.80	3.13	2.42	78.96	32.49	26.88	0.376	2.44	5.89
			12		33.712	26.440	0.571	1124.72	2328.38	325.03	538.94	194.87	5.78	3.10	2.40	93.53	38.32	31.66	0.374	2.52	5.98
			14	14	38.967	30.589	0.570	1286.91	2716.60	369.55	631.95	222.30	5.75	3.08	2.39	107.76	43.97	36.32	0.372	2.59	6.06
			16		44.139	34.649	0.569	1443.06	3105.15	411.85	726.46	248.94	5.72	3.06	2.38	121.64	49.44	40.87	0.369	2.67	6.14
20/12.5	200	125	12		37.912	29.761	0.641	1570.90	3193.85	483.16	787.74	285.79	6.44	3.57	2.74	116.73	49.99	41.23	0.392	2.83	6.54
			14		43.687	34.436	0.640	1800.97	3726.17	550.83	922.47	326.58	6.41	3.54	2.73	134.65	57.44	47.34	0.390	2.91	6.62
			16		49.739	39.045	0.639	2023.35	4258.86	615.44	1058.86	366.21	6.38	3.52	2.71	152.18	64.89	53.32	0.388	2.99	6.70
			18		55.526	43.588	0.639	2238.30	4792.00	677.19	1197.13	404.83	6.35	3.49	2.70	169.33	71.74	59.18	0.385	3.06	6.78

注：截面图中的 $r_1 = d/3$ 及表中 r 的数据用于孔型设计，不作交货条件。

附录 B 型钢表（GB/T 706—2008）

表 B-3　热轧普通槽钢

符号意义：
- h ——高度
- b ——腿宽
- d ——腰厚
- t ——平均腿厚
- r ——内圆弧半径
- r_1 ——腿端圆弧半径
- I ——惯性矩
- W ——截面模数
- i ——惯性半径
- Z_0 —— Y-Y 与 Y_1-Y_1 轴线间距离

型号	截面尺寸 (mm)						截面面积 (cm²)	理论质量 (kg/m)	惯性矩 (cm⁴)				惯性半径 (cm)		截面模数 (cm³)		重心距离 (cm)
	h	b	d	t	r	r_1			I_x	I_y	I_{y1}		i_x	i_y	W_x	W_y	Z_0
5	50	37	4.5	7.0	7.0	3.5	6.928	5.438	26.0	8.30	20.9		1.94	1.10	10.4	3.55	1.35
6.3	63	40	4.8	7.5	7.5	3.8	8.451	6.634	50.8	11.9	28.4		2.45	1.19	16.1	4.50	1.36
6.5	65	40	4.3	7.5	7.5	3.8	8.547	6.709	55.2	12.0	28.3		2.54	1.19	17.0	4.59	1.38
8	80	43	5.0	8.0	8.0	4.0	10.248	8.045	101	16.6	37.4		3.15	1.27	25.3	5.79	1.43
10	100	48	5.3	8.5	8.5	4.2	12.748	10.007	198	25.6	54.9		3.95	1.41	39.7	7.80	1.52
12	120	53	5.5	9.0	9.0	4.5	15.362	12.059	346	37.4	77.7		4.75	1.56	57.7	10.2	1.62
12.6	126	53	5.5	9.0	9.0	4.5	15.692	12.318	391	38.0	77.1		4.95	1.57	62.1	10.2	1.59

续表

型号	截面尺寸 (mm)						截面面积 (cm²)	理论质量 (kg/m)	惯性矩 (cm⁴)			惯性半径 (cm)		截面模数 (cm³)		重心距离 (cm)
	h	b	d	t	r	r_1			I_x	I_y	I_{y1}	i_x	i_y	W_x	W_y	Z_0
14a	140	58	6.0	9.5	9.5	4.8	18.516	14.535	564	53.2	107	5.52	1.70	80.5	13.0	1.71
14b	140	60	8.0	9.5	9.5	4.8	21.316	16.733	609	61.1	121	5.35	1.69	87.1	14.1	1.67
16a	160	63	6.5	10.0	10.0	5.0	21.962	17.24	866	73.3	144	6.28	1.83	108	16.3	1.80
16b	160	65	8.5	10.0	10.0	5.0	25.162	19.752	935	83.4	161	6.10	1.82	117	17.6	1.75
18a	180	68	7.0	10.5	10.5	5.2	25.699	20.174	1270	98.6	190	7.04	1.96	141	20.0	1.88
18b	180	70	9.0	10.5	10.5	5.2	29.299	23.000	1370	111	210	6.84	1.95	152	21.5	1.84
20a	200	73	7.0	11.0	11.0	5.5	28.837	22.637	1780	128	244	7.86	2.11	178	24.2	2.01
20b	200	75	9.0	11.0	11.0	5.5	32.837	25.777	1910	144	268	7.64	2.09	191	25.9	1.95
22a	220	77	7.0	11.5	11.5	5.8	31.846	24.999	2390	158	298	8.67	2.23	218	28.2	2.10
22b	220	79	9.0	11.5	11.5	5.8	36.246	28.453	2570	176	326	8.42	2.21	234	30.1	2.03
24a	240	78	7.0	12.0	12.0	6.0	34.217	26.860	3050	174	325	9.45	2.25	254	30.5	2.10
24b	240	80	9.0	12.0	12.0	6.0	39.017	30.628	3280	194	355	9.17	2.23	274	32.5	2.03
24c	240	82	11.0	12.0	12.0	6.0	43.817	34.396	3510	213	388	8.96	2.21	293	34.4	2.00
25a	25	78	7.0	12.0	12.0	6.0	34.917	27.410	3370	176	322	9.82	2.24	270	30.6	2.07
25b	25	80	9.0	12.0	12.0	6.0	39.917	31.335	3530	196	353	9.41	2.22	282	32.7	1.98
25c	25	82	11.0	12.0	12.0	6.0	44.917	35.260	3690	218	384	9.07	2.21	295	35.9	1.92

附录 B 型钢表（GB/T 706—2008）

续表

型号	截面尺寸 (mm)						截面面积 (cm²)	理论质量 (kg/m)	惯性矩 (cm⁴)			惯性半径 (cm)		截面模数 (cm³)		重心距离 (cm)
	h	b	d	t	r	r_1			I_x	I_y	I_{y1}	i_x	i_y	W_x	W_y	Z_0
27a	270	82	7.5	12.5	12.5	6.2	39.284	30.838	4360	216	393	10.5	2.34	323	35.5	2.13
27b	270	84	9.5	12.5	12.5	6.2	44.684	35.077	4690	239	428	10.3	2.31	347	37.7	2.06
27c	270	86	11.5	12.5	12.5	6.2	50.084	39.316	5020	261	467	10.1	2.28	372	39.8	2.03
28a	280	82	7.5	12.5	12.5	6.2	40.034	31.427	4760	218	388	10.9	2.33	340	35.7	2.10
28b	280	84	9.5	12.5	12.5	6.2	45.634	35.823	5130	242	428	10.6	2.30	366	37.9	2.02
28c	280	86	11.5	12.5	12.5	6.2	51.234	40.219	5500	268	463	10.4	2.29	393	40.3	1.95
30a	300	85	7.5	13.5	13.5	6.8	43.902	34.463	6050	260	467	11.7	2.43	403	41.1	2.17
30b	300	87	9.5	13.5	13.5	6.8	49.902	39.173	6500	289	515	11.4	2.41	433	44.0	2.13
30c	300	89	11.5	13.5	13.5	6.8	55.902	43.883	6950	316	560	11.2	2.38	463	46.4	2.09
32a	320	88	8.0	14.0	14.0	7.0	48.513	38.083	7600	305	552	12.5	2.50	475	46.5	2.24
32b	320	90	10.0	14.0	14.0	7.0	54.913	43.107	8140	336	593	12.2	2.47	509	49.2	2.16
32c	320	92	12.0	14.0	14.0	7.0	61.313	48.131	8690	374	643	11.9	2.47	543	52.6	2.09
36a	360	96	9.0	16.0	16.0	8.0	60.910	47.814	11900	455	818	14.0	2.73	660	63.5	2.44
36b	360	98	11.0	16.0	16.0	8.0	68.110	53.466	12700	497	880	13.6	2.70	703	66.9	2.37
36c	360	100	13.0	16.0	16.0	8.0	75.310	59.118	13400	536	948	13.4	2.67	746	70.0	2.34
40a	400	100	10.5	18.0	18.0	9.0	75.068	58.928	17600	592	1070	15.3	2.81	879	78.8	2.49
40b	400	102	12.5	18.0	18.0	9.0	83.068	65.208	18600	640	1140	15.0	2.78	932	82.5	2.44
40c	400	104	14.5	18.0	18.0	9.0	91.068	71.488	19700	688	1220	14.7	2.75	986	86.2	2.42

注：表中 r、r_1 的数据用于孔型设计，不作交货条件。

表 B-4 热轧普通工字钢

符号意义：
- h —— 高度
- b —— 腿宽度
- d —— 腰厚度
- t —— 平均腿厚度
- r —— 内圆弧半径
- r_1 —— 腿端圆弧半径
- I —— 惯性矩
- i —— 惯性半径
- W —— 截面模数
- S —— 半截面的静矩

型号	截面尺寸 (mm)						截面面积 (cm²)	理论质量 (kg/m)	惯性矩 (cm⁴)		惯性半径 (cm)		截面模数 (cm³)		$I_x : S_x$ (cm)
	h	b	d	t	r	r_1			I_x	I_y	i_x	i_y	W_x	W_y	
10	100	68	4.5	7.6	6.5	3.3	14.345	11.261	245	33.0	4.14	1.52	49.0	9.72	8.59
12	120	74	5.0	8.4	7.0	3.5	17.818	13.987	436	46.9	4.95	1.62	72.7	12.7	10.8
12.6	126	74	5.0	8.4	7.0	3.5	18.118	14.223	488	46.9	5.20	1.61	77.5	12.7	10.8
14	140	80	5.5	9.1	7.5	3.8	21.516	16.890	712	64.4	5.76	1.73	102	16.1	12.0
16	160	88	6.0	9.9	8.0	4.0	26.131	20.513	1130	93.1	6.58	1.89	141	21.2	13.8
18	180	94	6.5	10.7	8.5	4.3	30.756	24.143	1660	122	7.36	2.00	185	26.0	15.4
20a	200	100	7.0	11.4	9.0	4.5	35.578	27.929	2370	158	8.15	2.12	237	31.5	17.2
20b	200	102	9.0	11.4	9.0	4.5	39.578	31.069	2500	169	7.96	2.06	250	33.1	16.9

附录 B 型钢表 (GB/T 706—2008)

续表

型号	h	截面尺寸 (mm) b	d	t	r	r₁	截面面积 (cm²)	理论质量 (kg/m)	惯性矩 (cm⁴) I_x	I_y	惯性半径 (cm) i_x	i_y	截面模数 (cm³) W_x	W_y	$I_x:S_x$ (cm)
22a	220	110	7.5	12.3	9.5	4.8	42.128	33.070	3400	225	8.99	2.31	309	40.9	18.9
22b		112	9.5	12.3	9.5	4.8	46.528	36.524	3570	239	8.78	2.27	325	42.7	18.7
24a		116	8.0	13.0	10.0	5.0	47.741	37.477	4570	280	9.77	2.42	381	48.4	
24b	240	118	10.0	13.0	10.0	5.0	52.541	41.245	4800	297	9.57	2.38	400	50.4	
25a		116	8.0	13.0	10.0	5.0	48.541	38.105	5020	280	10.2	2.40	402	48.3	21.6
25b		118	10.0	13.0	10.0	5.0	53.541	42.030	5280	309	9.94	2.40	423	52.4	21.3
27a		122	8.5	13.7	10.5	5.3	54.554	42.825	6550	345	10.9	2.51	485	56.6	24.6
27b	280	124	10.5	13.7	10.5	5.3	59.954	47.064	6870	366	10.7	2.47	509	58.9	24.2
28a		122	8.5	13.7	10.5	5.3	55.404	43.492	7110	345	11.3	2.50	508	56.6	
28b		124	10.5	13.7	10.5	5.3	61.004	47.888	7480	379	11.1	2.49	534	61.2	
30a		126	9.0	14.4	11.0	5.5	61.254	48.084	8950	400	12.1	2.55	597	63.5	
30b	300	128	11.0	14.4	11.0	5.5	67.254	52.794	9400	422	11.8	2.50	627	65.9	
30c		130	13.0	14.4	11.0	5.5	73.254	57.504	9850	445	11.6	2.46	657	68.5	
32a		130	9.5	15.0	11.5	5.8	67.156	52.717	11100	460	12.8	2.62	692	70.8	27.5
32b	320	132	11.5	15.0	11.5	5.8	73.556	57.741	11600	502	12.6	2.61	726	76.0	27.1
32c		134	13.5	15.0	11.5	5.8	79.956	62.765	12200	544	12.3	2.61	760	81.2	26.8
36a		136	10.0	15.8	12.0	6.0	76.480	60.037	15800	552	14.4	2.69	875	81.2	30.7
36b	360	138	12.0	15.8	12.0	6.0	83.680	65.689	16500	582	14.1	2.64	919	84.3	30.3
36c		140	14.0	15.8	12.0	6.0	90.880	71.341	17300	612	13.8	2.60	962	87.4	29.9

续表

型号	截面尺寸 (mm)					截面面积 (cm²)	理论质量 (kg/m)	惯性矩 (cm⁴)		惯性半径 (cm)		截面模数 (cm³)		$I_x : S_x$ (cm)
	h	b	d	t	r	r₁			I_x	I_y	i_x	i_y	W_x	W_y	
40a	400	142	10.5	16.5	12.5	6.3	86.112	67.598	21700	660	15.9	2.77	1090	93.2	34.1
40b		144	12.5				94.112	73.878	22800	692	15.6	2.71	1140	96.2	33.6
40c		146	14.5				102.112	80.158	23900	727	15.2	2.65	1190	99.6	33.2
45a	450	150	11.5	18.0	13.5	6.8	102.446	80.420	32200	855	17.7	2.89	1430	114	38.6
45b		152	13.5				111.446	87.485	33800	894	17.4	2.84	1500	118	38.0
45c		154	15.5				120.446	94.550	35300	938	17.1	2.79	1570	122	37.6
50a	500	158	12.0	20.0	14.0	7.0	119.304	93.654	46500	1120	19.7	3.07	1860	142	42.8
50b		160	14.0				129.304	101.504	48600	1170	19.4	3.01	1940	146	42.4
50c		162	16.0				139.304	109.354	50600	1220	19.0	2.96	2080	151	41.8
55a	550	166	12.5	21.0	14.5	7.3	134.185	105.335	62900	1370	21.6	3.19	2290	164	
55b		168	14.5				145.185	113.970	65600	1420	21.2	3.14	2390	170	
55c		170	16.5				156.185	122.605	68400	1480	20.9	3.08	2490	175	
56a	560	166	12.5	21.0	14.5	7.3	135.435	106.316	65600	1370	22.0	3.18	2340	165	47.7
56b		168	14.5				146.635	115.108	68500	1490	21.6	3.16	2450	174	47.2
56c		170	16.5				157.835	123.900	71400	1560	21.3	3.16	2550	183	46.7
63a	630	176	13.0	22.0	15.0	7.5	154.658	121.407	93900	1700	24.5	3.31	2980	193	54.2
63b		178	15.0				167.258	131.298	98100	1810	24.2	3.29	3160	204	53.5
63c		180	17.0				179.858	141.189	102000	1920	23.8	3.27	3300	214	52.9

注：表中 r、r₁ 的数据用于孔型设计，不作交货条件。

附录 C 习 题 答 案

第 1 章 绪 论

1-1 C

1-2 A、C；B、D

1-3 A、D

1-4 C

1-5 B、C、D

1-6 (a) $F_N = -F$, $F_S = \dfrac{F}{2}$, $M = \dfrac{1}{8}Fl$

(b) m-m 截面 $F_S = qa$；n-n 截面 $F_S = qa$

1-7 AB 杆属于弯曲变形，$F_S = 1\text{kN}$, $M = 1\text{kN}\cdot\text{m}$；BC 杆属于拉伸变形，$F_N = 2\text{kN}$

1-8 $F_{N1} = \dfrac{Fx}{l\sin\alpha}$；$F_{S1\max} = \dfrac{F}{\sin\alpha}$，$F_{N2} = \dfrac{x\cot\alpha}{l}F$, $F_{S2} = \left(1 - \dfrac{x}{l}\right)F$, $M_2 = \dfrac{x(l-x)}{l}F$

$F_{N2\max} = F\cot\alpha$, $F_{S2\max} = F$, $M_{2\max} = \dfrac{Fl}{4}$

1-9 $F_N = F$, $F_S = F$, $M = Fa$

1-10 $\varepsilon = -2 \times 10^{-4}$

1-11 0.001 rad

第 2 章 拉伸、压缩与剪切

2-2 $\sigma_{AB} = 3.65\text{MPa}$, $\sigma_{BC} = 137.9\text{MPa}$

2-3 $\sigma = 31.9\text{MPa} < [\sigma]$，安全

2-4 $A_{AB} \geqslant 9.622 \times 10^{-4}\text{m}^2$, $A_{BC} \geqslant 23.09 \times 10^{-4}\text{m}^2$

2-5 $h = 109.5\text{mm}$, $b = 32.2\text{mm}$

2-6 $d \geqslant 23.2\text{mm}$

2-7 $\tau_{\max} = 76.4\text{MPa}$, $\sigma_{30°} = 115\text{MPa}$, $\tau_{30°} = 66.2\text{MPa}$

2-8 $F = 41\text{kN}$

2-9 $\theta = 54.8°$

2-10 $\alpha = 26.6°$, $F = 50\text{kN}$

2-11 $\Delta l = 0.075\text{mm}$

2-12 (1) $A_{CD} \geqslant 833\text{mm}^2$；(2) $d \leqslant 17.8\text{mm}$；(3) $F \leqslant 15.7\text{kN}$

2-13 $F = 695\text{kN}$

2-14 $\Delta l = 0.25\text{mm}$, $\sigma = 71.4\text{MPa} > [\sigma]$

2-15 $x = \dfrac{LE_2}{E_1 + E_2}$

2-16 $\Delta l = \dfrac{4Fl}{\pi E d_1 d_2}$

2-17 $\delta = 0.249\text{mm}$

2-18 $\sigma_{AB} = 5.2\text{MPa}$, $\sigma_{BC} = 120\text{MPa}$

2-19 $e = \dfrac{b(E_1 - E_2)}{2(E_1 + E_2)}$

2-20 $F = 21.2\text{kN}$, $\theta = 10.9°$

2-21 $F_A = F_B = F/2$

2-22 $F_1 = \dfrac{5}{6}F$, $F_2 = \dfrac{1}{3}F$, $F_3 = \dfrac{1}{6}F$

2-23 $\sigma_1 = 127\text{MPa}$, $\sigma_2 = 26.8\text{MPa}$, $\sigma_2 = -86.5\text{MPa}$

2-24 $A_1 = 1384\text{ mm}^2$, $A_2 = 692\text{ mm}^2$

2-25 $\sigma_{AB} = \sigma_{AC} = 168\text{MPa}$, $\sigma_{DF} = 145.5\text{MPa}$

2-26 $T = 71℃$ 时铝管比钢管长 12mm，$T = 4.3℃$ 时钢管比铝管长 12mm

2-27 $\sigma_1 = -66.7\text{MPa}$, $\sigma_2 = -33.3\text{MPa}$

2-28 $d \geqslant 34\text{mm}$, $t \leqslant 10.4\text{mm}$

2-29 $\tau = 15.9\text{MPa} < [\tau]$

2-30 $d \geqslant 50\text{mm}$, $b \geqslant 100\text{mm}$

2-31 $d \geqslant 50\text{mm}$

2-32 $F \leqslant 50.2\text{kN}$

2-33 $\tau = 0.952\text{MPa}$, $\sigma_{bs} = 7.41\text{MPa}$

2-34 $\tau = 50.5\text{MPa}$, $\sigma_{bs} = 69.4\text{MPa}$

2-35 $l = 290\text{mm}$, $h = 36\text{mm}$; $\sigma_{max} = 1.76\text{MPa} < [\sigma]$

第 3 章　扭　　转

3-4 $\tau_A = 20.4\text{ MPa}$, $\tau_{max} = 40.8\text{ MPa}$

3-5 $N_K = 18.25\text{kN}$

3-6 0.564

3-8 $\tau_{max} = 15.287\text{MPa}$, $\varphi_{CD} = 0.127 \times 10^{-3}\text{ rad}$, $\varphi_{AD} = -0.191 \times 10^{-3}\text{ rad}$

3-9 $\tau_{max} = 20.4\text{MPa}$, 满足

3-10 $M_1 : M_2 = 15$

3-11 (1) $\tau_{max} = 71.4\text{ MPa}$, $\varphi = 1.02°$；
　　　(2) $\tau_A = \tau_B = 71.4\text{ MPa}$, $\tau_C = 35.7\text{ MPa}$；
　　　(3) $\gamma_C = 0.446 \times 10^{-3}$

3-12 $\varphi = \dfrac{ql^2}{2GI_p}$

3-13 (1) $\tau_{max} = 69.8\text{MPa}$；(2) $\varphi_{DB} = 2°$

3-14 $\tau_{max} = 34.5\text{ MPa}$, $\varphi_{CA} = 0.124°$, $\varphi_{CB} = 0.247°$

3-15 $l_2 = 212\text{mm}$

3-16 $\mu = 0.3$

3-17 $d \geqslant 111\text{mm}$

3-18 $d_0 = 45\text{mm}$, $d = 23\text{mm}$, $D = 46\text{mm}$

3-19 $d \geqslant 49.56\text{mm}$

3-20 AE 段：$\tau_{max} = 43.8\text{MPa} < [\tau]$, $\theta = 0.4°/\text{m} < [\theta]$；$BC$ 段：$\tau_{max} = 71.3\text{MPa} < [\tau]$, $\theta = 1.02°/\text{m} < [\theta]$

3-21 $\tau_{ACmax} = 53.2\text{ MPa} < [\tau]$, $\tau_{DBmax} = 21.3\text{MPa} < [\tau]$, $\theta_{max} = 1.90°/\text{m} < [\theta]$，安全

3-22 (1) $d_1 \geqslant 84.6\text{ mm}$, $d_2 \geqslant 74.5\text{ mm}$；(2) $d \geqslant 84.6\text{ mm}$；(3) 主动轮 1 放在从动轮 2、3 中间比较合理。

附录C 习题答案

3-23　合力 $F_S = \dfrac{4\sqrt{2}T}{3\pi d}$，作用点在对称轴上，到圆心距离 $\rho_c = \dfrac{3\pi d}{16\sqrt{2}}$

3-24　$\tau_{\max} = 36.45\text{MPa} < [\tau]$，$\theta_{\max} = 0.87\% > [\theta]$

3-25　$T_A = \dfrac{32}{33}T_0$，$T_B = \dfrac{1}{33}T_0$

3-26　$d \geqslant 82.7\text{mm}$

3-27　(1) $D_C = D_S \sqrt[4]{1 + \dfrac{D_S}{D_C}} = 98.7\text{mm}$；

　　　(2) 钢杆 $\tau_{\max} = 96.6\text{MPa}$，铜管 $\tau_{\max} = 63.6\text{MPa}$，$\varphi = 7.38°$

3-28　$\tau_{\max} = 40.1\text{MPa}$，$\tau'_{\max} = 34.4\text{MPa}$，$\theta = 0.564°/\text{m}$

第4章　梁的弯曲内力

4-1　(a) $F_{S1} = 0$，$M_1 = Fa$；$F_{S2} = -F$，$M_2 = Fa$；$F_{S3} = 0$，$M_3 = 0$
　　　(b) $F_{S1} = -qa$，$M_1 = -qa^2/2$；$F_{S2} = -qa$，$M_2 = -qa^2/2$；$F_{S3} = 0$，$M_3 = 0$
　　　(c) $F_{S1} = 2qa$，$M_1 = -3qa^2/2$；$F_{S2} = 2qa$，$M_2 = -qa^2/2$
　　　(d) $F_{S1} = -100\text{N}$，$M_1 = -20\text{N}\cdot\text{m}$；$F_{S2} = -100\text{N}$，$M_2 = -40\text{N}\cdot\text{m}$；
　　　　　$F_{S3} = 200\text{N}$，$M_3 = -40\text{N}\cdot\text{m}$
　　　(e) $F_{S1} = 1.33\text{kN}$，$M_1 = 267\text{N}\cdot\text{m}$；$F_{S2} = -0.667\text{kN}$，$M_2 = 333\text{N}\cdot\text{m}$
　　　(f) $F_{S1} = -qa$，$M_1 = -qa^2/2$；$F_{S2} = -3qa/2$，$M_2 = -2qa^2$
　　　(g) $F_{S1} = -qa$，$M_1 = -2qa^2$；$F_{S2} = 2qa$，$M_2 = -2qa^2$；$F_{S3} = 2qa$，$M_3 = 0$
　　　(h) $F_{S1} = -q_0 a/2$，$M_1 = -q_0 a^2/6$；$F_{S2} = q_0 a/12$，$M_2 = -q_0 a^2/6$

4-2　(a) $F_{S,\min} = -q_0 l/2$，$M_{\min} = -q_0 l^2/6$
　　　(b) $F_{S,\max} = 45\text{kN}$，$M_{\min} = -127.5\text{kN}\cdot\text{m}$
　　　(c) $F_{S,\max} = 49.5\text{kN}$，$F_{S,\min} = -49.5\text{kN}$，$M_{\max} = 174\text{kN}\cdot\text{m}$
　　　(d) $F_{S,\max} = 0.6\text{kN}$，$F_{S,\min} = -1.4\text{kN}$，$M_{\max} = 2.4\text{kN}\cdot\text{m}$，$M_{\min} = -1.6\text{kN}\cdot\text{m}$
　　　(e) $F_{S,\min} = -22\text{kN}$，$M_{\max} = 6\text{kN}\cdot\text{m}$，$M_{\min} = -20\text{kN}\cdot\text{m}$
　　　(f) $F_{S,\max} = qa$，$F_{S,\min} = -qa/8$，$M_{\min} = -qa^2/2$
　　　(g) $F_{S,\max} = F/2$，$F_{S,\min} = -F$，$M_{\min} = -Fl/2$
　　　(h) $F_{S,\max} = 30\text{kN}$，$F_{S,\min} = -10\text{kN}$，$M_{\max} = 15\text{kN}\cdot\text{m}$，$M_{\min} = -30\text{kN}\cdot\text{m}$

4-3　(a) $F_{S,\max} = 5\text{kN}$，$M_{\min} = -10\text{kN}\cdot\text{m}$
　　　(b) $F_{S,\max} = 15\text{kN}$，$M_{\min} = -25\text{kN}\cdot\text{m}$
　　　(c) $F_{S,\max} = 3qa/2$，$F_{S,\min} = -3qa/2$，$M_{\max} = 21qa^2/8$
　　　(d) $F_{S,\min} = -M_e/3a$，$M_{\min} = -2M_e$
　　　(e) $F_{S,\max} = 2\text{kN}$，$F_{S,\min} = -14\text{kN}$，$M_{\max} = 4.5\text{kN}\cdot\text{m}$，$M_{\min} = -20\text{kN}\cdot\text{m}$
　　　(f) $F_{S,\max} = 11F/16$，$F_{S,\min} = -11F/16$，$M_{\max} = 5Fa/16$，$M_{\min} = -3Fa/8$
　　　(g) $F_{S,\max} = 1.5\text{kN}$，$F_{S,\min} = -0.5\text{kN}$，$M_{\max} = 0.563\text{kN}\cdot\text{m}$
　　　(h) $F_{S,\max} = 280\text{kN}$，$F_{S,\min} = -280\text{kN}$，$M_{\max} = 545\text{kN}\cdot\text{m}$
　　　(i) $F_{S,\max} = 2F/3$，$F_{S,\min} = -F$，$M_{\max} = Fa/3$，$M_{\min} = -Fa$
　　　(j) $F_{S,\max} = 11qa/6$，$F_{S,\min} = -7qa/6$，$M_{\max} = 49qa^2/72$，$M_{\min} = -qa^2$

4-4　(a) $F_{S,\max} = qa$，$F_{S,\min} = -qa$，$M_{\max} = qa^2/2$，$M_{\min} = -qa^2$
　　　(b) $F_{S,\max} = 0$，$F_{S,\min} = -qa$，$M_{\max} = 0$，$M_{\min} = -qa^2$
　　　(c) $F_{S,\max} = 3ql/2$，$F_{S,\min} = -ql/2$，$M_{\max} = 0$，$M_{\min} = -ql^2$

4-6　(a) $M_{\max} = 54\text{kN}\cdot\text{m}$

(b) $M_{max} = 0.25$kN·m, $M_{min} = -2$kN·m

4-7 (a) $M_{min} = -Fl/2$

(b) $M_{min} = -qa^2$

(c) $M_{min} = -20$kN·m

(d) $M_{max} = 30$kN·m $M_{min} = -20$kN·m

(e) $M_{max} = 10$kN·m, $M_{min} = -10$kN·m

(f) $M_{max} = ql^2/40$, $M_{min} = -ql^2/50$

4-8 (a) $F_{S,max} = 11.45$kN, $F_{S,min} = -3$kN, $M_{max} = 1.55$kN·m, $M_{min} = -3.09$kN·m

(b) $F_{S,max} = 40$kN, $F_{S,min} = -40$kN, $M_{max} = 60$kN·m

(c) $F_{S,max} = q_0 l/4$, $F_{S,min} = -q_0 l/4$, $M_{max} = q_0 l^2/12$

(d) $F_{S,max} = 50$kN, $F_{S,min} = -40$kN, $M_{max} = 27.8$kN·m, $M_{min} = -15$kN·m

4-9 (a) $M_{max} = Fl/4$

(b) $M_{max} = Fl/6$

(c) $M_{max} = 3Fl/20$

(d) $M_{max} = Fl/8$

4-10 (a) $M_{max} = 36$kN·m

(b) $M_{max} = 6$kN·m, $M_{min} = -6.25$kN·m

(c) $M_{min} = -2.25$kN·m

4-11 $a/l = 0.207$

4-12 (a) $q_R = 62.5$kN/m, $F_{S,max} = 37.5$kN, $F_{S,min} = -37.5$kN, $M_{max} = 12.81$kN·m

(b) $F_{max} = ql/16$, $F_{min} = -ql/16$, $M_{max} = ql^2/48$

4-13 $q_A = 3F/4a$, $q_B = 9F/4a$, $F_{S,max} = 31F/32$, $F_{S,min} = -33F/32$, $M_{max} = 17Fa/64$

4-14 (a) $F_{S,max} = 20$kN, $F_{N,min} = -10$kN, $M_{max} = 80$kN·m

(b) $F_{S,max} = 15$kN, $F_{S,min} = -17.5$kN, $F_{N,min} = -17.5$kN, $M_{max} = 26.3$kN·m

(c) $F_{S,max} = 60$kN, $F_{S,min} = -45$kN, $F_{N,min} = -60$kN, $M_{max} = 180$kN·m

4-15 $F_{S,max} = 10.5$kN, $F_{S,min} = -10.5$kN, $F_{N,min} = -12.12$kN, $M_{max} = 9.09$kN·m

4-16 $F_{S,max} = 0.433F$, $F_{S,min} = -0.433F$, $F_{N,min} = -0.25F$, $M_{max} = 0.25Fl$

4-17 (a) $F_{S,max} = F$, $F_{S,min} = -F$, $F_{N,max} = F$, $M_{max} = FR$

(b) $F_{S,max} = F$, $F_{N,min} = -F$, $M_{max} = FR$

(c) $F_{S,max} = 0$, $F_{S,min} = -F$, $F_{N,max} = F$, $M_{max} = FR$

4-18 (1) $x = l/2 - a/4$, $M_{max} = F(l-a/2)^2/2l$

(2) $x = 0$, $F_A = 2F - Fa/l$ 注:x 坐标原点在梁的左端

第5章 梁的弯曲应力

5-1 $\sigma_{max} = 100$MPa

5-2 $\sigma_A = -9.33$MPa, $\sigma_B = 18.75$MPa

5-3 (1) $\sigma_a = 22.2$MPa, $\sigma_{max} = 66.7$MPa; (2) $\sigma_a = 119.4$MPa, $\sigma_{max} = 159.2$MPa;

(3) $\sigma_a = 30.7$MPa, $\sigma_{max} = 124$MPa

5-4 实心轴 $\sigma_{max} = 159$MPa; 空心轴 $\sigma_{max} = 67.3$MPa; 减小了 57.7%

5-5 (1) $\sigma_{t\,max} = 30.3$MPa, $\sigma_{c\,max} = 69$MPa; (2) $\sigma_{t\,max} = 69$MPa, $\sigma_{c\,max} = 30.3$MPa

5-6 $\sigma_{max} = 80$MPa, $F = 604$N

5-7 $M = 10.7$kN·m

5-8 $d = 11$cm

附录 C 习题答案

5-9 $\sigma_{max}=10\text{MPa}=[\sigma]$，安全

5-10 $\sigma_{t\,max}=26.2\text{MPa}<[\sigma_t]$，$\sigma_{c\,max}=52.4\text{MPa}<[\sigma_c]$，安全

5-11 $[F]=55.2\text{kN}$

5-12 $\sigma_{t\,max}=26.4\text{MPa}<[\sigma_t]$，$\sigma_{c\,max}=52.8\text{MPa}<[\sigma_c]$，安全

5-13 $[q]=6.28\text{kN/m}$

5-14 $a=l/3$

5-15 $[q]=4.49\text{kN/m}$

5-16 $\sigma_a=6.04\text{MPa}$，$\sigma_b=12.9\text{MPa}$，$\tau_a=0.379\text{MPa}$，$\tau_b=0$

5-17 $\sigma_{max}=102\text{MPa}$，$\tau_{max}=3.39\text{MPa}$

5-18 (1) $\tau_{max}=18.17\text{MPa}$；(2) $\tau_{胶}=17.2\text{MPa}$

5-19 $[M_e]=11.25\text{ kN}\cdot\text{m}$

5-20 $b=130\text{cm}$，$h=190\text{cm}$

5-21 $\sigma_{max}=103.56\text{MPa}<[\sigma]$，$\tau_{max}=16.93\text{MPa}<[\tau]$，安全

5-22 $[q]=14.8\text{kN/m}$

5-23 $(\sigma_{max})_1/(\sigma_{max})_2=1/2$

5-24 $s\leqslant 107\text{mm}$

5-25 $M_1=\dfrac{(D^4-d^4)ql^2}{4(2D^4-d^4)}$，$M_2=\dfrac{d^4ql^2}{8(2D^4-d^4)}$

第 6 章 梁的弯曲变形

6-3 (a) $w=-\dfrac{q_0 l^4}{30EI}$，$\theta=-\dfrac{q_0 l^3}{24EI}$；

(b) $w=-\dfrac{7Fa^3}{2EI}$，$\theta=\dfrac{5Fa^2}{2EI}$；

(c) $w=-\dfrac{41ql^4}{384EI}$，$\theta=-\dfrac{7ql^3}{48EI}$；

(d) $w=-\dfrac{71ql^4}{384EI}$，$\theta=-\dfrac{13ql^3}{48EI}$

6-4 (a) $\theta_A=-\dfrac{M_e l}{6EI}$，$\theta_B=\dfrac{M_e l}{3EI}$，$w_{\frac{l}{2}}=-\dfrac{M_e l^2}{16EI}$，$w_{max}=-\dfrac{M_e l^2}{9\sqrt{3}EI}$

(b) $\theta_A=-\dfrac{3ql^3}{128EI}$，$\theta_B=\dfrac{7ql^3}{384EI}$，$w_{\frac{l}{2}}=-\dfrac{5ql^4}{768EI}$，$w_{max}=-\dfrac{5.04ql^4}{768EI}$

6-5 (a) $\theta_B=-\dfrac{Fa^2}{2EI}$，$w_B=-\dfrac{Fa^2}{6EI}(3l-a)$

(b) $\theta_B=-\dfrac{M_e a}{EI}$，$w_B=-\dfrac{M_e a}{EI}\left(l-\dfrac{a}{2}\right)$

6-6 相对误差为：$\dfrac{1}{3}\left(\dfrac{w_{max}}{l}\right)^2$

6-7 $w_B=5a^2M/(4EI)(\downarrow)$

6-8 (a) $|\theta|_{max}=\dfrac{5Fl^2}{16EI}$，$|w|_{max}=\dfrac{3Fl^3}{16EI}$

(b) $|\theta|_{max}=\dfrac{5Fl^2}{128EI}$，$|w|_{max}=\dfrac{3Fl^3}{256EI}$

6-9 (a) $w_A=-\dfrac{Fl^3}{6EI}$，$\theta_B=-\dfrac{9Fl^2}{8EI}$

(b) $w_A=-\dfrac{Fa}{6EI}(3b^2+6ab+2a^2)$，$\theta_B=\dfrac{Fa(2b+a)}{2EI}$

6-10 (a) $w_A = \dfrac{Fa}{48EI}(3l^2 - 16al - 16a^2)$, $\theta = \dfrac{F}{48EI}(24a^2 + 16al - 3l^2)$

(c) $w_A = -\dfrac{5ql^4}{768EI}$, $\theta_B = \dfrac{7ql^3}{384EI}$; (d) $w_A = \dfrac{ql^4}{16EI}$, $\theta_B = \dfrac{ql^3}{12EI}$

(b) $w = \dfrac{qal^2}{24EI}(5l + 6a)$, $\theta = -\dfrac{7ql^2}{24EI}(5l + 12a)$

(c) $w = -\dfrac{5qa^4}{24EI}$, $\theta = -\dfrac{qa^3}{4EI}$

(d) $w = -\dfrac{qa}{24EI}(3a^3 + 4a^2l - l^3)$, $\theta = -\dfrac{q}{24EI}(4a^3 + 4a^2l - l^3)$

6-11 $w_{总} = 0.117\text{mm}$, $\theta_{总} = 0.0022\text{rad}$

6-12 $w = 12.1\text{mm} < [w]$，安全

6-13 $w_C = 29.4\text{mm}$

6-14 $w = -\dfrac{5ql^4}{768EI}$

6-15 $w_B = 8.21\text{mm}$（向下）

6-16 $\delta_{max} = 39PL^3/1024EI$

6-17 $y = \dfrac{Fx^3}{3EI}$

6-18 $y = \dfrac{Fx^2(l-x)^2}{3EIl}$

6-19 $M_e = 0.032\text{N}\cdot\text{m}$, $\sigma_{max} = 200\text{MPa}$

6-20 $w_D = -\dfrac{Fa^3}{3EI}$

6-21 (a) $F_B = 7F/4(\downarrow)$, $F_{Cy} = 3F/4(\downarrow)$, $M_C = Fl/4$

(b) $F_{Cy} = 5ql/8(\uparrow)$

6-22 (a) $w_{max} = -\dfrac{24Fa^3}{Ebh^3}$

(b) $w_{max} = -\dfrac{3Fa^3}{Ebh^3}$

6-23 $\sigma_{杆max} = 185\text{MPa}$, $\sigma_{梁max} = 155\text{MPa}$

第7章 应力状态和强度理论

7-1 (a) $\sigma_A = -\dfrac{4F}{\pi d^2}$

(b) $\tau_A = 79.6\text{MPa}$

(c) $\tau_A = 0.42\text{MPa}, \sigma_B = 2.1\text{MPa}, \tau_B = 0.31\text{MPa}$

(d) $\sigma_A = 50\text{MPa}$, $\tau_A = 50\text{MPa}$

7-3 (a) $\sigma_{30°} = 52\text{MPa}$, $\tau_{30°} = -18.7\text{MPa}$

(b) $\sigma_{60°} = -27.32\text{MPa}$, $\tau_{60°} = -27.32\text{MPa}$

7-4 (a) $\sigma_1 = 57\text{MPa}$, $\sigma_2 = 0$, $\sigma_3 = -7\text{MPa}$, $\alpha_{01} = 19°20'$

(b) $\sigma_1 = 25\text{MPa}$, $\sigma_2 = 0$, $\sigma_3 = -25\text{MPa}$, $\alpha_0 = \pm 45°$

(c) $\sigma_1 = 11.2\text{MPa}$, $\sigma_2 = 0$, $\sigma_3 = -71.2\text{MPa}$, $\alpha_0 = -38°$

7-5 (a) $\sigma_1 = +37\text{MPa}$, $\sigma_3 = -27\text{MPa}$, $\alpha_0 = -70°40'$

(b) $\sigma_1 = +8.3\text{MPa}$, $\sigma_3 = -48.3\text{MPa}$, $\alpha_0 = -67.5°$

(c) $\sigma_1 = +62.4\text{MPa}$, $\sigma_3 = +17.6\text{MPa}$, $\alpha_0 = +58°17'$

附录C 习题答案

(d) $\sigma_1 = +72.4\text{MPa}, \sigma_3 = -12.4\text{MPa}, \alpha_0 = -67.5°$

7-7 $\sigma_1 = 120\text{MPa}, \sigma_2 = 20\text{MPa}, \sigma_3 = 0, \alpha_0 = 30°$

7-8 $\sigma_x = 120\text{MPa}, \tau_{xy} = 120/\sqrt{3}\text{MPa}$

7-9 (1) $\sigma_\alpha = -38.2\text{MPa}, \tau_\alpha = -4.44\text{MPa}$; (2) $\sigma_1 = 130\text{MPa}, \sigma_3 = -38.3\text{MPa}, \sigma_0 = -28°29'$

7-10 (1) $\sigma_\alpha = -2.13\text{MPa}, \tau_\alpha = 24.3\text{MPa}$; (2) $\sigma_1 = 84.9\text{MPa}, \sigma_3 = -5\text{MPa}, \sigma_0 = 13°16'$

7-11 $\sigma_\alpha = 0.19\text{MPa}, \tau_\alpha = -0.23\text{MPa}$

7-13 $\sigma_{-60°} = +34.8\text{MPa}, \tau_{-60°} = +11.6\text{MPa}$；
$\sigma_1 = +37\text{MPa}, \sigma_2 = 0, \sigma_3 = -27\text{MPa}, \tau_{max} = +32\text{MPa}$，
由 x 正方向顺时针旋转到 τ_{max} 的作用面的外法线。

7-14 (a) $\sigma_1 = 80\text{MPa}, \sigma_2 = -27\text{MPa}, \sigma_3 = -50\text{MPa}, \tau_{max} = 65\text{MPa}$
(b) $\sigma_1 = \sigma_2 = \sigma_3 = 50\text{MPa}, \tau_{max} = 0$
(c) $\sigma_1 = 50\text{MPa}, \sigma_2 = 44.7\text{MPa}, \sigma_3 = -44.7\text{MPa}, \alpha_2 = 37.7°, \tau_{max} = 49.85\text{MPa}$

7-15 $\sigma_1 = \sigma_2 = -30\text{MPa}, \sigma_3 = -70\text{MPa}$

7-16 $\sigma_x = 100\text{MPa}, \sigma_y = 0$

7-17 $\mu = 0.27$

7-18 $F = 50.24\text{kN}$

7-19 $M_e = 125.7\text{N}\cdot\text{m}$

7-20 $F = 85.4\text{kN}$

7-21 $M_e = \dfrac{2Ebhl}{3(1+\mu)}\varepsilon_{45°}$

7-22 $\Delta l = 9.29\times 10^{-3}\text{mm}$

7-23 $\sigma_1 = 124\text{MPa}, \sigma_2 = 65.8\text{MPa}, \alpha_1 = -22.5°$，面内 $\tau_{max} = 29\text{MPa}$

7-24 $\delta \geqslant 10.13\text{mm}$

7-25 $\sigma_{r4} = 176\text{MPa}$

7-26 $F = 2.01\text{kN}, M_e = 2.01\text{kN}\cdot\text{m}, \sigma_{r4} = 31.2\text{MPa}$

7-27 $\delta \geqslant \sqrt{M^2 + M_e^2}/\pi r^2[\sigma]$

7-28 (1) $\sigma_{r3} = 40\text{MPa}, \sigma_{r4} = 34.6\text{MPa}$, 相对误差为 15.5%
(2) $\sigma_{r3} = 220\text{MPa}, \sigma_{r4} = 210.7\text{MPa}$, 相对误差为 4.4%

7-29 按第三理论和第四理论计算的 t 相同，都等于 $4.69 \approx 4.7\text{mm}$

7-30 铜柱，$\sigma_1 = \sigma_2 = -2.48\text{MPa}, \sigma_3 = -102\text{MPa}$
钢柱，$\sigma_1 = 62\text{MPa}, \sigma_2 = 0, \sigma_3 = -2.48\text{MPa}$

第8章 组 合 变 形

8-1 $b \geqslant 65.6\text{mm}, h \geqslant 98.5\text{mm}$

8-2 $b = 90\text{mm}, h = 180\text{mm}$

8-3 $\sigma_{max} = 15.7\text{MPa}$，总挠度 $f = \sqrt{f_y^2 + f_z^2} = 9.44\text{mm}$ 方位角 $\beta = \arctan\dfrac{f_z}{f_y} = \arctan(0.647) = 32.9°$

8-4 $\sigma_{tmax} = 26.9\text{MPa}, \sigma_{cmax} = 32.3\text{MPa}$

8-5 $\sigma_{max} = 129\text{MPa} < [\sigma]$

8-6 $\sigma_{max} = 101.2\text{MPa} < [\sigma]$

8-7 $x = 5.3\text{mm}$

8-8　$F=18.38\text{kN}$, $\delta=1.785\text{mm}$

8-9　$\sigma_A=8.83\text{MPa}$, $\sigma_B=3.38\text{MPa}$, $\sigma_C=-12.2\text{MPa}$, $\sigma_D=-7.17\text{MPa}$, $a_y=15.6\text{mm}$, $a_x=33.4\text{mm}$

8-10　$d=23.6\text{mm}$

8-11　$\sigma_{r4}=57.5\text{MPa}<[\sigma]$

8-12　$d=111\text{mm}$

8-13　$d\geqslant 67.2\text{mm}$

8-14　$d\geqslant 46\text{mm}$

8-15　$\sigma_{r3}=107.4\text{MPa}$

8-16　$\sigma_{r3}=81.04\text{MPa}$，满足要求

8-17　$[P]\leqslant 788\text{N}$, $P_{\max}=788\text{N}$

8-18　$\delta=2.65\text{mm}$

8-19　$\sigma_{r4}=\sqrt{\left(\dfrac{F}{A}+\dfrac{M}{W}\right)^2+\dfrac{3}{4}\left(\dfrac{M_e}{W}\right)^2}\leqslant[\sigma]$

8-20　$\sigma_{r3}=125.64\text{MPa}<[\sigma]$

8-21　$\sigma_{r3}=13.8\text{MPa}\leqslant[\sigma]$

8-22　$\sigma_{r3}=35.5\text{MPa}<\sigma_s/2=120\text{MPa}$

8-23　$[q]=410\text{kN/m}$

8-24　$\sigma_{r2}=36.79\text{MPa}<[\sigma_t]$，强度足够

第9章　压杆稳定

9-2　$n=3.75$，安全

9-3　1杆：$F_{cr}=2540\text{kN}$；2杆：$F_{cr}=4710\text{kN}$；3杆：$F_{cr}=4820\text{kN}$

9-4　$F_{cr}=400\text{kN}$；$\sigma_{cr}=665\text{MPa}$

9-5　$l/D=65$，$F_{cr}=47.37D^2\text{N}$

9-6　$l=1096\text{mm}$，$F_{cr}=138\text{kN}$

9-7　(1) 116.7kN；(2) $n=1.7<n_{st}$，不安全

9-8　$F=7.5\text{kN}$

9-9　$F_{cr}=259\text{kN}$

9-10　$n=3.08$

9-11　65kN；145kN

9-12　$\theta=\arctan(\cot^2\beta)$；$\theta=18.43°$

9-13　$n=3.27$

9-14　$[F]=378\text{kN}$

9-15　(a) $F_{cr}=959\text{kN}$，(b) $F_{cr}=1108\text{kN}$，(c) $F_{cr}=1097\text{kN}$，(d) $F_{cr}=1175\text{kN}$

9-16　$d_{AC}\geqslant 24.28\text{mm}$，$d_{BC}\geqslant 37.2\text{mm}$

9-17　安全

9-18　$[F]=16.5\text{kN}$

9-19　不安全

9-20　$[F]=127\text{kN}$

第10章　动荷载和交变应力

10-1　$\sigma_{d,\max}=\rho gl\left(1+\dfrac{a}{g}\right)$

附录 C 习题答案

10-2 梁 $\Delta\sigma_{max} = 15.6\text{MPa}$，吊索 $\Delta\sigma_{max} = 2.55\text{MPa}$

10-3 $F = 90.6\text{kN}, \sigma = 90.5\text{MPa}$

10-4 $\sigma = 256\text{MPa}, \Delta l = 0.58\text{cm}$

10-5 $\sigma_d = 43.5\text{MPa}$，安全

10-6 $\sigma_{d,mm} = 12.5\text{MPa}$

10-7 CD 杆 $\sigma_{d,max} = 2.27\text{MPa}$，安全；AB 杆 $\sigma_{d,max} = 68.2\text{MPa}$，安全

10-8 $M_{max} = \dfrac{Pl}{3}\left(1 + \dfrac{h\omega^2}{3g}\right)$

10-9 $\sigma_{d,max} = 107\text{MPa}$

10-10 $y_d = 0.224\text{cm}, \sigma_{d,max} = 147.8\text{MPa}$

10-11 $\sigma_{d,max} = 85.5\text{MPa}$

10-12 $y_d = 2\text{cm}, \sigma_{d,max} = 15\text{MPa}$

10-13 $\sigma_{d,a} = \sqrt{\dfrac{8hGE}{\pi l d^2\left[\dfrac{3}{5}\left(\dfrac{d}{D}\right)^2 + \dfrac{2}{5}\right]}}, \sigma_{d,b} = \sqrt{\dfrac{8hGE}{\pi l D^2}}$

10-14 (a) $\sigma_{st} = 0.028\text{MPa}$
(b) $\sigma_d = 6.9\text{MPa}$
(c) $\sigma_d = 1.2\text{MPa}$

10-15 有弹簧时允许高度为 389mm，无弹簧时允许高度为 9.67mm

10-16 $h \leqslant 24.3\text{mm}$

10-17 轴内最大切应力 $\tau_d = 80.7\text{MPa}$
绳内最大正应力 $\sigma_d = 142.5\text{MPa}$

10-18 $F_d = 120\text{kN}$

10-19 $F_d = 55.3\text{kN}$

10-20 $\sigma_{dmax} = \dfrac{v}{W_z}\sqrt{\dfrac{3WEI}{ga}}, \Delta_{d,max} = \dfrac{5v}{6}\sqrt{\dfrac{3Wa^2}{gEI}}$

10-21 AB 和 CD 梁最大应力之比为 2
AB 和 CD 梁吸收能量之比为 4

10-22 $\sigma_{max} = -\sigma_{min} = 75.5\text{MPa}, r = -1$

10-23 $\sigma_m = 549\text{MPa}, \sigma_a = 12\text{MPa}, r = 0.957$

10-24 $\tau_m = 275\text{MPa}, \tau_a = 118\text{MPa}, r = 0.4$

10-25 $K_\sigma = 1.55, \varepsilon_\sigma = 0.77$

10-26 $n_\tau = 5.2$，安全

10-27 $F_{max} \leqslant 88.3\text{kN}$

10-28 (a) $[M] = 463\text{N·m}$
(b) $[M] = 680\text{N·m}$

10-29 $n_{\sigma\tau} = 2.05$

第 11 章 能 量 法

11-1 (a) $V_\varepsilon = \dfrac{2F^2 l}{\pi E d^2}$

(b) $\dfrac{7F^2 l}{\pi E d^2}$

11-2 $V_\varepsilon = 0.957\dfrac{F^2 l}{EA}$

11-3 (a) $\dfrac{m^2 l}{18EI}$

(b) $V_\varepsilon = \dfrac{\pi P^2 R^3}{8EI}$

11-4 $V_\varepsilon = 60.4 \text{N} \cdot \text{mm}$

11-5 $\Delta_C = \dfrac{ml^2}{16EI}$

11-6 (a) $w_B = \dfrac{qa^3}{24EI}(4l-a)$ (向下)，$\theta_B = \dfrac{qa^3}{6EI}$ (顺)

(b) $w_B = \dfrac{5Fa^3}{384EI}$ (向下)，$\theta_B = \dfrac{Fl^2}{12EI}$ (顺)

11-7 同上

11-8 (a) $w_B = \dfrac{5Fa^3}{12EI}$ (向下)，$\theta_A = \dfrac{5Fa^2}{4EI}$ (逆)

(b) $w_B = \dfrac{5Fa^3}{6EI}$ (向下)，$\theta_A = \dfrac{Fa^2}{EI}$ (顺)

11-9 (a) $y_A = \dfrac{Fabh}{EI}$ (向上)，$x_A = \dfrac{Fbh^2}{2EI}$ (向右)，$\theta_c = \dfrac{Fb(b+2h)}{2EI}$ (顺)

(b) $y_A = \dfrac{5ql^4}{384EI}$ (向下)，$x_A = \dfrac{qhl^3}{12EI}$ (向右)

(c) $y_A = \dfrac{Fl^3}{3EI}(l+3h)$ (向下)，$x_A = \dfrac{Flh^2}{2EI}$，$\theta_A = \dfrac{Fl}{2EI}(l+2h)$

11-10 (a) $\delta_{BD} = 2.71\dfrac{Fl}{EA}$ (靠近)

(b) $x_C = 3.83\dfrac{Fl}{EA}$ (向左)，$y_C = \dfrac{Fl}{EA}$ (向上)

11-11 端截面的转角 $\theta = \dfrac{q^2 l^5}{240 (CI^*)^2}$

11-12 $x_D = 21.1\text{mm}$ (向左)；$\theta_C = 0.0117\text{ran}$ (顺)

11-13 (a) $\delta_{AB} = \dfrac{Fh^2}{3EI}(2h+3a)$ (靠近)，$\theta_{AB} = \dfrac{Fh}{EI}(h+a)$

(b) 不考虑轴力的影响 $\delta_{AB} = \dfrac{Fl^3}{3EI}$ (移开)，$\theta_{AB} = \dfrac{\sqrt{2}Fl^2}{2EI}$，

考虑轴力的影响 $\delta_{AB} = \dfrac{Fl^3}{3EI} + \dfrac{Fl}{EA}$ (移开)

11-14 $\delta_C = 0.937\text{mm}$

11-15 $\delta_C = \dfrac{Fa^3}{6EI} + \dfrac{3Fa}{4EA}$ (向下)

11-16 $y_B = \dfrac{FR^3}{2EI}$ (向下)；$x_B = 0.356\dfrac{FR^3}{2EI}$ (向右)；$\theta_B = 0.571\dfrac{FR^2}{EI}$ (顺)

11-17 $x_B = \dfrac{FR^3}{2EI}$ (向左)；$y_B = 3.36\dfrac{FR^3}{EI}$

11-18 $\delta_C = \dfrac{2Fa^3}{3EI} + \dfrac{Fa^3}{GI_P}$ (向上)

11-19 自由端截面的线位移为 $\dfrac{32M_e h^2}{E\pi d^4}$ (向前)；自由端截面的转角位移为 $\dfrac{32M_e l}{G\pi d^4} + \dfrac{64M_e h}{E\pi d^4}$

11-20 $\delta = \dfrac{5Fl^3}{6EI} + \dfrac{3Fl^3}{2GI_t}$ (移开)

11-21 $\delta_B = FR^3 \left(\dfrac{0.785}{EI} + \dfrac{0.356}{GI_P}\right)$ (向下)

11-22 $\delta = \dfrac{\pi F R^3}{EI} + \dfrac{3\pi F a^3}{GI_P}$

第12章 超静定结构

12-1 (a) $F_A = \dfrac{23}{64}ql(\uparrow)$, $F_B = \dfrac{41}{64}ql(\uparrow)$

(b) $F_A = \dfrac{3M_e}{4l}ql(\uparrow)$, $M_A = \dfrac{1}{2}M_e(\curvearrowleft)$, $F_B = \dfrac{3M_e}{4l}ql(\downarrow)$

(c) $F_A = \dfrac{17}{48}ql(\uparrow)$, $F_B = \dfrac{23}{16}ql(\uparrow)$, $F_C = \dfrac{5}{24}ql(\uparrow)$

(d) $F_A = \dfrac{7}{24}F(\uparrow)$, $F_B = \dfrac{17}{8}F(\uparrow)$, $F_A = \dfrac{17}{12}F(\downarrow)$

(e) $F_A = \dfrac{10}{27}F(\uparrow)$, $M_A = \dfrac{1}{9}Fl(\curvearrowleft)$, $F_B = F(\uparrow)$, $F_C = \dfrac{10}{27}F(\downarrow)$

(f) $F_A = \dfrac{31}{32}ql(\uparrow)$, $M_A = \dfrac{15}{32}ql^2(\curvearrowleft)$, $F_C = \dfrac{33}{32}ql(\uparrow)$, $M_C = \dfrac{17}{32}ql^2(\curvearrowright)$

12-2 (a) $F_{AX} = \dfrac{3}{16}qa(\leftarrow)$, $F_{AY} = \dfrac{3}{16}qa(\downarrow)$, $F_{BX} = \dfrac{13}{16}qa(\leftarrow)$, $F_{BY} = \dfrac{3}{16}qa(\uparrow)$

(b) $F_{AX} = F(\leftarrow)$, $F_{AY} = \dfrac{3}{8}F(\downarrow)$, $M_A = \dfrac{5}{8}Fa(\curvearrowleft)$, $F_{BY} = \dfrac{3}{8}F(\uparrow)$

(c) $F_{AX} = \dfrac{1.2M_e}{a}(\leftarrow)$, $M_A = 0.4M_e(\curvearrowleft)$, $F_{BX} = \dfrac{1.2M_e}{a}(\rightarrow)$, $M_B = 0.2M_e(\curvearrowright)$

(d) $F_{AX} = \dfrac{4}{7}qa(\leftarrow)$, $F_{AY} = \dfrac{1}{28}qa(\downarrow)$, $M_A = \dfrac{1}{28}qa^2(\curvearrowleft)$, $F_{BX} = \dfrac{3}{7}qa(\leftarrow)$,

$F_{BY} = \dfrac{1}{28}qa(\uparrow)$

(e) $F_{AX} = \dfrac{1}{16}qa(\rightarrow)$, $F_{AY} = \dfrac{7}{16}qa(\uparrow)$, $M_A = \dfrac{1}{48}qa^2(\curvearrowright)$

(f) $F_{AX} = qa(\leftarrow)$, $F_{AY} = qa(\uparrow)$, $M_A = \dfrac{1}{2}qa^2(\curvearrowleft)$, $F_{BY} = qa(\downarrow)$,

(g) $F_{AY} = \dfrac{53}{88}qa(\downarrow)$, $F_{BY} = \dfrac{141}{88}qa(\uparrow)$, $M_B = \dfrac{31}{44}qa^2(\curvearrowleft)$

(h) $F_{AY} = \dfrac{249}{320}qa(\uparrow)$, $F_{BY} = \dfrac{91}{320}qa(\uparrow)$, $F_{CY} = \dfrac{31}{16}qa(\uparrow)$, $M_B = \dfrac{1}{80}qa^2(\curvearrowright)$

12-3 (a) $N_{AD} = \dfrac{F\sin^2\alpha}{1+\cos^3\alpha+\sin^3\alpha}$ (拉), $N_{BD} = \dfrac{F(1+\cos^3\alpha)}{1+\cos^3\alpha+\sin^3\alpha}$ (拉),

$N_{CD} = \dfrac{F\sin^2\alpha\cos\alpha}{1+\cos^3\alpha+\sin^3\alpha}$ (压)

(b) $N_1 = N_2 = N_3 = N_4 = \dfrac{\sqrt{2}-1}{2}F$ (拉), $N_5 = \dfrac{\sqrt{2}}{2}F$ (拉), $N_6 = \dfrac{2-\sqrt{2}}{2}F$ (压)

(c) $F_{Ay} = \dfrac{2+2\sqrt{2}}{3+4\sqrt{2}}F(\uparrow)$, $F_{By} = \dfrac{1+2\sqrt{2}}{3+4\sqrt{2}}F(\uparrow)$

(d) $F_{By} = 2(2-\sqrt{2})F(\uparrow)$, $N_5 = N_6 = (\sqrt{2}-1)F$ (拉), $N_1 = N_4 = (2-\sqrt{2})F$ (压)

$N_2 = N_3 = (2\sqrt{2}-2)F$ (压), $N_7 = (3-2\sqrt{2})F$ (拉)

12-4 $F_{NEF} = 67.3$ kN, $M_C = 14.6$ kN·m (上边受拉)

12-5 $f_D = 5.06$ mm($\downarrow$)

12-6 $F_C = \dfrac{F}{16}(\downarrow)$, $\theta_A = \dfrac{5Fl^3}{96EI}(\curvearrowright)$

12-7　(1) $F_B = \dfrac{5}{16}F(\uparrow)$； (2) $M = \dfrac{3}{16}Fl$； (3) $[F] = \dfrac{16}{3l}W[\sigma]$；

(4) $\Delta = \dfrac{Fl^3}{144EI}(\uparrow)$，$[F]_{\max} = \dfrac{6}{l}W[\sigma]$

12-8　(a) $F_B = \dfrac{16 + \sqrt{2}\pi}{4\pi}F(\uparrow)$

(b) $F_{Bx} = \dfrac{F}{\pi}(\leftarrow)$，$F_{By} = \dfrac{F}{2}(\uparrow)$

(c) $F_{By} = \dfrac{2M_e}{\pi R}(\uparrow)$，$M_B = \dfrac{4-\pi}{2\pi}M_e(\curvearrowleft)$

(d) $F_{Bx} = \dfrac{F}{2}(\leftarrow)$，$F_{By} = \dfrac{F}{\pi}(\uparrow)$，$M_B = \dfrac{\pi-2}{2\pi}FR(\curvearrowleft)$

12-9　$F_C = \dfrac{7GI_P + 6EI}{8GI_P + 12EI}qa$

12-10　$f_C = 4.86$ mm

12-11　$|F_S|_{\max} = \dfrac{13}{16}ql$　　$|M|_{\max} = \dfrac{15}{16}ql^2$

12-12　$f_C = -\dfrac{7Fl^3}{96EI}$

12-13　(a) $F_{NA} = \dfrac{23}{40}F$，$M_A = \dfrac{3}{20}Fa$

(b) $F_{NA} = \dfrac{9}{16a}M_e$，$M_A = \dfrac{1}{16}M_e$

(c) $F_{SA} = qa$

(d) $F_{NA} = qa$，$F_{SA} = \dfrac{1}{16}qa$，$M_A = \dfrac{5}{24}qa^2$

12-14　(a) $F_{Bx} = F(\leftarrow)$，$F_{By} = 2F(\uparrow)$

(b) $F_{Bx} = \dfrac{5}{8}F$

(c) 铰 C 处轴力为 $F_N = \dfrac{3}{8}F$(压)，$M_{\max} = Fl$

(d) $F_{Ax} = \dfrac{F}{8}(\rightarrow)$，$F_{Ay} = \dfrac{F}{2}(\uparrow)$，$M_A = \dfrac{Fl}{24}(\curvearrowleft)$

(e) $M_B = \dfrac{3}{14}ql^2(\curvearrowleft)$（右侧受压），$F_{Bx} = \dfrac{1}{2}ql(\leftarrow)$，$F_{By} = \dfrac{4}{7}ql(\uparrow)$

(f) $M_A = \dfrac{47}{84}Fa$，$M_B = \dfrac{19}{84}Fa(\curvearrowleft)$

12-15　(a) $\Delta_{AB} = \dfrac{11Fa^3}{40EI}$； (b) $\Delta_{AB} = \dfrac{Fa^3}{12EI}$

12-16　$M_A = \dfrac{FR}{\pi}$，$M_C = -FR\left(\dfrac{1}{2} - \dfrac{1}{\pi}\right)$，$\Delta_{AB} = \dfrac{(\pi^2 - 8)FR^3}{4\pi EI}$

12-17　$\sigma_{\max} = 40.1$ MPa，不加弯管时 $\sigma_{\max} = 460$ MPa，应力降低 91%

12-18　(a) $F_A = \dfrac{qa}{2}(\uparrow)$，$F_B = \dfrac{197}{108}qa(\uparrow)$，$F_C = \dfrac{38}{108}qa(\uparrow)$，$F_D = \dfrac{35}{108}qa(\uparrow)$，

$M_B = -qa^2$，$M_C = -\dfrac{1}{36}qa^2$

(b) $F_A = 10.6$ kN$(\uparrow)$，$F_B = 1$ kN$(\uparrow)$，$F_C = 13.4$ kN$(\uparrow)$，

$M_B = 2.4$ kN·m，$M_C = -11.2$ kN·m

(c) $F_A = 45.7$ N$(\uparrow)$，$F_B = 47.3$ N$(\uparrow)$，$F_C = 20.86$ N$(\uparrow)$，$F_D = 5.86$ N$(\downarrow)$

$M_B = -39.6\text{N}\cdot\text{m}$, $M_C = -29.3\text{N}\cdot\text{m}$

第13章 简单弹塑性问题

13-1 $\Delta_{Cy} = \dfrac{F^n l}{2^n A^n B \cos^{n+1}\alpha}$

13-2 $F_e = 5\sigma_s A/6$, $F_p = \sigma_s A$

13-3 $F_e = 64.4\text{kN}$, $F_p = 66\text{kN}$

13-4 $A_\text{钢} = 200\text{mm}^2$, $A_\text{铜} = 300\text{mm}^2$

13-5 $F_e = 14\sigma_s A/9$, $F_e = 2\sigma_s A$

13-6 $F_1 = \dfrac{\sigma_s A(1+\cos^3\alpha+\sin^3\sigma)}{1+\cos^3\alpha}$, $F_p = \sigma_s A(1+\sin\sigma)$

13-8 $M_p = 0.35\text{kN}\cdot\text{m}$

13-9 $M_{0p} = \pi d^2 \tau_p/18$

13-11 (1) $q_e = 8\sigma_s bh^2/3l$, $q_e = 3\sigma_s bh^2/l$; (2) $M = 11bh^2\sigma_s/6$

13-12 $F = 31\text{kN}$

13-13 (a) $M_{ep} = 3M_p$, (b) $M_{ep} = 2M_p$

13-14 $F_p = 5bh^2\sigma_s/8a$

13-15 $F_p = 9M_p/2l$

13-16 (a) $F_p = 2M_p/a$; (b) $F_p = 1.5M_p/a$

13-17 $F_p = 4M_p/R$

附录A 平面图形的几何性质

A-1 (a) $\dfrac{bh^2}{12}$, (b) $\dfrac{2ah^3}{15}$

A-2 $I'_z/I_z = 94.5\%$

A-3 $I_z = 1173\text{ cm}^4$, $I_{yz} = 0$

A-4 (a) $\bar{y}_c = 103\text{mm}$, $\bar{z}_c = 0$, $I_{y_c} = 2.34\times 10^7 \text{mm}^4$, $I_{z_c} = 3.91\times 10^7 \text{mm}^4$
(b) $\bar{y}_c = 0$, $\bar{z}_c = 87.9\text{mm}$, $I_{y_c} = 1.14\times 10^7 \text{mm}^4$, $I_{z_c} = 1.51\times 10^7 \text{mm}^4$

A-5 $\alpha_0 = -13.5°$ 或 $76.5°$, $I_{y_0} = 19.9\times 10^4 \text{mm}^4$, $I_{z_0} = 76.1\times 10^4 \text{mm}^4$

主 要 符 号 表

符号	含义	符号	含义
A	面积	$[u]$	许用位移
A_S	剪切面面积	v_d	畸变能密度
A_{bs}	挤压面面积	v_v	体积改变能密度
a	间距	v_ε	应变能密度
b	宽度	V_ε	应变能
D, d	直径	W	功,重量
E	弹性模量,杨氏模量	w	挠度
F	集中力	W_i	内力功
F_{Ax}, F_{Ay}	A 点 x、y 方向约束反力	W_e	外力功
F_N	轴力	W_p	抗扭截面模量
F_S	剪力	W_z	抗弯截面模量
$\overline{F}$	单位荷载引起的轴力	α	倾角,热膨胀系数
F_{cr}	临界荷载(临界压力)	β	角度
F_R	合力,主矢	θ	梁截面转角,单位长度相对扭转角,体积应变
$\overline{F}_S$	单位荷载引起的剪力		
F_e	弹性极限荷载	φ	相对扭转角
F_p	塑性极限荷载,极限荷载	γ	切应变
$[F]$	许可荷载	δ	厚度,位移
F_x, F_y, F_z	x、y、z 方向的力分量	ε	正应变
G	剪切弹性模量,切变模量	ε_e	弹性应变
h	高度	ε_p	塑性应变
I_p	平面图形的极惯性矩	λ	柔度,长细比,压杆轴向位移
I_y, I_z	平面图形对 y 轴、对 z 轴的惯性矩	μ	泊松比,长度因数
		ρ	曲率半径,材料密度
I_{xy}	平面图形的惯性积	σ	正应力
i	平面图形的惯性半径	σ_a	应力幅值
k	弹簧常数,刚度系数	σ_t	拉应力
l, L	长度,跨度	σ_c	压应力
M_e	外力偶矩	σ_m	平均应力
M_y, M_z	对 y 轴、对 z 轴的弯矩	σ_b	抗拉强度
$\overline{M}$	单位荷载引起的弯矩	σ_{bs}	挤压强度
n	转速,个数,安全因数	$[\sigma]$	许用应力
n_{st}	稳定安全因数	$[\sigma_t]$	许用拉应力
N	循环次数	$[\sigma_c]$	许用压应力
N_0	疲劳寿命	$[\sigma_{bs}]$	许用挤压应力
p	压强	σ_{cr}	临界应力
P	功率,集中力	σ_p	比例极限
q	分布荷载集度	$\sigma_{0.2}$	名义屈服强度
R, r	半径	σ_s	屈服强度,屈服应力
S_y, S_z	平面图形对 y 轴、对 z 轴的静矩	σ_r	疲劳极限,持久极限
s	路径,弧长	τ	切应力
T	扭矩,周期,温度	τ_u	极限切应力
$\overline{T}$	单位荷载引起的扭矩	$[\tau]$	许用切应力
t	厚度	Δ	增量符号
u	位移	Δ	位移

参 考 文 献

[1] 刘鸿文主编. 材料力学：(Ⅰ)(Ⅱ)册. 第五版. 北京：高等教育出版社，2011.
[2] 孙训方主编. 材料力学：(Ⅰ)(Ⅱ)册. 第五版. 北京：高等教育出版社，2009.
[3] 范钦珊主编. 材料力学. 北京：高等教育出版社，2004.
[4] 单辉祖主编. 材料力学. 北京：高等教育出版社，2004.
[5] 刘庆潭主编. 材料力学. 北京：机械工业出版社，2003.
[6] 荀文选主编. 材料力学. 西安：西北工业大学出版社，2001.
[7] 龚志钰，李章政主编. 材料力学. 北京：科学出版社，1999.
[8] 曲淑英主编. 材料力学. 北京：中国建筑工业出版社，2011.
[9] 蔡怀崇，闵行主编. 材料力学. 西安：西安交通大学出版社，2004.
[10] 刘达主编. 材料力学常见题型解析及模拟题. 西安：西北工业大学出版社，1997.
[11] 金康宁，谢群丹主编. 材料力学. 北京：北京大学出版社，2006.
[12] 张新占主编. 材料力学. 西安：西北工业大学出版社，2006.
[13] 戴葆青，王崇革，付彦坤编著. 材料力学教程. 北京：北京航空航天大学出版社，2004.
[14] 秦飞编著. 材料力学. 北京：科学出版社，2012.
[15] 邱棣华主编. 材料力学. 北京：高等教育出版社，2004.
[16] 金忠谋主编. 材料力学. 北京：机械工业出版社，2005.

参考文献

[1] 邓文英,郭晓鹏. 机械制造工艺学[M]. 第4版. 北京：机械工业出版社, 2011.
[2] 蔡厚道. 机床夹具设计[M]. 北京：北京理工大学出版社, 2009.
[3] 冯辛安. 机械制造装备设计[M]. 北京：机械工业出版社, 2001.
[4] 哈尔滨工业大学, 上海工业大学. 机床夹具设计[M]. 北京：上海科学技术出版社, 2001.
[5] 郑修本. 机械制造工艺学[M]. 北京：机械工业出版社, 2008.
[6] 倪小丹,杨继荣. 机械制造技术基础[M]. 北京：清华大学出版社, 2007.
[7] 李庆寿. 机床夹具设计[M]. 北京：机械工业出版社, 1989.
[8] 胡凤兰. 互换性与技术测量基础[M]. 北京：高等教育出版社, 2010.
[9] 李旦. 机床专用夹具图册[M]. 哈尔滨：哈尔滨工业大学出版社, 2004.
[10] 刘友能. 回转类零件组合机床及组合夹具设计[M]. 西安：西北工业大学出版社, 1994.
[11] 李旭东. 机械制造技术基础[M]. 北京：北京大学出版社, 2008.
[12] 蔡兰,孔凡新. 机械加工工艺手册[M]. 北京：机械工业出版社, 2006.
[13] 赵家齐. 机械制造工艺学课程设计指导书[M]. 第2版. 北京：机械工业出版社, 2000.
[14] 艾兴,肖诗纲. 切削用量简明手册[M]. 北京：机械工业出版社, 2012.
[15] 杨叔子. 机械加工工艺师手册[M]. 北京：机械工业出版社, 2001.
[16] 李洪主. 机械加工工艺手册[M]. 北京：北京出版社, 1990.